国外油气勘探开发新进展丛书（七）

盆地分析与模拟

［法］M. 马胡斯　　［俄］Y. I. 加卢什金　著

冷鹏华　金佩强　卢齐军　崔敬伟　秦　佳　译

张　建　审校

石油工业出版社

内 容 提 要

本书通过对沉积盆地的沉积与压实、热变化与热液流动、构造与海平面变化等的研究，介绍了盆地模拟的原理、方法，重建了沉积盆地的埋藏史、热史和成熟史，对盆地含油气远景评价及勘探目标优选具有重要意义。

本书可供从事油气勘探的地质、地球化学研究人员及高等院校相关专业师生参考。

图书在版编目（CIP）数据

盆地分析与模拟/[法] M. 马胡斯等著. 冷鹏华等译.
北京：石油工业出版社，2009.12
（国外油气勘探开发新进展丛书·第7辑）
书名原文：Basin Analysis and Modeling of the Burial, Thermal and Maturation Histories in Sedimentary Basins
ISBN 978-7-5021-7555-9

Ⅰ. 盆…
Ⅱ. ①马…②冷…
Ⅲ. ①构造盆地-分析
　　②构造盆地-数值模拟
Ⅳ. P941.75

中国版本图书馆 CIP 数据核字（2009）第 228154 号
版权登记号：01-2008-1467

Copy@ Editions Technip, Poris. 2005. 本书经 Editions Technip 授权翻译出版，中文版权归石油工业出版社所有，侵权必究。

出版发行：石油工业出版社
　　　　　（北京安定门外安华里2区1号　100011）
　　　　网　　址：www.petropub.com.cn
　　　　编辑部：(010) 64523544　发行部：(010) 64523620
经　　销：全国新华书店
排　　版：北京时代澄宇科技有限公司
印　　刷：石油工业出版社印刷厂

2009年12月第1版　2009年12月第1次印刷
787×1092毫米　开本：1/16　印张：18.75
字数：468千字　印数：1—2000册
定价：60.00元
（如出现印装质量问题，我社发行部负责调换）
版权所有，翻印必究

《国外油气勘探开发新进展丛书（七）》
编 委 会

主　　　任：赵政璋

副 主 任：杜金虎　张卫国

编　　　委（按姓氏笔画排序）：

　　　　　　马　纪　王俊亮　邓金根

　　　　　　刘德来　吴因业　冷鹏华

　　　　　　周家尧　徐利军　章卫兵

序

为了及时学习国外油气勘探开发新理论、新技术和新工艺，推动中国石油上游业务技术进步，本着先进、实用、有效的原则，中国石油勘探与生产分公司和石油工业出版社组织多方力量，对国外著名出版社和知名学者最新出版的、代表最先进理论和技术水平的著作进行了引进，并翻译和出版。

从 2001 年开始，在跟踪国外油气勘探、开发新理论新技术和最新出版动态的基础上，从生产需求出发，通过优中选优已经翻译出版了 6 辑 34 本专著。在这套系列丛书中，有些代表了某一专业的最先进理论和技术水平，有些非常具有实用性，也是生产中所亟需。这些译著发行后，受到了企业和科研院校广大生产管理、科技生产实践人员的欢迎，在实用中发挥了重要作用，达到了促进生产、更新知识、提高业务水平的目的。该套系列丛书也获得了我国出版界的认可。2002 年丛书第 2 辑整体获得了中国出版工作者协会颁发的"引进版科技类优秀图书奖"，2006 年丛书第 4 辑的《井喷与井控手册》再次获得了中国出版工作者协会的"引进版科技类优秀图书奖"，产生了很好的社会效益。

2009 年在前 6 辑出版的基础上，经过多次调研、筛选，又推选出了国外最新出版的 6 本专著，即《天然气测量手册》、《地面工程合同》、《盆地分析与模拟》、《油井生产实用手册》、《层序地层学原理》、《石油工程岩石力学》，以飨读者。

在本套丛书的引进、翻译和出版过程中，中国石油勘探与生产分公司和石油工业出版社组织了一批专家、教授和有丰富实践经验的工程技术人员担任翻译和审校人员，使得该套丛书能以较高的质量和效率翻译出版，与广大读者见面。

希望该套丛书在相关企业、科研单位、院校的生产和科研中发挥应有的作用。

中国石油天然气股份有限公司副总裁

原 书 序

众所周知，石油和天然气是在沉积盆地中形成的。长期以来，地质学家在对这些沉积盆地构造认识及描述油气形成机理的能力等方面得到了极大的提升。无疑，这些能力的提升将成为寻找可采石油的无价之宝。

更准确地说，三个概念上的进步促进了这一领域取得的巨大进展：

（1）20世纪60年代末期，发现由干酪根（在某一沉积地层中含有的有机质）形成的油气遵循动力化学定律，取决于温度和时间，表明沉积盆地的热史是形成石油的最重要因素。

（2）20世纪70年代末期，由于开发了地球动力学模型，从而建立了沉积盆地的热史及盆地形成与演化的关系。

（3）20世纪80年代初期，发现油气从烃源岩向沉积物中的运移主要遵循多相机理，水和油以分离相存在。

以前，这些概念在石油勘探中很少具有使用价值，这种现象一直持续到20世纪70年代以来计算机的大发展。如果没有计算机技术的发展，建立上述理论模型，或者对烃源岩形成因素及相互作用进行模拟分析，如此巨量数据是不可能完成的。

科学工作者能够用现有的资源开发越来越复杂的数值模型。实际上，在这些不同的因素之间存在着极其复杂的相互作用，因此，这些数值模型极大地促进了对沉积盆地的地质和地球化学方面的认识。

目前，大型石油公司能够使用盆地模拟这一有效的计算机程序，重建盆地的地质演化、盆地中油气的形成及演化过程。它们还能够估算沉积物的规模。将经过计算机处理的数据输入到这些模拟程序中，随着勘探的继续，输入到模拟程序中的数据的质量和可靠性稳定地增加。

没有困难就不会取得如此惊人的进步。特别在建立数学模型时，研究工作的重点长期集中在模拟的计算问题上，而不是评价数据的质量或者考虑输入到运算中的方程的物理意义。最有能力的团队致力于建立能用于具有特殊资源的巨型油田的极复杂模型，而不是开发简单而稳健的模型。后者虽然没有包括所有油气藏形成的现象，但是却能被大多数石油地质学家使用。

本书的两位作者马胡斯（M. Makhous）和加卢什金（Y. I. Galushkin）尽量简洁而精确地将问题表述出来，尽管如此，本书依然不是很容易读懂，因为它需要对地质学尤其对地球动力学需要有比较透彻的认识。本书并未对油气成藏的各种作用都加以论述，这项工作至少需要十倍的篇幅。相反，本书把重点集中在最重要的方面——沉积物的热史重建。据我所知，本书是目前这一领域中最严谨而综合的著作。特别是它关注那些被大多数常规分析所忽略的现象，诸如盆地形成过程中地下温度变化、岩浆侵入引起的变化及水层厚度变化所产生的影响。为了将所有这些现象整合到一起并更好的应用，提出了一个简单而稳健的数学模型——Galo模型。

本书的另一个重点是数值模拟的应用实例。"西方"地质学家对这样的盆地并不熟悉，这也激起了他们的兴趣。

我更关注那些能够用于检验沉积物热史，并且评价得还不够充分的方法，特别是能够检测像镜质组反射率和矿物组合特征的那些方法。当然，这仅仅是一个次要的论题，希望作者将来能进行深入的探索。

马胡斯和加卢什金的著作非常值得一读，我把它推荐给所有的石油地质学家和地球化学家，以增进他们的认识，并且有助于他们更有效地发现沉积盆地中蕴藏的石油和天然气。

Bernard Durand
法国石油研究院地质与地球化学研究所前所长

原书前言

盆地分析是对沉积盆地中沉积物的沉积与压实、热变化与液体流动、构造力与海平面变化以及油气生成与开采之间相互作用的研究。定量研究是认识这些过程的动力学相互关系并且用现今数据进行控制，以提高我们的地质认知及预测未来的石油勘探前景重要手段。

由于温度不仅影响油气生成，也影响沉积物和流体的许多物理性质，所以它是盆地分析中最重要的参数。在盆地演化过程中，压实和液体流动直接受到温度的控制，因此，温度史的现实重建对于盆地演化模拟和认识极其复杂的过程及其在盆地发育中的相互作用是至关重要的。

自从1970年以来，对沉积岩和盆地热史的关注程度迅速地提高，而且目前更加强烈。过去的10年在量化与沉积盆地，特别是拉张型盆地（如被动陆缘盆地和克拉通内盆地）有关的地质和地球化学过程中做出了极大的努力。出现这种现象的主要原因是认识水平的提高：组成烃源岩的干酪根生成油气的自然过程本质上取决于埋藏加热作用。关于其他因素（地球动力学、剥蚀、岩浆作用、热流、经历的时间、加热速率、干酪根类型、特殊的干酪根组成、自然催化作用等）所起作用的争论一直在持续，但是实际上地球化学家和所有石油地质学家都承认，保存下来的有机沉积碎屑的加热作用对于油气生成是必不可少的，而且除了热流之外，形成商业性油气藏需要沉积盆地或沉积中心内的埋藏作用达到足够的加热程度。

不同的人应用不同的盆地模拟程序完成的热模拟可能得出完全不同的结果，差异可能来自于不同的地质解释、热流方程、热流与其他方程的耦合、热参数、边界条件和井数据的校准。热模拟中输入参数的准确度不容易确定，所模拟的岩石层序的平均热导率的准确性一般没有报道。盆地模拟的热导率估算有时根据完成的（或其他）测井资料进行的端元岩性（砂岩、页岩等）相对含量的评价来进行，这样的确定相当主观，而且可能产生20%甚至更高的误差（Hermanrud，1993）。该值可以与测量值及岩石层序平均值导出的热导率误差对比，后者报道的值为10%（Chapman等，1981；Andrews Speed等，1984）。

拉张盆地的地球动力学演化是盆地热量输入的重要原因之一，热量输入通常是空间和时间的函数。通过考虑整个岩石圈—软流圈的演化历史推测描述了这一热量输入，或多或少加入了物理过程，如岩石圈拉伸、软流圈对流、岩浆作用、永冻层、辐射热和地幔刺穿作用等。许多研究模拟的地质学家特别关注的是由 Mc Kenzie（1978）首先引入的"岩石圈拉伸"概念与随后被 Royden，Keen 等在20世纪80年代改变为"非均匀拉伸"概念，可能与此期间开发的更复杂的岩石圈—软流圈对流模型相矛盾。

过程（诸如加热与液体流动、压实、油气生成、排驱与运移）的模拟也是盆地模拟的基础之一。这些过程中每种模拟的系统发展都可以追踪，技术现状表明仍然还有若干遗留的问题。20世纪早期开发盆地模拟的有四所大学（法国、德国及美国南卡罗莱纳大学和伊利诺伊大学），还有一些著名的盆地模拟的计算机系统（Matoil，Genex，Temispack，Pdi，Galo 等）（Welte 和 Yukler，1981；Nakayama 和 Lerche，1987；Welte 和 Yalcin，1988；Espitalie′等，1988；Ungerer，1990；Ungerer 等，1990；Foybes 等，1991；Welte 等，1997；Makhous 等，1997；Galushkin，1977；Förster 等，1998；Mohamed 等，1999；Petmecky 等，1999；Makhous 和 Galushkin，2003a 和 b）。

由盆地模拟程序得出的结果被认为是石油公司作出钻井决策的辅助管理手段。敏感性、极限和误差的分析对实现这些目标是极其重要的，然而历史上曾对此强调得不够充分。最近几年对盆地模拟文献的检索显示，尽管仍然需要进行重大的改进，强调准确度和敏感性的趋势正在上升，对盆地地热、液体流动、压实与运移方面的认识取得了进展。然而，迄今为止，这些进展并未促进对这些过程的数学模拟进行重要的修正。预期未来盆地模拟可能进一步发展。当了解到地下物理过程时，特别是在排驱模拟中，可能引入新参数项。用户前端将可能继续开发，直接存取来自盆地模拟的其他数据库将可能成为标准而不是例外。连续改进计算机性能将使盆地模拟程序与其他程序（如沉积物沉积模拟程序）的集成变成可能。

研究的主要目的是促进盆地模拟的发展。本书所讨论的研究成果专门论述沉积盆地的埋藏史、热史和成熟史，以便评价含油气远景和勘探目标。所介绍的模拟系统使用了一维和二维变量，考虑到浅盆地的演化，认为沉积层的横向变化明显小于随深度的变化。同时，对于上述条件都无效的大陆盆地、被动陆缘盆地和弧后海洋盆地，研究中基本上使用了二维方法。然而，该系统的一维方法还是具有一定的优势，这是因为它能够进行许多过程的分析，而使用二维方法很难或不可能进行这些分析。

为了解决这一问题，设计了一种算法系统和软件包，能够进行裂谷沉积盆地岩石圈的地温状况和沉降史的数值分析。特殊的重点集中在这类盆地的演化特征上：不同沉积速率的沉积物压实、沉积地层与基底的剥蚀、侵入与热液活动、热活化与基底的再活化、大洋与大陆岩石圈不同时代地块的横向热传导、扩张轴的突变等。岩石圈的重力异常与均衡面起伏的分析是计算和模拟系统不可缺少的组成部分。该系统的另一个重要组成部分是分析与沉积作用有关的地表热流扰动，以及基底与沉积盖层中岩性非均质性和起伏不规则性的折射作用。讨论的大多数题目都与基本原理和应用有关，尤其是沉积盆地中油气生成与含油气前景。本书提出了交替法，并将其应用于构造沉降、地壳均衡与流变性、岩石圈拉伸与变薄的控制。为了评价这些因素对盆地热史的作用，模拟了拉伸轴突变、剥蚀热的评价、对热史的影响及其与剥蚀前后沉积史的关系、侵入活动、南北半球高纬度盆地中永冻层的形成与破坏。进行了沉积盖层与下伏岩石圈和软流圈热传递的联合分析，以便更好地重建沉积盆地中油气的生成史和热史。为了确定油气生成的动力学反应参数，将一种新方法应用于拟合程序中，应用算法具有可变频率因子（A_i），而且，为了更好地估算油气生成量，对有机质成熟度（加上岩石热解试验的阶段）的地质阶段进行综合分析。

用镜质组反射率和现今温度作为主要的热指标。众所周知，温度主要受盆地构造史的影响，而且在使用时有严格的限制条件，还存在与温度测量和井眼与测井曲线导出温度的修正上有关的不确定性问题，这就是为什么使用它作为补充的独立控制参数的原因。最高温度的估算根据黏土矿物组合，特别是反应在其晶体多型特征和分子筛上。这对于较高温度特别可靠。然而，这种方法还未经过充分地推敲，且具有其固有的不确定性。最后，引入了一个模型的有效性的辅助控制工具，即基底面构造沉降曲线的重合（用两种独立的方法计算得出：回剥法和地壳中与温度相关的密度分布法）。当然，也可用后面的方法确定所研究盆地可能发生的构造事件和热事件的次序。

对侵入和热液过程的持续时间及强度的估算是相似的,因此结果是定性的而不是定量的。通过平常使用中规定侵入体的深度、厚度和温度以及热液活动的不同参数值,可以获得同一条现今 R_o 剖面。对侵入效应更详细地分析需要考虑用较小的深度和时步计算相应的方程。此外,建立如此精确的模型需要更详细的 R_o 数据。

尽管如此,在这项工作中使用的方法足以显示出侵入—热液活动对成熟度剖面所产生的影响,并且调整观测到的结果。

另一个重要问题是构造沉降分析中盆地岩石圈对负载的局部地壳均衡的响应。地壳均衡补偿面的最大深度 Z_i 与计算域下部边界 Z_{low} 的重合表明:由于地幔岩石在最大深度 $Z \approx Z_i$ 的流变性变弱,缺少足够的有效应力差。此外,不仅在盆地岩石圈因热活化或拉伸作用下变弱期间,而且在盆地发育的区域阶段,如果沉积盖层的典型尺寸超过盆地岩石圈有效弹性厚度的 2~4 倍,而且没有水平的构造挤压作用,预期与局部地壳均衡的偏差变小。

第三个问题涉及输入参数,如古海洋深度。在一些已经研究过的盆地中,有足够的证据来说明这些深度的变化是未知的。这些不确定性可能造成估算相应时期内构造事件的幅度和次序不可靠。然而,只要确保模拟有效性的标准不变,盆地现今热状态和成熟状态的模型也会保持不变。

本书第1章介绍了地球动力学背景和裂谷盆地开始形成与发育的某些方面的初步调查,诸如盆地岩石圈的拉伸和变薄作用,主要阶段转变及其在盆地沉降中的作用,裂谷之下岩石圈的起伏和热场以及裂谷盆地形成的热机理等。这一背景说明了在盆地发育期间出现的关键特征。在大陆裂谷轴向拉伸作用下出现的盆地岩石圈变薄和软流圈刺穿作用是控制裂谷盆地形成的主要因素。

第2章介绍了本书的主题之一——Galo 程序系统。详细地论述了盆地模拟系统的主要特征,包括:用于埋藏史和热史模拟的输入参数、热传导方程与热物理参数、边界与初始条件、有限差分格式与构造沉降模拟。同时还讨论了系统的一些辅助特征,例如对放射性衰变产生热的评价以及地下水流动和加热(稳定或非稳定)的热流系统。描述并讨论了特定程序:第一个是用来重建上新世—全新世期间南北半球高纬度盆地中在永冻层周期性形成和融化条件下沉积盖层的热流系统;第二个是用来评价侵入热和相关热液活动对盆地热史所起的作用。后者应该是任何盆地模拟系统必须具备的组成部分。

第3章涉及烃源岩含油气远景的重建。用全部现有限制条件和观点讨论了作为主要成熟度指标的镜质组反射率。特别注意专门论述了镜质组成熟的动力学模型。油气生成量及生成率、运移与排烃门限、二次裂化和油气生成的3组分与5组分系统的计算构成了这一章的主体部分。广泛地讨论了动力学参数的不确定性和敏感度的影响。当以不同的形式介绍 Galo 模拟系统时,研究目的是通过使用可靠的模拟系统和油气潜能评价进行沉积盆地成熟史的分析。

第4章包括一套以构造和发育史而闻名于世的大陆沉积盆地的分析,如撒哈拉盆地,过去的三四十年在该地区进行了密集勘探,在地质时期上进行了广泛的研究,这保证了具有足够的地质和地球化学资料。连同其他资料一道,可以作为开发 Galo 模拟系统的数据库。然而,在说明该系统的应用之前,提出裂谷沉积盆地热演化史和成熟史的一般特性,除了盆地岩石圈的热复活和拉抻作用之外,还包括裂谷和裂谷后阶段的成熟作用。

用一维和二维模拟方法研究撒哈拉和东欧盆地（乌拉尔和西巴斯基尔盆地），用一维方法研究西西伯利亚盆地。在将软件包应用于撒哈拉和东欧地区的特殊盆地时，用实例说明了 Galo 模拟系统的关键特征。在此将讨论尚未最后确定的一些关键特征在热史中所起的作用，诸如剥蚀、岩浆及相关的热液活动、岩石圈的拉伸及变薄、局部和区域的地壳均衡、流变性、横向热传导、上新世—全新世气候变化引起的温度剖面的变化、沉积物中分散有机质的热效应等。自然地，提供一份所研究地区的含油气远景评价作为最终输出。

第 5 章的主题是介绍另一组沉积盆地的模拟结果。首先，提出进行被动大陆边缘和弧后中心的大洋与大陆岩石圈热演化分析的方法。典型的被动大陆边缘盆地是巴西桑托斯和佩洛塔斯盆地、澳大利亚—南极洲盆地和复杂成因的太平洋—南极洲盆地（别林斯高晋海域、东太平洋洋隆、阿鲁克洋隆）。在被动大陆边缘盆地的岩石圈热演化和有机质成熟的研究中，用实例说明了特征要素（诸如大陆边缘岩石圈中过渡带的构造及演化、温度、海底地形起伏和重力异常计算以及海底表面热流计算的特殊性质）。利用西北太平洋、白令海（克曼多尔海盆、阿留申洋隆等）盆地和西太平洋、菲律宾盆地资料做出了对边缘海盆地的成熟史以及岩石圈热流系统的评价。

在第 5 章结尾介绍了天然气水合物问题。研究的目标包括天然气水合物的成因与特征、天然气水合物稳定带的压力—温度条件、游离气层和天然气水合物稳定带顶部的海底模拟反射层（BSR）以及对具有 BSR 层地区的天然气体积的评价。

目　　录

1 裂谷盆地形成与演化阶段的地质力学表征及地球动力学环境 ……………………… (1)
　1.1 （含油气）沉积盆地及其分类 ……………………………………………………… (2)
　1.2 裂谷盆地形成与演化过程中的构造背景 …………………………………………… (18)
　1.3 地壳拉张——裂谷沉积盆地基底沉降的重要成因之一 …………………………… (19)
　1.4 低变质岩层向麻粒岩相的转变及其在盆地沉降中的影响 ………………………… (21)
　1.5 热传导模式下裂谷期地壳的热力场与形变分析 …………………………………… (23)
　1.6 裂谷盆地形成的热力学机制 ………………………………………………………… (28)
　1.7 结论 …………………………………………………………………………………… (31)

2 利用计算机 Galo 盆地模拟系统进行沉积盆地埋藏史和热史的数值重建——系统的主要原理
　……………………………………………………………………………………………… (33)
　2.1 常规模拟方案 ………………………………………………………………………… (34)
　2.2 埋藏史和热史模拟 …………………………………………………………………… (35)
　2.3 构造沉降 ……………………………………………………………………………… (48)
　2.4 用盆地模拟方法进行热史和构造沉降分析——以阿尔及利亚塔克浩科特地区韦德迈阿盆地为例 ………………………………………………………………………………… (50)
　2.5 高纬度盆地的热史模拟：盆地模拟框架下的气候因素分析 ……………………… (51)
　2.6 模拟岩浆侵入对沉积盆地温度分布和所包含有机质成熟的热效应 ……………… (62)

3 盆地埋藏史中烃源岩含油气远景的数值重建 …………………………………………… (75)
　3.1 有机质成熟度的评价 ………………………………………………………………… (76)
　3.2 用 Galo 系统模拟油气生成 ………………………………………………………… (84)
　3.3 用热解试验方法重建动力学光谱 …………………………………………………… (93)
　3.4 动力学参数中不确定性的影响 ……………………………………………………… (99)
　3.5 结论 …………………………………………………………………………………… (99)

4 利用 Galo 模拟系统进行大陆沉积盆地分析 …………………………………………… (101)
　4.1 裂谷型沉积盆地热演化和成熟史的综合特征 ……………………………………… (102)
　4.2 撒哈拉盆地埋藏史、热史和成熟史的二维模拟 …………………………………… (107)
　4.3 西西伯利亚盆地（乌连戈伊气田）热史和成熟史的模拟：盆地模拟中专门考虑的问题 ……………………………………………………………………………………… (175)
　4.4 东欧地台西巴斯基尔地区里菲（Riphean）盆地的演化史和成熟史 …………… (189)

5 被动大陆边缘和弧后中心的盆地分析——地球动力学、热史和成熟史 (216)
5.1 被动大陆边缘和弧后中心内海洋和大陆岩石圈热演化的分析方法 (216)
5.2 被动大陆边缘盆地的模拟 (220)
5.3 岩石圈热状态和复杂成因被动边缘盆地中有机质成熟条件的数值分析——以南极洲—太平洋区段别林斯高晋海区和东太平洋海隆的阿鲁克洋脊为例 (230)
5.4 边缘海岩石圈的热状态：数值模拟——以白令海科曼多尔盆地和菲律宾海盆为例 (236)
5.5 海洋区域天然气水合物是未来油气的潜在资源 (244)
5.6 小结 (252)

6 结论 (255)
6.1 模拟地球动力学及相关的地热学 (255)
6.2 模拟热史 (255)
6.3 模拟油气生成 (257)
6.4 模拟特殊地区 (257)
6.5 盆地模拟方法在油气勘探中的应用 (259)

参 考 文 献 (260)

1 裂谷盆地形成与演化阶段的地质力学表征及地球动力学环境

　　裂谷盆地在全球含油盆地中占据着相当重要的位置(Ziegler,1996)。沉积盆地的演化(其产生、发展和转化或者消亡)构成了地壳全球演化的一部分。盆地丰富多彩的构造与基底形态通常被解释不同的盆地演化模式,它被认为是地壳演化过程中区域构造的一种往复循环。这种循环始于陆块的破裂,继而海槽的形成,并以洋壳的关闭、海洋的消亡、板块的漂移以及碰撞造山过程而结束(Wilson,1965;Turcotte 和 Schubert,1982;Cloetingh 等,1996)。

　　沉积盆地不同的岩石圈演化过程造就了包括内陆构造(坳拉槽)到被动大陆边缘在内的多种盆地类型和边缘海盆地的扩张中心,还影响到每个盆地不同的构造发展史、热流系统以及有机质(OM)成熟环境。

　　在盆地的发展过程中随着表层沉积物和水的堆积会引发基底结构性的沉降,同时造成基底岩石热液和构造在空间分布特征上的变化,这还包括地壳和地幔岩石圈在相态上的转换(Mckenzie,1978;Hegarty 等,1988;Rehault 等,1990;Artyushkov,1993;Cloetingh 等,1996)。然而,由于我们对这些转换动力机制认识上的不足,目前针对内陆盆地结构性沉降所引起的陆壳下部向他形花岗岩与榴辉岩转变的研究还处于定性阶段(Barid 等,1995;Artyushkov 和 Merner,1997)。

　　诸如拉张和热活化等过程会在裂谷盆地发展过程中周期性地重复出现,这一点在任何单个盆地的构造沉降和热演化模拟过程中都应当予以关注。岩石圈地块之间不同时代与构造的侧向热交换以及拉张轴向的改变都会对被动大陆边缘以及边缘海盆地的热流系统产生影响。

　　高地温梯度、大拉伸幅度、深部物质相态的变化以及与被认可的瞬时拉伸模式相比明显偏大的热液与构造活动(Mckenzie,1978,1981)都是盆地发展早期裂谷阶段的特征(Takeshita 和 Yamaju,1990)。热传导过程是造成地壳减薄的原因之一,但即使是存在软流圈底辟而可以认为热流充分对流上升的地方它们也不是决定性的因素。可以假设由于对流的不稳定性而使软流圈的低密度物质通过刺穿而进入到岩石圈中。软流圈上升的过程可以更为迅速(30~35Ma),这取决于底辟物质与其围岩有效黏度的比例关系(Neugebauer,1983;Heeremans 等,1996;Huismans 等,2001)。然而,底辟的上升将会导致岩石圈相对于底辟物质本身来说大规模的拉张。在地幔异常中很明显地观测到断层区域产生的形变要远小于隆升区域(Artyushkov,1983,1992;Zorin 和 Lepina,1989;Ibraham 等,1996)。

　　本章将简要介绍裂谷盆地形成与演化阶段的部分表征及地球动力学背景,这些表征包括:盆地地壳的拉伸与减薄、盆地沉降过程中主要相态的转化以及它们所起到的作用、地热场以及地壳在裂谷期和最终阶段的起伏变化、裂谷盆地地层的热力学特征。以上这些都是在盆地发展过程中出现的主要特征。认为盆地地壳的减薄和沿大陆裂谷拉张轴向出现的软流圈底辟是控制裂谷盆地地层发育的主要因素。

1.1 (含油气)沉积盆地及其分类

含油气沉积盆地通常意味着具有相对较大规模的地质层系,通常涉及油气藏形成过程中烃类的生成、运移、聚集、转化和降解。这些盆地内的烃类源于正在沉降的沉积物所含有机质的热裂解。

沉积盆地演化,其形成、发展、转化或者消亡是地壳全球演化的一部分。本书创新性的工作就是基于现代的板块构造地球动力学理论系统地划分含油气沉积盆地的类型。在这种情况下,20世纪60—70年代新的、成熟的地球动力学理论需要对传统地质学的基础予以修正,尤其是对过去 100~120 年间作为地质学发展基石的槽台理论作一修正。

以前的工作是对以垂向运动为主导的两种地学体系,即地槽和地台的认识为基础的。地槽体系被认为是一种伴随着补偿性沉积和岩浆活动的地壳强烈下沉,以及随后的构造体系的倒转和在某些地槽沉降过程中出现的褶皱山系构造。在此之后,在相同的格架体系下作为一种更加稳定(相对于地槽而言)的大型地壳构造体系,地台的概念被推上前台。然而,随着岩石圈研究的地质与地球物理方法的不断发展与完善,发现越来越多的事实与槽台理论并不符合(Wilson,1965)。一方面,针对大陆地质的传统理论研究主要关注于地槽垂向运移过程,并且实际上并不能反映岩石圈板块的水平位移。这与近期对海底的地球物理研究所揭示的结果有所不同,研究表明地壳板块和块体在地质时间尺度上存在着明显的水平位移(图1.1)。空间测量的数据也证实现代的岩石圈板块(图1.2—图1.4)之间存在着相对或者绝对的运动。另一方面,传统的理论回避了同时期地球其他区域地壳的演化而研究地槽的成型与发展,并且最终很难对其形成、发展和消亡给出合理的解释。

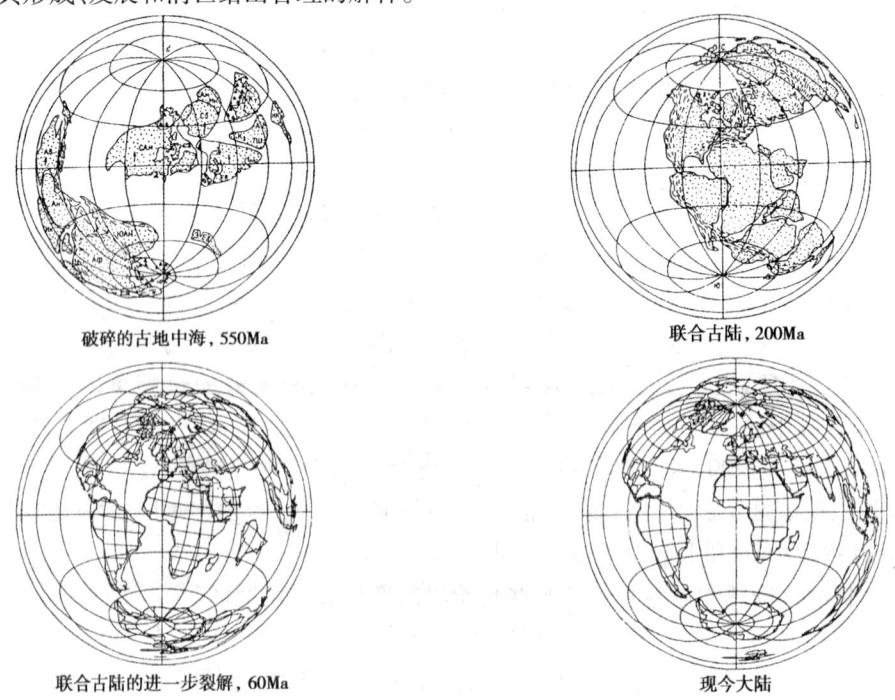

破碎的古地中海,550Ma　　　联合古陆,200Ma

联合古陆的进一步裂解,60Ma　　　现今大陆

图1.1　板块可能位置的再现(Smith 和 Brieden,1977)

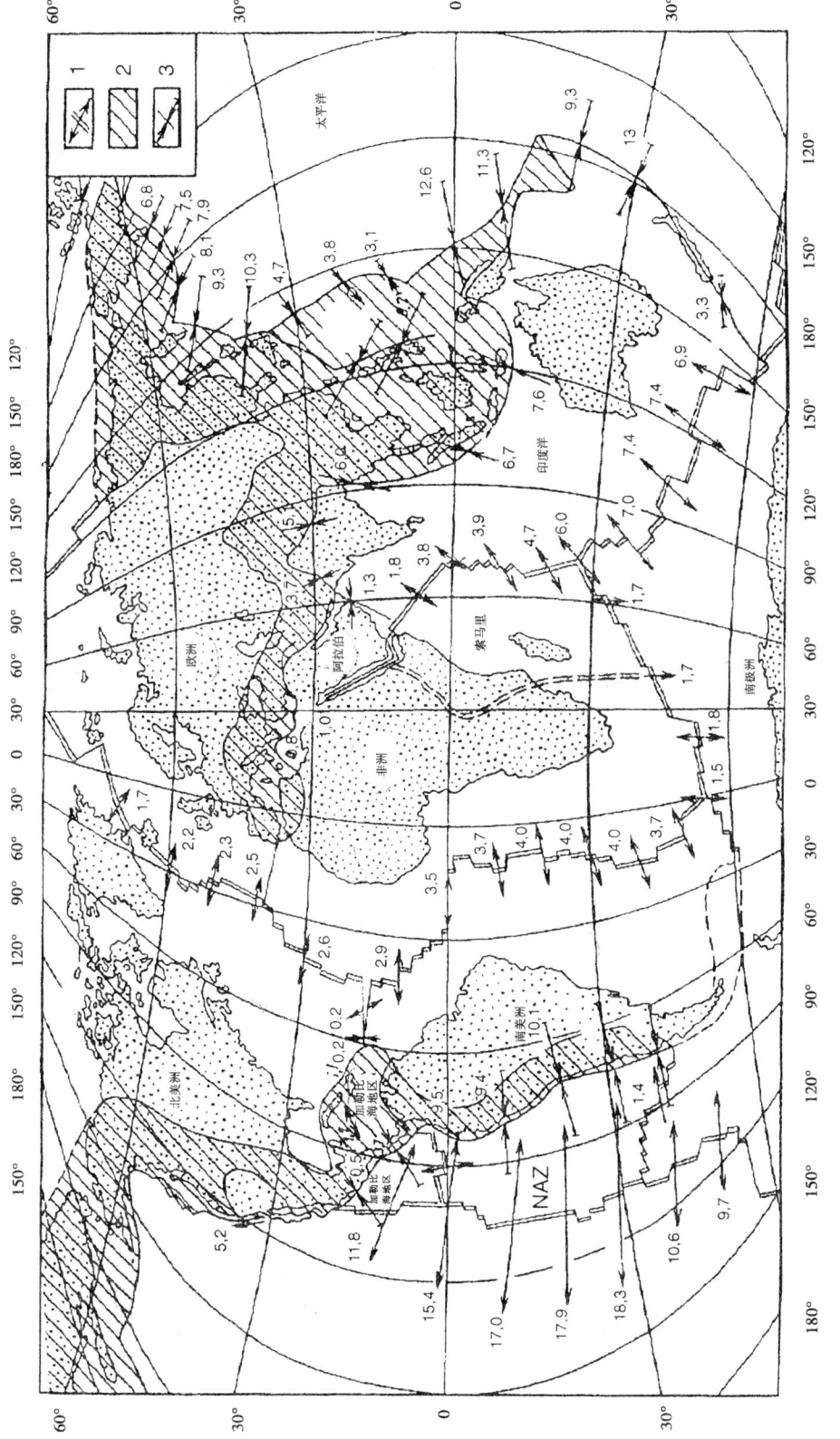

图 1.2 主要地壳板块边界以及板块在这些边界上的相对运动速度（Galushkin 和 Ushakov，1978）

1—拉伸轴和转换断层；2—行星式挤压链；3—板块边缘消减带

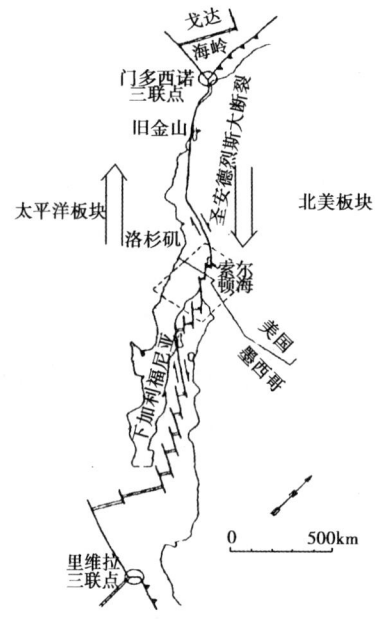

图1.3 太平洋板块与北美板块之间的边界(Lachenbruch,1985)

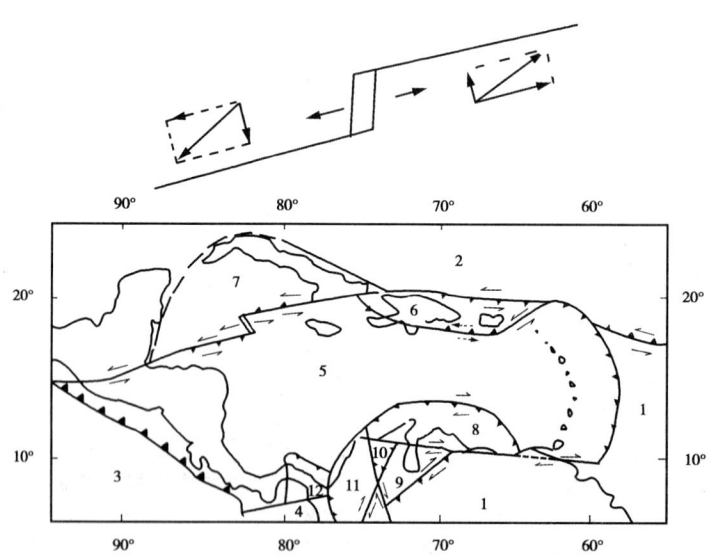

图1.4 加勒比地区的小板块以及凯门(Cayman)海沟的形成(Kucheruk 和 Ushakov,1985)
板块:1—南美;2—北美;3—科科斯(Cocos);4—纳斯卡(Nasca);5—加勒比(Caribbean);
小板块:6—Gaity;7—Cubinian;8—Kyurosao;9—马拉开波;10—克里斯托瓦尔—科隆(Cristobal—Colon);
11—马格达莱纳(Magdalena);12—安南(Panamian)

根据地壳板块的结构,沉积盆地的形成与演化及其分类将涉及从大陆裂解、新的发散型板块边界产生,年轻的生长型洋盆走向消亡且洋盆逐渐萎缩,从地壳板块的会聚与碰撞到造山带与缝合带的形成等一系列演化事件(图1.5、图1.6、表1.1)(Ushakov 和 Galushkin,1983)。

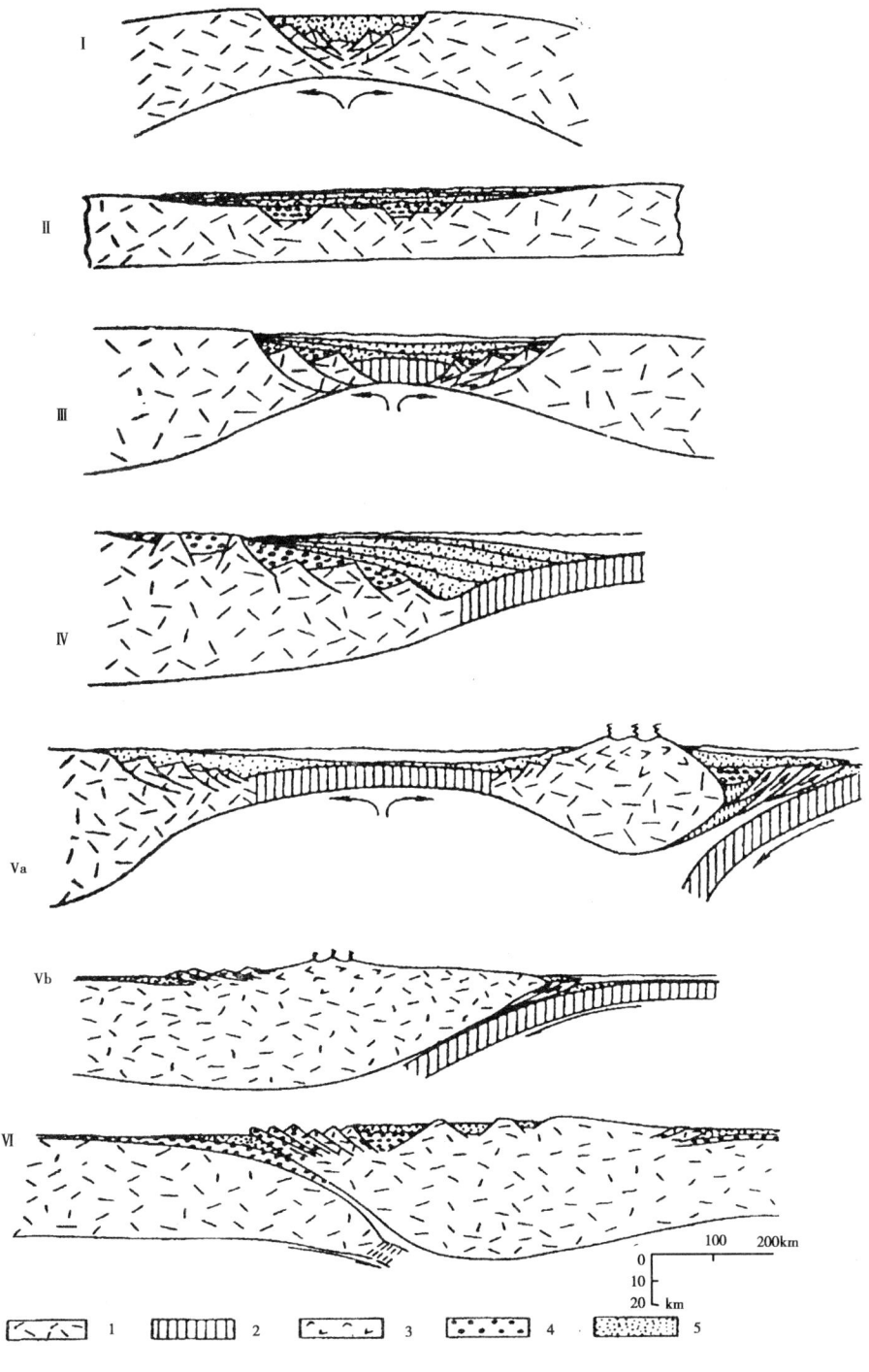

图 1.5　地壳演化的主要阶段（据 Dewey JF,1969）

Ⅰ—大陆裂谷初始阶段；Ⅱ—大陆裂谷之后坳拉槽的出现；Ⅲ—陆壳裂谷以及海洋扩张的开始；
Ⅳ—年轻的扩张性海洋被动边缘的出现；Ⅴa—洋壳的沉降，火山岩岛弧以及弧后海的出现；
Ⅴb—洋壳俯冲到陆壳之下产生的主动沉降区域；Ⅵ—大陆板块边缘的碰撞以及全球造山带的产生

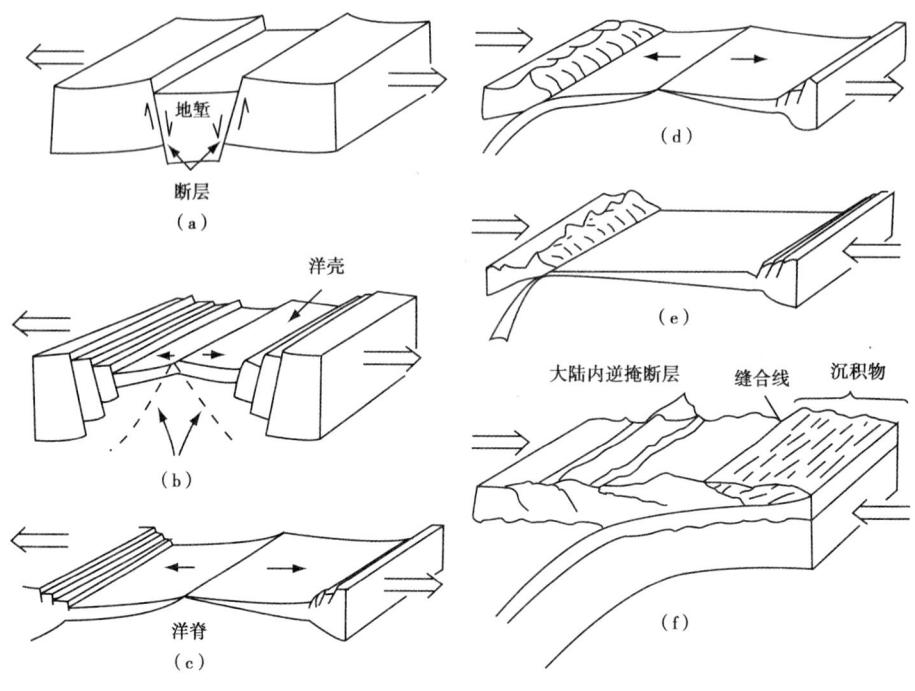

图1.6 威尔逊全球构造循环(据 Turcotte 和 Schubert,1982)
(a)裂谷的形成;(b)初始洋底(年轻大洋)海洋扩张中心;(c)大洋的演化;
(d)洋壳的沉降;(e)扩张中心的沉降;(f)陆壳与陆壳间的碰撞

表1.1 裂谷盆地的地球动力学成因分类
沉积盆地的演化是地球地壳全球演化的一部分

地壳的演化阶段	主动演化形成的盆地	被动演化形成的盆地
陆壳裂谷阶段	稳定陆壳上的单个裂谷(东非、贝加尔、苏伊士)	坳拉槽、陆槽(伯朝拉—巴伦支海、莫斯科、第聂伯—顿涅茨、西西伯利亚、伏尔加—乌拉尔地区、锡尔特、北海)
	新造山带区域数个裂谷地堑与地垒(美国的盆岭发育地区)	
	与裂谷相关的巨型剪切地区(加利福尼亚、死海、开曼)	
陆壳裂谷以及初始洋的扩张	红海、亚丁湾、加利福尼亚湾、年轻的陆缘盆地	在大洋扩张的早期衰减(拉布拉多海、塔斯曼海)。古分支(三联点)内部的坳拉槽,三角带附近的河流(尼日尔河、尼罗河、马哈纳迪河和印度的戈达瓦里河)
大洋的继承性扩张	被动大陆边缘盆地(桑托斯(Santos)、佩洛塔斯(Pelotes)、南极洲边缘的澳大利亚部分)	
	被动边缘碰撞产生的三角洲盆地与三联点的古老分支(坳拉槽)—尼日尔河、尼罗河、亚马逊河三角洲	

续表

地壳的演化阶段	主动演化形成的盆地	地壳被动演化形成的盆地
俯冲带的出现以及大洋面积消减	活动大陆边缘型盆地及岛弧	由于扩张轴心的改变而停止沉降(别林斯高晋海的被动边缘)
	地壳拉张形成的弧后盆地(菲律宾海盆、希腊海、克曼多尔海盆(Commander))	
海洋及陆缘的消亡,造山与缝合带的出现	前渊盆地(Precaucasian)	
	局部拉张的山间盆地(莱茵地堑、潘诺尼亚和黑海盆地)	

1.1.1 裂谷型内陆沉积盆地

据 Kucheruk 和 Ushakov(1985)的研究,大陆开裂(裂谷阶段)的早期阶段或者在新大洋形成以前的地壳以及大陆的早期裂谷构造阶段都会发育裂谷型沉积盆地(表 1.1;图 1.5—图 1.7)。从演化规律上讲,坚硬的古陆壳裂解结果是产生一类单一的裂谷断裂(莱茵地堑和苏伊士地堑;图 1.8)。受到年轻造山带的影响,近平行的裂谷地堑与独立地垒的出现造就了盆岭相间的盆地格局。这类裂谷在地球动力学因素上也具有一定的特殊性。在许多实例中,台地内裂谷的出现是由于软流圈表层的上涌而使其相应区域拱起而形成的。在这些例子中,地壳破裂为共轭的三块区域(三联点,渐新世以前)。然而也存在着一些盆地(如北海盆地)在地壳部分找不到延展性隆升和剥蚀的证据,这类裂谷来源于拉张应力条件下产生的典型断层及造成盆地的整体下沉。

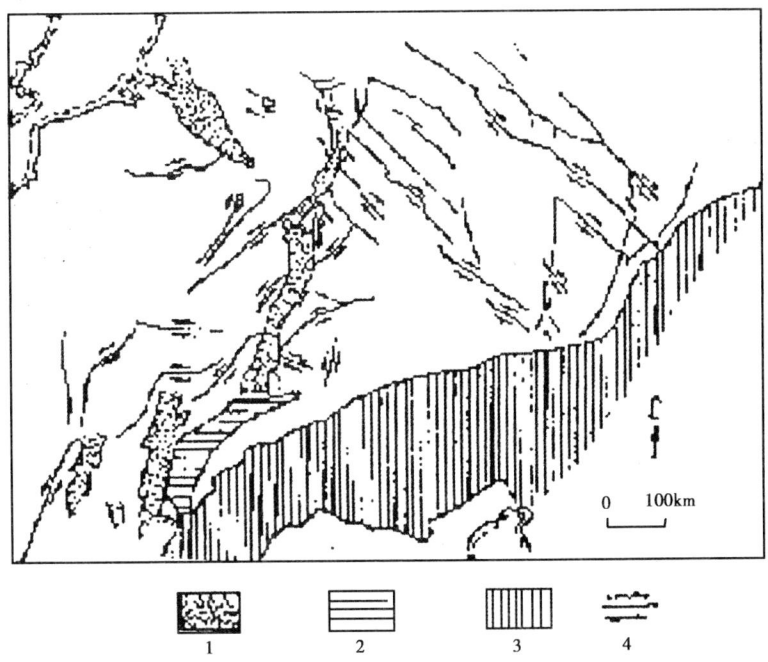

图 1.7 中欧地区主要的古近—新近纪构造(Sengor,1976)

1—古近—新近纪地堑;2—侏罗纪山脉;3—阿尔卑斯山系;4—断层

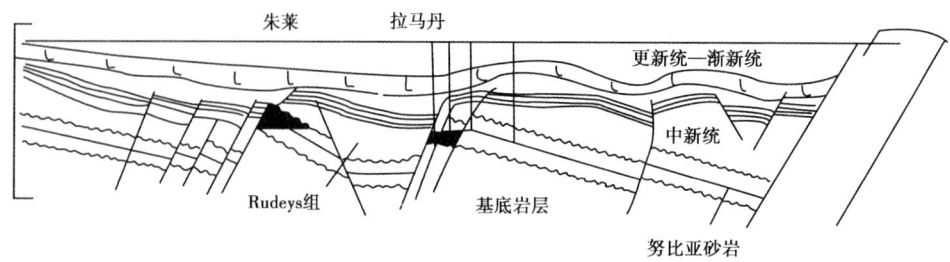

图 1.8 过苏伊士地堑的地质横剖面（Perrodon，1980）

内陆裂谷的演化存在两个方向：消亡或者进一步发展，甚至形成大洋。在前一个例子中，最初阶段拉张应力背景以及高热流值条件下的主动发展演化逐步转化为地壳冷却与被动沉降的阶段。这种裂谷阶段（或者是系列的裂谷断层）转变成为伴随沉积以及典型内克拉通盆地（第聂伯—顿涅茨、锡尔特（Sirt）、西西伯利亚盆地或者其他盆地）构造的坳陷阶段（或者单斜挠曲）。

发育于地壳演化早期的裂谷盆地受控于区域挤压作用，其断裂将会转变为上冲和逆掩断层以及其他挤压构造（比如第聂伯—顿涅茨盆地的东南部）。在造山过程中地壳板块边缘的挤压应力环境同样会导致坳拉槽的反转，它将在这种断背构造环境下最终演化为不同类型的盆地（美国的威奇塔体系）。对于某些古老的坳拉槽（比如位于俄罗斯中部莫斯科向斜基底的坳拉槽）来讲，这种反转的发生要早于向斜地台盖层的形成。在季曼诺—伯朝拉（Timano—Pechorian）地区有许多这类反转坳拉槽被报道过，例如位于俄罗斯地台的季马诺—佩乔拉地区与沿乌拉尔山脉坳陷结合部的 Varandei—Adzivian 坳拉槽。这种反转始于维宪期并在侏罗纪—白垩纪达到活动的高峰，它导致了地台盖层上部坳拉槽的形成并转化为具备良好油气勘探前景的系列巨型穹隆（Varandeanm Nyadeiyu—Medynian 等）构造（Kucheruk 和 Ushakov，1985）。

1.1.2 年轻大洋阶段的盆地（海洋裂谷）

大陆的完全开裂导致年轻洋壳的出现以及沉积盆地开始演化，这标志着一个新时代的开启。通常情况下，在早期它们是以内陆裂谷盆地形式出现，而在晚期则是年轻的被动边缘（表 1.1；图 1.5—图 1.7 和图 1.9）。此类现代盆地仅指活动的裂谷区域（红海、约旦和加利福尼亚湾）和在海盆扩张早期就终止了裂谷活动的沉积盆地（拉布拉多海和塔斯曼海）。对于发生在三共轭构造区域的裂谷过程，洋壳或者出现在三联点的所有分支上（太平洋和北美板块之间的边缘，图 1.2、图 1.3；早、晚白垩世南大西洋沿岸的布韦岛），或者在其中的两支（现代阿法尔（Afar））。这种情况下，残留下来未发育的三联点分支（贝努埃（Benue）、雷康卡沃（Reconcavo），可能还有锡尔特和其他盆地）会形成所谓的陆缘裂谷盆地。沿着这样的坳拉槽分支经常会发育河流并形成与众多被动边缘型盆地（与年轻大洋相对应的阶段）不同的特殊三角洲沉积盆地，因为这类盆地一般都会沉积巨厚的沉积物（尼日尔河和尼罗河三角洲）。如果数条近平行的裂谷地堑同时发育，只有其中的一条会与随后出现的洋壳一起组成完整的构造；构造活动结束时其他地堑会消亡且并入次大陆陆壳或者附近的洋壳（图 1.9）。

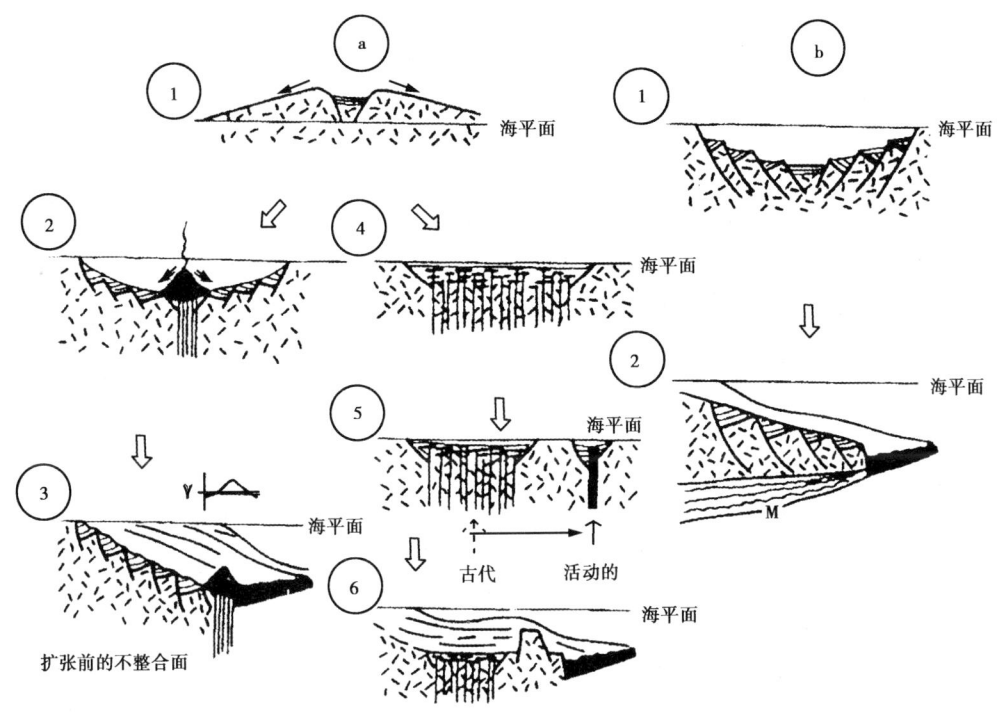

图 1.9 被动大陆边缘的不同盆地(据 Alieva 和 Ushakov,1985)
(a)1—基底的抬升、裂谷与剥蚀;2—沿窄条带状分布的火山活动,拉张初始阶段;3—裂谷后的沉降,沉降中心之上快速的沉积;4—岩墙与基底的裂谷沉降,地磁休眠区;5—扩张中心的改变;6—边界区域,由陆壳部分形成的外边界。
(b)1—无隆升,陆壳内沉积盆地的裂谷,铲状正断层;2—无火山活动,地壳的减薄,陆壳与洋壳边界的迅速转换,薄的沉积盖层

1.1.3 大洋扩张阶段的盆地(被动边缘盆地)

大洋坳陷的扩张以及扩张中心从大陆裂谷边缘的转移是因为盆地演化由裂谷期向第二个被动阶段的转化。被动边缘盆地(或者叫大西洋型盆地)典型的热流系统被界定为由裂谷早期阶段的热流系统向逐渐冷却的洋壳与陆壳之间相互影响的热流系统转变的一类系统。洋壳以及毗邻陆壳的逐渐冷却导致了与陆壳边缘直接相邻的洋底以及大陆边缘区域的沉降。当坳陷被沉积物不断充填时,这样的沉降就成了促使沉积物向前运移到海洋的控制因素。通常这些被动转换区域的沉积盆地会经常性地被基底边缘隆起分割为两个平行的单斜挠曲(图 1.9)。发育在这类基底挠曲之上的沉积盆地包括一个在陆棚内占有主导地位的盆地以及另一个完全或者部分发育于洋壳之上靠近大陆坡脚的盆地(图 1.9)。

当地壳逐渐冷却时,陆壳裂解形成的一系列近平行的裂谷会导致洋壳"联合"单块的陆壳或者次大陆陆壳一同沉降。这些发育在陆壳之上的洋内沉积盆地拥有包括沉降之前沉积物在内的足够厚的沉积盖层(Hutton,Rockall 等),它们具有生成油气的巨大潜力。在远离大陆边缘的深水沉降区沉积盖层的厚度通常不大(不会超过 1km,偶尔可以达到 3km 甚至更厚,如爱

尔兰和阿根廷海槽),然而也具有一定的油气勘探价值。

1.1.4 消亡阶段的盆地

地壳演化的下一个阶段包括海洋面积的收缩和消减带的出现,以及与此相关的活动大陆沉积盆地和岛弧。洋壳的消减会出现在海洋(表现为洋内体系的深海海槽(图1.4)和火山岛弧)和大陆之下出现的陆缘海槽体系——火山带。在岛弧与海槽之间会形成弧前、弧间和弧后沉积盆地,它们就如同边缘海沉积盆地一样具有丰富多彩的构造样式。这些以厚陆壳、高山地形和弧前大陆基底出露为特征的岛和挤压陆缘弧(例如秘鲁安第斯山脉)形成于弧后区域,具有十分明显的以逆掩断层为特点的内陆峡谷边缘构造剥蚀,与前渊盆地一样也可以出现沉积盆地。弧后区域的扩张会出现与正常地壳组合相近似且具有薄洋壳或者陆壳的边缘海。

环太平洋地区的现代沉积盆地就是在海槽不对称关闭过程的晚期演化阶段所形成的典型代表。太平洋西部古老而巨厚的洋壳发生沉降,明显地表现为偏向一边的震源带和岛弧以及不同类型边缘海体系的扩张。东部地区特征表现为发生在年轻陆壳以及相对年轻洋壳之下平缓的斜坡式沉降,并伴随着弧后逆掩盆地的产生(Ushakov和Galushkin,1983)。

环太平洋地区的沉积盆地在其整个成熟阶段都是典型的逐渐收缩的海槽。然而,在收缩阶段的早期其特征表现为被动大陆边缘型沉积盆地之下洋壳的沉降。在现今的巴哈马台地区域可能正在发生这一过程。发育于岛弧和主动大陆边缘的大多数沉积盆地其生命周期相对更短,这是由于它们的沉降与造山过程相伴生且偶尔会有十分强烈的剥蚀。

有人认为俯冲带(图1.10(a),(b))海洋沉积物中的有机质在某种机理下会产生大量烃类(Sorokhtin,Ushakov,2002)。在洋壳俯冲和深海沉积物覆盖的过程中这些产生的烃类被聚集在岛弧以及主动大陆边缘地层之中。假定俯冲带所有板块长度的总和为4×10^4km,大洋沉积物的平均厚度是500m,且板块俯冲的平均速度为7cm/a,被带入岛弧和主动大陆边缘的所有沉积物总量为30×10^8t。大洋沉积物平均有机质含量为0.5%,且来源于有机质的烃类大约有30%被有效聚集,在这样的条件下板块俯冲带每年产生的烃类可以达到5×10^6t(Sorokhtin,Ushakov,2002)。对于生成这一数量烃类的面积(20~50km^2)估算的比较保守。如果假设这一过程在整个显生宙也就是说过去超过5亿~6亿年的时间内从不间断的话,将会有大约$(2.5~3) \times 10^{15}$t油气从这里生成,这将是20世纪70年代早期全球化石能源总储量的1000倍(Sorokhtin,Ushakov,2002)。即使在显生宙事实果真如此,有关烃类的生成、聚集和保存依然存在很多问题悬而未决。从总的来看有一点十分清楚,就是这些产生的物质并非同一时代,而且最重要的是它们极其分散。需要重申的是岛弧与生烃中心一直是处于变化的状态,并且在板块边界重新分配的过程中它们的位置便会很快改变。也许这一说法可以解释为什么在现今活动的俯冲带没有见到烃类聚集的直接证据。在推断它们看似存在的地方(爪哇俯冲带)实际的沉积过程与弧后和弧内裂谷过程有关,并且用局部裂谷机理能够得到很好的解释。然而,对于能够在俯冲带产生甲烷气体的深海沉积物来说,能够提出好几种看似合理的假设来证明热流机理对烃类的破坏作用,而且这类甲烷与其他的火山气体一起被释放到大气之中。

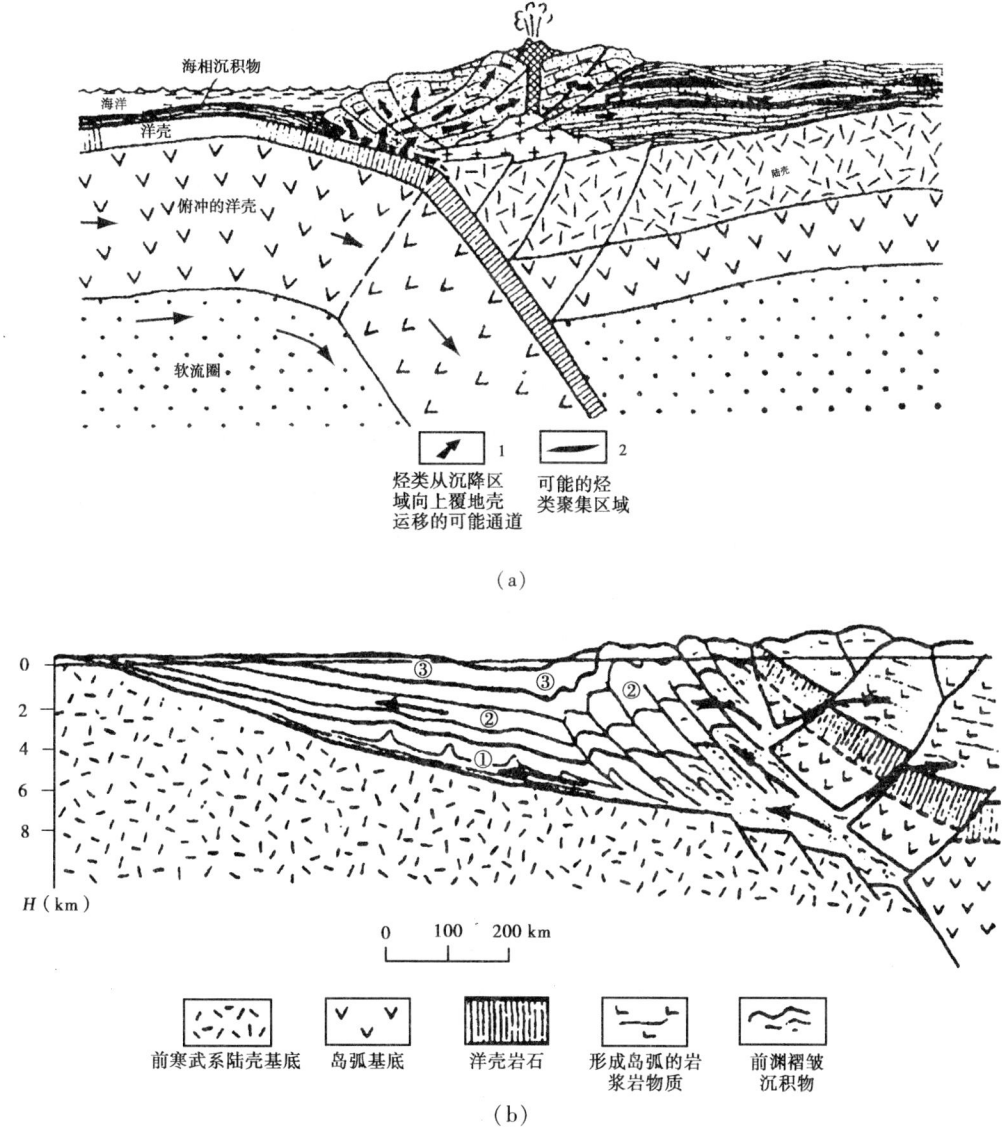

图 1.10 俯冲带假想生烃机理岛弧俯冲示意图(Sorokhtin 和 Ushakov,2002)
(a)洋壳俯冲带的假想生烃机理;(b)岛弧俯冲示意图,
①—③为不同时代沉积的地层,箭头指示可能的运移通道

1.1.5 在造山之前、造山前期以及造山之后地壳演化阶段形成的盆地

岩石圈板块大陆边缘的碰撞导致大洋完全闭合,并使得山系不断隆升,这些就是接下来这一阶段的演化特征。在进一步的演化中主要表现为涉及被动陆缘、岛弧、海岛链以及微大陆(现代澳大利亚板块与欧亚板块的边缘)在内复杂的小规模碰撞。在这种转换过程中沉积盆地经历了变形或者部分消亡,并且它们的残留物质成为了与造山相关的山麓或者山间盆地的一部分。对于挤压背景下的缝合线区域其典型特征是出现具有明显地层错位的逆冲体系。这里位于被动变形区域的弱变形和实际上未变质的沉积物会在山脊的逆掩

复杂褶皱带下保存下来(图1.11)。由于岩石圈板块的碰撞,被动边缘的沉积会由于板块的沉降而终止,且会褶皱变形成为山麓盆地的雏形——褶皱构造的外部(冒地槽)区域(扎克罗斯山脉、科迪勒拉山脉东部和卡亚德拉斯山脉(Cayadas))。经常能看到这一区域逆冲在来自于古被动陆缘磨拉石建造的前渊坳陷沉积物之上。偶尔这一被动陆缘的沉积组合能够在老的主动陆缘(优地槽)或者结晶基地岩石的逆冲沉积组合之下追踪到很远的距离(在

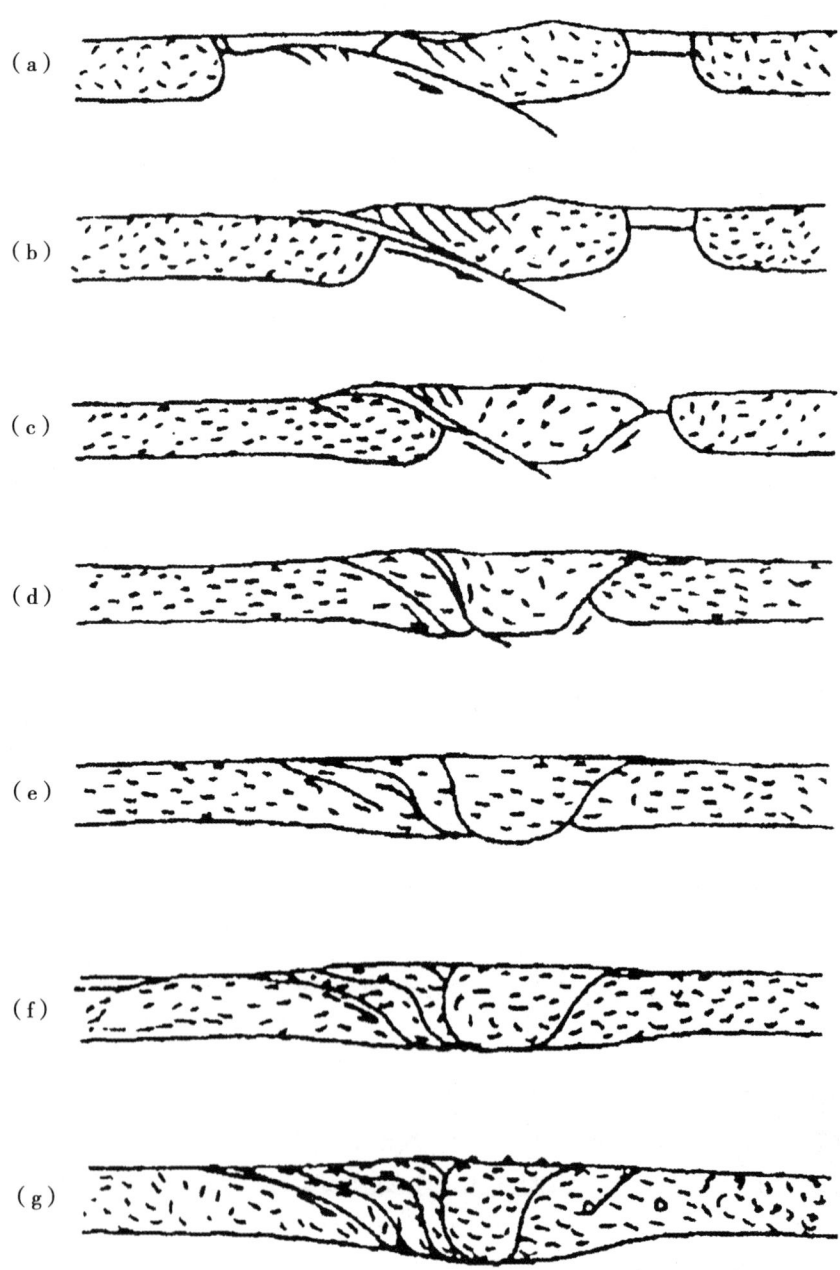

图1.11 大陆碰撞的缝合线区域演化示意图(据 Dewey,1977)

阿巴拉契亚山脉中超过了160km)。有报道称在扎克罗斯山脉以及科迪勒拉山系(美国和加拿大)(Kucheruk等,1982)被动陆缘油气的富集受到作为主要构造盖层(在维也纳盆地)的褶皱构造的外部区域的控制。对前渊坳陷来说,平台式构造阶段的位置越低其沉积量就会越大,即被动陆缘的沉积组合(美索不达米亚、加拿大西部、阿启坦和外高加索盆地)。经常能在山间盆地复杂造山带之下的古被动陆缘沉积物中见到大型的构造。在所有的这些实例中它们都显示出良好的油气勘探前景。随着前渊磨拉石建造之下被动陆缘沉积物埋深的不断加大以及它们在活动造山背景下的俯冲,这些烃源岩会进一步地演化生烃并沿侧面倾斜向上运移。

据一些科研人员的研究,造山带和挤压区域很难为油气运移提供良好的通道。不过发育的活动断层、褶皱以及沉积的非均质性有可能为垂向或者相对短的水平运移提供合格的通道。在活动的造山区域运移到地表的油气苗及其残留的痕迹并不罕见。该地区有利的一面是在挤压环境下的褶皱会形成众多的背斜构造圈闭。由于这一原因,沿着被动陆缘沉积与上覆的前渊坳陷沉积之间断层(例如美索不达米亚盆地(Kucheruk等,1982))运移的烃类将会起到重要的作用,尤其是在前渊褶皱带的边缘。在俯冲区域只要有部分的油气被保存下来就会形成大量的聚集。20世纪70年代在美国的落基山脉和阿巴拉契亚山脉、古巴蛇绿岩套之下、瑞士的阿尔卑斯山脉、新西兰、扎克罗斯地区以及其他地方发现的油气聚集带都是这类例子。根据钻井和地震数据,在俄罗斯乌拉尔地区地表以下3~4km地层中发现了保存完好且近水平展布的复合体。其他对俯冲区油气聚集研究较为深入的是乌拉尔北部、新西兰、Pai Hoi以及上扬(Verkhoyanian)复背斜。上扬复背斜逆冲在包含有前上扬斯克以及勒拿—阿纳巴尔(Leno - Anabarian)前渊在内并外延至拉普捷夫海(Laptev)的西伯利亚板块东部边缘之上。

值得一提的是阿拉伯—波斯湾独特的油气富集方式。许多学者认为其来源与扎克罗斯地区的构造影响密切相关(据Sorokhtin和Ushakov,2002),但不少石油地质学家对此持不同观点。他们认为这一独特油气区域的出现是众多有利因素共同作用的结果,扎克罗斯山脉的构造作用充其量只是重要因素之一而不是关键(Vysotskii和Kucheruk,1978)。支持这一观点的事实是前渊坳陷的宽度(造山带所能影响的区域)理论上不会超过200km,而始于扎克罗斯山脉的沉积有利区域的展布宽度是400~800km(Kamen - Kaye,1970;Vysotskii和Kucheruk,1978;Murris,1981;Artyushkov,1993)。在导致阿拉伯—波斯湾油气富集的有利因素中,需要强调的是盆地区域内大范围(时间和空间上)和持续的沉降以及没有反向的隆升。在盆地地质发展中占主导地位的沉降因素导致大规模的沉积岩和有机质的富集,这为油气演化提供了良好的环境:烃源岩、储层和区域盖层,这是烃类生成、聚集和保存最有利的组合。在整个沉积过程中烃源岩几乎无处不在,它们在中生代沉积物中非常富集,大部分的油气也是来自于此(Vysotskii和Kucheruk,1978)。具有高的骨架孔隙度和发育的次生裂缝的大套碳酸盐岩与具有高孔隙度的厚层砂岩一起为烃类的运移、成藏和聚集提供了优良的环境。7km深度以上总的天然储量超过了$150 \times 10^4 km^3$,全盆地的预测储量超过$250 \times 10^4 km^3$。在这一区域早白垩世烃源岩层具有最大的生烃潜能。美索不达米亚盆地牛津相富含沥青质深海泥灰岩就属于这类沉积物。早白垩世沉积物所产生的大部分烃类都运移、聚集在晚白垩世、渐新世和中新世早期的沉积物中。油气的生成还得益于深色含沥青质黏土层和泥质盐岩与 Ratavi 组、Zubeir 组以及 Bourgan 组和 Nahr—Oumar 组（下白垩统）的部分砂岩地层互层，这些层位在科威特的中南部和沙特阿拉伯地区都富含油气。单一的沉降且没有反向运动的环境造成了油气开始在晚白垩世生成（早白垩世的储层在拉腊米构造期形成圈闭）。早期生成的烃类很快会将圈闭充满（Vysotskii 和 Kucheruk,1978）。在早白垩世和新生代短期且轻度的隆升之后是一系列快速的沉降。在这一时期相对深海环境沉积的黏土层是很好的盖层（Artyushkov 和 Buer,1987）。这样，良好的沉积历史、白垩纪和新生代该地区相对较高的大地热流值，以及丰富的烃源岩和储层是构筑阿拉伯—波斯湾独特的油气背景的主要因素。

纵观整个造山时期，尽管伴随着微大陆的不断形成，但山间盆地还是最具研究价值的区域，偶然它们也会保留下沉积盖层而将早期发展阶段形成的地层覆盖。沉积盆地形成于岩石圈演化的岛弧阶段，很少（如果有的话）会持续存在到沉降阶段；当洋盆关闭之后它们会随着造山过程而消亡。当山体构造的挤压应力减小之后构造运动也会趋于停止，且剥蚀搬运作用是这一过程的开始。在地壳岩石圈发展过程被动阶段的尾声会出现复杂的内部和边缘克拉通陆槽（例如澳大利亚大自流盆地）。上述不同演化阶段的沉积盆地充满了晚期略微倾斜的地幔。

1.1.6 沉积盆地的不同演化阶段及其含油气前景

盆地的发展可能会在岩石圈循环演化的任何阶段戛然而止。盆地在发展过程中可能既没有进入到发展的被动阶段，也没有进入到重新开始的主动构造演化范围，而是一个重复以前所有演化阶段的新的阶段，即特定演化阶段的循环往复（Alieva 和 Kucheruk,1983；Kucheruk 和 Ushakov,1985）。本书关注的不仅是现在存在的各种不同特征的盆地，还有在演化过程中经过强烈改造的古盆地（中生代和古生代的维也纳盆地），或者是形成现代沉积盆地雏形的褶皱山系（与阿拉伯—波斯湾地区毗邻的扎克罗斯山脉外部区域）。盆地的演化研究为逆冲的变质岩层之下大型含油气沉积盆地的出现提供了合理的解释。

沉积盆地目前的这些构造是长期演化的结果，这一过程经历了众多的演化阶段，与演化阶段转变相伴随的是盆地构造类型和温压场的快速重新分配，并由此影响到油气的生成与聚集。在岩石圈发展演化理论的框架内对盆地的地质历史予以明确和深入的研究将有效地指导油气勘探工作。

如果与被动陆缘型盆地和弧后海盆相比，裂谷沉积盆地应该是油气最为富集的沉积体（图 1.12、图 1.13、表 1.2）（Ziegler,1996；Newman 和 White,1997）。通过对全球盆地总共近 2000 个层系沉积物表面沉降曲线的分析可以得出结论（Newman 和 White,1997）：拉张阶段的岩石圈演化可以在盆地演化历史中得到精确的重复（东巴伦支海坳陷、挪威北部陆棚、北海）。在特殊情况下，裂谷早期初次拉张之后接下来 40~100Ma 的时间段内可以出现相当于早期 1.2~1.3 倍幅度的拉张作用（Huismans 等,2001）。存在着一类以裂谷阶段为中间过程的盆地，它们会在以前阶段的沉积物之上发育裂谷地堑并且会被接下来沉积的地层所覆盖（上白垩统—中新统利比亚的锡尔特地堑、侏罗系—下白垩统北海盆地的维京地堑和斯堪的纳维亚地堑）（Kucheruk 和 Ushakov,1985b）。

盆地分析与模拟　15

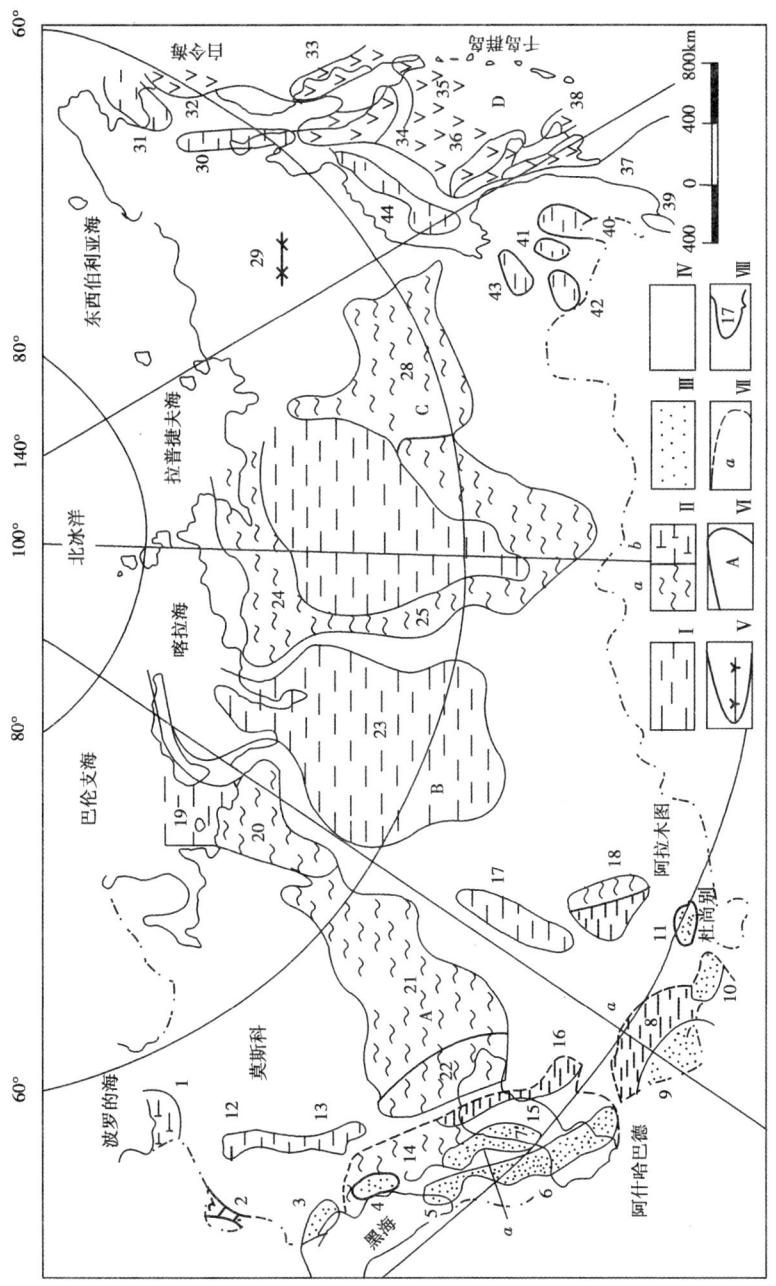

图1.12　俄罗斯及其毗邻地区的含油气区分布图（Kleshev和Shein，1996）

Ⅰ—裂谷和准裂谷构造；Ⅱ—被动陆缘（在板块碰撞中消亡（a）或者没有消亡（b））；Ⅲ—当阿拉伯-印度板块与欧亚板块碰撞时在微板块上形成的构造；Ⅳ—沉降构造；Ⅴ—转换断层；Ⅵ—油气聚集区（A—东欧，B—西西伯利亚，C—东西伯利亚，D—远东地区）；Ⅶ—巨型盆地（a—中亚，b—高加索，c—北极地区）；Ⅷ—含油气盆地：1—波罗的海；2—喀尔巴阡（Carpathian）（原文有误，Carpathian译者注）；3—5—黑海；4—亚速海-库班（Cubanian）；6—库拉（Kura）—里海南部；7—特瑞克；8—阿姆河（Amu）—达里亚（Darjian）；9—科佩达克（Koppedagian）；10—阿富汗-塔吉克；11—费尔干纳（Ferganian）；12—普里波亚苏（Chu-Syryasuy）；13—普里皮亚特涅滨（Pripyat）；14—北高加索；15—马内奇（Timano）—蒂曼（Timano）；16—南古斯奎-乌斯秋尔特（Mangyshlac-Ustyurt）；17—图尔盖（Targay）；18—楚河（Chu-Syryasuy）；19—巴伦支海；20—蒂曼（Timano）—伯朝拉；21—伏尔加—乌拉尔地区（Pricaspian）；22—滨里海（Pricaspian）；23—西西伯利亚；24—叶尼塞—阿纳巴尔（Enisey-Anabarian）；25—留涅茨（Nenets）；26—通古斯（Tungus）；27—涅泊尔湖；28—勒拿—维柳伊（Lena-Viluy）；29—齐良（Zyryen）—塔塞加；30—奔萨（Penzha）；31—阿纳德尔；32—阿留申群岛；33—东堪察加半岛；34—西堪察加半岛；35—中鄂霍次克（Middle Amurian）；36—东萨哈林（East Sachalinian）；37—西鄂霍次克；38—南萨哈林（West Sachalinian）；39—苏忠斯基（Syufunskiy）；40—中阿穆尔（Middle Amurian）；41—上布伦（Upper Burean）；42—结雅-布伦；43—结雅-乌多坎（Udokanian）；44—西鄂霍次克海

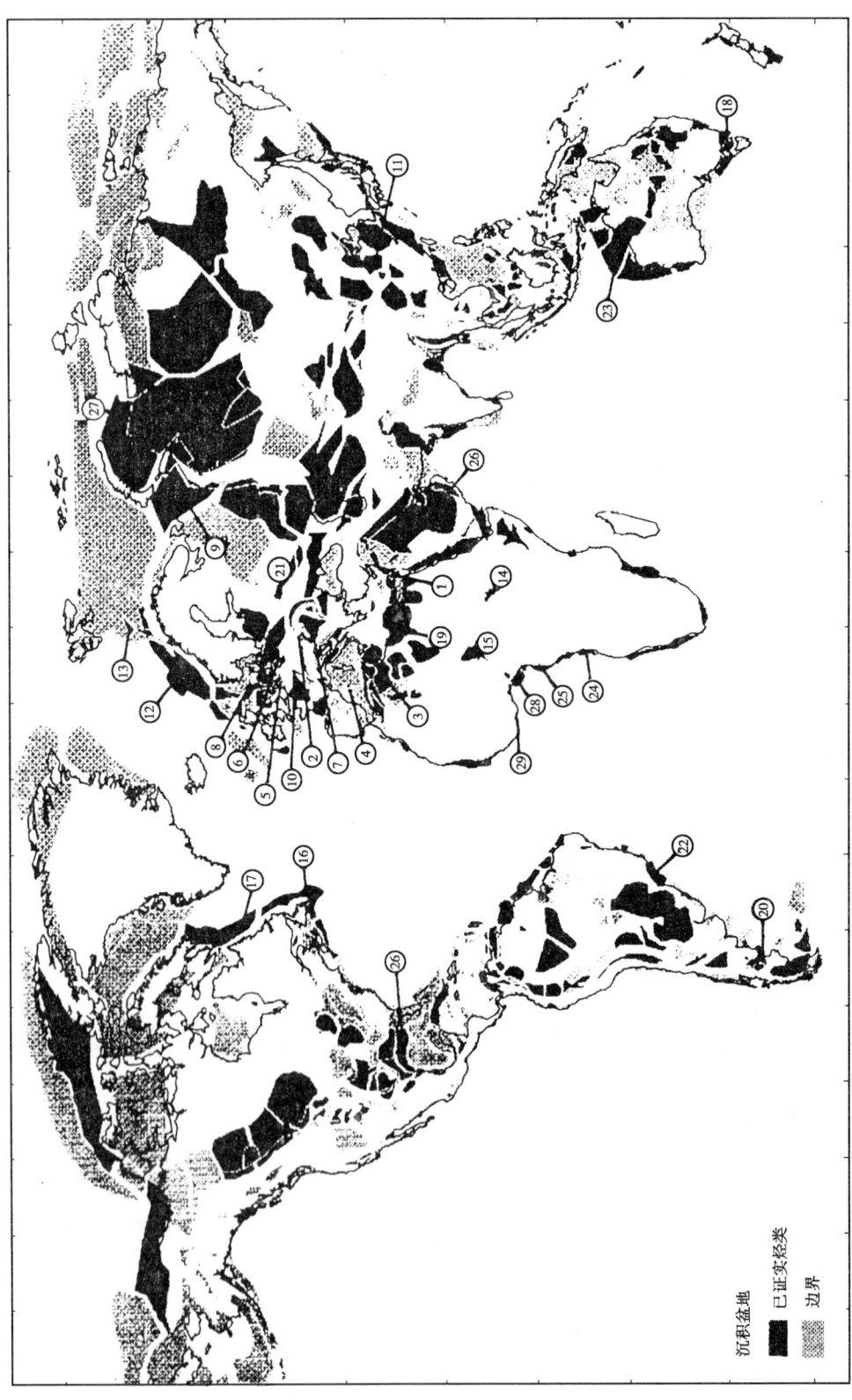

图1.13 世界范围内与裂谷盆地相关的含油气区域位置（Ziegler，1996）

表1.2 图1.13所示全球范围内含油气裂谷盆地的烃源岩与储层发育状况(Ziegler,1996)

	盆地	沉积层序		
		前裂谷期	裂谷期	后裂谷期
1	苏伊士湾裂谷	S^m&R	R	—
2	维也纳盆地	S^m&R	R	
3	潘泰莱里亚地堑	S^m&R	—	
4	瓦伦西亚盆地	S^m&R	S^*&(R)	
5	西荷兰盆地	S^m&R	S^*&(R)	
6	下萨克森盆地	S^m&R	S^*&R	R
7	潘诺尼亚盆地	S^m&R	S^m&R	R
8	北海裂谷	(S^*)&R	S^m&R	R
9	蒂曼—伯朝拉盆地	S^m	S^m&R	S^m?&R
10	莱茵地堑	S^m?&R	S^m&R	—
11	华东裂谷	R	S^*&(R)	—
12	中挪威陆棚	—	S^m&R	
13	巴伦支海西南陆棚		S^m&R	
14	穆格莱德—迈卢特地堑		S^*&R	
15	尼日尔、乍得、喀麦隆地堑		S^*&R	
16	让娜·达尔克盆地		S^m&R	
17	拉布拉多陆棚		S^c&(R)	
18	吉布斯兰盆地		S^c&(R)	
19	锡尔特地堑		S^m&R	
20	圣豪尔赫盆地		S^*&R	R
21	第聂伯—顿涅茨裂谷		S^m&R	R
22	坎普斯盆地		S^m&R	R
23	西北大陆架		S^c&R	S^m&R
24	安哥拉陆棚		S^*&R	S^m&R
25	加蓬		S^*&R	S^m&R
26	墨西哥湾沿岸盆地		$(S^m$&R)	S^m&R
27	西西伯利亚盆地	(R)	—	S^{m*}&R
28	尼日尔三角洲			S^m&R
29	象牙海岸			S^m&R
30	阿拉伯地台	S^m&(R)	R	S^m&R

注:S—烃源岩;S^m—海相;S^*—湖相;S^c—煤系地层;R—储层。

与海陆交互区域相关的众多构造样式、高沉积速率以及巨厚沉积盖层(包括下伏的裂谷复合体)、发育的盐丘构造(包括裂谷期的盐)、与裂谷构造相关的宽阔碳酸盐台地以及大容量的三角洲区域——这些都是现代沉积盆地裂谷被动陆缘和具备油气潜能的转换区域所具备的主要特征。这些分布在100~4000m海域的盆地拥有已发现油气资源的45%,同时也是在不久的将来寻找新油田最具潜力的地区。在俄罗斯著名的北极被动陆缘地区(包括古代和现代的)西起法兰士·约瑟夫地,东至白令海峡顶端,这条世界上最为宽阔的大陆边缘拥有包括大陆架、大陆斜坡和山前盆地在内的丰富的沉积体(图1.12)。俄罗斯古老的大陆边缘大多属于古生代和中新生代,包括里海坳陷在内的广阔的伏尔加—乌拉尔盆地的出现都受控于东欧大陆东部古老的被动陆缘(图1.12)。针对这类盆地的商业勘探的含油气层位都与裂谷晚期和早期扩张阶段在当地发育的海相沉积有关。位于开阔海沉积区的主要油气田也与这一时期密切相关。

1.1.7 小结

(1)沉积盆地的演化,其产生、发展、转化或者消亡构成了全球地壳演化的一部分。

(2)基于地壳所包含的大陆的开裂、新的离散型板块边界的出现、新大洋坳陷的扩张、俯冲消亡过程、洋盆的逐步关闭、地壳板块的聚合,它们的碰撞、造山带以及缝合带的出现等先后发生的事件,主张在板块构造的框架内对演化予以分类。

(3)地壳演化的每一个阶段都以具有单独的生烃有机质的沉积、聚集和转化历史的典型盆地类型为特征。

1.2 裂谷盆地形成与演化过程中的构造背景

正如大家所熟知的那样,大陆裂解及裂谷的早期阶段表现为内陆裂谷沉积盆地的出现(McKenzie,1978,1981)。大陆的张性裂谷可以出现在不同的地球动力学背景之下,因此,东非大裂谷得以出现并且目前还在与其走向垂直的区域性拉张应力作用下继续发展(Turcotte和Schubert,1982)。贝加尔裂谷可能是产生于"地幔热柱"活动而导致的岩石圈减薄,莱茵地堑和黑海盆地形成于大陆板块碰撞而产生的全球挤压带的后缘之上(Sengor,1976,Spadini等,1996);死海裂谷是一个转换断层拉伸所形成的延长区域(Cloetingh等,1996)。

尽管裂谷盆地具有多种构造背景,但在裂谷过程中也表现出很多共同特征。专门的研究表明:在与大陆裂解相关的裂谷系统形成过程中,裂谷裂隙会在地壳先前存在减薄的部分发育较快,而在不存在减薄的区域发育较慢(Dunbar和Sawyer,1996)。形成这种大陆裂解和裂隙的拉张幅度与先期存在的减薄区域的长度线性相关,由此可以进一步判断被动大陆边缘的长度分布以及彼此的(平面上的)走向(Dunbar和Sawyer,1996)。有报道称这类地壳减薄区域的特征可以被半定量化,从而在具有相似构造特征的区域,可以粗略地划定洋盆开合的重复过程(威尔逊旋回)(Ryan和Dewey,1997)。地壳减薄的原因是由于局部停止的造山作用造成地层增厚而使得榴辉岩相山根的出现。这些被保留下来的山根可以弱化地壳造山作用对其毗邻地区的影响长达数亿年,使这些地区对于以后继承性的裂谷作用更为敏感(Ryan和Dewey,1997)。

盆地演化的每一个阶段都将影响到岩石圈和沉积地层的沉积史和热流系统特征。裂谷类型的盆地出现在大陆裂解的早期阶段。岩石圈的受热弧形隆起既不能先于裂谷作用发生,也不能与裂谷作用同时发生。盆地发展的早期裂谷阶段是以高地温梯度、大的拉张幅度、相态的巨大转变以及可以观察到的地热和构造上的变化为特征,这些指标比所谓的瞬时拉张模式(McKenzie,1978,1981)要高出许多(Takeshita和Yamaji,1990)。

在这一过程中,沉积物在不断上升的热流值背景下快速沉积和成岩,与此同时可能存在的岩浆侵入和热液交换作用也是在研究沉积地层和盆地岩石圈温度机制时应该考虑的问题。在这一阶段的盆地演化中成熟的沉积有机质的典型特征是在150～170℃温度范围内的液态烃的再次裂解(Espitalie等,1988)(参见第3章)。

在以地壳扩张和高热流值为特征的裂谷活动阶段结束之后到来的是地壳的冷却和被动沉降阶段,并伴随着间歇性的热活化和区域性的构造扩张或者挤压作用。这些裂谷(或者是一系列的裂谷构造)会发展成为坳拉槽类型的海槽或者是拥有内克拉通型(第聂伯—顿涅茨盆地、锡尔特盆地、西西伯利亚盆地等)构造格局的向斜沉积(Wilson,1995;Cloetingh 等,1996)。当三联点分支的某支所在地壳扩张活动趋向结束而其他两支继续活动时,在三叉裂谷(尼日尔三角洲、兰勃特海槽)的死亡分支上发展起来的盆地也属于这一类。盆地演化的第二个阶段也就是裂谷后阶段与盆地岩石圈的逐渐冷却而引起的盆地沉降有关。在这一阶段,盆地岩石圈由于水、沉积物和来自于地壳与地幔的大量物质堆积所产生的局部均衡调整已经被区域性的均衡调整所代替(Rouden 和 Keen,1980)。在盆地演化的裂谷后阶段,随着占主导地位的初始热异常的逐渐消失,导致裂缝和剥蚀的可能的复杂构造体系是分析盆地热演化过程中应当考虑的问题。在这阶段中岩石圈的地热活化以及相关的岩浆侵入可能会直接影响到与盆地沉积盖层中有机物质成熟的温度剖面和环境。

在这一阶段扩张作用造成了大陆岩石圈的完全裂解,并形成了初始洋壳以及初期位于内克拉通裂谷边缘,后期位于新被动陆缘的沉积盆地发展的中间阶段(红海、亚丁湾和加利福尼亚湾;Rouden 和 Keen,1980)。随着海槽的扩张与拉张活动中心的漂移,盆地演化阶段从与裂谷断层相关的裂谷大陆边缘初始转换盆地发展为盆地的"被动"阶段。在分析这类盆地热流系统时应当适当考虑地壳和沉积盖层在侧向上的变化,以及洋壳与陆壳之间侧向上的热交换。这种热交换可以加剧大洋基底靠近陆壳边缘一侧的区域性沉降,并在盆地中形成厚的充填物(参见第5章)。这就是形成包括非洲、美洲、南极洲和澳洲大陆边缘等一系列的大西洋型沉积盆地的机理(McKenzie,1978;Rouden 和 Keen,1980)。许多三角洲盆地(亚马逊河、澳兰治河等)以及形成于大陆边缘转换断层的盆地(奥古拉斯(Aghulas)盆地、几内亚盆地等)(Le Pichon 等,1982)都属于此类。随着洋壳的被动冷却其扩张过程也将停止,这将导致"古拉张"型盆地的形成,比如拉布拉多古拉张洋脊盆地或者是位于挪威—格陵兰海槽的埃吉尔洋脊古拉张盆地等(Le Pichon 等,1982)。

在特殊的地球动力学环境下形成的盆地具有特殊的构造与热流系统特征。这类盆地的实例是:发育于全球挤压环境下洋壳周缘附近弧后区域的盆地,如科曼多尔(Commander)海槽、布兰斯菲尔德(Bransfield)裂谷带、冲绳海槽等;与活动板块边缘碰撞产生的强烈形变相关的局部拉张区域上形成的盆地,如凯门海槽、死海、索尔顿海等(Cloetingh 等,1996);多期叠合的复杂裂谷盆地,比如美国盆岭发育区的盆地,它形成于扩张洋脊与其毗邻陆壳的碰撞;大陆古沉降边缘盆地,如南极洲西部的别林斯高晋海(Bellingshausen)。许多弧后盆地可以被认为是古拉张盆地(Hilde 和 Lee,1984)。这些盆地的热环境会受到诸如分散裂谷(拉张)或者扩张中心的迁移等诸多因素的影响,需要采用专门的手段对它们进行定量的分析(参见第5章)。

1.3 地壳拉张——裂谷沉积盆地基底沉降的重要成因之一

在裂谷沉积盆地的发展史中地壳的拉张是最典型的构造过程。分析显示许多盆地在其早期的演化阶段都经历过拉张的过程,如莫斯科向斜、西西伯利亚、乍得、非洲被动陆缘盆地、北美洲和南美洲、澳洲的南部和西部、南极洲东部。盆地的裂谷拉张阶段会持续长达 10~60Ma(表1.3、表1.4)(Huismans,2001)。

表1.3 不同地区地壳扩张期所持续的时间（据 Takeshita 和 Yamaji, 1990）

地区	持续时间	变形类型	标志
大陆裂谷			
澳洲南部边缘	20~30	裂缝	
澳洲西北缘	70	裂缝	1
苏伊士湾	23		
红海	16	裂缝	
比斯开湾	30	裂缝	
加蓬海槽	15~19	裂缝	
盆岭地区	40		2
弧内裂谷			
第勒尼安海	4~9	裂缝	
潘诺尼亚海	4~7		
希腊海	5~12		2,3
日本东北部	3~6	裂缝	

注："裂缝"是指形成于岩石圈中的裂谷裂缝；1—表示扩张的几个阶段；2—目前处于扩张阶段；3—由当地古地磁估算的持续时间。

表1.4 裂谷沉积盆地的特征（据 Huismans 等, 2001）

盆地	β	δ (Ma)	t_1 (Ma)	t_2 (Ma)	t_3 (Ma)	t_4 (Ma)	t_5 (Ma)
潘诺尼亚盆地	1.6~1.8	8~10	18—14	12—11	18—6	12—0	12—11
贝加尔裂谷	1.4~1.6	3~4(?)	24—6	4—0	?	20—14	0
奥斯陆地堑	1.3~1.4	4~5	300—270	270—240	?	280—270	240—220
北海	1.3~1.6	5~5.5	248—219	166—118	?	176—163	183—156
上莱茵地堑	1.1~1.2	3~5(?)	40—23	18—0	?	12—0	10—0
利翁湾边缘	1.2~2.0	3(?)	23—16	?	36—30	12—0	No
瓦伦西亚海槽	1.5~2.5	4~8	23—16	?	23—18	10—0	15—0(?)
阿尔沃兰海	1.5~2.5	4~8	23—16	9—5	?	10—0	11
第聂伯—顿涅茨盆地	1.1~1.5	1.1~10	379—362	345—340	?	363	330

注：β 和 δ 分别表示地壳和地壳以下部分的减薄；t_1 和 t_2 分别表示初次拉张和二次拉张阶段；t_3 和 t_4 分别表示钙碱性和碱性火山岩阶段；t_5 表示裂谷后隆起的时间。

对许多盆地来说地壳拉张只是其发展的中间阶段。在这些盆地的沉积地层中会出现裂谷地堑并在随后的沉积阶段被掩埋（利比亚上侏罗统—中新统的锡尔特地堑、北海盆地下白垩统的中央地堑和维京地堑）。Newman 和 White（1997）通过对全世界不同类型沉积盆地近2000个层系基底沉降曲线的分析，已经可以预测拉张幅度和相应形变比率。他们的研究结论表明地壳的拉张是一个在盆地演化史中不断重复的过程。特别是在最早期(裂谷阶段)的拉张之后的 40～100Ma 间会多次出现拉张幅度为早期 1.03～1.2 倍的拉张活动(Huismans 等, 2001)。根据 Newman 和 White(1997)的研究,拉张过程中的形变发生得十分缓慢,且与对流作用相比地壳拉张过程中的热传导作用占据着主导地位。

将未变形区域的岩石圈或者地壳的厚度与拉张区域厚度相比较,就可以估算沉积盆地岩石圈的拉张幅度(McKenzie,1978;Hegarty 等,1988;Rehault 等,1990;Cloeting 等,1996)。另外在分析裂谷构造时还应该考虑侧向与轴向上拉张的非均匀性(Ibrahim 等,1996;Huismans 等, 2001)。例如澳洲南部大陆边缘的裂谷构造轴部附近拉张幅度大约为 6.2,然而距此 400～500km 外的地方其拉张幅度降到正常值 1.0(Hegarty 等,1988)。在裂谷区域不同深度对应着不同的拉张幅度(Rowley 和 Sahagian,1986;Huismans 等,2001)。这些情况印证了 1.6 节中所提到的地壳在有限形变范围内的弹性—塑性变形模式。

我们都知道最大的拉张幅度出现在陆壳向洋壳的转变过程中。地壳拉张幅度 $\beta \approx 3.3$ 的出现需要基底面达到"地幔均衡"的程度且适于拉张。这样洋壳的厚度会从最初的 33km 减少到 10km。有一种直接估算拉张幅度的方法就是根据断层两盘(据地震剖面数据)的相对位移,理论上这种方法得到的值会小于地壳厚度对比和盆地基底沉降分析所得到的值(Artyushkov,1993)。实际上比斯开湾是根据断层形态与结构性沉降深度来预测拉张幅度 β 较为吻合的唯一例子。使用断层形变估算的澳洲南部边缘盆地的 $\beta \approx 1.3$,而用基底面结构沉降方法得到的 $\beta \approx 4.5$(Hegarty 等,1988)。与此相关的是,很多研究者认为运用断层面的位移形变和(或)地震模型的方法仅仅反映了地壳拉张幅度的一部分(Hegarty 等,1988;Su 等,1989; Bertotti 和 Voorde,1994;Ibrahim 等,1996)。

1.4 低变质岩层向麻粒岩相的转变及其在盆地沉降中的影响

随着岩石圈的拉张和冷却,低变质的基底岩层开始向麻粒岩和榴辉石相转变(Ito 和 Kennedy,1971;Artyushkov 和 Bay,1983),且地幔中含有橄榄石组分岩石(Forsyth 和 Press,1971; Dus-Henes 和 Solomon,1977)的转变将会影响到陆相沉积盆地的沉降史。众所周知,在高温低压条件下密度在 $2.8～3.0g/cm^3$ 的辉长岩和玄武岩以及低温高压条件下密度在 $3.45～3.60g/cm^3$ 的榴辉石都是稳定的(Ito 和 Kennedy,1971)。"正常"陆壳岩石基底都是处于干燥环境下。在这种情况下,变质反应的速率以及固相变化的特征均衡时间与地层温度呈指数关系变化:

$$V \propto \exp(-E/R \cdot T)$$

式中,E 为活化能;R 为气体常量;T 为岩石温度(Artyushkov,1983,1992)。

实验(Ito 和 Kennedy,1971)显示在没有流体参与的情况下当温度在 800～900℃时变质反应的速度会快速下降,因此在缺水条件下变质作用的启动门限温度应该不低于 700～800℃, 这与地质研究的结果相吻合。而典型的陆壳温度不会超过 500～600℃,辉长岩—麻粒岩—榴辉岩的转化过程仅仅出现在被加热的情况下,并且地壳下部大量流体的涌入也会使岩石圈逐渐冷却(Artyushkov,1983,1992;Barid 等,1995)。由于这些原因,在实例分析中可以考虑使用一些洞穴来模拟研究密执安盆地(Hamdani 等,1991)和黄石盆地(Hamdani 等,1994)沉降产生的结果。这些实验通过在 300~500℃ 适中的温度下将玄武岩的密度以 $0.2g/cm^3$ 为单位逐步提高得到一条简单的平均曲线来模拟"玄武岩—榴辉岩"的转变过程,一般的结晶基底岩石处于一种以很小幅度逐渐冷却的环境下(Hamdani 等,1991,1994)。

许多学者(Haxby 等,1976;Fowler 和 Nisbet,1985;Artyushkov 和 Bayer,1983;Artyushkov,1983,1992)认为地壳冷却的机理很好地描述了陆缘沉降的历史,但是将之运用到内克拉通盆地时却屡屡碰壁。于是一种替代盆地沉降的榴辉石假说应运而生,仅有这一机理才能对黑海在始新世—第四纪在沉积盖层无明显断层形变的情况下的快速沉降(1~2km)给出解释(Artyushkov,1992)。与地壳减薄模式相比,这些盆地偶尔会缺少沉降之前区域性隆起的典型特征。最终这些盆地的沉降将不会遵循热力学法则(Fowler 和 Nisbet,1985)。这一理论认为在大陆裂谷过热地壳冷却的初期和热复活晚期,盆地地壳下部的岩层物质(可能是玄武岩)伴随着明显的密度增加(10%~15%),它会经历从石榴石—麻粒岩相到榴辉岩相的转变。例如,对深成岩露头(挪威卑尔根)的研究显示伴随着石榴石向榴辉石的转变,岩石密度从 $2.96g/cm^3$ 变为 $3.28g/cm^3$,且地震纵波速率达到 7.8~8.0km/s,这是地幔岩石的典型速率(Ryan 和 Dewey,1997)。从地震图像上可以看出这种转变的结果会使得地壳下部的部分岩层更加致密,且盆地的沉降特征就像是一种相对拉张幅度较小的地壳减薄(Haxby 等,1976;Artyushkov,1983,1992;Fowler 和 Nisbet,1985;Hamdami 等,1994;Barid 等,1995)。

如上所述,这种沉降机制存在的最大问题是相态之间的转变速率难以估算。这一速率随着温度的降低呈指数递减,且在温度低于 700~800℃ 时变得十分微弱(Ito 和 Kennedy,1971)。在更高温度下相态的转变明显加快,榴辉石能在压力大于 20kbar(深度大于 60km)环境下保持稳定(Ito 和 Kennedy,1971)。在缺少液态的情况下这种转变十分缓慢,并且可能完全停止(Artyushkov,1983,1992)。Lobkovsky 和 Kerchman 认为大陆裂谷阶段拉张背景下"岩石圈—软流圈"边界出现的熔融的玄武岩透镜体,它们来自于上地幔分离产生的熔融岩浆且填充在地壳下部流态玄武岩与下伏软流圈的弹性孔隙之中,这将缓解上述困难(Lobkovsky 和 Kerchman,1992)。进一步的研究发现,随着盆地的沉降与冷却,地壳基底的岩浆透镜体会结晶为榴辉岩相。由地震数据可知大陆裂谷中心区域的地壳厚度都不超过 25~30km,且此处"地壳—地幔"界面(Artyushkov 所认为的玄武岩透镜体所在处)和"岩石圈—软流圈"界限(Lobkovsky 和 Kerchman 所认为的玄武岩透镜体所在处)的深度都大致相同。

有关稳定压力—温度场下"玄武岩—石榴石—麻粒岩—榴辉岩"转化序列中玄武岩相存在的位置、相态转化的速率以及与之相关的两种假说都存在很多问题。定量预测"玄武岩—榴辉石"转换区域密度的变化和让相关物质体积的定量化以及对不同时间段地壳的密度—深度剖面的数值化分析结果都具有很强的不确定性,实际上是不可能实现的。同样,对于地壳中大量榴辉岩经过"滑脱与沉降"而进入地幔的过程知之甚少,它们是否对剥蚀作用敏感?如果是的话,会有多大的范围呢?

通过对贝加尔裂谷(Zorin 和 Lepina,1989)地壳与地幔密度剖面的分析发现,由于软流圈液态物质的结晶使岩石密度增加了 $0.05~0.06g/cm^3$,且由于软流圈隆起物质密度的差异以及处于同一深度正常地幔物质的存在,这些已经足够解释盆地的沉降,而且这也与实际地震速度剖面及重力异常十分吻合。无论如何岩石密度的增加与榴辉石的出现关系不大(Morgan 和 Ramber,1987)。对于 McKenzie(1978)提出的瞬间裂谷模式来说,地壳强烈的持续地热活化能够更好地解释某些沉积盆地相对较大幅度的裂谷后沉降现象(Takeshita 和 Yamaji,1990; Galushkin和Kutas,1995)。

诸如地壳区域性挤压这类动力因素,可以在盆地基底沉降中起到一定的作用。区域性挤压会在很大程度上干扰盆地岩石圈局部的平衡状态。然而对于处在全球挤压区域范围以外的盆地,这一阶段持续时间很短(2~30Ma),且原则上当这一时间段结束之后盆地又会恢复平衡状态(参见第2章)。

1.5 热传导模式下裂谷期地壳的热力场与形变分析

对大陆裂谷地壳热力状况的早期研究仅限于热传导模式而未考虑地壳的减薄或者软流圈的主导性。传导模式一个很好的例子就是地壳沿垂向裂缝被加热。当滚烫的地幔岩石沿裂缝上升时会使周边岩石升温而热膨胀,使地幔边缘相下降以及软流圈隆起区域产生膨胀。以贝加尔裂谷为例对这一过程进行研究。由于裂缝破坏了地壳的均质性且其间充满了熔融岩石,使用傅立叶的行列式方法来描述温度的分布特征(Carslaw 和 Jaeger,1959):

$$T(x,z,t) = (1-z) + 2 \cdot \sum \theta_m(x,t) \cdot \sin(m \cdot \pi \cdot z) \tag{1.1}$$

其中

$$\theta_m(x,t) = \frac{(-1)^{m+1}}{2 \cdot \pi \cdot m} \cdot \left\{ e^{-|x_1| \cdot m \cdot \pi} \left[1 - \Phi\left(\frac{|x_1|}{2 \cdot \sqrt{t}} - m \cdot \pi \cdot \sqrt{t}\right) \right] + e^{|x_1| \cdot m \cdot \pi} \cdot \left[1 - \Phi\left(\frac{|x_1|}{2 \cdot \sqrt{t}} + m \cdot \pi \sqrt{t}\right) \right] \right\}$$

式中,Φ 为概率积分;x_1 为到裂缝的距离;t 为无量纲的时间($t = \rho C_p H^2/K$);H 为地壳的厚度。

这种分布在潜在热效应忽略不计的情况下给出了裂谷型热异常最初的大致规模。计算显示在热活化后第一个1Ma 内其影响范围为裂缝周边10km(图1.14)。

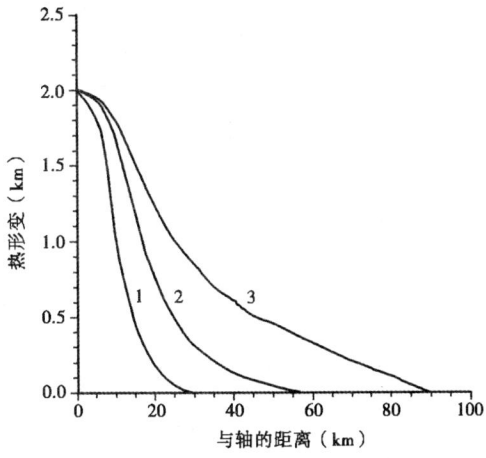

图1.14 裂谷裂缝附近区域在不同受热时间内地壳表面的热形变

受热时间:1—2.5Ma;2—10Ma;3—持续受热

岩石圈的厚度等同于100km,

由于地幔相态改变引起的形变不予考虑

因此,这样的裂谷裂缝附近区域热形变可达2.5~3km,其中超过2~2.5km是由于岩石的热膨胀,且0.4~0.7km是由于裂缝附近地幔边缘相带的沉降产生的(图1.15)。

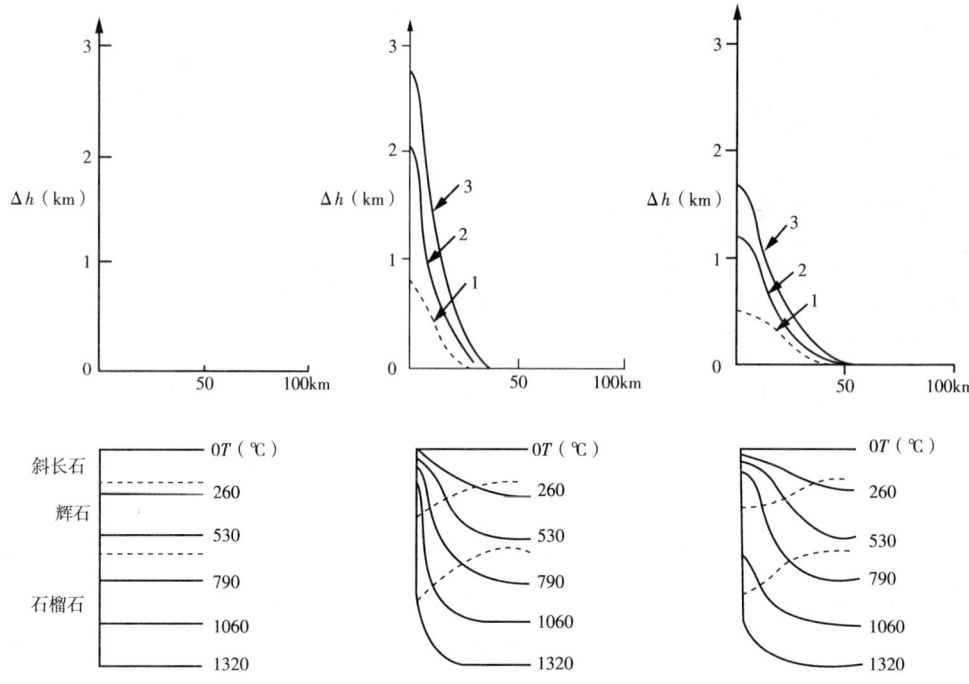

图1.15 裂谷裂缝附近有山系出现的热模式

上部数值:对应于下部数值所示地壳温度分布特征的热形变(1—产生于相态转换的形变;2—产生于地壳岩石膨胀的形变;3—总的形变)

下部数值:100km厚度内地壳三层岩石的温度分布(左—最初裂谷前的分布;中—沿着垂向裂缝加热2.5Ma后的温度分布;右—冷却1.25Ma后的形变),虚线表示地幔的相态边缘

如图1.14所示,一些典型的地壳厚度超过100km的裂谷山系稳定的形变需要经历长时间受热才能形成。然而在许多地区,近代或者古代裂谷区的直线隆升范围为数百千米到数千千米(埃塞俄比亚、阿拉伯半岛)。这样的形变就不能用小裂缝受热形变来解释了,必须用裂谷附近软流圈的隆起模式或者Wilson的热点模式来解释。热点的加热使地壳岩层强度降低并容易在地壳上部塑性层中产生断层。为了估算板块基底温度上升100℃时在地壳表面产生的隆升形变,进行了具有稳定温度分布、厚度为100km的地壳板块在水平尺寸为$-a \leqslant x \leqslant a$的热异常区域作用下表面形变速度为$V$的模拟计算。

这个计算用傅立叶行列式的三个不同值域的扩展方程来完成:$-\infty \leqslant x \leqslant a (i=1)$;$-a \leqslant x \leqslant a (i=2)$和$a \leqslant x \leqslant \infty (i=3)$。接下来的方程会与不同值域公式一起得出总的结果。尤其是源于岩石热膨胀的地壳表面隆升可以通过以下公式来表示:

$$\frac{\Delta H(x)}{H} = \frac{\alpha \cdot \Delta T}{2} \cdot \left[(G_i - 1) + \frac{4}{\pi} \cdot \sum_{n=0}^{\infty} \frac{F_{2n+1}}{(2n+1)} \right] \quad (1.2)$$

$$F_n = \frac{\Delta T}{\pi \cdot n} \cdot (1 - f_n) \cdot [1 - e^{-q_n a}] \cdot e^{-q_n x} \quad (i=1)$$

$$F_n = -\frac{\Delta T}{\pi \cdot n} \cdot \{(1+f_n) \cdot e^{-r_n x} + (1-f_n) \cdot e^{q_n(x-a)}\} \quad (i=2)$$

$$F_n = \frac{\Delta T}{\pi \cdot n} \cdot (1-f_n) \cdot [e^{-r_n a} - 1]\} \cdot e^{-r_n x} \quad (i=3)$$

$$r_n = \frac{1}{2}R\left(\frac{1}{f_n} - 1\right); q_n = \frac{1}{2}R\left(\frac{1}{f_n} - 1\right);$$

$$f_n = \left[1 + \left(\frac{2\pi n}{R}\right)^2\right]^{1/2}; R = \frac{\rho H C_p V}{K}$$

式中,α 为地壳岩石热膨胀系数,下标 i 为 1,2,3 对应于不同的值域;$G_i = 1 + (\Delta T/T_s) \cdot \delta_{ik}$;$\delta_{ik}$ 为 Cronecer 的代号;x 为无量纲的常量,由地壳厚度 H 决定;$R = [(H \cdot V)/(K/\rho \cdot C_p)]$ 为 Rhynolds 热参数。

图 1.16 显示了地壳基底温度上升 100℃时在值域范围 $-a \leq x \leq a$ 产生的地壳表面的隆升。

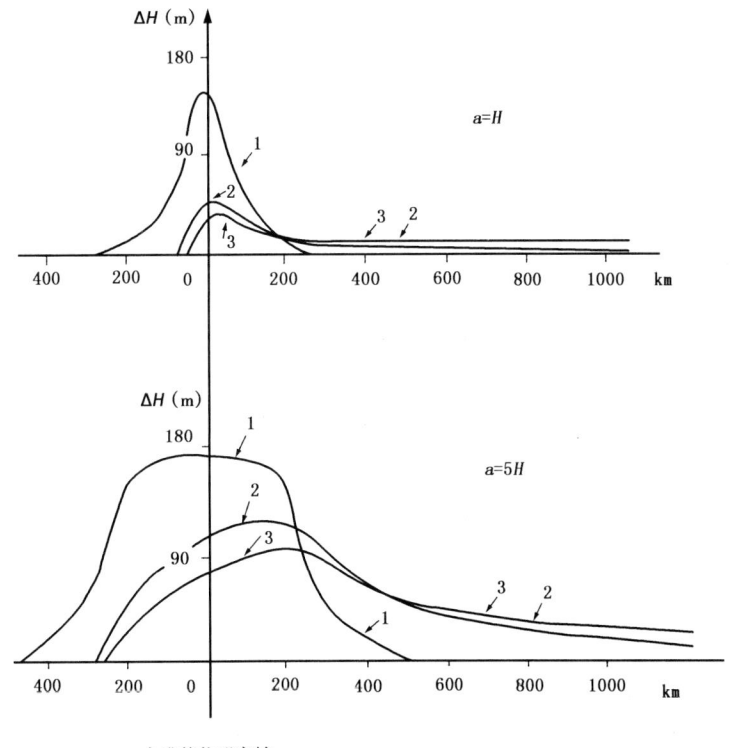

图 1.16　在热异常区域($\Delta T = 100$℃) $-a \leq x \leq a$ 的水平距离上地壳板块
（厚度 $H = 100$km）产生的速率为 V 的稳定的表层热形变
计算的条件为 $a = H$(上图)和 $a = 5H$(下图)以及 $V = 0$,
稳定不变(1),$V = 0.25$cm/a(2),$V = 0.5$cm/a(3)

对于一个固定板块($V=0$)来说,最大的隆升高度可以表示为 $\alpha \cdot \Delta T \cdot H/2$。在 $H = 100 \text{km}$、$\alpha = 3.5 \times 10^{-5} \text{°C}^{-1}$ 和 $\Delta T = 100 \sim 200\text{°C}$ 的参数条件下,其结果不会超过 $200 \sim 350 \text{km}$(图 1.16)。这一结果表明裂谷隆起附近的形变不能用热传导模式的框架来解释,并且存在着另外一种控制着变形的更为强势的因素。这可能是由于地壳扩张过程中的表面热隆起形变产生于地热和岩石基底对流剥蚀共同作用的结果。

由于裂谷裂缝引起的地壳大范围($600 \sim 800 \text{km}$)的升温导致了更多的具有更大地表热流值($65 \sim 85 \text{mW/m}^2$)和地壳厚度的减薄($50 \sim 55 \text{km}$;图 1.17)(Wilson,1965)。这种作用是研究被动边缘热力机制时应当注意之处(第 5 章)。在上述相关关系中预测裂谷作用结束后形变隆起和地热异常恢复的时间是一件很有趣的事情。这一过程正如图 1.17 所示,这里采用的是对西西伯利亚盆地的一个剖面实例分析。

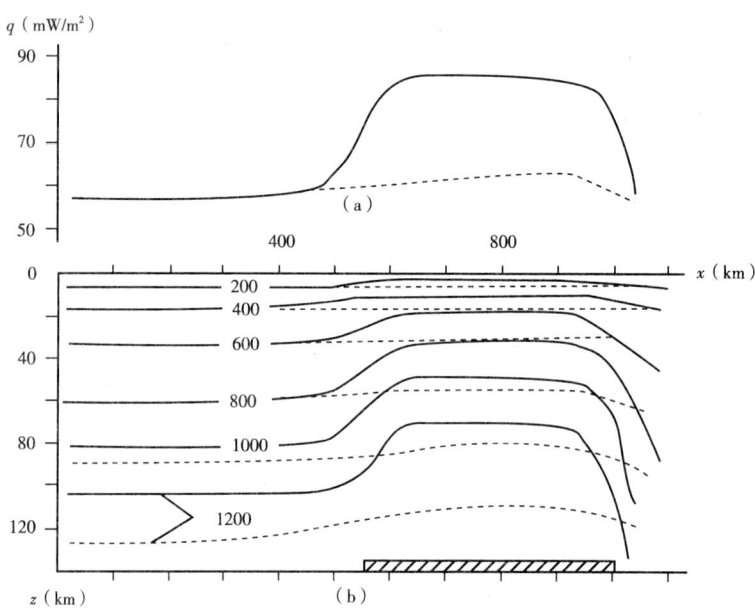

图 1.17 西西伯利亚盆地别列戈佐夫—乌斯季马亚(Bereozovo – Ust – Maya)剖面地壳热流
和热力状况演化(Sokolova 等,1990)
实线表示 230Ma 前的热流值和等温线(裂谷开始后 20Ma);虚线为现今地壳样品,
(b)下部条形区域表示地幔的热异常区域

在热传导模式框架下分析区域性演化的裂谷后阶段逐渐冷却的软流圈隆起所具有的二维非稳定性问题。Surkov(1987)等人研究的地震剖面正是建立西西伯利亚裂谷盆地地壳热模型的基础。根据该剖面,建立了一个地壳分层系的地热二维模型。该模型能够反映上述地震剖面热传导和热生成的变化情况,并且图 1.18 证实了这一变化。

盆地演化的裂谷阶段以具有高达 1200°C 的等温线为特征,且软流圈上升到达莫霍面边界(图 1.18)。图 1.17 表明了冷却的过程。计算显示裂谷后紊乱的热流系统很快会转变为稳定状态。根据热传导模型,软流圈底辟产生的热效应可以持续长达 250Ma。但是目前上述区域地壳厚度约为 $120 \sim 130 \text{km}$(Surkov 等,1987;Duchkov 等,1988),这与上面的地壳传导冷却模型的结果并不吻合,因此该模型有待完善。传导模型应当引入与 McKenzie(1978)模型相似的盆地瞬间热活化机制。它未考虑盆地在此之后的侏罗纪以及最后 25Ma 内长时间的热复活作用(Galushkin 等,1999)。对西西伯利亚盆地历史上发生的这些事件(第 4 章)的认识有助于更好地认识西西伯利亚地区拥有高于毗邻区域的热力系统的原因(Duchkov 等,1990;Sokolova 等,1990)。

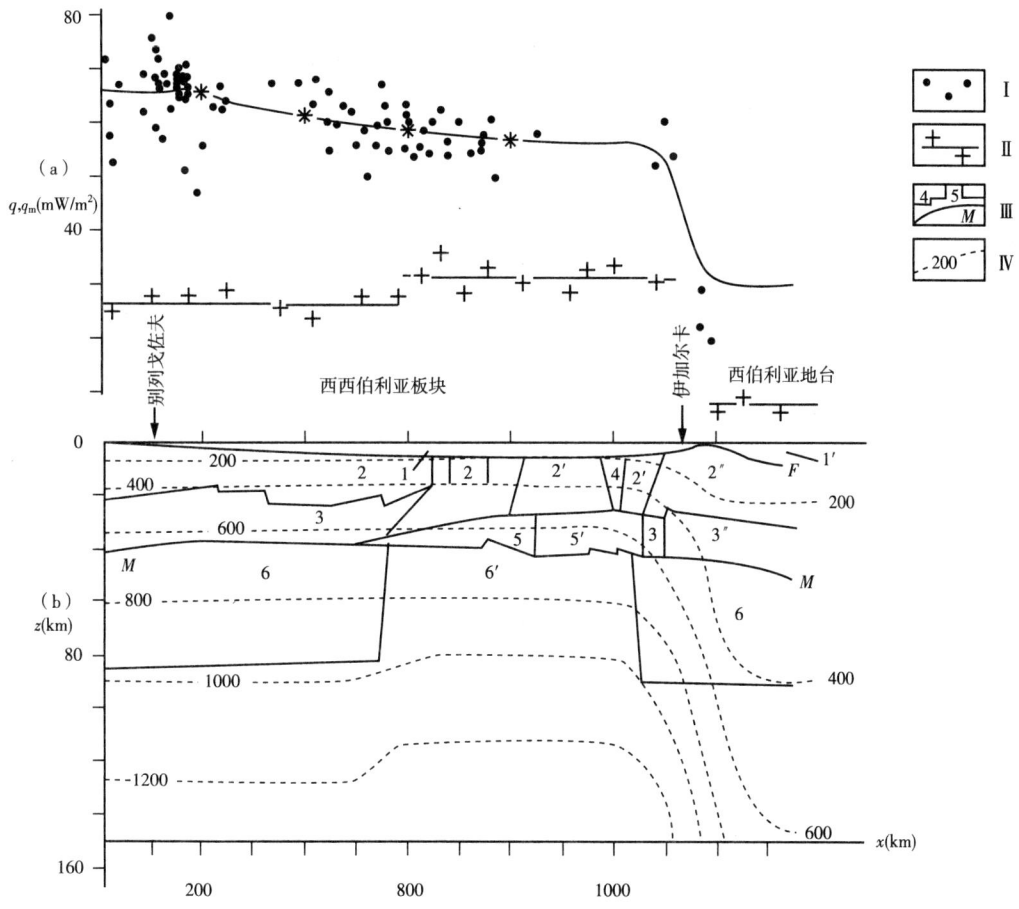

图 1.18 沿别列戈佐夫—乌斯季马亚地震剖面观测到的地表热流值和基于西西伯利亚板块地壳流体计算得出的稳定温度的分布特征

Ⅰ—测得的热流值;Ⅱ—计算得到的地幔热流值;Ⅲ—地壳中地层和块体的边界及其数目(F—褶皱基底的表面,M—莫霍面);Ⅳ—计算得到的等温线(℃)

地层与块体的特征:1—1′—沉积地层($l=2.0\text{W}/(\text{m·K})$,$A=1.15\text{mkW}/\text{m}^3$(对于 1),$A=0.6\text{mkW}/\text{m}^3$(对于 1′));2—2″—上部固结地壳($l=2.5\text{W}/(\text{m·K})$,$A=1.2\text{mkW}/\text{m}^3$(对于 2),$A=1.1\text{mkW}/\text{m}^3$(对于 2′),$A=0.6\text{mkW}/\text{m}^3$(对于 2″));3—3″—下部地壳($l=2.7\text{W}/(\text{m·K})$,$A=0.4\text{mkW}/\text{m}^3$(对于 3 和 3′),$A=0.2\text{mkW}/\text{m}^3$(对于 3″));4—古裂谷($l=2.7\text{W}/(\text{m·K})$,$A=0.6\text{mkW}/\text{m}^3$);5—地壳与地幔的转换区域($l=3.0\text{W}/(\text{m·k})$,$A=0.25\text{mkW}/\text{m}^3$);6 和 6′—上地幔($l=3.4\text{W}/(\text{m·K})$,$A=0.04\text{mkW}/\text{m}^3$)

1.6 裂谷盆地形成的热力学机制

盆地地壳的减薄以及紧邻大陆裂谷中心区域软流圈的底辟作用被认为是控制裂谷盆地形成的主要因素(McKenzie,1978;Artyushkov,1992;Huismans等,2001)。依靠地壳基底的热流传导作用形成软流圈的隆起需要相当长的时间(数百万年)(Mareshal,1983;Gliko 和 Mareshal,1989)。在对这一情况的研究中,Zorin 和 Lepina(1989)进一步指出,即使存在软流圈底辟而被认为热能充分对流上升的情形下,热传导作用也只是导致地壳减薄的原因之一,而不是决定性因素。由于对流的不稳定性肯定会造成软流圈的刺穿而进入地壳中。软流圈上升的速度可以更快(30~35Ma),但这取决于底辟物质与地壳围岩有效黏度的比值(Neugebauer,1983;Heeremans 等,1996;Huismans 等,2001)。然而这样的底辟隆起可以在地壳中产生规模相对底辟本身来说超出很多的拉张作用。实地观测显示裂谷地区的拉张幅度一般要比存在地幔异常隆升的地区小很多(Artyushkov,1983,1992;Zorin 和 Lepina,1989;Ibraham 等,1996)。

对于裂谷产生的原因,一种更为合理的解释是地壳基底之下软流圈在区域性挤压和被动(局部主动)隆升作用下产生地壳拉张而形成。最初 McKenzie(1978)提出沉积盆地的产生是由于下伏地壳的均匀拉张。他将沉积盆地的演化分为裂谷阶段和裂谷后阶段。在前一阶段盆地岩石圈被动拉张并导致自身的减薄(和地壳一起)。软流圈顶部的上涌以及地壳下部物质与地幔物质的局部交换(由于很大的拉张幅度)可以很好地解释在盆地发展的裂谷阶段所观测到的突然沉降。Rouden 和 Keen(1980)已经对存在地壳与主要刺穿部分物质交换的模型予以修正。

然而,上述模型都未考虑地壳拉张和软流圈上涌的过程,而且假定这些过程都是瞬时的。Alvares 等(1984)、Keen(1985)、Takeshita 和 Yamaji(1990)、Pedersen(1994)和 Huismans 等(2001)已经针对地壳演化的更为现实的模型进行了研究。在这些模型中对裂谷作用的研究都是基于固定的地壳拉张速率。特别是用地壳的减薄来解释弧后盆地(表1.3和表1.4)快速的开启,这些都是带有区域性的考虑。在这种情况下,接近裂谷临界点附近区域构造压力的轻微变化都能改变从拉张过程的减弱到地壳完全裂解这一过程(Huismans 等,2001)。表1.3和表1.4列出了世界上这类相似裂谷盆地持续的拉张阶段(Takeshita 和 Yamaji,1990;Huismans 等,2001)。尽管裂谷机制有所不同,但大洋的扩张总是有规律地出现在陆间裂谷地壳持续拉张之后,而且统计数字显示,陆间裂谷这一规律要比弧间裂谷强烈很多。表1.3和表1.4还进一步表明陆壳的裂谷可能是一个重复的过程。在后面的第4章会介绍到许多盆地的构造演化史都会记录下这一事实。陆壳总的拉张过程可以持续长达16~70Ma,而且在弧后盆地中可长达3~12Ma。在所有的这些实例中它们不可能被当作一个瞬间的过程。

通过计算地壳拉张中的变形速率分析裂谷过程。由于这一问题的复杂性,针对流变介质和边界环境做一些简单的预测。这里要强调的是有些预测从物理学的角度看并非十分精确,这将影响到计算结果的可靠性。因此 Keen(1985)预先设定了拉张区域的体积和"地壳—软流圈"边界的形变速率,并且忽略边界的剪切应力。在 Alvares 等(1984)的模型中对所有的拉张地区假定一个固定的形变速率。这一结果被认为是过高地估计了对流作用对地壳温度系统的影响。

由于这些原因,很久以前本书作者就与 A. Shemenda 一道提出了能对地壳的减薄、软流圈上涌和裂谷引起的温度场演化做定量分析的动态模型(图1.19)。

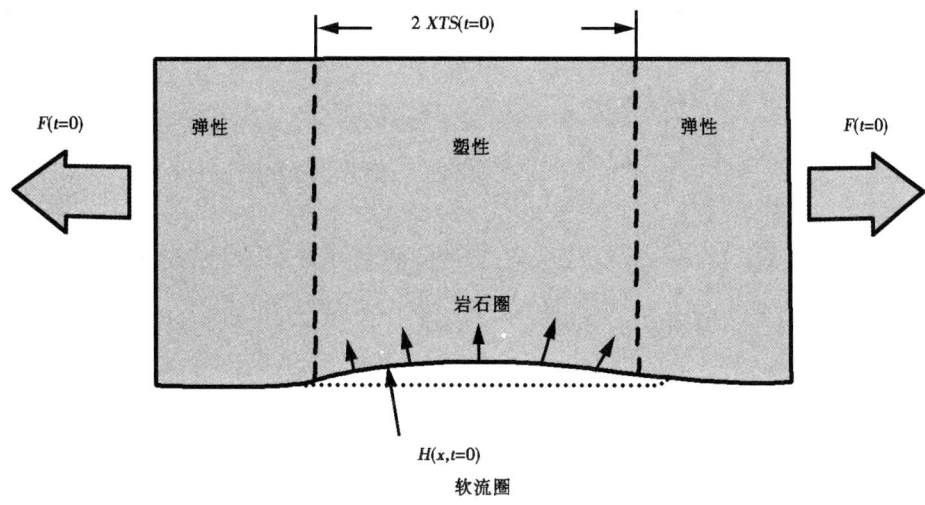

图 1.19 地壳弹性—塑性拉张模型,软流圈等温线
随着地壳基底的拉张而被动上升

该模型是基于对大陆裂谷过程的物理实验模拟结果(Malkin 和 Shemenda,1991;Shemenda 等,2002)。由 A. Shemenda 和 A. Grokholsky 对陆壳裂谷过程的物理模拟显示大陆裂谷具有基底附近形变远大于表层附近形变的典型特征。这一事实也被以后的陆壳裂谷模型所证实(Huismans 等,2001)。另外,上述实验中由于裂谷引发的陆壳拉张可以用具备有限剪切屈服极限 τ_s 的弹性形变模型来表示:

$$\partial \varepsilon_x / \partial t = 0 \quad \sigma_{xx} \leqslant \tau_s$$
$$\partial \varepsilon_x / \partial t = ((\sigma_{xx} - \tau_s)/a)^n \quad \sigma_{xx} > \tau_s \tag{1.3}$$

式中,a 是介质的有效黏度:$\sigma_{xx} = \tau_s + a(\partial \varepsilon_x / \partial t)^{1/n}$。在形变计算公式(1.3)中一般假定形变速率 $\partial \varepsilon_x / \partial t$ 独立于深度值 Z(Alvares 等,1984;Pederson,1994)。地壳的拉张过程中必须满足两个条件:①在地壳的每个横切面上的拉张应力必须是持续的:

$$\sigma_{xx} \cdot H(x,t) = F(t)$$

②拉张地壳中岩石的移动速率必须达到给定的弹性区域边缘附近的拉张速率 V_0(在 $x = XTS$ 的情况下):

$$V_0 = \int_0^{XTS} (\partial \varepsilon_x / \partial t) \mathrm{d}x = \left(\frac{\tau_s}{a}\right)^n \cdot \int_0^{XTS(t)} \left[\frac{HTS(t)}{H(x,t)} - 1\right]^n \mathrm{d}x \quad x = XTS \tag{1.4}$$

如果已知在时间 t 时地壳下边界 $H(x,t)$ 和流变参数 τ_s,a 和 n,利用公式(1.3)和公式(1.4),可以使用迭代方法用时间 t 的函数来计算弹性形变区域的边界 XTS。这样就可以用下面的方法来计算拉张地壳的形变速度场。对于给定的地壳下边界的初始形变剖面 $H(x, t=0)$,可以用公式(1.4)的迭代法来计算塑性区域 XTS 的尺寸。在求取 XTS 时,使用下面公式计算初始状态的塑性区域 HTS 边缘的地壳厚度。

$$HTS = H(x = XTS, t = 0) \quad \text{在第一时步}$$

并且使用公式

$$HTS = H(x = XTS, t) \quad \text{在任意时间 } t$$

应当指出的是,对于变形前初始状态下的地壳基底 $H(x,t=0)$,最大的变形幅度不会超过地壳初始厚度的 5%(图 1.19)。计算时间 t 时地壳岩石的速率使用公式 $V_x(x,t) = V_0$,$V_z(x,z,t) = 0$(塑性区域之外,$x > XTS$)且:

$$V_x(x,t) = \int_0^x g(x,t)\,\mathrm{d}x;$$

$$V_z(x,z,t) = -g(x,t) \cdot z \quad 塑性区域之内(0 \leq x \leq XTS) \tag{1.5}$$

其中

$$g(x,t) = \left(\frac{\tau_s}{a}\right)^n \cdot \left[\frac{HTS(t)}{H(x,t)} - 1\right]^n$$

现在用速度场计算地壳基底上某点在下个时间段 Δt 内上升的距离且计算新的函数 $H(x,\Delta t)$,这一计算将循环往复,依此类推。上面模型为大陆裂谷的实地研究和物理模拟数据所证实:朝向塑性区域边界的拉张幅度逐渐减小,而地壳减薄则主要集中于地壳底部(图 1.20)。

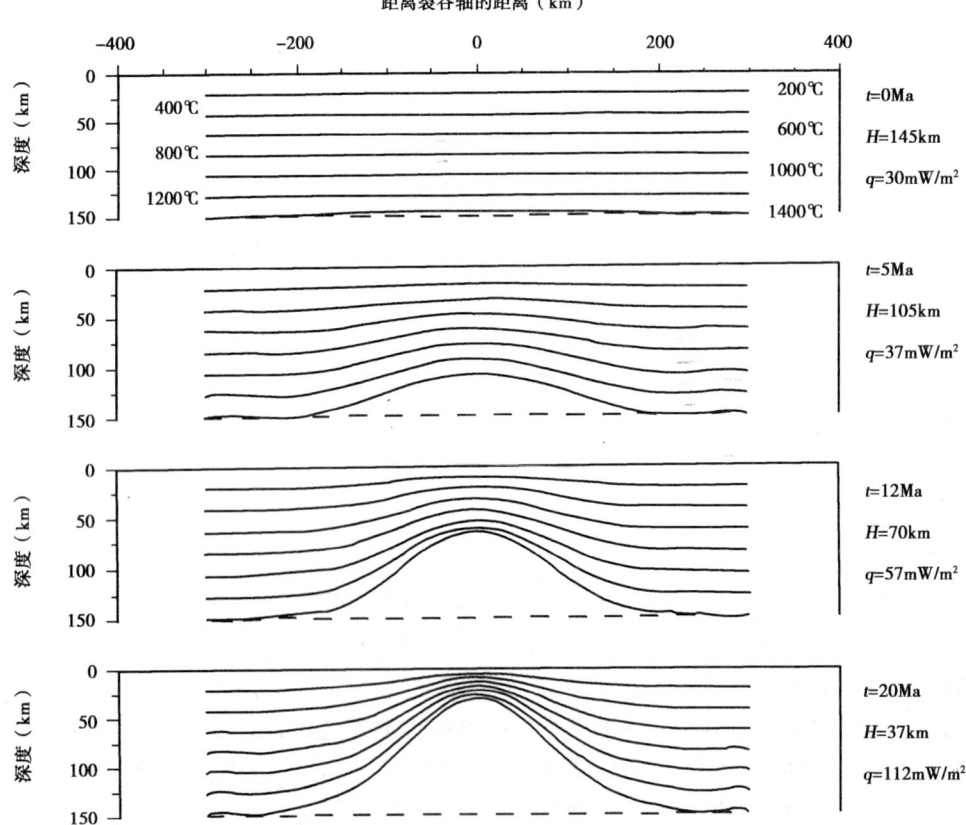

图 1.20 用有限剪切屈服极限模型得到的地壳拉张量

t 是拉张时间,H 和 q 是地壳厚度和裂谷轴地表热流值,软流圈等温线随着地壳基底的拉张而上升

利用地壳岩石的速度场 $V_x(x,t)$ 和 $V_z = (x,z,t)$ 计算带有对流作用的非持续性二维热传导：

$$\frac{\partial}{\partial t}(\rho \cdot C_p \cdot T) + \frac{\partial}{\partial x}(\rho \cdot C_p \cdot T \cdot V_x) + \frac{\partial}{\partial z}(\rho \cdot C_p \cdot T \cdot V_z) = \frac{\partial}{\partial x}\left(K \cdot \frac{\partial}{\partial x}T\right) + \frac{\partial}{\partial z}\left(K \cdot \frac{\partial}{\partial z}T\right)$$
(1.6)

用这一公式计算挤压应力下的地温场。接下来可以用公式（1.6）来计算时间和边界条件：

在岩石圈内（$0 \leq z \leq H(x,t=0)$） $T(x,z,t=0) = T_s \cdot [z/H(x,t=0)]$

且

在软流圈内（$z \geq H(x,t=0)$） $T(x,z,t=0) = T_s$

当 $x = XM$ 和 $x = 0$ 时 $\partial T/\partial x = 0$

$T(x,z=0,t) = 0$ $T(x,z=ZM,t) = T_s$

这里的 XM 和 ZM 是计算的矩形区域对应于 X 轴和 Y 轴的最大值。图 1.20 所示是利用这个模型计算得到的地壳变形和地温剖面。地壳的拉张速率取 $V_0 = 0.5 \text{cm/a}$ 且流变系数为 $a = 4 \times 10^{22} \text{P(poise)}$，$\tau_s = 10^9 \text{dyn/cm}^3$，且 $n = 1$（$1\text{P} = 10^{-1}\text{Pa} \cdot \text{s}$，$1\text{dyn} = 10^{-5}\text{N}$，译者著），这些参数对于地壳岩石来说都是合适的（Malkin 和 Shemenda，1991；Shemenda 等，2002）。根据模拟结果，裂谷中心区域地壳基底在 20Ma 时间内深度从 145km 上升到了 37km。水平的位移速度从裂谷轴部的零变为塑性区域边缘处的 0.5cm/a（$x = XTS$），垂向位移速度随着深度的上升从基底处的零变为地壳表层的 0.3~0.5cm/a。随着地壳的上升，区域等温线也相应呈"颈"状向上升高，且在随后的 20Ma 内轴部热流值从 30mW/m² 上升到 112mW/m²（图 1.20）。应当指出的是，计算得到的热流值与稳定状态下地层，尤其是构造侧翼的值相比会明显偏小。

正如前文提到的那样，从整体上看，具有有限剪切模量地壳的弹性—塑性拉张模型很好地反映了大陆裂谷拉张过程中的主要特征，且与这一过程在时间和空间尺度上也吻合。然而这一模型也具有局限性。主要表现在假定压力和形变速率与温度无关。这与这些裂谷系统演化数据不符。在分析岩石流变引起的地壳变形时，后来的模型考虑了从上地壳和上地幔中的脆性形变到地壳下部和地幔中与应力偏量指数相关的蠕变（Pedersen，1994；Huismas 等，2001）。这些模型更深入地研究了在稳定拉张速率下地壳的变形和温度环境的演化过程。这些结论主要是关于变形向裂谷边缘一侧的减弱，并且在时间尺度上与图 1.20 的简单模型反映的结果相一致。然而运用更加复杂的岩石流变模型会得到更多新的结果。因此正如 Huismas 等（2001）所提出的那样，裂谷早期阶段软流圈物质如同底辟似的大规模隆升以及地壳下部的熔融岩石会导致在以后的盆地裂谷阶段内地壳重复性拉张。如果隆升过程中热量迅速散失而使侧向的拉张过程停止，将不会出现地壳的二次开裂。值得注意的是，由于温度—流变模型所固有的不稳定性，甚至由温度所引起的地幔和地壳下部有效黏度参数的轻微变化都能够导致情况大相径庭。另外，Huismas 等（2001）提出在盆地发展的同步裂谷晚期或者裂谷后阶段早期出现的浅层地幔火山活动，可以解释为与软流圈底辟隆起的诱导作用有关。这一结论与图 1.20 的简化模型所反映的情况相吻合。

1.7 结论

计算显示充满地壳基底狭窄裂缝的炙热物质将会在数百万年内影响到裂隙周边 10km 范

围内的围岩温度。在地壳完全均衡的条件下，地壳表层由于受热而产生的隆升会达到 2.5~3km，其中的 2~2.5km 是来自于岩石的热膨胀，且其中的 0.4~0.7km 是由于地壳裂隙附近相带边缘的隆升。地壳在沿裂谷裂隙方向上持续的受热就形成了典型的宽达 100km 的热能持续释放区域。

包括裂谷裂隙在内的地壳大范围(600~800km)受热导致具有高地表热流值($65~85mW/m^2$)的弧形拉张隆起的出现以及地壳达到 50~55km 厚度的收缩。许多大陆裂谷盆地演化史的典型特征是在裂谷过程结束之后的 40~70Ma 内热异常的释放作用一直影响着盆地地壳的热流系统。

大陆裂谷轴向拉张所产生的地壳减薄和软流圈的底辟作用被认为是裂谷盆地形成的主要控制因素。地壳的弹性—塑性拉张模拟计算和大量相应盆地的结构性沉降曲线的分析证实，沉积盆地裂谷形成的拉张和热活化会持续长达数千万年，这比地壳瞬时拉张模型预测的时间要长很多。沉积裂谷盆地进一步的演化方向囊括了包括内克拉通构造（坳拉槽）到被动大陆边缘和边缘海扩张中心等这些有着不同构造历史、热流系统和有机质成熟环境的盆地。由于地壳的拉张和地热活化过程会在盆地历史中频繁地重复出现，这是在运用盆地模拟方法模拟盆地埋藏史和热史过程中应当注意的重要方面(第 2 章)。

2 利用计算机 Galo 盆地模拟系统进行沉积盆地埋藏史和热史的数值重建——系统的主要原理

自 20 世纪 80 年代建立几大学派以来,盆地模拟取得了长足的发展,出现了一大批应用先进技术的程序,其中的大部分程序与主流学派的程序相比应用更简化。计算机硬件和软件的发展促进了盆地模拟软件的实质性进步。随着该领域学科的发展,产生了更高级的油气生成模拟软件。在盆地地热、热流、压实和运移等方面的认识也取得了进步。但是,到目前为止这些进步还不足以有效地改进这些过程的数学模拟。

然而,很少有同时分析包括由于快速沉积/剥蚀和大规模地壳运动(拉伸、逆冲)瞬时热效应的盆地模拟程序。大多数盆地模拟程序都要求把热流史(或者软流圈温度加上岩石圈的厚度)作为输入参数。有时盆地模拟的热导率推测值是基于对完井(或其他)测井信息得到的端元岩性(砂岩,页岩)的相对含量估计得出的。这些测定相当主观并且可能产生 20% 甚至更大的热导率误差(Hermanurd,1993)。这些值与从测量值和岩石序列的平均值得到的热导率的误差估算吻合的很好,据报道该值大约为 10%(Chapman,1981;Andrews – Speed,1984)。不同人用不同的盆地模拟软件做热模拟可能得到明显不同的结果。其差异可能来自不同的地质解释、热流方程、热流方程与其他方程的耦合、热参数、边界条件及与井数据的校准等。

尽管技术细节在最近一段时间里发生了很多明显的改进,但是主要的动力学模式自 Lopatin(1971)提出 TTI 作为干酪根热成熟度指标以来几乎没有改变,盆地模拟技术将来可能会有进一步的发展。在排烃模型中新参数项随着地下物理技术的进步可能被引进。用户端可能继续发展,从盆地模拟软件直接访问其他的数据库很可能成为标准而非特例。计算机性能不断进步使盆地模拟软件与其他软件(例如沉积物沉积模拟软件)一体化成为可能。在未来的盆地模拟软件中可能包含自适应井数据,如地下温度、流体压力和孔隙度。在未来的盆地模拟软件中还可能包括自动灵敏性分析和误差分析。从技术上来讲,在盆地模拟软件中利用成熟度指标标定热史非常容易。但是,目前如何获得最好的热史标定还不是很清楚。这个问题在将来很可能得到解决。

本章将介绍本书的重要内容之一——Gola 模拟系统。该盆地模拟系统的主要特点是:详细描述了埋藏史和热史模拟、输入参数、热传导方程和热物理参数、边界条件和初始条件、有限差分方法和构造沉降模拟方法。同时还重点介绍了几个精细的程序:一个是重建南北半球高纬度盆地的上新统—全新统冰冻岩带(永冻层)重复形成和融化条件下的沉积盖层热状态的软件,第二个是评估侵入热和相关热液活动对盆地热史的作用。对这两个软件都进行了详细的描述和讨论。最后两项是任何盆地模拟系统中必不可少的部分。

本章还重点介绍了沉积盆地演化的一些特性:不同沉积速率的沉积物压实,沉积岩和沉积基底的剥蚀,侵入热和热液活动,热活化和基底的反应,放射性衰变产生的热,横向热交换,重力异常,岩石圈均衡面起伏变化——所有这些现象都是计算和模拟方法的独立组成部分。另一个模拟方案的重要组分是分析伴随沉积的地面热流扰动,在沉积盖层和基底均衡面不规则和岩石圈不均匀处折射的软件。其他控制构造沉降的替代方法也被提出并应用,联合分析沉积盖层、岩石圈、软流圈的上部、地壳均衡、流变性、岩石圈的拉伸变薄、剥蚀热评价、对热史的影响和沉积前后历史的联系、侵入和相关的热液活动、永冻层的形成和融化;所有这些都在评估它们对盆地的热史和成熟史的作用中模拟。

2.1 常规模拟方案

模拟软件包括三个主要模块:盆地构造和演化的输入数据、盆地模拟的初始参数及数值模拟(图2.1)。

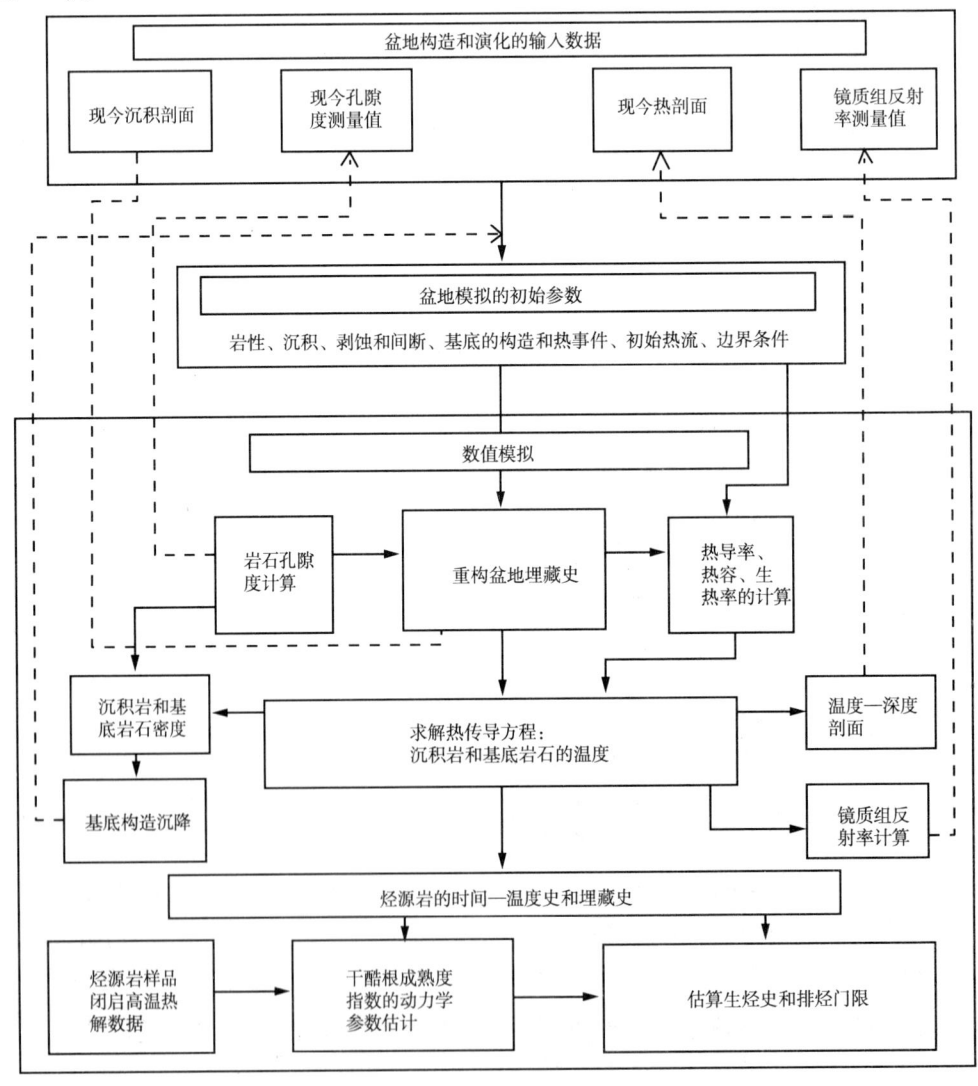

图 2.1 Galo 系统流程图
实线为盆地模拟已知变量不同程序单元之间的关系;
虚线为参与修正该变量的关系

第一个模块包括描述盆地的构造和演化的地质、地球物理和地球化学数据，包括现今的沉积剖面、孔隙度、温度和镜质组反射率的测量值。第二个模块涉及准备盆地热史数值模拟的初始参数：计算盆地表面未压实沉积物体积，估算构造活动的时间和幅度以及基底的热事件（热活化、基底拉伸等），计算初始温度剖面，确定计算区域底部的温度。第三个模块利用准备好的参数进行盆地埋藏史、热史和地球化学演化一维数值模拟。该模块计算出的岩石孔隙度、温度和镜质组反射率与第一个模块的相应数值进行比较，并且计算的构造沉降曲线都用来校正盆地模拟的初始参数（图2.1中虚线箭头表示这些数据体中的相互关系）。第三个数据体包括化学动力学模拟软件包。还用闭启热解实验数据重建烃源岩成熟反应的动力谱。用该动力谱可得到生烃量和排烃门限的数值估计。

2.2 埋藏史和热史模拟

2.2.1 输入参数

模块的输入参数包括现今的沉积横剖面、剥蚀幅度和速率的估算值、岩石成分和岩石物性特征、岩石圈结构（基底）及其岩石参数、古地热标志（镜质组反射率）、古气候、古海洋、现今地面热流、深度—温度剖面、盆地的古构造和新构造组合。以东撒哈拉韦德迈阿（Qued el - May）盆地的演化作为演示模型（Makhous等，1997b），表2.1为盆地的主要演化阶段，包括沉积、间断和剥蚀。

盆地演化的输入数据，以北非东撒哈拉韦德迈阿盆地为例（表2.1），假设大约2.2km的志留纪—泥盆纪沉积物在二叠纪海西期造山运动中被剥蚀，几乎接近剥蚀幅度的上限。附近沉积剖面存在的这些沉积厚层证实了该假设。在下面的章节中将讨论剥蚀幅度评估的一些细节。

表2.1 塔克浩科特(Takhoukht)地区韦德迈阿盆地演化的主要阶段

N	演化阶段	地质时间(Ma)	深度(m)	岩石类型	表面温度(℃)	海平面(m)
1	沉积	0~65	0~125	sn,lm	15	0
2	缺失	65~91	125~125	—	15~18	0
3	沉积	91~93	125~322	lm,dl,ml	12~18	0~30
4	沉积	93~97.5	322~870	hl,an	12~13	30~80
5	沉积	97.5~113	870~1042	cl,an	13~15	80~170
6	沉积	113~119	1042~1489	cl,sn	15	170
7	沉积	119~144	1489~2033	cl,sl,dl,ml	15~18	170~130
8	沉积	144~213	2033~2886	cl,dl,hl,an,ml	18	130~0
9	沉积	213~231	2886~3485	cl,hl,an	18	0

续表

N	演化阶段	地质时间(Ma)	深度(m)	岩石类型	表面温度(℃)	海平面(m)
10	沉积	231~243	3485~3540	cl,sn,hl	18	0
11	沉积	243~248	3540~3711	vl	18	0
12	剥蚀	248~286	2200	—	15~18	0
13	缺失	286~360	3711	—	8~15	0
14	沉积	360~408	3711	cl,sn	7~8	0~240
15	沉积	408~428	3711~3854	cl,sn	5~7	240~350
16	沉积	428~438	3854~3924	cl,sn	5	350
17	沉积	438~590	3924~4100	cl,sn	5~15	350~0

注:深度栏显示出沉积层顶部(第一个数字)和底部(第二个数字)的现今深度。an—硬石膏,cl—黏土和页岩,dl—白云岩,hl—岩盐,lm—灰岩,ml—泥灰岩,sl—粉砂岩,sn—砂岩,vl—火山岩。

2.2.2 埋藏史

随着沉积物不断地沉积埋藏,它们被压实,孔隙中的流体被排出。软件中认为压实作用遵循以下假设(Perrier 和 Quiblier,1974):①在压实过程中岩石骨架的体积保持不变;②孔隙度只与埋藏深度有关并可以表达为:

$$\Delta z_1 = (1 - \phi(z_1)) = \Delta z_2(1 - \phi(z_2)) \tag{2.1}$$

式中,$\phi(z_1)$为z_1深度的孔隙度,Δz_1和Δz_2分别为深度z_1和z_2的埋藏厚度。对于每一单独的沉积层Δz的回剥方法是基于公式(2.1)和指数孔隙度—深度关系(Sclater 和 Christie,1980;Deming 和 Chapman,1989;等):

$$\phi = \phi(0)\exp(-z/B) \tag{2.2}$$

式中,$\phi(0)$为沉积剖面上部100~150m的孔隙度平均值,B为深度比例因子。公式(2.1)和(2.2)被用来重建盆地演化的沉积速率(图2.2(b),(d))。

表2.2中给出的$\phi(0)$和B值是基于主要岩石单元(Slater 和 Christie,1980;Gretener,1981;Beaumont 等,1982;Goff,1983;Hutchinson,1985;Stockmal 等,1986;Deming 和 Chapman,1989;Burrus 和 Andebert,1990;Nielsen 和 Balling,1990;Forbes 等,1991)和岩石组合的世界平均值计算出来的。假设在剥蚀过程中压实作用是不可逆的。不考虑溶解、胶结或者重结晶作用对孔隙度的影响。表2.2中的岩石混合物的孔隙度是通过公式(2.3)计算出来的(Doligez 等,1986):

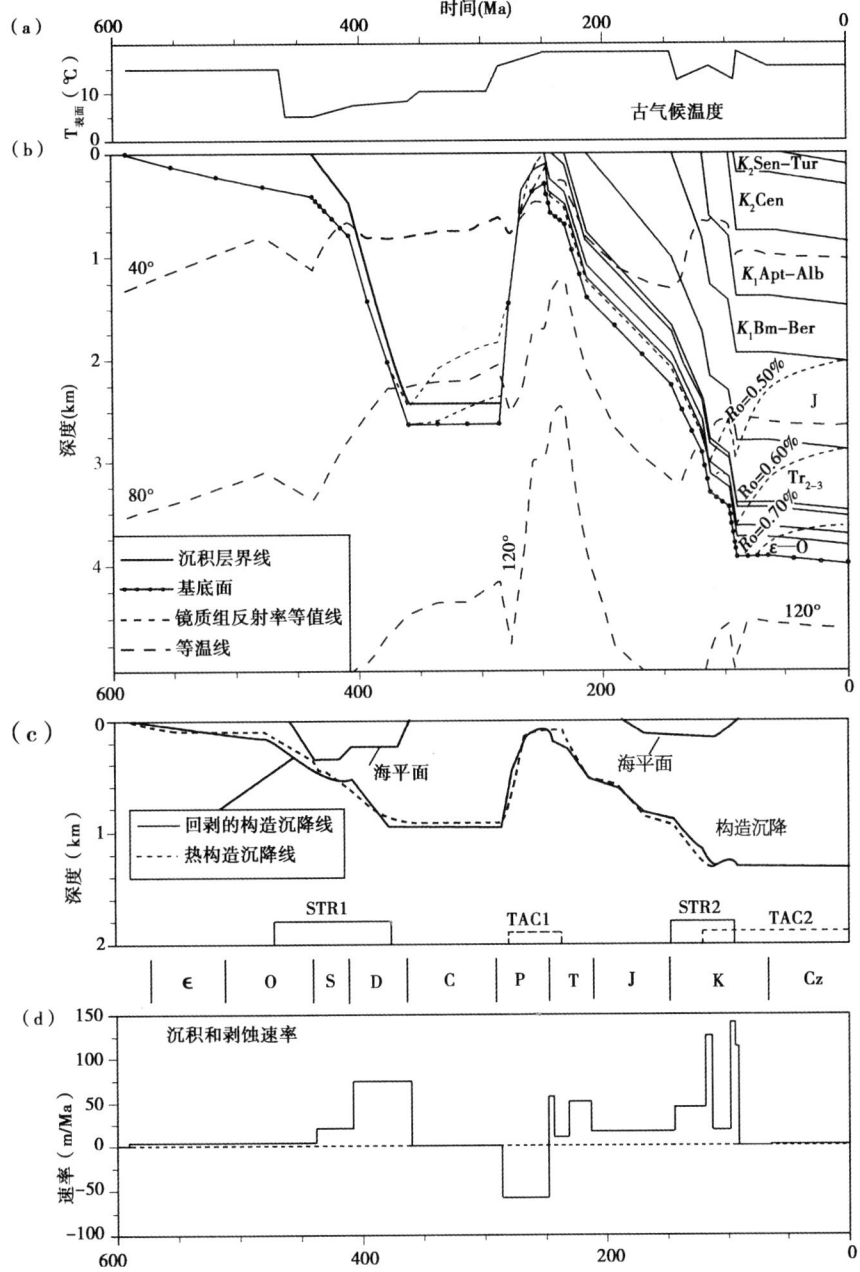

图 2.2 撒哈拉塔克浩科特地区韦德迈阿盆地沉积剖面的埋藏史和热史

(a)古气候史,基于该地区的古地理文献数据。(b)埋藏史、热史和成熟史,是从盆地模拟得到的。值得注意的是,剥蚀后阶段等温线的明显上升与二叠纪—三叠纪岩石圈的热活化有关。这里在白垩纪—新生代发生了更温和的热活化。志留纪岩石尽管遭受了极大的剥蚀但在剥蚀前的温度未超过85℃。(c)用局部均衡方法消除沉积物和水的负载计算出基底面的构造沉降曲线(实线),并且考虑了基底岩石密度的变化控制岩石圈构造和热事件的顺序的因素。STR1 和 STR2—基底的扩张时期;TAC1 和 TAC2—盆地岩石圈中的热活化时期。(d)在不同盆地模拟中沉积(>0)和剥蚀(<0)速率的变化曲线

$$\frac{1}{1-\phi(z)} = \sum_i \frac{C_i}{1-\phi_i(z)} \qquad (2.3)$$

式中, C_i 为第 i 个岩石单元的小层, n 为小层的个数, $\phi_i(z)$ 为根据世界平均数据计算出 z 深度处该岩石单元的孔隙度(Sclater 和 Christie, 1980; Burrus 和 Anderbert, 1990; Deming 和 Chapman, 1989)。

表 2.2 塔克浩科特地区韦德迈阿盆地沉积岩的岩石物理参数

N	$\phi(0)$	B(km)	K_m(W/(m·℃))	Al(℃$^{-1}$)	C_v(MJ/(m^3·K))	ρ_m(g/cm^3)	A(mkW/m^3)
1	0.429	2.77	4.00	0.0027	2.872	2.66	0.816
2	—	—	—	—	—	—	—
3	0.572	1.91	3.49	0.0011	2.696	2.73	0.578
4	0.244	0.86	5.61	0.0050	1.943	2.30	0.050
5	0.577	1.39	3.71	0.0030	2.332	2.52	0.888
6	0.600	2.06	2.96	0.0017	2.575	2.71	1.465
7	0.635	1.88	2.82	0.0011	2.487	2.70	1.394
8	0.296	1.20	5.17	0.0043	1.993	2.32	0.209
9	0.354	1.24	4.72	0.0040	1.955	2.30	0.431
10	0.620	1.94	2.81	0.0015	2.462	2.66	1.549
11	0.500	3.27	2.01	0.0001	2.500	2.70	1.005
12	—	—	—	—	—	—	—
13	—	—	—	—	—	—	—
14	0.610	2.03	2.88	0.0016	2.549	2.68	1.516
15	0.684	1.84	2.24	0.0007	2.324	2.69	1.968
16	0.684	1.84	2.24	0.0007	2.324	2.69	6.699
17	0.684	1.84	2.24	0.0007	2.324	2.69	1.968

注: N—盆地演化的阶段序号(相当于表 2.1 中的 N); $\phi(0)$—在 0~200m 深度的近地表层的平均岩石孔隙度; B—孔隙度按 $\phi = \phi(0)\exp(-z/B)$ 随深度变化的系数; K_m—在 $T = 0$ 时基质岩石的热导率; Al—基质热导率的温度系数: $K(T) = K_m/(1 + Al \cdot T(℃))$; C_v—基质岩石的体积热容率; ρ_m—基质岩石的密度; A—单位体积的生热量。该表中的数值是根据表 2.1 中的岩相相对含量和表 2.3 中的数据计算的。

表 2.3 世界主要沉积相的平均热物理参数

N	岩石	$\phi(0)$	B(km)	K_m (W/(m·k))	Al (℃$^{-1}$)	C_v (MJ/(m^3·k))	ρ_m (g/cm^3)	A (mkW/m^3)
1	泥岩、页岩	0.70	1.80	2.09	0.0005	2.26	2.70	2.09
2	火山岩	0.50	3.27	2.01	0.0001	2.50	2.70	0.10
3	粉砂岩	0.54	2.25	3.39	0.0020	2.68	2.66	1.21
4	砂岩	0.40	3.00	5.44	0.0030	2.89	2.65	0.84
5	灰岩	0.60	1.90	2.97	0.0005	2.72	2.71	0.63
6	白云岩	0.50	2.00	4.61	0.0020	2.70	2.75	0.36
7	岩盐	0.00	0.01	5.86	0.0050	1.85	2.16	0.00
8	硬石膏	0.35	0.90	5.44	0.0050	2.01	2.40	0.08
9	泥灰岩	0.65	1.84	2.60	0.0005	2.54	2.71	1.21
10	煤	0.10	1.47	0.42	0.0001	1.00	1.40	0.00

数据来自: Sclater 和 Christie, 1980; Gretener, 1981; Beaumont 等, 1982; Goff, 1983; Hutchinson, 1985; Stockmal 等, 1986; Doligez 等, 1986; Deming 和 Chapman, 1989; Nielsen 和 Balling, 1990; Burrus 和 Anderbert, 1990; Ungerer 等, 1990; Ungerer, 1990; Forbes 等, 1991; Nyblade 等, 1996; Midttomme 和 Roaldset, 1999。

注:参数的意义类似于表 2.2。

2.2.3 热传导方程和热物理参数

岩石圈温度分布(图 2.2、图 2.3)是通过解由能量平衡法则得到的热传导方程获得的(Carlslaw 和 Jaeger, 1959):

$$\frac{\partial[C_v(Z,t) \cdot T(Z,t)]}{\partial t} + \frac{\partial[C_{vw}(Z,t) \cdot V(Z,t) \cdot T(Z,t)]}{\partial Z} = \frac{\partial\left[K(Z,t) \cdot \dfrac{\partial T(Z,t)}{\partial Z}\right]}{\partial Z} + A(Z,t) \quad (2.4)$$

式中,$C_v = \rho C_p$ 为体积热容;C_p 为单位质量热容;ρ 为密度;T 为温度;t 为时间;V 为稳定基底情况下沉积物排出水流的速度;C_{vw} 为孔隙水的体积热容;Z 为深度;K 为热导率;A 为单位体积产生的热量。

在与基底联系的坐标系中可解出公式(2.4)(图 2.4)。

在每个增量时步 dt,计算的地层柱包括沉积物和基底,从上部开始增长 dZ,dZ 为沉积层在 dt 时间间隔内沉积的厚度。埋藏在覆盖层 dZ 之下的每个基本沉积层的厚度 dZ_k 由于压实作用厚度按公式(2.2)所示的孔隙度—深度关系变小,如果在 dt 时间内发生剥蚀,计算的地层柱高度从上部缩小 dZ。计算地层柱内的网格点移动到新的位置,这由 dZ 层的沉积和地层柱的压实效果共同决定。从前一时间间隔得到的温度被应用到这些网格点上。第一个网格点($n=1$)的温度由时间间隔 dt 时的盆地地表的古气候给出(表 2.1、图 2.2(a))。用这种方法得到的温度分布用于求解下一时步的公式(2.4)。

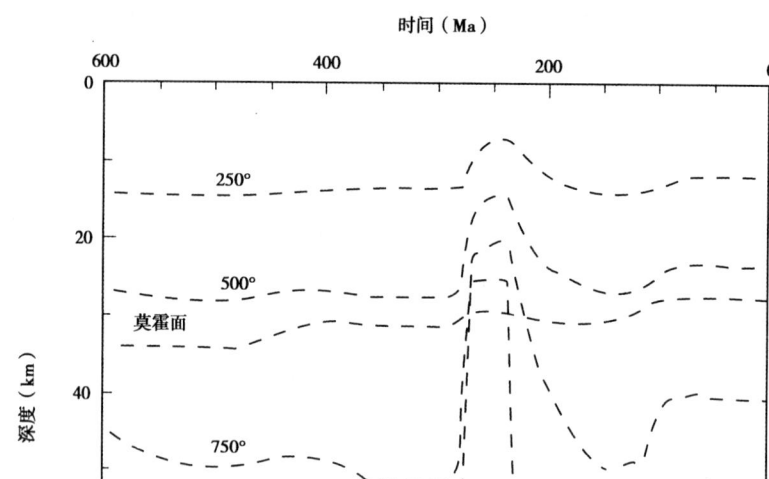

图 2.3 塔克浩科特地区韦德迈阿盆地(撒哈拉)热流系统的数值模拟

实线表示用图 2.5 显示的橄榄岩固相线与现今等温线相交得到的岩石圈底部。莫霍面是地壳的底部;等温线的明显上升与二叠纪—三叠纪和白垩纪的热再活化有关。在奥陶纪—泥盆纪和白垩纪基底拉伸和二叠纪遭受剥蚀期间发生了地壳厚度的减薄

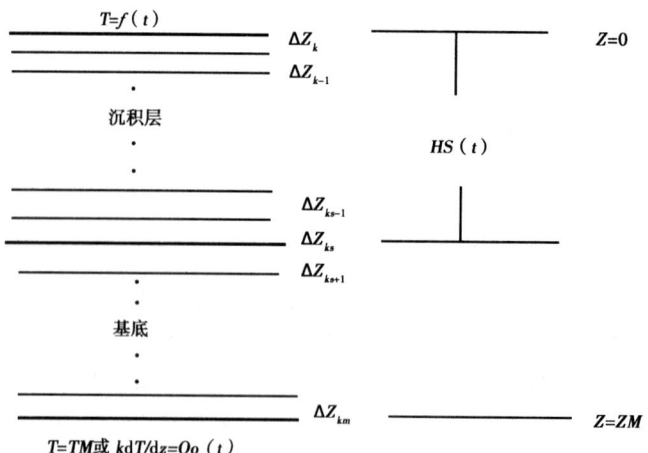

图 2.4 用 Galo 系统模拟的埋藏和传热过程

公式(2.4)中的对流项描述沉积物中的地下水活动。它对温度分布的影响必须具体盆地具体分析。在后面2.3节中将讨论求解的算法。

公式(2.4)中沉积岩的热物理参数是孔隙度和温度的函数。密度(ρ_s)、体热容和热导率可用矿物基质(ρ_m, $C_{v,m}$, K_m)和水的值(ρ_m, $C_{v,m}$, K_m)来表示(Beck, 1976; Sclater 和 Christie, 1980; Oxburgh 和 Andrews – Speed, 1981; Doligez 等, 1986; Deming 和 Chapman, 1989; Ungerer 等, 1990),其中:

$$\rho_s(Z) = \rho_m[1 - \phi(Z)] + \rho_w \phi(Z)$$
$$C_{vs}(Z) = C_{vm}[1 - \phi(Z)] + C_{vw}\phi(Z) \quad (2.5)$$
$$K_s(Z) = K_m^{[1-\phi(Z)]} K_w^{\phi(Z)}$$

对于水,当 $T < 50°C$, $K_w = 0.6$ 时,确定出 $C_{pw} = 4186.8 J/(kg \cdot °C)$,$\rho_w = 1030 kg/m^3$ 和 K_w,单位为 $mW/(m \cdot K)$。

$$K_w = 0.565 + 0.00188 \cdot T - 0.00000723 T_2 (0 < T < 137°C) \quad (2.5a)$$
$$K_w = 0.602 + 0.001313 \cdot T - 0.00000514 T_2 (137 < t < 300°C)$$

矿物基质的热导率与温度成反比(Doligez 等, 1986),用下式表示:

$$K_m = K_m \cdot (T = 0°C)/(1 + Al \times T) \quad (2.6)$$

表2.3 给出了主要岩石单元的 K_m, $C_{v,m}$, ρ_m,生热率 A, Al(基质热导率的温度系数)及公式2.2中孔隙度参数值和 B 的世界平均值。表2.3 是在已发表文献的基础上得到的(Sclater 和 Christie, 1980; Gretener, 1981; Beaumont 等, 1982; Goff, 1983; Hutchinson, 1985; Stockmal 等, 1986; Deming 和 Chapman, 1989; Burrus 和 Andebert, 1990; Nielsen 和 Balling, 1990; Forbes 等, 1991)。用这些值可以通过下式计算出表 2.1 中的岩石单元结构的表 2.2 中的热物理参数(Deming 和 Chapman, 1989; Ungerer, 1990):

$$\rho_m = \rho_{m1} \cdot C_1 + \rho_{m2} \cdot C_2 + \cdots + \rho_{mn} \cdot C_n$$
$$\rho_m \cdot C_{pm} = \rho_{m1} \cdot C_{p1} C_1 + \rho_{m2} \cdot C_{p2} \cdot C_2 + \cdots + \rho_{mn} \cdot C_{pn} C_n \quad (2.7)$$
$$K_m = K_{m1}^{C_1} \cdot K_{m2}^{C_2} \cdots K_{mn}^{C_n}$$

公式2.6中的系数 Al 是基质热导率的温度参数,可由温度100°C时的 K_m 和 K_{mi} 值决定:

$$Al = 0.01[\exp(\sum \ln C_i \ln(1 + 100 \cdot Al_i)) - 1]$$

式中,C_i 是岩石第 i 组分的一部分,ρ_{mi}, $\rho_{mi} C_{pi}$, K_{mi} 为该部分相应的特征。可从公式(2.5)—(2.7)推导得出。泥岩或砂岩的热导率在埋藏期间以 2~2.5 的系数增加。

在上面的盆地模拟例子中,采用了典型的陆地岩石圈的特征(Baer, 1981),包括 15km 的花岗岩,20km 的玄武岩和 100 多千米的地幔岩石,在地壳和地幔中由于放射性衰变产生了大约 $21 mW/m^2$ 的表面热流。在热分析中,认为岩石圈和软流层上部包含部分熔化的橄榄岩。软流层顶部的深度在盆地演化过程中发生了变化。用常用的焓方法分析了由于熔化岩石释放的潜热的热分布。这是一般盆地模拟橄榄岩熔化或者结晶的结果,或者是沉积层中熔岩侵入地区的玄武岩和纯橄榄岩熔化或结晶的结果(参见3.2和2.6节)。在部分熔化的岩石中假设熔化的部分f随温度T在$T_s < T < T_1$的间隔内呈线性增加(Carslaw 和 Jaeger,1959):

$$f = \frac{T - T_s}{T_1 - T_s}$$

传递到岩体单位质量使其温度升高ΔT(在温度间隔$T_s < T < T_1$)的热量ΔQ包括两部分(Carslaw 和 Jaeger,1959):内部的热量($C_p \cdot \Delta T$);和改变熔化部分所需的潜热($\Delta f \cdot L$):

$$\Delta Q = C_p \cdot \Delta T + L \cdot \Delta T / (T_1 - T_s)$$

因此,在上述温度间隔内的有效热容$C_p = (\delta Q / \delta T)_p$为:

$$C_{p'} = C_p + \frac{L}{T_1 - T_s} \tag{2.8}$$

式中,C_p为岩石的一般热容,L为熔化的单位质量岩石的潜热,T_s和T_1分别为固态和液态岩石的温度,P为压力。上面引用的熔化的潜热L对橄榄岩和玄武岩为90~100cal/g(Forsyth 和 Press,1971),固态温度T_s对含0.2%水的橄榄岩来说是压力P的函数(Wyllie,1979;图2.5)。橄榄岩的液态温度$T_1 = T_s + 600℃$,玄武岩的液态温度$T_1 = T_s + 75℃$(Turcotte 和 Schubert,1982)。

2.2.4 方程解的边界、初始条件和有限差分格式

方程2.4解的上部边界条件对应于时间t时盆地表面($Z=0$)温度。该值指定为平均年温度,可从古气候数据中得到(图2.2(a))。

据 Wyllie(1979)报道,方程(2.4)的解值域的下边界深度(Z_{low})在初始模型中指定为等地温线($T_{min}(Z)$)与橄榄岩的固态曲线($T_s(Z)$)的交点(图2.5)。假设函数$T_{min}(Z)$为盆地历史中岩石最冷阶段的基底等温线。如果$T_{min}(Z)$与$T_s(Z)$不相交,则假定Z_{low}为200km。下边界的温度定为$T_{low} = T_{min}(Z_{low})$。对于很多盆地来说,最低的等温线$T_{min}(Z)$对应于盆地岩石圈的现今状态;但是,情况并不总是如此。韦德迈阿盆地的最低热流发生在300Ma前(图2.6)。在模型中,下边界Z_{low}从初始值随沉积盖层厚度的增加而增加。稳定状态的温度$T = T_{low}$在盆地模拟分析过程中保持不变。按选择Z_{low}和T_{low}参数的步骤,图2.2—图2.6中韦德迈阿盆地初始深度为90km,下边界的温度为1050℃。由于物理原因,模拟区域的下边界稳态温度比固定的稳态热流更好。实际上,持续的大约100~120mW/m²的热流是典型的大陆裂谷地区下边界的Z_{low},在深度100~150km范围内的温度为2000~3000℃。这些值比同样深度用地球物理方法得到的温度高出800~1500℃(Anderson,1979,1980)。温度差的量级严重地影响着模拟结果。另一方面,在盆地演化过程中下边界Z_{low}的温度变化为100~200℃,因此它对盆地热史的影响很小。由于下边界位于流变性弱的上地幔内,机械平衡和热平衡发生得非常快(经过1~10Ma横向非均质性在50~100km的宽度)。因此,不要预期在这个边界上出现大的温度变化。正是这个原因,在下边界处选用稳定不变的温度而不是给定一个不变的热流。

求解公式(2.9)和初始表面热流值公式(2.4)的稳态变量 Q_0,可以确定出公式(2.2)的初始温度剖面。

$$T(Z, t = 0) = T_0 + \int_0^Z \left[Q_0 - \frac{\int_0^{Z'} A(Z'') \times \mathrm{d}Z''}{K(Z')} \right] \times \mathrm{d}Z' \qquad (2.9)$$

式中,Z 为深度,T_0 为盆地沉降的初始时间 $t=0$ 时的表面温度(表2.1、图2.2(a)),$A(Z)$ 为每体积单位基底岩石的生热率,$K(Z)$ 是基岩的热导率。从岩石圈底部(Z_{lit})到计算的下边界的深度范围内地幔岩石的流变性很弱,在岩石圈底部(Z_{lit})到计算的下边界的深度范围内温度增加是线性的,温度梯度接近绝热状态时的1(图2.5)。

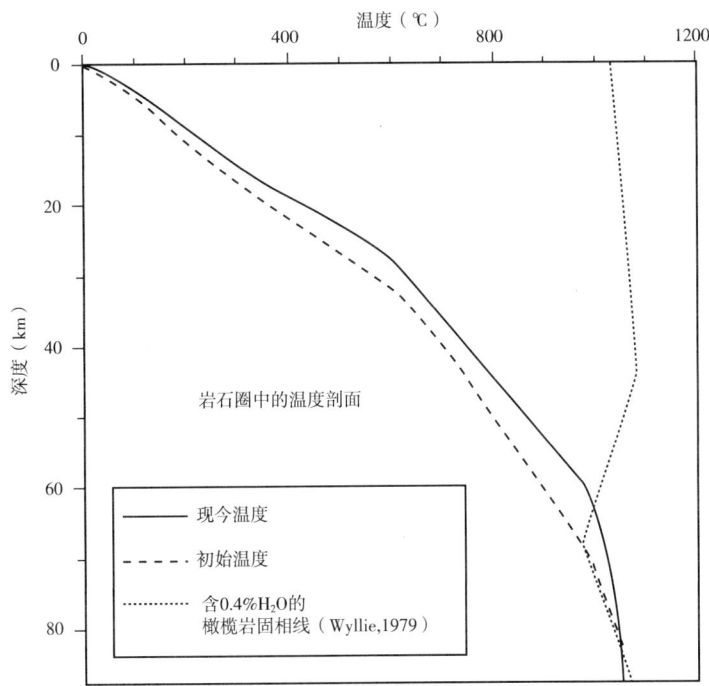

图 2.5　计算的撒哈拉塔克浩科特地区韦德迈阿盆地初始的和现今的温度剖面(Wyllie,1979)
含少量水的橄榄岩固相温度用于确定盆地模拟中的岩石圈底部

初始热流 Q_0 是从构造背景与盆地初始时间的构造背景相似的现今盆地的表面热流值中得到。例如,$Q_0 = 100 \sim 110 \mathrm{mW/m^2}$ 是典型的大陆裂谷地区的热流(贝加尔湖、非洲裂谷系);然而,在裂谷的肩部 Q_0 可能接近 $65 \sim 85 \mathrm{mW/m^2}$。初始热流的估算可根据盆地构造沉降分析进行调整。在韦德迈阿盆地模拟例子中 Q_0 大约为 $52\mathrm{mW/m^2}$(图2.6)。

已知它的边界条件和初始条件,可用隐式有限差分方法求解公式(2.4)。该方法与Peacement 和 Reachford(1955)的方法很类似,但是做了改进,包含了热物理参数变量值和变量步长 $\mathrm{d}Z$:

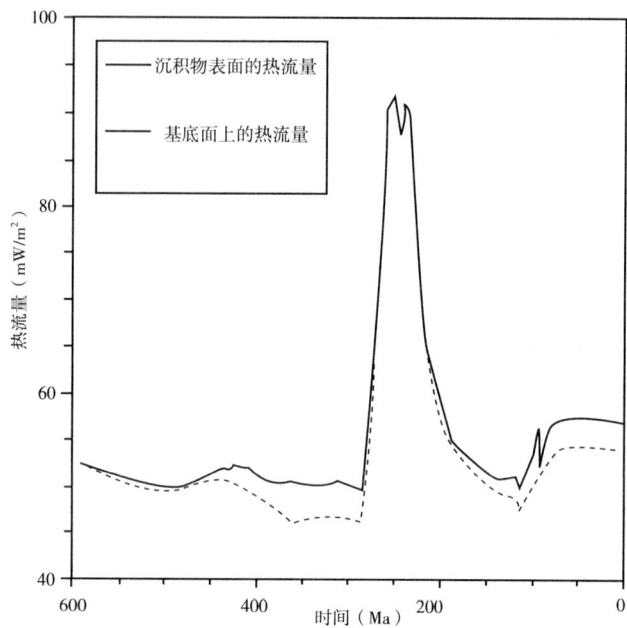

图2.6 计算的撒哈拉塔克浩科特地区韦德迈阿盆地的热流变化

通过基底面和沉积岩的热流差异主要是由沉积岩中放射性元素衰变产生的热所引起

$$\frac{(\rho \cdot C_p \cdot T)_k^{n+1} - (\rho \cdot C_p \cdot T)_k^n}{dt} + \frac{(\rho_w \cdot C_{pw} \cdot V \cdot T)_{k+1}^{n+1} - (\rho_w \cdot C_{pw} \cdot V \cdot T)_{k-1}^{n+1}}{dZ_k + dZ_{k+1}}$$

$$= \frac{2 \cdot K_{k,k+1}^{n+1} \cdot (T_{k+1}^{n+1} - T_k^{n+1})}{dZ_{k+1} \cdot (dZ_k + dZ_{k+1})} - \frac{2 \cdot K_{k,k-1}^{n+1} \cdot (T_k^{n+1} - T_{k-1}^{n+1})}{dZ_k \cdot (dZ_k + dZ_{k+1})} + A_k^{n+1} \qquad (2.10)$$

式中，$K_{k,k+1}^{n+1}$ 和 $K_{k,k-1}^{n+1}$ 是在第 $n+1$ 个时间步长的两个相邻的基本深度层 dZ_k, dZ_{k+1} 和 dZ_k, dZ_{k-1} 的热导率的平均值。在公式(2.10)中：

$$K_{k,k+1} = \frac{dZ_k + dZ_{k+1}}{\dfrac{dZ_k}{K_k} + \dfrac{dZ_{k+1}}{K_{k+1}}} \quad \text{和} \quad K_{k,k-1} = \frac{dZ_k + dZ_{k-1}}{\dfrac{dZ_k}{K_k} + \dfrac{dZ_{k-1}}{K_{k-1}}}$$

在已知计算域上、下边界条件时，T_{k+1}^{n+1}，T_k^{n+1} 和 T_k^{n+1}，T_{k-1}^{n+1} 的未知量的三对角线方程组可由差分方法(2.10)获得。使用常用的驱动方法就可求解该方程(Press 等，1986)，因此可以得到第 $n+1$ 个时步的温度分布。

方程2.4 在不变的热物理参数和无传递项时，隐式有限差分方法是无条件稳定的。但是，上述参数取决于孔隙度、温度、深度和时间。在实际情况下，不可能得到一个稳定的解析解。方程只能根据经验比较不同时步和空间步长（dt 和 dZ）的解来求解。通过与温度分布 $T(Z,t)$ 和热流 $Q(t)$ 的解析解的比较，检查了有限差分方法的正确性（Carlslaw 和 Jaeger，1959）。要考虑下面的变量：①具有相同热特征盆地的均匀沉积物的稳定速率沉积；②均匀半空间的剥蚀；③均匀初始温度 $T = T_s$ 半空间的冷却；④表面稳定周期性变化的均匀半空间内的温度分布。另外,对于热物理特征不同于沉积盖层的均匀基底的均匀沉积物沉积,用数值解和半解析方法(Golmstock,1979,1981;Galushkin 和 Smirnov,1987)计算出的温度和热流数据进行了比较。

在所有的实例中,合理的选择 dZ 和 dt 步长可得到与解析的温度分布和热流的吻合达到 0.1% 精度的结果。分析表明剥蚀估算要特别谨慎以避免太大的 dZ 和 dt 步长。例如,当均匀半空间的剥蚀速率为 5mm/y 时,用步长 dz = 50m 和 dt = 100000y 进行数值模拟,有限差分计算出的解与解析的地表热流相差 30%。如果用步长 dz = 10 ~ 20m 和 dt = 20000 ~ 40000y 进行数值模拟,相差不超过 1%。当应用有限差分方法时,正确的数值模拟自然沉积和剥蚀过程要求小的时间和空间步长,计算时总的时步平均值为 1000。空间步长 dZ_k 在每个岩石圈单元内呈线性变化,在整个计算空间内为深度的连续线性函数,包括沉积盖层和基底。在深度 Z = 100 ~ 200km 时,空间步长 dZ 的值可从在计算域表面时的 1 ~ 4m 变化到基底底部的 1 ~ 3km。

2.2.5 埋藏史和热史模拟的某些辅助特征以及对输入变量的灵敏度

2.2.5.1 剥蚀幅度

剥蚀幅度属于难确定的参数。为了得到准确的剥蚀幅度,需要对沉积剖面进行仔细的二维分析。详细分析剥蚀估算对 4.2 节中撒哈拉盆地模拟结果的影响,但是在此简要地讨论剥蚀估算对图 2.2—图 2.5 中模拟结果的影响。如果只是基于可用的地质数据,不能认为假设的 2.2km 的剥蚀厚度是准确的(参见 4.2 节)。但是,通过对构造沉降相对幅度的分析可部分证实该值。为此,对一个较冷的岩石圈模型进行计算,该岩石圈的软流层顶(T = 1000℃)在剥蚀前的深度在 100km 之下。在这种情况下,即使一个相对很弱的热事件(表面热流为 63 ~ 67mW/m²)都能导致基底表面明显地抬升,这将导致超过 3000m 的剥蚀幅度。但是,在剖面中出现熔岩流时低热流值就不再连贯,这对应大陆裂谷附近的位置。另一种型式,计算表明在剥蚀前当 1000℃ 等温线在深度 55 ~ 70km 时,2 ~ 2.5km 的剥蚀幅度要求异常高的热流(250mW/m²)。在模型中,温度 1050℃ 对应的深度大约为 90km(图 2.3,图 2.5)。在这个例子中,二叠纪岩石圈的热活化(表面热流大约为 90mW/m²)导致了 2.2km 的剥蚀。这个剥蚀幅度在地质上是合理的(图 2.2、图 2.3)。

用一个与二叠纪剥蚀无关的变量分析了盆地的热史和埋藏史(图 2.7),以估算剥蚀幅度不确定性对模拟结果的影响。

这个变量受到现今的温度和镜质组反射率 R_o 的控制(图 2.8),通过去除沉积物和水的负载计算得到的构造曲线与基底热状态变化的一致性所控制(如图 2.2c)。

图 2.7 中引用的变量重复了图 2.2、图 2.3 显示的拉伸和热活化事件的同样的顺序。例外的是二叠纪事件,与剥蚀无关的变量表面热流大约为 60mW/m²。

两个变量(图 2.2、图 2.7)的比较表明剥蚀对沉积物的古温度状态的影响是有限的。在两个变量中,志留纪岩石底部的温度在泥盆纪和石炭纪未超过 85℃。可推测出在剥蚀之前页岩烃源岩中有机质的成熟度只有很小的变化。二叠纪剥蚀对韦德迈阿盆地北部的热史模拟的很有限的影响是寒武纪—志留纪期间低沉积速率的直接结果。总的沉积厚度不超过 600m(图 2.2B、D)。但是,韦德迈阿盆地南部和西南部在石炭纪初期却沉积了 1500 ~ 2000m 的寒武纪—志留纪的沉积物,海西运动抬升之前生成了大量的烃类,并且后期剥蚀影响了总油气生

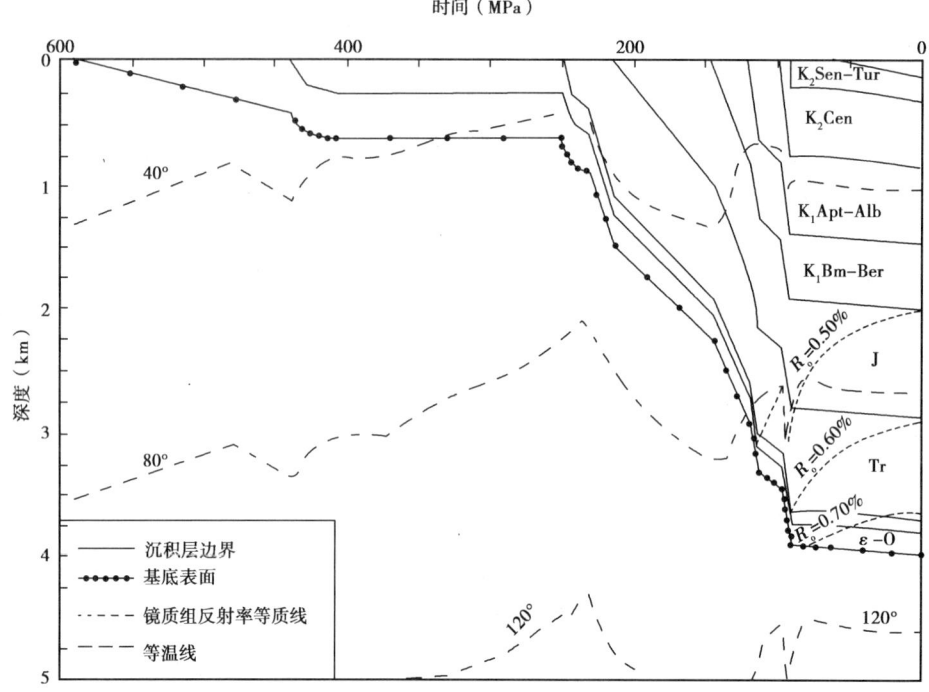

图 2.7 用无剥蚀变量的盆地模拟得出的撒哈拉塔克浩科特地区
韦德迈阿盆地沉积剖面的埋藏史、热史和成熟史,无剥蚀变量的
第一次热活化不如图 2.2 中主要变量的那么强烈

成量。

2.2.5.2 放射性衰变产生的热

沉积岩中放射性衰变产生的热影响它的热状态。韦德迈阿盆地 70m 厚的志留系页岩层下部 U 和 Th 的含量分别为 $25\mu g/g$ 和 $10\mu g/g$,每单位体积的生热率为 $6.7mkW/m^3$(表 2.2,盆地演化的第 16 个阶段)。有些研究者认为烃源岩中放射性衰变产生的热可能加速有机质成熟(Byakov 等,1987)。对盆地模拟的两个变量的计算证实志留系页岩层下部放射性衰变产生的热的作用是局部的。对其进行了计算,生热率 $A = 0.84mkW/m^3$,该值是典型的泥质岩的生热率,而不是上面所假设的 $A = 6.7mkW/m^3$。无异常放射性衰变的变量的生热率降低导致等温线移动不超过 30m,而志留系的温度和时间温度指数(TTI)分别降低 0.4℃ 和 1%。所以在相对较薄的烃源岩($H = 100\sim150m$)异常放射性产生的热并不能改变烃源岩的成熟度。与围岩的长期接触,由于岩石的热导率和热容,热异常扩散到更大的深度范围并且它的幅度将变小。对西西伯利亚盆地 Bazhenov 组的计算同样证实了这一结论。

2.2.5.3 地下水流的热特征

在沉降的大陆盆地内,地下水可能来源于沉积压实(承压水)和地形起伏引起的驱动力,或者是流体密度的变化。强烈的水流可能扰乱地热剖面并且改变埋藏烃源岩的时间—温度史。利用公式(2.1)和(2.2)很容易估算出稳定基底上均质沉积物一维固结的承压水排出最大速率:

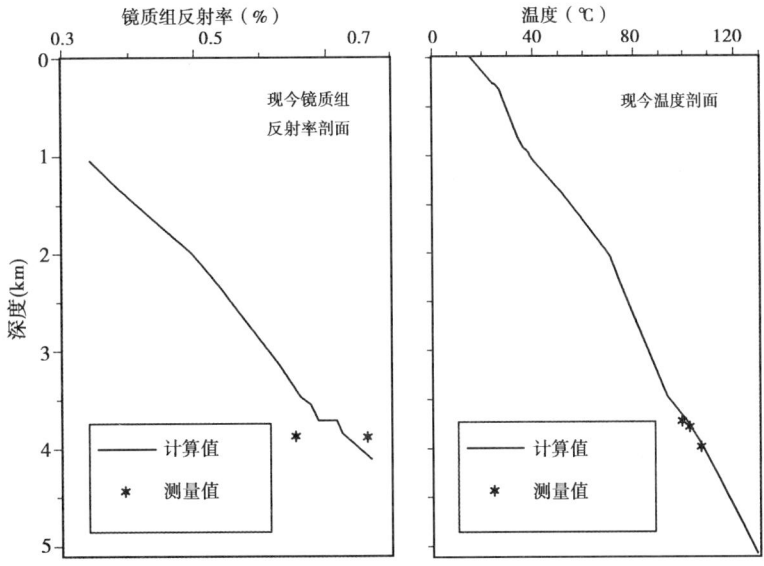

图 2.8 塔克浩科特地区现今沉积剖面中的
镜质组反射率和温度曲线

$$R_{\text{pwe}} = S \cdot \ln \frac{1 - \phi(Z_b)}{1 - \phi(Z)}$$

式中,Z_b 是基底表面的深度,Z 为沉积物的现今深度($Z=0$ 为沉积物表面),ϕ 为沉积岩的孔隙度,根据关系式(2.1)、(2.2)计算它是深度(Z)的函数,S 为在盆地表面的沉积速率。承压水排出最大速率(R_{pwe})估算是假设由于压实作用从孔隙中排出的水在垂向 Z 和 Z_b 之间移动时没有隔层。在图 2.2 韦德迈阿盆地的变量中,为了演示模型,观测到剥蚀后的最大沉积速率(S)不超过 145m/Ma(图 2.2d),因此 $R_{\text{pwe}} \leqslant 3$ mm/a。在砂泥岩热导率值的合理范围内,这样的 R_{pwe} 值对应的佩克莱(Pecklet)数 $Pe < 0.05$,佩克莱数是热流中对流部分与传导部分的比值,它是无量纲的(Bredehoeft 和 Papadopulos,1965)。均质沉积岩压实一维模型计算(Bredehoeft 和 Papadopulos,1965;Clauser 和 Villinger,1990)和该问题的二维数值分析(Betthke,1985;1989;Deming 等,1990;Person 和 Garven,1992)表明地下水 $Pe \leqslant 0.1$ 的垂向流动对沉积岩热剖面的影响可以忽略。结论是典型沉积速率引起的孔隙流体排出的增加不会明显扰动沉积岩的热状态。

相反,淡水渗透到盆地岩层中可导致盆地热状态明显波动。然而,对这些流体运动的分析包含很多应用现今水文和古水文技术研究盆地的不确定因素(Bethke,1989)。区域范围内盆地岩层的渗透率受到非均质性的影响,如层面、夹层、断层和裂缝。在古水文模拟中,关键参数如地形起伏可能被剥蚀作用破坏了。另外,只有利用经验方法来估算盆地演化中有效压力增加或减小情况下的沉积岩水文特征(Bethke,1989)。在韦德迈阿盆地,尤其是塔克浩科特地区,几处蒸发岩的出现阻止了地下水在沉积岩层内大范围的流动。同时,在准水平岩层内几百千米的流动对垂直温度剖面的影响很弱,这证明研究区距地表水渗透点很远。在韦德迈阿盆地和古德米斯(Ghadames)盆地的大部分地区也有相似的情况。但是,伊利兹(Illizi)盆地的情况就不同,该盆地的整个地层(古生代、中生代和新生代的地层)出露地表。当然,流体流动在很大程度上影响了盆地的热状态。

2.3 构造沉降

盆地的构造沉降是指盆地基底面相对于参照面(通常为初始面)的位置的位移量。由于基底对负载的均衡反应,构造沉降包括两部分(McKenzie,1981;Sclater 和 Christie,1980):ZT_s,由于基底面负载(沉积物、水)产生的;ZT_b,由于基底的密度随深度的变化产生的(由于基底的拉伸、冷却和受热)。

$$ZT = ZT_s + ZT_b \tag{2.11}$$

图 2.9 中 AA 地层柱与 A_1A_1 地层柱的重量相等可导出 ZT_s 的表达式,由去掉水和沉积物负载的基底面的位置决定:

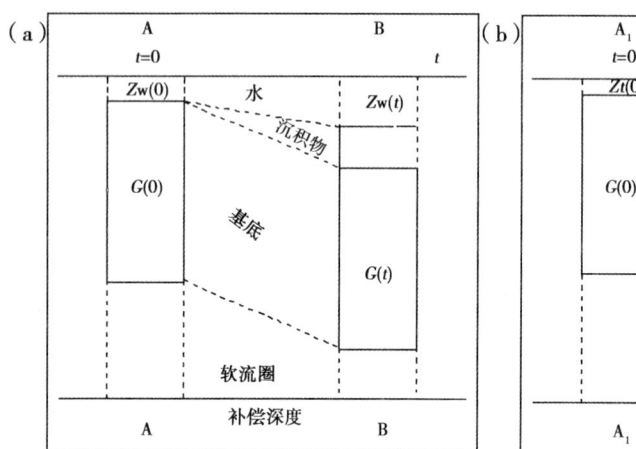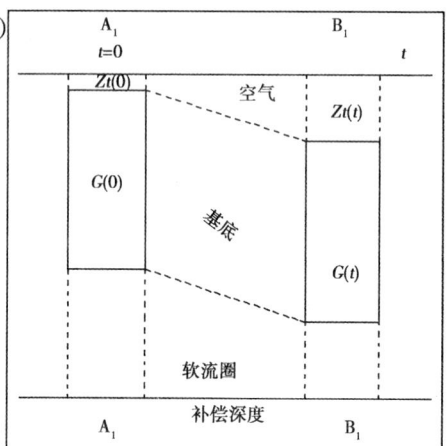

图 2.9 构造沉降计算的原理

(a)当地层柱 AA(时间 $t=0$—盆地开始演化)和 BB(时间 $t>0$)包括水、沉积物及深度达到均衡补偿时,基底面上的负载状态;(b)当基底面上无负载时构造沉降的变化;地层柱 A_1A_1 (时间 $t=0$—盆地开始演化)和 B_1B_1(时间 $t>0$)仅包括基岩。AA 与 A_1A_1 和 B_1B_1 与 B_1B_1 地重量相等得出计算第一部分构造沉降 ZT_s 的公式 2.12。此外,A_1A_1 与 B_1B_1 地层柱的重量相等得出计算第二部分构造沉降 ZT_b 的公式 2.14

$$ZT_s(t) - ZT_s(0) = \frac{\rho_a - \rho_s}{\rho_a} \cdot S(t) + \frac{\rho_a - \rho_w}{\rho_a} \cdot [Z_w(t) - Z_w(0)] \tag{2.12}$$

在公式 2.12 中,t 为时间,$t=0$ 表示盆地开始演化的时间,$Z_w(t)$ 表示时间 t 时刻的古水深,$ZT_s(t)$ 表示构造沉降的幅度,$S(t)$ 表示沉积盖层的总厚度,ρ_a 和 ρ_w 分别表示软流层和水的密度,$\rho_s(t)$ 表示沉积物的平均密度:

$$\rho_s(t) = \frac{\int_0^{S(t)} \rho_s(Z,t) \cdot dZ}{S(t)} \tag{2.13}$$

用公式(2.5)计算出盆地演化各个时期的沉积层内岩石的孔隙度 $\phi(Z,t)$ 和密度 $\rho_s(Z,t)$ 以及沉积层的重量,以便确定公式(2.13)的平均密度值。

从图 2.9 中 A_1A_1 地层柱与 B_1B_1 地层柱的重量相等可得到 Z_{Tb} 的表达式:

$$ZT_b(t) - ZT_b(0) = \frac{G(t) - G(0)}{\rho_a \cdot 8} \tag{2.14}$$

式中，g 表示重力加速度；G 表示固定长度 l_0 基底地层柱的重量：

$$G(t) = g \cdot \int_0^{l_0} \rho_l(Z,t) \cdot dZ \quad (2.15)$$

模拟中的每个时步都要计算 G 的重量。岩石圈岩石的密度 $\rho_l(Z,t)$ 是时间 $T(Z,t)$ 和压力 $P(Z,t)$ 的函数：

$$\rho_l(Z,t) = \rho_0(Z,t) \cdot [1 - \alpha \cdot T(Z,t) + \beta \cdot P(Z,t)] \quad (2.16)$$

式中，α 为热膨胀系数（$\alpha = 3.2 \times 10^{-5} \text{℃}^{-1}$），$\beta$ 为岩石的等温可压缩系数（$\beta = 0.00079 \text{kbar}^{-1}$）。$\rho_0(Z,t)$ 为标准条件下（$P = 1\text{atm}, T = 20\text{℃}$）的密度。参数 ρ_0 反应岩石类型随深度的变化（地壳、地幔、"花岗岩质"或"玄武岩质"的岩石、地幔中"石榴石橄榄岩向辉石橄榄岩"的相变和"辉石橄榄岩向斜长石橄榄岩"的相变（Forsyth 和 Press, 1971））和由于基底拉伸导致的基底内密度分布的变化。相变（辉石橄榄岩到斜长石橄榄岩，$\rho = 3.26 \sim 3.30\text{g/cm}^3$）对于大陆岩石圈通常不在考虑范围内，因为根据压力—温度条件（Forsyth 和 Press, 1971）：

$$T(\text{℃}) = 194.17 \cdot P(\text{kbar}) - 761.16$$

这种情况在地壳中发生，却不会在地幔中发生。斜长石橄榄岩向石榴石橄榄岩相变（$\rho = 3.30 \sim 3.38\text{g/cm}^3$）的边界在大陆岩石圈和海洋岩石圈都能发生。这种相变受相曲线的控制（Forsyth 和 Press, 1971）：

$$T(\text{℃}) = 83.94 \cdot P(\text{kbar}) - 646.38$$

随温度的增加压力 P 和深度 Z（相变边界的深度）也增加。但是深度 Z（相变边界之下）的增加意味着较轻的斜长石的厚度增加而较重的石榴石的厚度减少，反之亦然。这就导致了基底上升。相变边界（斜长石橄榄岩向石榴石橄榄岩相变）深度的变化对构造沉降的影响总共可达数百米。

图 2.9 中地层柱 AA, BB, A_1A_1, B_1B_1 的底部处在地壳均衡深度（Zi）。在模型中 Zi 刚好与前面确定的计算域的下边界 Z_{low} 吻合。由于地幔岩石在较大深度 $Z \approx Zi$ 的流变性很弱，所以要在任何微小的压力差条件下都必须释放和保持稳定压力的假设前提下，才能存在较大的 Z_{low} 深度。

在局部地壳均衡理论的框架内，公式（2.12）、（2.14）、（2.15）和（2.16）描述了可影响构造沉降幅度的主要过程。通过去除水和沉积物负载（图 2.2(c) 中的实线）计算出的公式（2.12）构造曲线的变化（图 2.2(c) 中的虚线）必须与岩石圈内温度和压力变化决定的公式（2.14）中的沉降变化吻合。在模型中假设这些构造曲线的比较允许岩石圈中的热事件和构造层序的辅助控制，但是这些控制只是相对的。

上面描述的地壳均衡方法假设岩石圈对负载的局部均衡响应。认为岩石圈的拉伸或从较热的状态冷却可引起基底面的沉降，而假设基底的热活化导致基底面的上升（红海附近较高的地势起伏就是热活化的典型例子；阿法尔地区则是基底拉伸和热活化共同作用的结果）。软件通过抬升热底辟构造的顶部温度 $1000 \sim 1200\text{℃}$ 来再现热活化过程。当温度在底辟构造的顶部到计算域的底部范围内呈线性增长时，热活化期间的每一时步温度分布被重写。热活化期间岩石圈岩石的热膨胀解释了热活化期间基底面的抬升和沉积物的剥蚀。

在动力活动地区(年轻的造山带、加积柱)基底沉降可能由具有邻近地块、熔岩流等(如南里海盆地)上冲的板块边界碰撞所引起,而基底面抬升则可能是岩石圈边界的动力挤压所引起,如阿尔卑斯—喜马拉雅造山带和岛弧加积柱的前坡上发生的抬升。但是,所有这些过程都是非地壳均衡的,并且重力异常超过100mgal。在这些地区,盆地模拟中必须引入构造沉降的动态校正。

Artyushkov(1983,1992)提出了解释基底沉降及与轻玄武岩向重榴辉岩相变有关的另一个地壳均衡机制。但是这种机制在应用到盆地模拟之前需要深入的研究。

埋藏史、热史和构造沉降史模拟的结论。在热分析中,沉积盖层、岩石层和软流层上部在联合分析中都要考虑。这种方法允许通过考虑岩石圈中热深度—密度分布的变化来计算构造的沉降幅度。在岩石圈对负载的地壳均衡响应假设的前提下,传统的回剥方法(去除基底面上水和沉积物的负载)计算到的构造沉降幅度的相对变化与利用非传统方法(考虑基底密度剖面的变化)计算到的构造沉降幅度的相对变化的比较可提供构造活动和热事件的次序辅助控制工具,因此它可作为模型可靠性的控制标准。应用到具有异常高值海平重力的动力活动带要求对构造沉降进行校正。

沉积盆地热流系统中剥蚀的热影响在很大程度上不仅受剥蚀幅度的影响,还受到剥蚀前后盆地的沉降史和沉积史的影响。与现行的理论相反,致密沉积物的长期缓慢的剥蚀可以使盆地沉积盖层温度梯度减小。随着再埋藏的进行,R_o剖面的偏差减小直到无明显的差异存在为止,Ro剖面因此"尖灭"了。

2.4 用盆地模拟方法进行热史和构造沉降分析——以阿尔及利亚塔克浩科特地区韦德迈阿盆地为例

基于表2.1和表2.2的数据得到的盆地埋藏史和热史都展现在图2.2中。该例子的岩石圈热事件和拉伸事件的复杂次序可见图2.2(b)、图2.2(c)和图2.3。用两种方法来计算控制岩石圈热事件和拉伸事件次序的构造沉降的相对变化曲线(图2.2(c))。这些计算可以将沉积过程的变化与盆地岩石圈的拉伸和受热联系起来(McKenzie,1981;Galushkin 和 Kutas,1995;Makhous 等,1995)。在地壳均衡框架内,当板块边缘的碰撞对构造沉降的影响可以忽略时,图2.2(c)的上部实线必须与上部虚线吻合。实线代表由表面负载引起的基底面构造沉降的相对变化,如水或者沉积物负载。图2.2(c)的虚线是由基底地层柱内岩石密度随深度的变化引起的构造沉降。这种变化与岩石圈的热胀冷缩、基底的拉伸或者相边界的位移有关(图2.2(c)、图2.3)。

与图2.2(c)中构造沉降曲线一致的岩石圈中构造事件和热事件的次序,可用图2.2和图2.3的韦德迈阿盆地的例子描述。寒武纪—奥陶纪(从600—480Ma;图2.2(c))的构造沉降幅度的轻微变化表明,在初始热流大约为$52mW/m^2$的第一个岩石圈冷却阶段(图2.6)热流只有中等的变化。在本例中,沉积了2500m泥岩和砂岩的志留系和泥盆系(440—360Ma)的基底沉降伴随着基底拉伸,在95Ma期间的总幅度大约为1.2(Makhous 等,1997)。拉伸速率很慢($V\approx0.06mm/a$),并且只引起莫霍面深度的变化并没有引起等温线深度的变化(图2.3)。这些变形速率未在基底面附近留下痕迹。大陆裂谷模型中常见的铲状断层具有高幅度的瞬时拉伸(1.8~2甚至更高)和高出模型中一个数量级的变形速率。

模型中另一个重要的热事件是晚石炭世(约280Ma)岩石圈的热活化。热活化期间岩石圈岩石的热膨胀的数值分析有助于解释二叠纪基底面的突然抬升和泥盆纪—志留纪沉积物的剥蚀。岩石圈相变边界(辉石橄榄岩—石榴石橄榄岩)的沉降导致基底面大约上升100~150m(Forsyth和Press,1971)。底辟构造在大约10Ma内上升的平均速率为5.5km/Ma。底辟构造在小于30km的深度内35Ma保持不动(图2.3)。在这个模型中,表面热流达到90mW/m²(图2.6),这与现今观测的大陆裂谷很接近(Smirnov,1980)。韦德迈阿盆地出现相对厚层的三叠纪火山岩证实了二叠纪—三叠纪的高地热梯度。

早白垩世(130—90Ma)的第二个拉伸阶段解释了在最后一次岩石圈热活化期间基底顶部的显著沉降,该热活化开始于贝利阿斯期(145Ma),强调热活化和基底拉伸经常同时发生在前渊坳陷、弧后扩张、大陆和海洋裂谷之中。最后一次热事件在现今的沉积剖面上导致了极高的温度梯度,尽管存在较厚的蒸发岩和相对高成熟度的下志留统岩石(图2.2和图2.8)。

我们注意到岩石圈拉伸期间等温线的轻微上升和热活化期间等温线的急剧上升。作为两个拉伸阶段的结果,地壳厚度从35km减小到29km,这29km中包括沉积盖层的厚度(图2.3)。

2.5 高纬度盆地的热史模拟:盆地模拟框架下的气候因素分析

可以将现今温度剖面作为沉积盆地模拟热流系统重建的重要约束条件。这类剖面是明显的非稳定状态,尤其是位于中、高纬度地区的盆地。然而,由于对过去冰期认识和通常应用的简单二层模型的限制,对过去热流系统的估算是不确定的。在本书中,输出永冻层模型作为盆地模拟的延拓(以西伯利亚盆地乌连戈伊(Uroengoy)气田的沉积剖面为例,66°N,77°E)。考虑到开始于三叠纪地表温度,一个更精细的初始温度分布、过去3.4Ma的永冻层模型和应用真实的地质横剖面使该方法有别于以前的研究。岩石热物理参数(热导率、热容、非冻水、含盐量和孔隙度)的时间和深度变化对模拟结果有相当大的影响。当该地区的大气温度低于0℃时,认为3.4Ma是永冻层模型的初始时间。根据模型,由于过去3.4Ma气候的变化初始温度与现今的温度值偏差了10~15℃。热流的偏差超过了100%。该地区在上新世晚期大约有5个冰期,在更新世大约也有5个冰期。永冻层的估算厚度不超过650m并且甲烷水合物稳定层的下边界不超过900m深(从地表算起)。现在永冻层的预测深度大约为350m,和水合物稳定层的深度范围250~700m与乌连戈伊地区的观测值相符。

本次研究对411井沉积剖面永冻层的演化进行数值模拟,该井位于西西伯利亚盆地南乌连戈伊隆起的东坡上。除了永冻层厚度(大约350m)之外,沉积层厚度和岩性仍然相当统一,乌连戈伊地区沉积层的范围仅为50~200m、永冻层的范围为10~30m(Kontorovich等,1975),因此证实了一维分析结果。应用盆地模拟通用软件包的FROST计算软件实现了计算。这里只讨论关于模型校正问题,由于上新世—第四纪气候变化引起的模型校正。

把用盆地模拟程序计算的3.4Ma的温度剖面作为上新世晚期和第四纪热流系统重建的初始温度分布。同时考虑了与4.3节的数据相对应的岩石热物理参数(孔隙度、热导率、热容、生热率、密度和非冻水含量)随时间和深度的变化。

2.5.1 模拟高纬度盆地全新世—第四纪气候变化时必须考虑的问题

上新世和第四纪的气候变化导致了明显不稳定的沉积物热流系统,尤其是中、高纬度地区的沉积盆地。在第四纪,反复发生永冻层的形成和融化。然而,由于利用简单的两层模型,以前对这些非稳定影响的估算受到第四纪晚期相对短的时间间隔的限制(Kudryavzev,1981;Lachenbruch等,1982;Duchkov等,1988;Balobaev,1991;Sigunov 和 Farthshev,1991,1995;Lebret 等,1994)。正如模拟系统显示的那样,现今温度剖面可作为盆地模拟中沉积盖层时间—温度历史重建控制的一个重要参数。涉及研究现今油气藏和天然气水合物形成的这样或那样的问题时,需要详细分析具有永冻层沉积物的热演化(Kontorovich 等,1975;Ershov,1989)。

2.5.2 热传导方程与热物理参数

2.5.2.1 方程

通过解上一节的非稳定一维热传导方程(2.4)确定了沉积柱的温度分布。热物理参数值(热导率(K)、体积热容(C_v),单位体积的生热率(A)都是深度(z)和时间(t)的函数)都是孔隙度$\phi(z)$的函数。西西伯利亚乌连戈伊气田的岩石基质的这些参数值可参见第4章。由于现今沉积剖面中泥、砂、粉砂和煤层段的固结引起的孔隙度随深度的变化,可通过2.2节描述的指数孔隙度—温度关系计算。计算出的孔隙度值与3500~5500m深的砂岩段的测量值相符(参见4.3节)。在计算孔隙度—深度分布时考虑了第三纪晚期沉积物的300m的剥蚀,但是由于冰层厚度的不确定性,未考虑冰盖负载的影响。

2.5.2.2 热导率

通过计算岩石基质(K_m)、水(K_w)和冰(K_i)的热导率的几何平均值可求出岩石热导率(K)(Lachenbruch 等,1982):

$$K = K_m^{(1-\phi(z))} \cdot K_w^{\phi(z)} \quad T > T_L$$

$$K = K_m^{(1-\phi(z))} \cdot K_w^{\phi(z) \cdot W(T)} \cdot K_i^{\phi(z) \cdot (1-W(T))} \quad T < T_L \quad (2.17)$$

式中,T_L为冰的液态温度,$W(T)$是在负温度下仍为非冻结的液态孔隙水的含量。基质热导率随温度的降低而降低(公式(2.6);Lachenbruch 等,1982;Deming 和 Chapman1989):

$$K_m = K_m \cdot (T = 20℃)/[1 + \alpha \cdot (T - 20℃)] \quad (2.18)$$

式中,α 为温度系数(参见表2.3)。水的热导率随据公式(2.5a)得到温度的变化而变化(Deming 和 Chapman1989)。在公式2.17中,冰的热导率为2.26W/(m·K)。因为冰的热导率超出了水的热导率的4倍,冻结岩石的热导率将主要取决于非冻水的含量 $W(T)$(Kudryavzev,1981;Lachenbruch 等,1982)。图2.10显示了计算出的 K 和 $W(T)$ 随地质剖面深度和现今温度变化的关系。

2.5.2.3 热容量

在永冻层模拟中,岩石的体积热容(C_v)对非稳定的热传导方程(2.4)的解有极大的影响。对于非冻结岩石,热容为(Deming 和 Chapman,1989):

$$C_v = C_{vm} \cdot [1 - \phi(z)] + C_{vw} \cdot \phi(z) \quad T > T_L \quad (2.19)$$

式中,C_{vm}为基质的热容,C_{vw}为水的热容(4187MJ/(m³K))。必须将冰的热容项和冰水相变产生的潜热的作用加到冻结岩石中。视体积热容为(Lachenbruch,等1982):

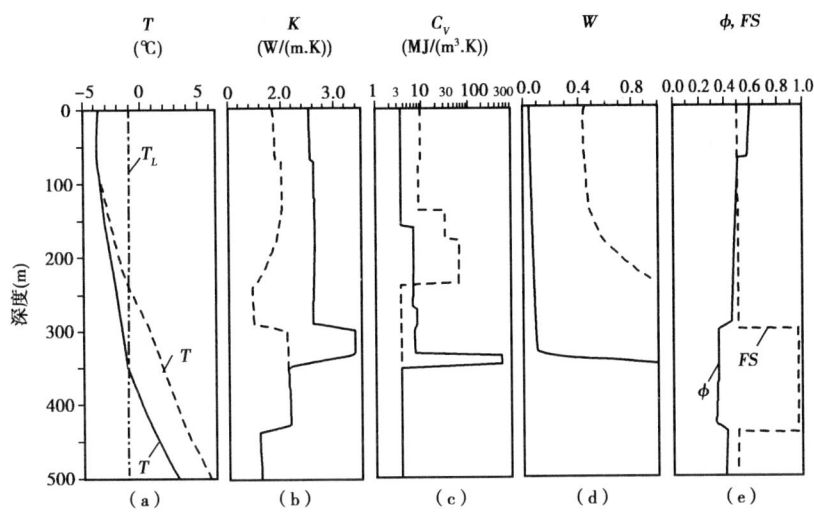

图 2.10 西西伯利亚地区乌连戈伊气田(411 井,4.3 节)的现今沉积剖面深度曲线
实线表示粗粒岩石的计算结果(图 2.11 中的实线),虚线为细粒岩石的计算结果(图 2.11 中的虚线)
(a)温度 T 和冰的液态温度 T_i(公式 2.21;短虚线);(b)热导率 K(公式 2.17,2.18);(c)视热容 C_v(公式 2.19,2.20);(d)非冻结水含量 W;(e)孔隙度和砂含量 FS

$$C_v = \frac{C_{vm} \cdot [1 - \phi(z)] + C_{vw} \cdot \phi(z) \cdot W(T) + C_{vi} \cdot \phi(z) \cdot (1 - W(T)) + \rho \cdot L \cdot (dW(T)/dT)}{T < T_L}$$
(2.20)

式中,C_{vi} 为冰的体积热容(1.926MJ/(m³K)),$p \cdot L$ 为融化的单位体积的潜热(335MJ/m³)。公式(2.20)中最后一项描述潜热的影响,根据非冻水曲线 $W(T)$ 的形式(图2.10,图 2.11)可增加冻结岩石的热容一到二个数量级(图 2.10(c))。

用这种方法,具有潜热影响的冰—水相变温度扩大到一定的温度范围,这由非冻水曲线 $W(T)$ 的形状决定(Jame 和 Norum 1980;Kudryavzev,1981;Nixon,1986)。这种方法在解决永冻层问题上比经典的 Stefan 方法能更准确地模拟自然状态,在该方法中需要为相变提供一个单独的温度。但是,图 2.11 中实线表示的曲线 $W(T)$ 导致一个非常窄的潜热(图 2.10 中的实线)影响的温度间隔,这与 Stefan 问题很相似。实际上,运用包含上面 $W(T)$ 的计算方案来分析这个问题,得到了与 Sigunov 和 Partyshev(1991)运用经典 Stefan 方法相同的结果。对于图 2.11 中虚线表示的曲线,由焓计算的结果与 Stefan 方法计算的结果却有很大的不同。

冰的液态温度值 T_L 取决于压力、颗粒大小和孔隙水的矿化度(Kudryavzev,1981;Konrad 和 Seto,1991):

$$T_L = 0℃ - 0.073 \cdot P - 0.064 \cdot C_s \tag{2.21}$$

式中,P 表示假定的静水压力,MPa;C_s 为氯化钠和氯化钾的浓度,g/L。在西西伯利亚北部的

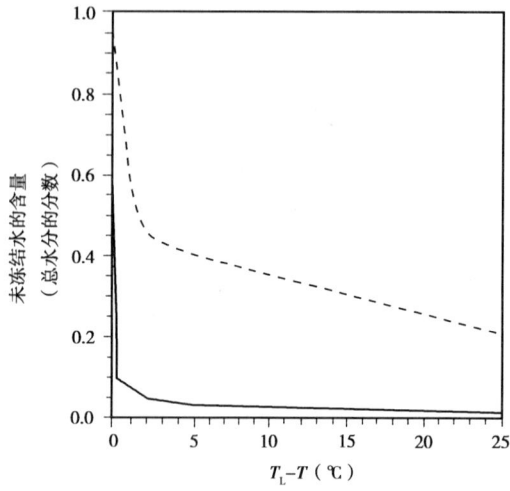

图 2.11 岩石中非冻水含量—冰液相温度与岩石温度之差（$T_L - T$）的关系曲线。实线为典型的砂岩曲线，虚线为典型的泥岩曲线（Kudryavzev, 1981; Nixon, 1986）

沉积剖面中，大约 3000m 深度的孔隙水的矿化度为 30mg/L，600~700m 深度孔隙水的矿化度为 20mg/L；50~100m 深的孔隙水为淡水（Krainov 和 Shvez，1992）。但是，由于精确的矿化度—深度剖面未知，在整个计算中用 C_s = 15g/L。

2.5.2.4 初始温度剖面

用于求解公式 2.4 的初始温度剖面是通过重建始于三叠纪的盆地沉积剖面的时间—温度史得到的（4.3 节）。重建是通过 2.2 节和 4.3 节描述的一般沉积盆地模拟实现的，包含回剥过程、求解热传导方程和分析盆地基底的构造沉降（Makhous 等，1997a）。重建的具体参数参见 4.3 节。在盆地模拟中还考虑了一些特殊的过程（三叠纪盆地演化裂谷阶段的热液活动、侏罗纪基底的热活化、渐新世—第三纪晚期的剥蚀和这一时期的气藏形成）（4.3 节；Galushkin 等，1999）。计算得到的 t = 3.4Ma 的温度剖面重建上新世晚期和第四纪热流系统，求解方程 2.4 的初始温度分布。

2.5.2.5 上部边界条件和气候曲线

在计算中 z 域的上边界的温度给定为"中性"层的温度，即地面温度年变化消失的深度（Kudryavzev，1981；Balobaev，1991）。这些温度可参见表 2.4 和永冻层周期模拟图 2.12 的上部（从 3.4Ma 开始）。

表 2.4 用于模拟乌连戈伊气田上新世—全新世永冻层演化的平均年温度

t(ka)	T(℃)	t(ka)	T(℃)	t(ka)	T(℃)	t(ka)	T(℃)
3400	2	555	-13	100	-13	6	0
3250	-4	550	-3	80	-13	5.5	1
3100	-4	510	-3	75	-5	5	0
2900	-1	505	-13	68	-5	4.87	-7
2600	-1	380	-13	65	-13	4.5	-7
2500	-21	360	-2	50	-13	4.2	-2
2100	-1.5	320	1	45	-6	4	-4.5

续表

t(ka)	T(℃)	t(ka)	T(℃)	t(ka)	T(℃)	t(ka)	T(℃)
1900	-1.5	300	-4	25	-6	3.5	2
1800	-13	280	-2	23	-17	3.1	-6
1650	-1	260	-4	19	-21	2.7	-3
1450	-18	255	-16	15	-17	2.5	-7
1350	-1	230	-16	14	-8	2.2	-2.5
950	-1	225	-4	13	-5	1.7	-2.5
870	-21	205	-4	12.5	-4.5	1.5	-6
800	-2	200	-13	12	-13	1.2	-6
745	-2	190	-13	11.6	-5	1.1	-2
740	-13	185	-2	11.3	-9	1	-2
635	-13	175	-13	9.5	-9	0.8	-6
630	0	140	-13	8	-4	0.6	-6
600	0	130	2	7.5	-7	0.2	-4.5
595	-13	110	2	6.5	-7	0	-3.6

注：t 为距今时间，T 为平均年地表温度。温度在邻近值之间呈线性变化（图2.12）。

西西伯利亚乌连戈伊地区（66°N，77E）的古气候数据：三叠纪—中新世引自 Frakes（1979），Velichko（1987），Zubakov（1990）；上新世—早更新世引自 Zubakov（1990），Zykin 等（1991），Volkova（1991），Archipov 等（1994）和 Velichko（1999）；从 1Ma 到 100ka 引自 Volkova（1991），Shik（1993），Archipov 等（1994），Velichko（1999）；从 100ka 到 10ka 引自 Ershov（1989），Volkova（1991），Archipov（1989），Kotlaykov（1992）和 Archipov 等（1994）；全新世引自 Ershov（1989），Volkova（1991），Archipov 等（1994），Votah 和 Klimanov（1994），Klimanov（1994），Klimanov 和 Klimenko（1995）。

在确定古温度时，如果该地区的气候类似于现今气候或比现今气候温和，假定在中深层的温度超过年平均气温 3~5℃，但是对于更严峻的气候（当植被和雪少时），仅超过年平均气温 1~2℃（Judge，1975）。

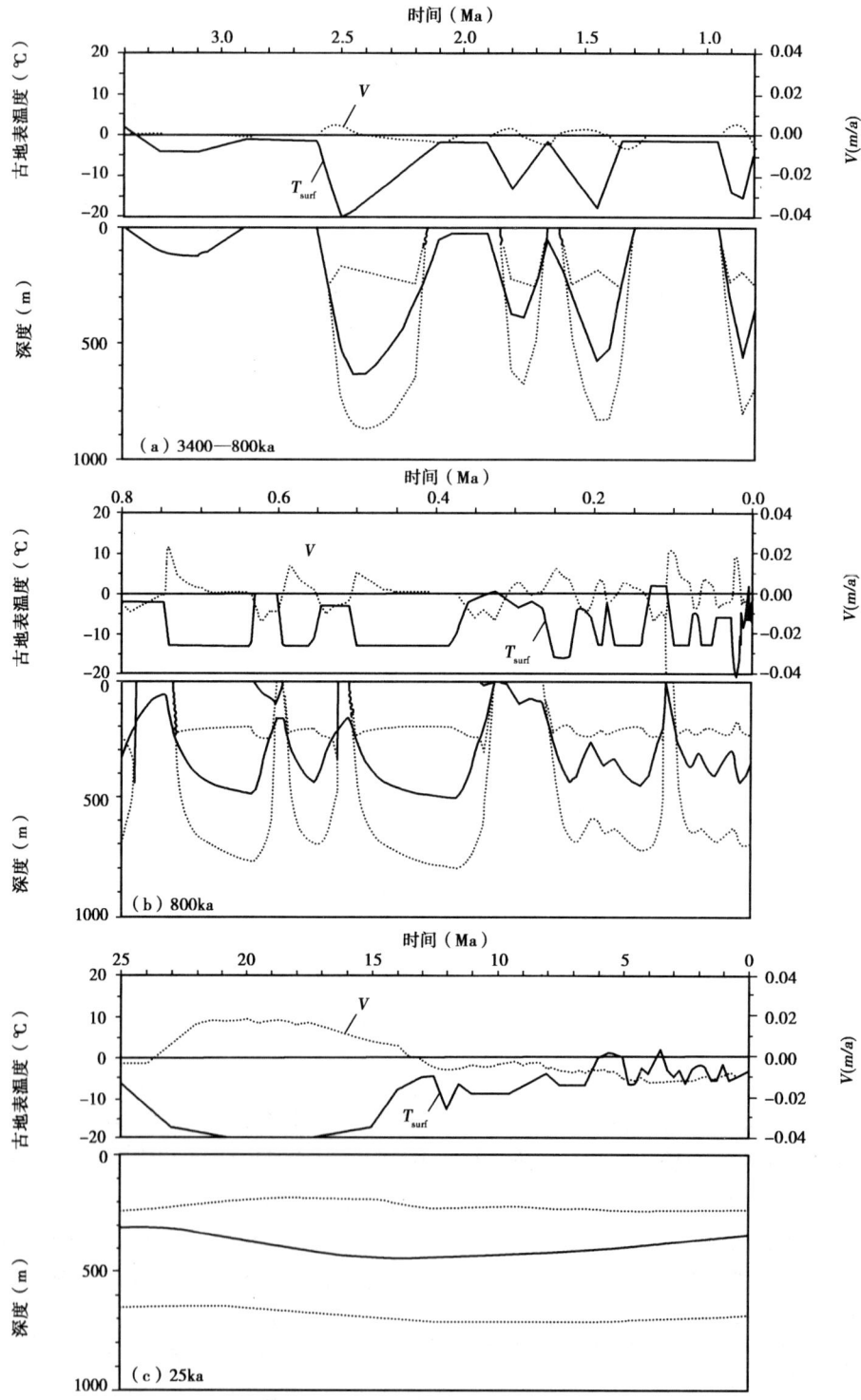

图 2.12 乌连戈伊气田古地表温度(T_{surf})(实线)和永冻层衰退和前进的速度(V)(虚线)(上图),沉积剖面中永冻层的上、下边界(实线)与甲烷水合物稳定层(折线)

2.5.2.6　下部边界条件

乌连戈伊气田411井附近的沉积剖面底部深度约为5550m,认为这是计算z域的下部边界。在模型计算的全部过程中(图2.12),在该边界上使用一个稳定热流值48mW/m²,它是一般盆地模型中3.4Ma的热流值。

2.5.2.7　数值解

在2.2节中描述了用有限差分方法求解方程。在2.2节中讨论了无永冻层的情况下盆地模拟公式有限差分方法求解的可靠性。与另一个数值解的比较证明了永冻层模拟的可靠性。特别是这种计算方法用来反复求解二次模型情况下永冻层演化的数值分析。Fartyslev(1991)用经典的Stefan方法实现了该数值分析,用来模拟海下含盐永冻层的数值分析(Nixon,1986)。两个例子都与模型吻合得很好。

2.5.3　冻结岩石的热流系统与永冻层深度

2.5.3.1　冰冻峰深度估计

整个研究通过使计算的温度剖面与冰液线交叉确定永冻层边界,这取决于深度(图2.10(a)和2.14(a))。

模型计算过过去3.4Ma永冻层深度变化并且示于图2.12中。乌连戈伊气田的气候史(图2.12(a)的上部)包括3.4Ma到800ka时段的约5个冰期。这一古气候模型显示,在上新世晚期,永冻层深度约为650m(图2.12(a))。另外5个冰期出现在后800ka,估计的最大永冻层深度为500m(图2.12(b))。在最后冰期(23—15ka),永冻层的最大穿透发生在大约13ka并且达到450m深度(图2.12(c))。

在温暖的时期,上部融冻层能够达到170m(刚好在100ka前)。在全新世,对于温暖的时期为6—5ka和3.5ka来说,上部融冻层分别为20m和10m(图2.12(c))。目前,根据模拟,在347m深度出现了永冻层基底,这与在该区域的观测值吻合得很好(约350m;Ershov,1989;Balobaev,1991)。

对于整个永冻层演化期来说,永冻层内的热流系统是相当不稳定的(图2.12)。图2.15说明了这种情况,该图示出了比图2.12中气候史简单的模型的计算结果(图2.15上部)。

计算结果显示,永冻层厚度的主要变化出现在第一个50ka冷却期间。在随后的300ka冷却期间,厚度增加约200m。对于有实际沉积剖面的模型来说,这一结果是有代表性的(图2.12、图2.15)。但是,对于有岩石均质热物理参数(骨架热导率、热容以及孔隙度)的地区来说,这一增加较小。例如,根据模型计算(根据图2.12,该计算确切地再现了Taylor等(1996a)的模型)显示,在200ka期间,永冻层厚度仅增加约50m,随后是初始50ka冷却。在第一个50ka冷却后,温度剖面变化不超过2~3℃,但是在这一时段内,这一变化是相当大的。图2.15中模型计算结果还显示,在地面温度变化大的情况下,永冻层消融比其增长出现得相对较快。

图2.12(a—c)上部虚线示出了永冻层移动和消融的速度V,该速度是用模型计算的并且是500年时段内的平均值。这些速度主要是通过潜热与大地热流的平衡确定的(Kudryavzev,1981;Ostercamp,1984;Osterkamp和Gosink,1991),并且取决于穿过永冻层的温差和基底热流Q_m。这些速度是永冻层消融初期和消融末期最大的(用绝对值表示)。在图2.12中,这些速

度很少超过20m/ka。目前,乌连戈伊气田的永冻层以约6m/ka的速度继续消融。对于区域热流值($Q_m = 48 \text{mW/m}^2$),来自下面的融化加热期的消融速度常常超过上面岩石融化速度的1.5~2倍。在图2.15的模型中,两个速度值相似。

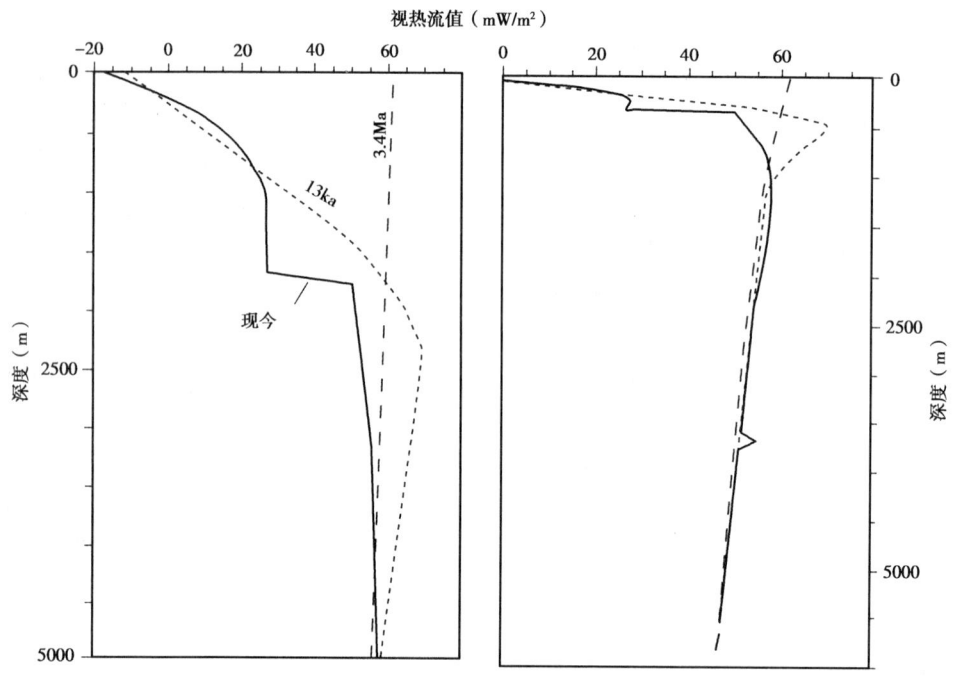

图2.13 预测的永冻层演化不同时期的热流量剖面,在大约3900m深度出现的曲线变形是高有机质含量的Bazhenov组的非稳态响应

2.5.3.2 永冻层热流系统

上新世和第四纪气候变化引起了西西伯利亚盆地热流系统的极大易变性(Kudryavzev,1981;Ershov,1989;Balobaev,1991)。根据计算结果,在最后3.4Ma期间的气候变化导致上部1500m沉积层的温度下降15~20℃,在较深沉积层内下降10~15℃(图2.14)。

永冻层的温度梯度会由于相对短的气候变化而改变。因此,对于刚好全新世加热期后的时间来说,几乎等温和低视热流的上部300m是有代表性的(5ka,图2.14)。温度梯度低值表征了$t = 13\text{ka}$温度剖面的上部,因为地面温度开始变暖,并且对于乌连戈伊地区的目前沉积层也是如此(图2.14)。西西伯利亚不同区域的地热测量结果(在1000~1500m深度测量的)会比在0~200m深度的测量结果高2倍或更多(Duchkov等,1988)。这与在图2.13中示出的模拟结果吻合得很好。测量的或视热流的深度变化在很大程度上取决于地面温度随时间的变化,并且会从永冻层基底附近的热流随深度突然增加(图2.13中的现今剖面)到热流随深度的逐渐变化(图2.13中$t = 13\text{ka}$的剖面)各不相同。永冻层内初始热流与现今值的差异能够达到$30~50\text{mW/m}^2$,但是在较大深度,该差异变得较小(图2.13)。因此,从深度小于1000m的测量结果中得到的永冻层地区深部"未扰动"热流估计可能是不正确的,除非通过地热模拟对气候影响进行准确校正(Jaeger,1965)。

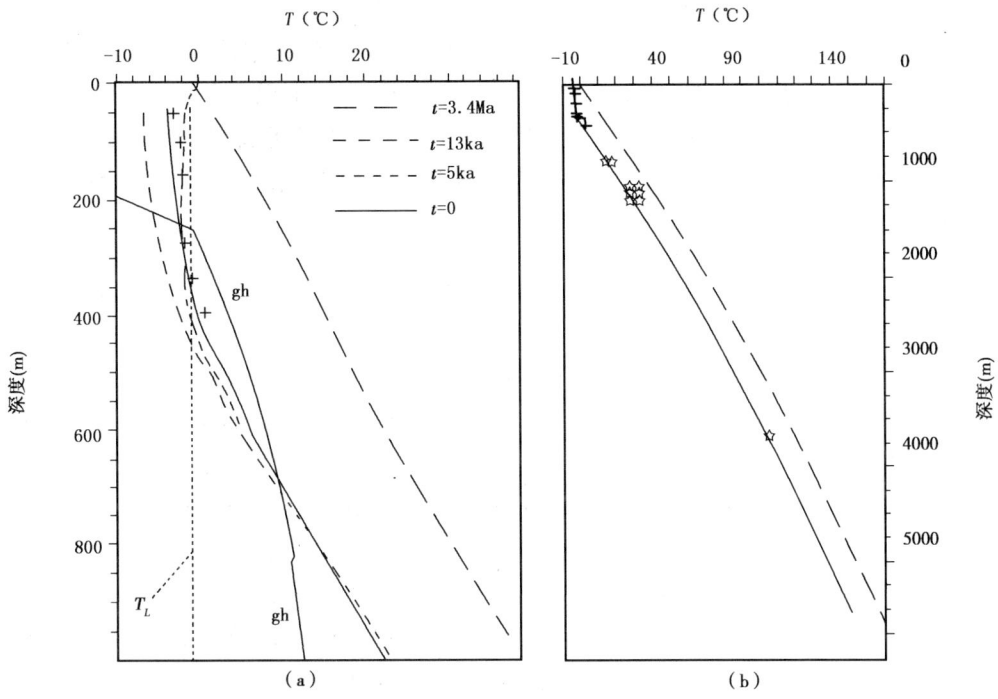

图 2.14 计算的沉积柱达到 1000m(a)和 6000m(b)的温度剖面

时间 $t=3.4$Ma(永冻层模型的初始剖面)、13ka、5ka 和 0(现今剖面),gh—甲烷气体水合物稳定存在的相位曲线(方程(2.22));T_L—冰液温度(方程(2.21))温度是在 411 井(+)和乌连戈伊气田永冻层(*)内测量的(Ershov,1989;Balobaev,1991;Kontorovich 等,1975)

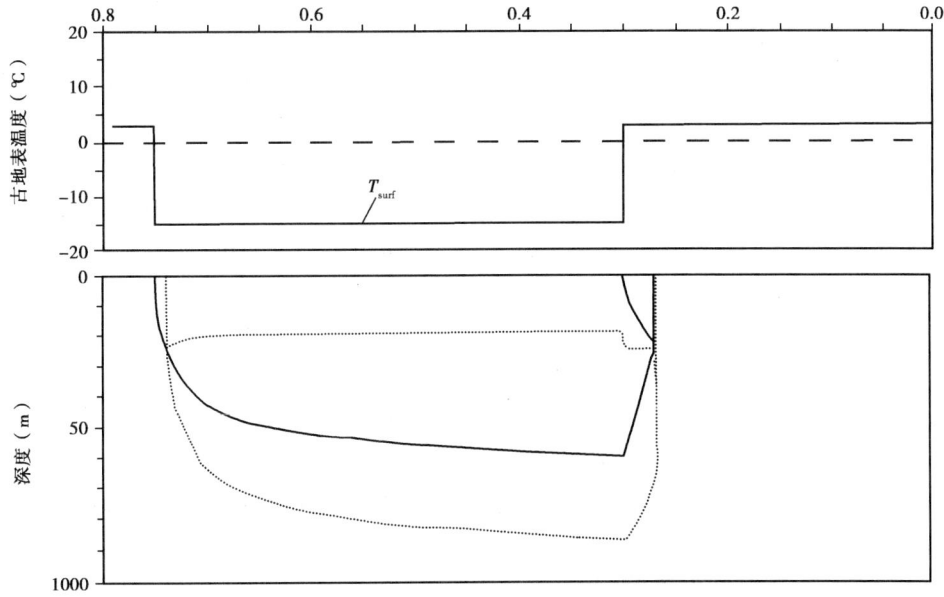

图 2.15 稳定地表温度下乌连戈伊气田(411 井)沉积剖面中永冻层发育时标的说明

古地表温度(上图)、永冻层上、下边界(实线)和甲烷水合物稳定性(虚线)(下图)

2.5.4 甲烷气体水合物的稳定层带

众所周知,水合物是自然形成的。水合物被认为是重要的未来能源(Weaver 和 Stewart, 1982; Sloan, 1990)。在低温和高压下,甲烷与水非常接近时,就出现水合物。该研究提供了对甲烷稳定层带深度的估计,但是不试图量化形成水合物。通过把预测的温度剖面与甲烷气体水合物与水和冰的稳定性的相位曲线交叉,确定图2.12中甲烷气体水合物稳定层带顶底的深度(Sloan, 1990; Istomin 和 Yakushev, 1992):

$$\ln P = A - B \cdot T \tag{2.22}$$

式中,P 为静水压力,MPa;T 为温度,K。

对于温度间隔 260K < T < 273K、272K < T < 283K、282K < T < 291K 和 290 < T < 302K 来说,参数 A 和 B 分别是 8.968K^{-1}、29.112K^{-1}、36.32K^{-1}、38.569K^{-1} 和 2196.62K^{-1}、7694.3K^{-1}、9735.05K^{-1} 和 10378.58K^{-1}。图 2.12 说明,对甲烷气体水合物有利的层带的形成和消融与永冻层的动力学密切相关。通过对永冻层的模拟,在最后 3.4Ma 期间,在从 200~300m 到 400~800m 深度至少有 9 个有利于甲烷气体水合物稳定的时期,并且有利于甲烷气体水合物稳定的层段数量也几乎相同(图 2.12)。在 240~700m 深度预测了甲烷气体水合物目前的稳定层带。气体水合物的热物理性质(消融和形成的热容、潜热)与冰的热物理性质相似,但是热导率比冰低 5 倍(Ptoll 和 Bray an 1979; Istomin 和 Yakushev, 1992)。在模型中未考虑气体水合物的形成与消融对沉积层热流系统的影响,因为水合物在沉积岩中的含量还非常不确定,并且只是一小部分。

有几个因素阻止在含黏土的岩石中大量输送水和气,限制水合物在大陆岩石中形成的机理(Sloan, 1990; Istomin 和 Yakushev, 1992)。在浅海海底沉积层中发现了厚约4m的纯水合物沉积层。在水分非常多的黏土中能够形成水合物,像海底附近未胶结沉积层的上部 30~100m 中的黏土,而大陆岩石中的气体水合物仅出现在砂岩内(Kurchikov, 1992)。在胶结砂岩中,当黏土颗粒含量达到 5%~10% 时停止形成水合物(Istomin 和 Yakushev, 1992)。根据图 2.12,水合物稳定最深层带绝对不在 800m 以下,因此水合物稳定层带高于 Pokur 组,Pokur 组含有游离气聚集。在游离气层中形成水合物对乌连戈伊气田来说是不可能的。以上因素部分地解释了为什么在大陆和大陆架岩石中发现的气体水合物体积比预计的小得多(Sloan, 1990; Istomin 和 Yakushev, 1992)。

在第 5 章中更详细地讨论了水合物形成问题,特别是对于海洋条件更是如此。

2.5.5 讨论

以上模拟结果在很大程度上取决于冻结和未冻结岩石的岩石物理参数值及其随深度和时间的变化。在图 2.10 中说明了这些变化的比例,图中示出了乌连戈伊气田(411 井)目前沉积层的模拟结果。以下章节将讨论与深度分布和这些参数估算有关的一些问题。

2.5.5.1 未冻结水的含量 $W(T)$

估算冻结岩石中未冻结水含量是复杂的冰冻地质学问题。西西伯利亚的研究显示,位于永冻层内和以下的岩石被冰或水饱和(Balobae, 1991)。模型中还假定了含水饱和度。把 $W(T)$ 曲线(确定在负温度下未冻结水的含量)看作代表含有低未冻结水含量的

粗粒岩石的 $W(T)$ 曲线(图 2.11 中的实线)。根据这条曲线,在以下温度间隔内约 90%孔隙水转化成了冰:$T_L-0.2℃ < T < T_L$。选择这一 $W(T)$ 曲线有几个原因(Balobae, 1991):①该区域内岩石的物理属性研究表明,岩石内胶结物首先在微孔隙内发育,因此这些孔隙中的混合水含量可以忽略不计;②地质学家注意到,古近系岩石样品通常含有许多裂缝并且水就在这些裂缝中,但是不在微孔隙中,必须把这些裂缝中的水看作游离水(未混合的);③测量温度梯度的突变,在永冻层边界能够看到(图 2.14),并且在目前永冻层内西西伯利亚几乎所有区域内观测到(Balobae,1991)代表粗粒地层内未混合水(Lachenbruch 等,1982)。

在 4.4 节,讨论巴斯基尔盆地的盆地模拟情况,用 $W(T)$ 曲线考虑这些盆地沉积层中从细到粗颗粒岩石的过渡。

2.5.5.2 热容

因为热传导方程中的潜热,未冻结水含量 W 随深度的急剧增加导致窄深度间隔内视体积热容的突变(图 2.10(c)、(d))。在 330~350m 的深度,C_v 增加了两个数量级(图 2.10(c)、(d)中的实线)。对 W 随深度(或温度)的较中等变化(图 2.10(d)和 2.11 中的虚线,代表黏土(Kudryavzev,1981)),在 140~240m 深度,C_v 仅增加了一个数量级(图 2.10(c)中的虚线)。在后一种情况下,与粗颗粒沉积层中的 350m 深度相比,冰冻峰的现今深度仅为 240m(图 2.10(a)),从冻结到未冻结岩石的过渡带是非常分散的,范围为 140~240m。

2.5.5.3 热导率

岩石的热导率对冰冻层的热状态有重大影响。该区域目前沉积层冻结砂岩的高热导率值解释了阿拉斯加普鲁德霍湾永冻层厚度大的原因(约 600m)(Lachenbruch 等,1982)。冻结岩石的热导率超过了未冻结岩石的热导率(图 2.10(b))。热导率跳跃式增加(图 2.10(b)中 300~325m 深度所示)的原因是①这一层段岩石中砂百分率增加,高达 95%(在图 2.10(e));②在这些深度岩石中的冻结水含量低(图 2.10(d)的实线)。较平滑的 $W(T)$ 曲线(图 2.10(d)和图 2.11 中的虚线)导致较低冰含量、较低热导率和穿透深度减小(比较图 2.10(a)、(b)和(d)中的实线和虚线)。

2.5.5.4 水的矿化度

如果仅考虑固态点降低,矿化度对模拟结果的影响可能是中等的。在这种情况下,15mg/L 矿化度使 T_L 降低了 0.96℃,并且导致永冻层的目前预测深度减小 40m。如果像 Nixon(1986)发表的研究成果那样,也考虑 $W(T)$ 曲线形状的变化,这一影响会更大些。但是,在这种情况下,与西西伯利亚的目前情况相反,低永冻层边界会是分散的。

2.5.5.5 冰盖负载

通过压实,来自过去冰盖的负载导致沉积岩孔隙度降低、基质对岩石热导率的作用增大,并且永冻层和气体水合物稳定深度更浅。已知西西伯利亚的气候比西欧的气候更干旱,因此,形成大冰盖的条件在西欧比西西伯利亚更好。在估计西西伯利亚北部过去冰盖的时间和厚度方面有很多不确定性。但是许多研究人员提出,过去 100ka 及冰期期间,乌连戈伊地区(66°N,77°E)冰厚度不超过 500m(Ershov,1989;Velichko,1999)。在萨马利(Samarian)冰期(大约 250~230ka),西伯利亚西北的气候比较潮湿,在极地纬度,冰厚度可能达到 1500~2000m(Ershov,1989)。这种负载将等于沉积层增加了 700~900m。有趣的是,孔隙度未反映出这一事件。确实,Gorelov(1975)说明西西伯利亚北部 1000~2500m 深的砂岩孔隙度仅比该区域南部相同深度相似岩石的孔隙度低 5%~7%,表明沉积层只增加了 200m。这一情况还不清楚,需要进一步研究。

如果冰盖厚度不超过 500m,其对岩石孔隙度的影响比由剥蚀消除的负载的影响小,因此不考虑冰川影响(在新近纪剥蚀期间消除 300m 沉积层的孔隙度计算中,盆地和永冻层模拟确实考虑了这一问题,4.3 节)。来自水合物层下边界深度位置的这种冰负载影响似乎是有限的。实际上,数值模型显示,在最后冰期的最冷时期内(19ka),500m 厚冰盖的出现能够导致水合物稳定层带下边界仅加深 200m,所以在这一时期内水合物稳定的最大深度不超过 900m,因此,地面沉积物在稳定气体水合物层带内。这一层带的下边界一直在静水压力处 z = 1350m,这一深度的 450m 是冰(密度为 920kg/m^3)。这与厚度 1500~2000m 冰盖的情况相似。考虑到冰盖内的热梯度(Kotlyakov,1992),气体水合物稳定下边界可能在这种情况下加深了 200~400m,并且未达到 Pokur 组上部的游离气层(乌连戈伊气田 411 井附近 1300~1500m;Kontorovich 等,1975)。

2.5.6 结论

在永冻层模拟中,数值解对冻结和未冻结岩石的岩石物理参数及其随深度和时间变化的强依赖关系表明了岩性和岩石物理特性的重要作用(特别是在上部 1000m)。模拟显示,自从 3.4Ma 以来,上新世晚期和全新世期间的气候变化导致上部 1500m 沉积层的温度降低 15~20℃,该地层下部温度降低 8~20℃。因此,像西西伯利亚、加拿大北部、阿拉斯加、南极的区域和高纬度盆地中的其他区域的模拟是盆地模拟的必须部分,因为后者把现今温度剖面作为建立模型的重要参数。

模拟结果显示,在最后 3.4Ma 范围内的至少 10 个时段内发生了永冻层增长和消融。对甲烷气体水合物有利的这些层的形成和消融与永冻层的动力学密切相关。需要对冻结岩石的古气候和热物理特性(热导率、热容和未冻结水含量)进行更多的研究以便改进永冻层模拟的结果。具有已知古气候数据和不同沉积或海侵条件的井内永冻层的研究与 Taylor 等的研究相似(1996a、b),在永冻层模拟中特别有用。

2.6 模拟岩浆侵入对沉积盆地温度分布和所包含有机质成熟的热效应

只有当初始侵入温度接近甚至低于固相温度时,具有瞬时侵入的传统数值模型才能够满意地描述火成岩体热演化和热成熟度接触变质带。具有较实际侵入温度值和考虑到潜热效应的模型计算导致对侵入热影响估计得相当高。某些时期侵入体形成(与瞬时侵入不同)的模型和相对冷的岩浆壳层内侵入体的侵位模型显示计算和观测的镜质组反射率剖面之间吻合得较好。考虑到其形成和冷却期间在侵入体附近出现的热液活动的对流热流有助于解释一些岩床上、下成熟度剖面之间的差异。

本节评价不同区域、不同年代准确测定的侵入体附近有机质的热成熟度。分析中,考虑到具有围岩岩性和热物理参数随深度变化的沉积层的热传递以及沉积层与基底热过程的联合分析是该系统的主要优点之一。采用这种系统研究测定准确的侵入活动,能够对热史和成熟史(包括侵入热效应)进行数值模拟。在第 4 章将讨论应用该系统研究含油气盆地内古代和现代的岩浆活动。

2.6.1 问题的具体特征

在许多研究中研究了岩浆侵入的热效应。这些研究的主要问题之一是准确评价围岩中有机质热成熟的范围。用传统瞬时侵入进行的计算导致过高地估计了其热影响的比例。这些计算假定，侵入初始温度在固相温度 T_s 以上并且包括熔化玄武岩冷却分析中的潜热（Carslaw 和 Jaeger，1959；Fedotov，1976；Delaney，1987）。这些计算表明，侵入能够大大地影响到 1～1.5 倍侵入厚度的距离的围岩成熟度。但是，许多地质数据表明了更多的局部热效应。

实际上，由 Kontorovich 等进行的东西伯利亚地台岩床和岩墙的研究显示，孤立侵入的热晕成熟效应的平均大小几乎接近其厚度的 30%～50%，但很少超过 100%，东西伯利亚地台圈闭的大小几乎接近圈闭厚度的 0.65%（Verba 和 Alexeeva，1972）。世界许多地区的岩墙和岩床附近岩石的地球化学和岩石学研究证实了几乎 50%～90% 侵入厚度的热影响的这一限制：佛得角洋隆（Cap Verde Rise）附近东大西洋 DSDP41-368 钻孔中 15m 英云闪玢粒玄岩侵入（Peters 等，1978，1983；Simoneit 等，1978，1981）、格陵兰东部基末利阶黏土中 4.5m 厚玄武岩岩墙（Perregard 和 Schiener，1979）、日本东部凝灰岩中 20m 厚安山岩岩墙（Ujie，1984）、澳大利亚含煤盆地中两个 2.20m 和 3.25m 宽的粒玄岩岩墙（Fredericks 等，1985）、澳大利亚 Rundle 油页岩中 3.6m 粒玄岩侵入（Gilbert 等，1985；Saxby 和 Stephenson，1987）、美国科罗拉多州沃尔科特（Walcott）上白垩统 Pierre 页岩中 1.3m 厚岩墙（Clayton 和 Bostick，1986）、苏格兰中部地区峡谷的东、中部的几个拉斑玄武岩和碱性岩床（Raymond 和 Murchison，1988a，b，1989；George，1992）、古近—新近系库林（Cuillins）岩浆复合体附近的 10×10km 地区（Thrasher，1992）、苏格兰西北部斯凯岛（Isle of Skye）的粉砂质页岩中 0.9m 粒玄岩岩墙（Bishop 和 Abbott，1993，1995）、巴西巴拉那（Parana）盆地的侵入体（Triguis 和 Arano，1995）。另外，岩石学证据表明，靠近岩浆接触带的围岩温度相当低，低于初始液态岩浆温度（300～500℃）。这一事实（以及短期热传递）有助于解释许多岩墙和岩床接触带中出现有效的岩石变质作用（Kontorovich 等，1981；Delaney 和 Pollard，1982；Raymond 和 Murchison，1988b；Thrasher，1992）。

必须用与熔融岩石瞬时侵入围岩的传统方法不同的模型解释侵入热晕的大小和侵入接触带附近围岩的相对低温和变质程度。在任何可供选择的模型中都必须考虑一些因素，例如热导率、水化学活动、矿物的脱水和熔融侵入沉积岩的特殊机理。

用计算时间函数的沉积层内的温度评价任何时间的有机质成熟度。在 3.1 节中描述了计算算法。对岩浆侵入沉积层的可能机理的分析中，用这一算法计算镜质组反射率。以前 Wang 等（1989）比较了计算的和测量的镜质组反射率，分析了岩床在沉积盆地中的侵入。但是，这些学者考虑了岩浆体瞬时侵入和岩浆侵入体冷却的相当简单的半解析模型，并未考虑潜热效应。这导致在估算围岩冷却时间和成熟度方面的重大误差。另外，他们用相互关系 R_o—TTI 计算了镜质组反射率，建立了镜质组反射率值与时间—温度指数的相互关系（3.1 节；Wang 等，1989）。根据镜质组成熟度理论的观点，后者未必正确。

在此介绍的结果是以应用盆地模拟程序为基础的（Makhous 等，1997a）。对这一程序进行了修改，并且为了在侵入体和围岩的热演化的特别分析中使用，对这一程序进行了开发。模型考虑了侵入体随着时间的形成（与瞬时侵入不同），特别是在相对冷的岩浆壳层内侵入体的侵位模型显示，计算的和观测的镜质组反射率剖面之间吻合得较好。另外，在其形成和冷却期间考虑到因为侵入体附近出现热液活动的对流热流,有助于解释岩床上、下成熟度剖面的差异。

2.6.2 岩床侵位的热史和地质史

用研究比较深入的15m厚岩床(在中新世期间侵入佛得角洋隆的沉积层)资料开始讨论模型(Peters等,1978,1983;Simoneit等,1978,1981)。根据深度0~922m(Ushupi等,1976)和922~984m(Peters等,1978,1983;Simoneit等,1978,1981)的资料绘制了图2.16。

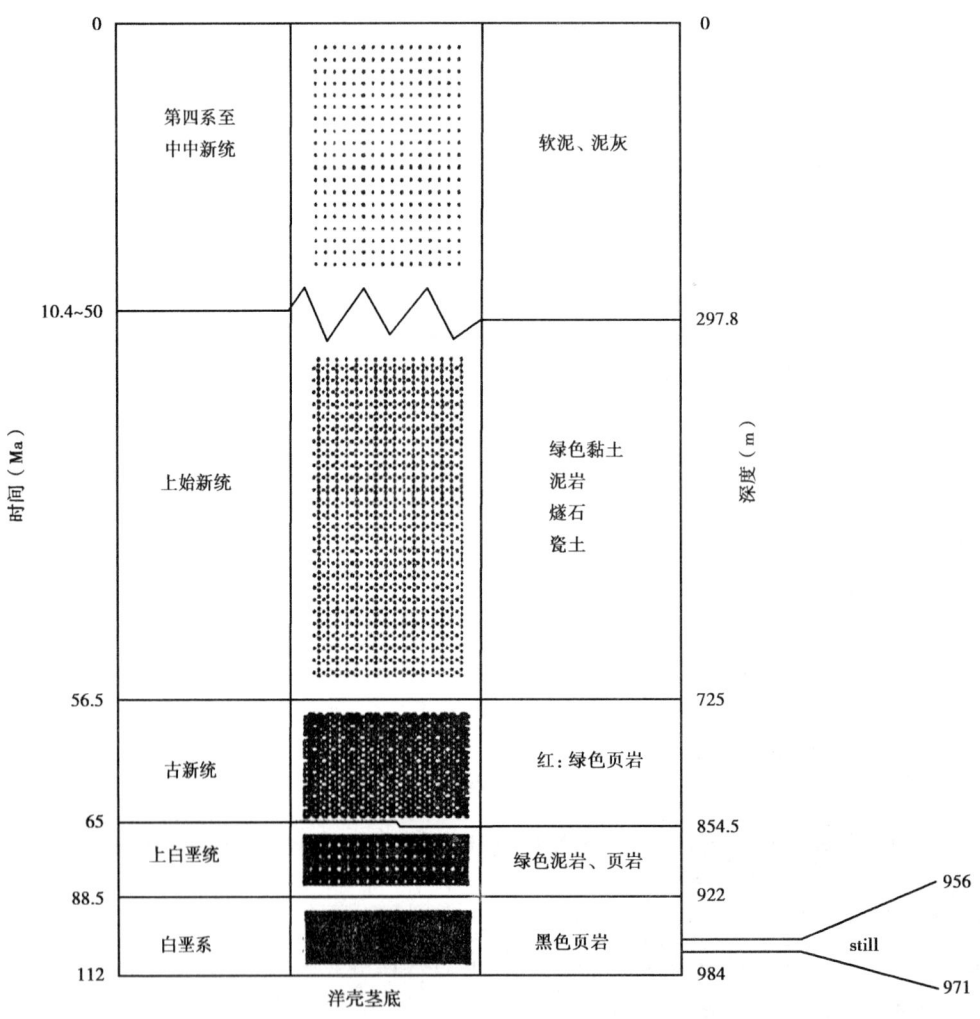

图2.16 佛得角洋隆DSDP 41-368钻孔中现今沉积层综合柱状图
(据Ushupi等,1976;Peters等,1978;Simoneit等,1981)

该井附近目前海水深度为3367m

最后的深度范围包括土伦—阿尔布期(88.5~112Ma)的黑色页岩,约19Ma前,15m岩床侵入该黑色页岩。这些黑色页岩沉积在典型的洋壳上(Roussel 和 Linger,1983)。在DSDP41-368钻孔附近海洋深度为3367m。该洋壳与磁异常M22对应(约145~150Ma)。具有以上时代洋壳的世界大洋深度约为5500m(Sclater 等,1981)。异常浅海深度以及在盆地发育过程中该地区岩浆活动的地质证据(Van der Linden,1981;Roussel 和 Linger,1983;Stillman 等,1982)表明,海洋岩石圈的热状态高,过去和现今的热流高(图2.17)。镜质组反射率的相对高背景值也证实了这一点,即该侵入体以上28~32m处的 R_o 为0.45%(Peters 等,1983)。

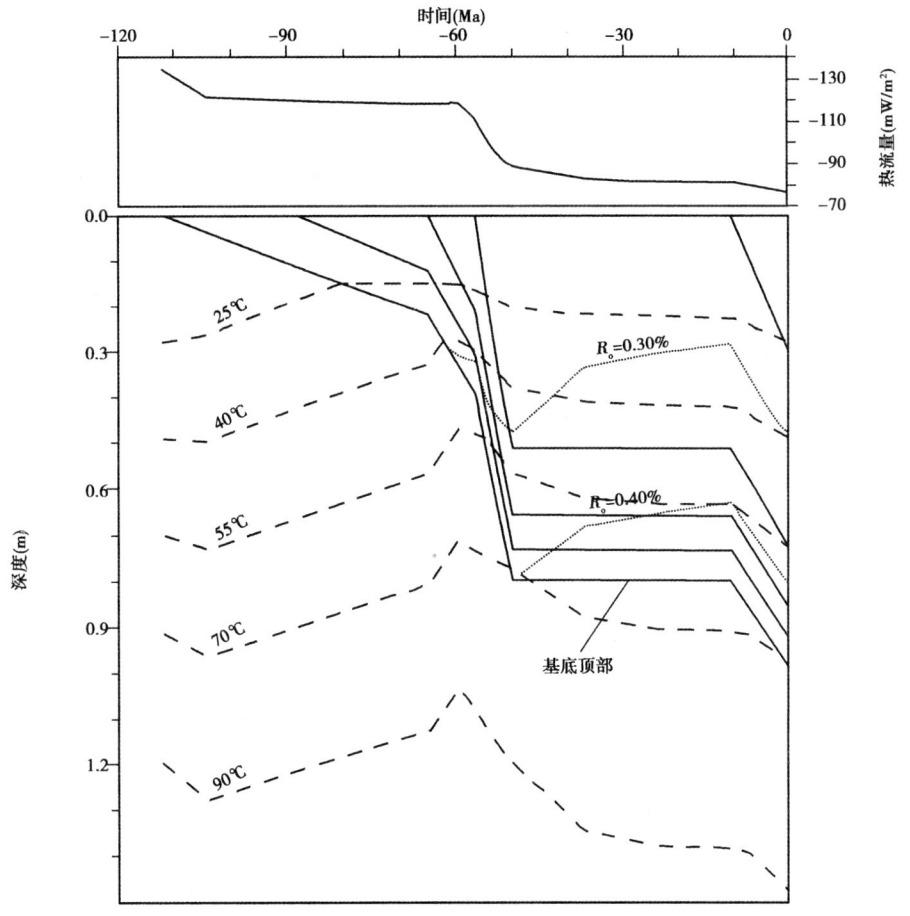

图2.17 数值重建图2.16中沉积剖面的盆地埋藏史和热史,未考虑来自岩床的热
(上图:通过海底的热流。下图:实线,沉积层底部;
长虚线,等热线;短虚线,镜质组反射率等值线)

图2.17显示了根据图2.16中剖面用数值方法重建的沉积层及其下伏层的埋藏史、热史和成熟史。该重建是用前面描述的版本的盆地模拟方法进行的。该版本包括一维非稳定态热传导方程(2.4)的解和回剥法(Makhous 等,1997a)。盆地的时间、深度和岩性(图2.16)以及侵入体附近的 R_o 测量值是重建中的主要因素。

图2.18显示了该盆地地史中黑色页岩侵入层内镜质组反射率的"背景"变化。"背景"这

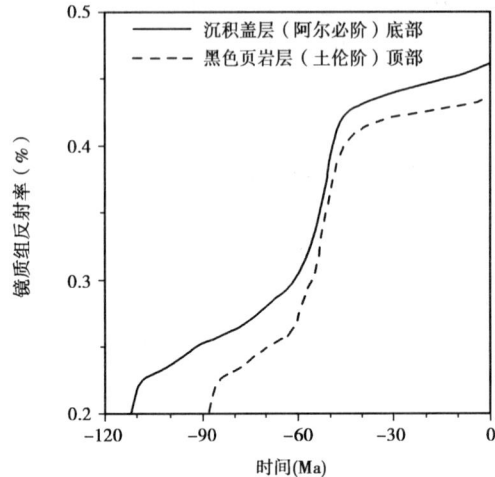

图2.18 用常规盆地模拟方法计算的黑色页岩层埋藏期间成熟度指数 R_o 的变化

（该层的现今深度为922～984m，在19Ma前岩床侵入期间深度为770～785m）

个词在此表示，在未考虑侵入热的情况下得到了数值结果（图2.17和图2.18）。这些 R_o "背景"值与远离岩床的测量值一致（Peters 等，1978，1983）。尽管其埋藏深度浅（小于1km），因为该盆地的热状态相对高，所以基底附近沉积层的现今温度达到70℃。这些沉积层的有机质达到了 $R_o \approx 4.47\%$ 的成熟度。

2.6.3 熔融的潜热

把温度、镜质组反射率、热导率、热容和热生成量与19Ma的深度作用（盆地模拟一般方法计算的）作为后来岩床侵入模拟中的初始参数。把盆地模拟程序包的一个特殊版本用于这一目的。这个版本包括考虑来自熔融或固结的热效应以及热液活动和变质反应的作用。释放或消耗潜热对于确定侵入体和围岩的热状态是非常重要的。模拟中，用在2.2.3节（方程(2.8)）中描述的焓方法考虑潜热效应。

使用了对海洋岩石圈中橄榄岩具有代表性的盆地模拟参数（图2.17）：潜热 $L = 100\text{cal/g}$、固相温度 T_s（是压力 P 的函数并且由含有0.2%水的橄榄岩的固相曲线确定，图2.5）（Wyllie，1979）和液相温度 $T_1 = T_s + 600℃$ 以及热物理参数：$\rho = 3.30\text{g/cm}^3$（密度）、$K = 0.008\text{cal/(cm·s·℃)}$（热导率）和 $C_p = 0.25\text{cal/(g·℃)}$（热容）（Forsyth 和 Press，1971）。玄武质侵入岩的相同参数（Peck 等，1977；Turcotte 和 Schubert，1982；Wang 等，1989；Hanson 和 Barton，1989；Gudmundsson，1990）为 $L = 90\text{cal/g}$、$T_s = 950℃$、$T_1 = 1150℃$、$\rho = 2.70\text{g/cm}^3$、$K = 0.005\text{cal/(cm·s·℃)}$ 和 $C_p = 0.29\text{cal/(g·℃)}$。用火山活动的目前区域中熔岩流的值能够估算侵入液态岩浆温度 T_{int}，并且对于镁铁质岩浆来说，温度范围900～1200℃（Kontorovich 等，1981）。模拟中，根据墨西哥火山地区和夏威夷熔岩湖中熔融玄武岩的温度，假定 $T_{int} = 1100℃$（Schaw 等1977；Hanson 和 Barton，1989）。

把隐式有限差分方法（方程(2.10)）用于热传导方程的数值解。岩床侵位及其热演化表明了深度和时间点网格的特殊选择。特别是，时间步长 Δt 必须小得足以保证时间 Δt 期间熔融前缘的 z 位移小于深度步长 Δz。在15m侵入的情况下，考虑到以上情况，在侵入体上下50m内，z 减小到了0.2m。在侵入冷却的第一个67天期间，时间步长 Δt 约等于5min，在随后的67天，时间步长 Δt 约等于15min，等等。用 Δt 和 Δz 的不同值计算了模拟的所有变量，以证实有限差分方法的有效性。

2.6.4 瞬时侵入的模型

2.6.4.1 侵入的潜热和初始温度变化

图2.19中的1和2两条线表示 R_o 剖面，该 R_o 剖面是当具有初始温度 $T = 1100℃$ 的玄武岩突然侵入深度层段 $770 < z < 785\text{m}$（这是19Ma以前岩床体的位置；现今该岩床在956～971m深度；图2.16和图2.17）时用瞬时侵入的常规模型评价的。

图 2.19 中的线 1 是岩床之上围岩内的 R_o 剖面,线 2 是岩床之下围岩内的 R_o 剖面。这两条线的差异只是因为与沉积岩相比(例如图 2.17 的等热线)基底的热导率较高。因此,输送到岩床之下沉积岩的异常热减弱得较快,并且计算的 R_o 比岩床之上岩石的 R_o 低。该图中的长虚线表示在无潜热($L=0$)效应的情况下侵入体之上的变化。这些线的比较证明了潜热在岩床热晕形成中的重要作用。图 2.19 中的短虚线是以侵入初始温度($T_{i1}=900℃$)为基础的,这一初始温度低于玄武岩的固相温度($T_s=950℃$)。因此,像在以前的曲线中一样,在计算中未考虑潜热。T_{int} 的差异和潜热效应造成了该线与侵入体之上实线的不一致。与 R_o 的测量值比较显示,用瞬时侵位模型进行的数值模拟过高估计了侵入的热效应。图 2.19 中显示的侵入成熟度分布带比计算的成熟度分布带宽 1.5~2 倍。

2.6.4.2 水合作用和脱水的影响

侵入体附近在高温下水合作用期间的热消耗是影响岩石热状态的另一个因素(Hanson 和 Barton,1989)。根据 Walther 和 Orville (1982)、Walther 和 Woud(1984)以及 Hanson 和 Barton(1989)的研究,岩石温度升高状态和 $T=350~650℃$ 的温度间隔限制了水合作用的

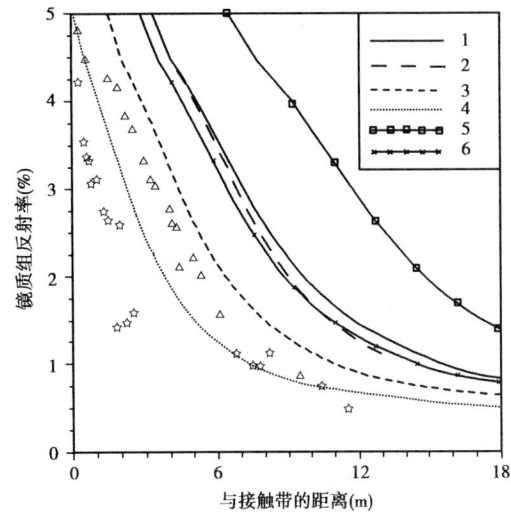

图 2.19 用侵入黑色页岩中 15m 岩床的瞬时侵入模型计算的成熟度分布带

(1)用以下参数对岩床之上成熟度分布带的计算:侵入温度 $T_{i1}=1100℃$、固相温度 $T_s=950℃$、液相温度 $T_l=1150℃$、潜热喷溢 $L=90cal/g$;(2)相同模型中岩床之下的成熟度分布带;(3)用曲线 1 模型进行的计算,但是 $L=0cal/g$;(4)用曲线 1 模型进行的计算,但是 $T_{i1}=900℃$;曲线 1—4 示出的所有变化都未考虑脱水反应和热液冷却的作用;(5)用曲线 1 模型进行的计算,但是未考虑热液冷却(见文中);(6)用曲线 1 模型进行的计算,但是考虑了因为脱水反应的热消耗(见文中);特殊符号是在岩床之上(三角形)和之下(星形)测量的镜质组反射率(Peters 等 1978,1983;Simoneit 等,1978,1981)

反应。估计这些反应的潜热平均值为 $1.7×10^5 J/kg=40.6cal/g$。这些反应相对低的潜热和以上温度对其溶解的限制可能解释了为什么热晕小(把该实线与图 2.19 中由"十"字符号标记的实线进行比较)。以下考虑的较厚岩床(<118m)的计算也证实了这一结果。另一方面,与脱水的速率相比,水合作用前缘的推进速率非常小(约 2.7mm/a)(Walther 和 Orville,1982)。因此,水合作用反应对这一侵入的热晕形成没有很大作用。

2.6.4.3 热液活动

侵入热引起了孔隙性围岩中地下水的热液活动(图 2.19 中用方块符号标记的实线)。一些研究人员认为这一热液活动是侵入体附近热晕形成的重要因素(Peters 等,1978;Delaney 和 Pollard,1982)。遗憾的是,没有有关这一现象的可靠信息。因为过去的热液活动(这一活动在侵入体以上活跃,在侵入体以下减弱)与岩床以下的值相比(图 2.19),可以认为在岩床以上测量的 R_o 值增大(Peters 等,1978,1983;Simoneit 等,1981)。

通过地下水的热液循环的热传递分析是具有不定解的复杂物理问题。在侵入活动开始后的几个小时或几个星期期间,侵入体附近的地下水流能够从由热加压引起的流动变成浮力诱

发的流动(Delaney,1982)。这种流动中的速率分布随着时间和距接触面的距离而变化。这种流动中的速率分布很大程度上取决于围岩的渗透率和孔隙度的变化(Combarnous,1978;Delaney1982;Delaney 和 Pollard,1982)。应用 Combarnous(1978)推导的该问题近似公式,在许多论文中把这一方法用于大洋中脊轴脊内洋壳的热状态分析(Phipps 等,1987;Phipps 和 Chen,1993;Galushkin 等,1994)。在这一公式中,把热液的热传递看作热液活动出现的温度范围内增强的热导率。在出现热液冷却的地方,系数 Nu(努塞尔数)增强了普通热导率,Nu 等于渗透层内热液的热传递与热传导的比,努塞尔数接近佩克莱数(Pe)(Pe 通常在质量传递分析中使用)(Delaney,1982;Clauser 和 Villinger,1990)。在温度 $100℃<T<725℃$ 内,热液活动是重要的。在此,$T=725℃$ 是岩石塑性特性的下边界,在该边界以上,地壳岩石中的微孔隙闭合(Hardee,1982)。模拟中认为这一点是进入岩石的热液对流穿透的温度上限。在图 2.19 中用带有方格符号的实线示出了估计的结果。这一数值显示,具有 $Nu=3$ 的热液活动导致了侵入热晕的极大加宽。但是,在这种情况下,极大地增加了计算数据与观测数据的不一致性。

2.6.5 具有限侵入时间的模型

在地质年代表上,侵入体的侵位和冷却实际上是瞬时事件。但是,在围岩中岩浆体形成持续期对侵入体附近的温度和成熟度分布带大小起重要作用(Delaney1982;Delaney 和 Pollard,1982)。为了研究这一问题,通过增加分析具有限侵入时间的模型的算法,修改了计算程序。以前用这一算法研究大洋中脊轴内洋壳的增长(Galushkin 等,1994)。根据这一方法,把岩床形成过程描述为岩浆在短时间间隔 Δt 期间通过来自岩床轴宽度 Δz 的两个薄层增长的层序,将以前时代形成的围岩和岩床移到了旁边,令该轴处的温度为已知值。可以认为用这一方法推导的温度剖面是解热传导方程所需的初始温度分布,需要这一信息获得时间 Δt 期间温度状态的热弛豫的量度。Galushkin 等(1994)描述了该问题数值解的原理。

在以上模拟中,可以把岩床轴的温度 T_{axis} 处理成等于该轴处流态熔化物的初始温度(T_{i1},图 2.20 的上图)或分析壳内侵入模型,在某一期间,该温度能够从某一初始温度 T_{i0} 上升到液态熔化物的温度 T_{i1}(图 2.20 的下图)。

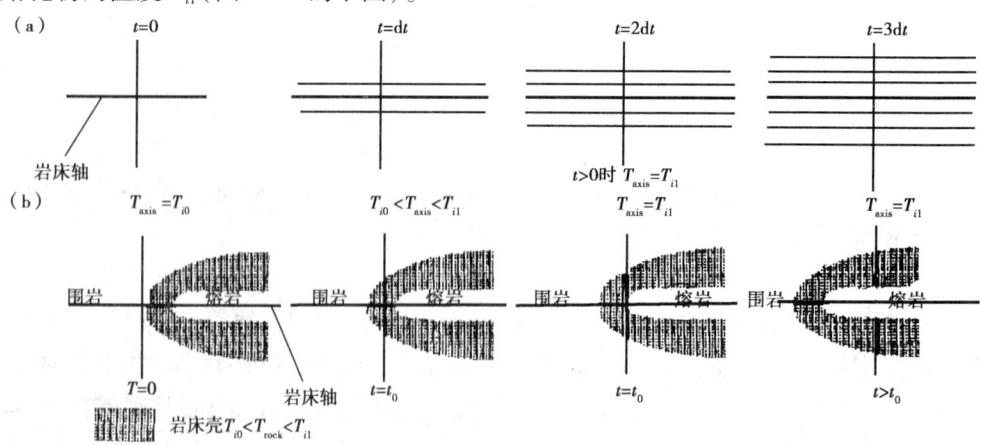

图 2.20 具有无限侵位时间的岩床侵入模型(与较早的瞬时侵入模型不同)

模型(a)岩床轴处的温度等于岩床增长所有时间内液态熔化物的温度($0<t<t_{int}$)。模型(b)冷岩浆岩壳层内岩床的侵入。岩床轴处的温度从时间 $0<t<t_0$ 期间的 $T=T_{i0}$ 上升到 $T=T_{i1}$,并且岩床轴处的温度仍然等于 $t_0 \leq t \leq t_{int}$ 时的液态熔化物的温度 T_{i1}。粗水平线:岩床轴。垂直实线:给定时间内所研究的岩床位置

如图 2.21 中右面两条曲线显示，在 2.8 小时和 8.8 小时期间，成熟度分布带（对 15m 岩床的变量进行的计算）以稳定速率增长。用步长 $\Delta z = 0.15m$ 和时间步长 $\Delta t = 5min$ 对岩床的增长进行了数值模拟。图中的模拟结果显示，在这种情况下，在 10 小时或更短时间内岩床以稳态速率增长给出了与瞬时侵入模型中的热成熟度分布带相似的结果。

图 2.21 中左面虚线说明了岩床以上岩石中的成熟度分布带（用具有最低增长速率的模型计算的）。在这一模型中，当冷却过程期间岩床轴处的温度达到 1050℃（这一温度超过了岩浆固相 100℃）时，在该情况下（并且仅在这种情况下）岩床出现了很小的 Δz（如以上描述的那样）的增长。在该模型中，侵入的增长速率（变宽的速度）随时间减小。在这种情况下，侵入体形成的所有时间达到半年。与以前模型得到的结果相比，最终成熟度分布带相当接近观测结果。但是，也有一些与长侵入形成时间相反的岩石学证据（Kontorovich, 1981）。

岩浆岩与围岩接触带的温度常常大大低于固相岩浆的温度，使人想到一个模型，在该模型中，在弹塑性流变的情况下，液相岩浆的压力将相对

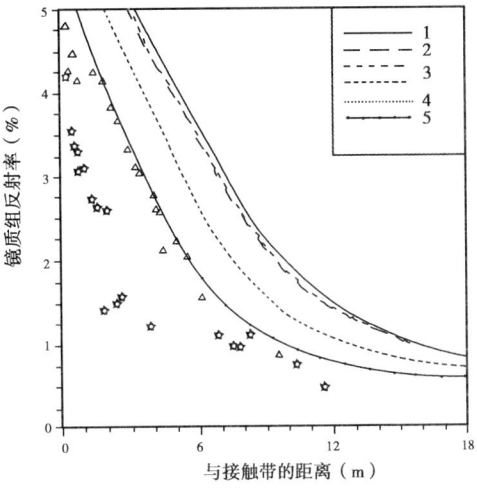

图 2.21　15m 岩床以上的成熟度分布带，该成熟度分布带是用岩床形成的有限时间和参数 T_{i1}、T_s、T_l 和 L 计算的，这些参数与图 2.19 中示出的曲线 1 中变量的值相似

(1) 瞬时侵入模型（图 2.19 中的曲线 1；(2) 和 (3) 2.6h 和 8.8h 期间的增长（图 2.20(a) 的模型）；(4) 半年期间岩床形成最慢的模型（图 2.20(a) 中的模型）；(5) 4.4h 范围内侵入体形成的模型，对于 2.2h 来说，岩床的轴温度从 $T_{i0} = 300℃$ 上升到 $t_{i1} = 1100℃$（图 2.20(b) 中的模型）

较冷的岩浆岩推向旁边。沿着岩床的整个长度，这一壳层的宽度将是均匀的。这一壳层的宽度取决于岩浆供给速度随时间的变化。在这一模型中，可以不出现熔岩与围岩沉积岩的直接接触。那么，根据热学的观点，借助以前模型能够近似地描述侵入形成过程：在某一时段 t_0 期间，侵入轴处的温度 T_{axis} 从侵入壳层温度 $T = T_{i0}$ 上升到液态熔化物温度 $T = T_{i1}$（图 2.20b）。

图 2.21 中左面的曲线证明在时段 $t_0 = 2.2h$（在所有侵入形成时间 $t_{int} = 4.4h$ 的情况下）期间轴处的温度从 $T_{i0} = 300℃$ 上升到 $T_{i1} = 1100℃$ 的情况下模拟 15m 侵入的结果。冷岩浆壳层中侵入的模型导致围岩温度和镜质组反射率大幅度降低。这一 R_o 曲线接近岩床以上的测量数据（必须注意，在图 2.19、图 2.21、图 2.22 和图 2.24(a) 中排除了观测的 R_o 值（与 15m 围岩床以上两个薄（0.15m）岩床有关））。

最后，图 2.22 采用这种方法使计算数据和观测数据之间吻合得很好。在这一变量中，在时段 $t_0 = 3h$ 期间，岩床轴处的温度从 $T_{i0} = 100℃$ 上升到 $T_{i1} = 1100℃$，并且在侵入形成剩余时间（约 1.4h）（形成总时间 $t_{int} = 4.4h$）期间，岩床轴处的温度具有一个稳定值 1100℃。在该计算中考虑了孔隙岩石中地下水脱水反应和热液活动的影响。假定在岩床以下未出现热液冷却，在岩床中热梯度阻止了地下水的对流。正相反，通过比较图 2.22 中计算的和测量的 R_o 数据，假定了岩床以上区域内对流热传递期间的总热传递超过 2.3 倍（$Nu = 1.3$）。

图 2.23 示出了用图 2.22 的模型计算的侵入形成时间和冷却的温度剖面。

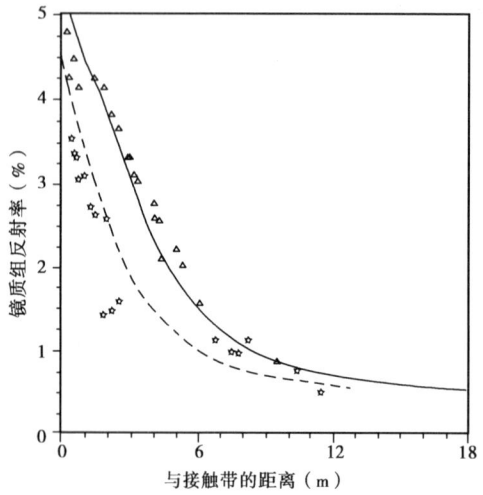

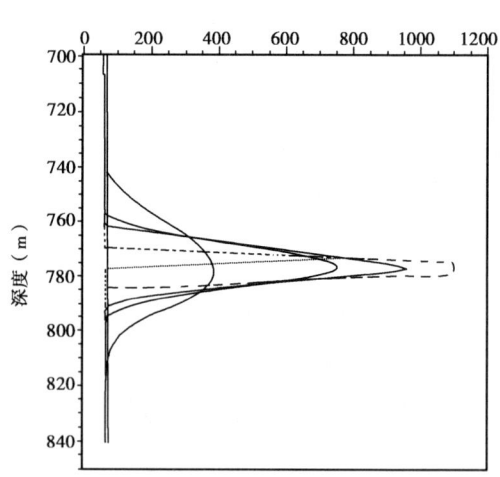

图 2.22 用图 2.20(b)(该壳层中的侵入)的模型计算的最终成熟度分布带显示,观测的与计算的 R_o 值之间吻合得很好(实线:岩床以上;虚线:岩床以下) 在约 3h 期间,岩床轴处温度从 100℃ 上升到 1100℃。岩床形成总时间为 4.4h。在模拟中考虑了在 $Nu=1.3$ 情况下岩床以上的热液对流和水合物反应。参数 T_{i1}、T_s、T_1 和 L 与图 2.19 中曲线 1 的变量中的值相似,其他符号与图 2.19 中的相同

图 2.23 用图 2.22 模型中岩床形成(虚线)和冷却(实线)不同时间计算的 15m 岩床的热剖面
短虚线:$t=2.2h$;长虚线:$t=4.4h$;实线:岩床冷却的时间剖面 $t=0.5$ 年,$t=1$ 年,$t=5$ 年,$t=5000$ 年

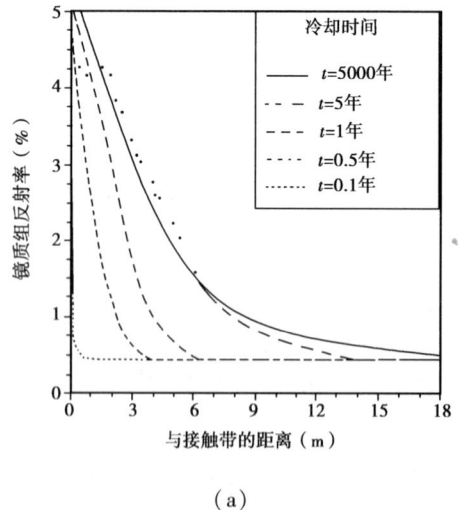

(a)

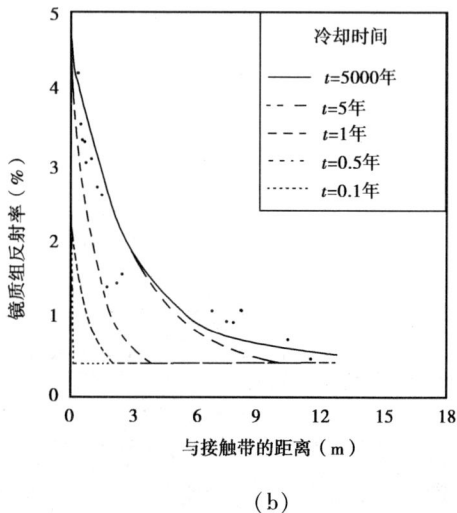

(b)

图 2.24 用图 2.22 模型计算的岩床冷却不同时间的 15m 岩床以上(a)和以下(b)的成熟度分布带

首先,图 2.23 中最窄的温度剖面(短虚线)属于从侵入形成开始的时间 $t=2.2h$,并且表征了该壳层内岩床的生长阶段。在这一时间内,岩床的最高温度不超过 800℃。在该图中用长虚线示出的温度剖面表征了岩床形成完成阶段($t=4.4h$),此时岩床中的温度达到最高的 1100℃。由实线表示的 3 个剖面表征了侵入冷却期间岩床和围岩温度随时间的变化。冷却半年后,岩床中心的温度仍然超过 1000℃,1 年后,该温度不超过 800℃,冷却 5 年后,该温度降低

到了400℃以下(图2.23)。

图2.24(a)、(b)显示了图2.22中侵入形成相同模型的侵入冷却期间R_o剖面的变化。

在冷却的第一个36天,在$R_o = 1.5\%$的水平取的成熟度剖面的半宽度不超过0.3m,而冷却半年后,该半宽度达到在岩床以下剖面内的约0.5m(在热液活动的情况下,$Nu = 1.3$;图2.24(a))。冷却一年后,这些半宽度超过了3m和1.6m,冷却5年后,这些半宽度超过了6m和3.8m,此时其值与近似值无很大差别。

2.6.6 世界不同地区的侵入模型

最后,示出一些其他侵入的例子。在这些例子中,壳层中的侵入模型满意地描述了观测数据。与以上情况相比,这些例子中事件的沉积层和地质年代不太著名。因此,没有确切地模拟所考虑的盆地的沉积史。但是,把"有效"盆地模拟用于重现确切的背景R_o剖面,这些剖面正好在侵入过程之前存在。它使我们能够在不考虑这些地区复杂地质历史的详细情况下分析侵入的热效应。必须注意,对Raymond和Murchison(1989)的118m和38.6m厚侵入体的分析中,排除了侵入体附近R_o值减小的数据。侵入体附近R_o值的减小通常不是成熟度的实际减小,而是与极高温下镜质组分子结构的扰动有关(Raymond和Murchison,1988b,1989;Bishop和Abbott,1993)。

2.6.6.1 苏格兰中部地区峡谷的118m厚岩床

这是苏格兰中部地区峡谷中部Rashienhill钻孔410~528m深度的相当厚的岩床(Raymond和Murchison,1989),其特点是侵入之前的R_o背景值高。图2.25中示出了R_o剖面,该剖面是为侵入到页岩中的118m岩床计算的,这些页岩具有从近地表$R_o = 0.60\%$到1030m深度的$R_o = 1.37\%$的R_o背景值(侵入之前)(Raymond和Murchison,1989)。

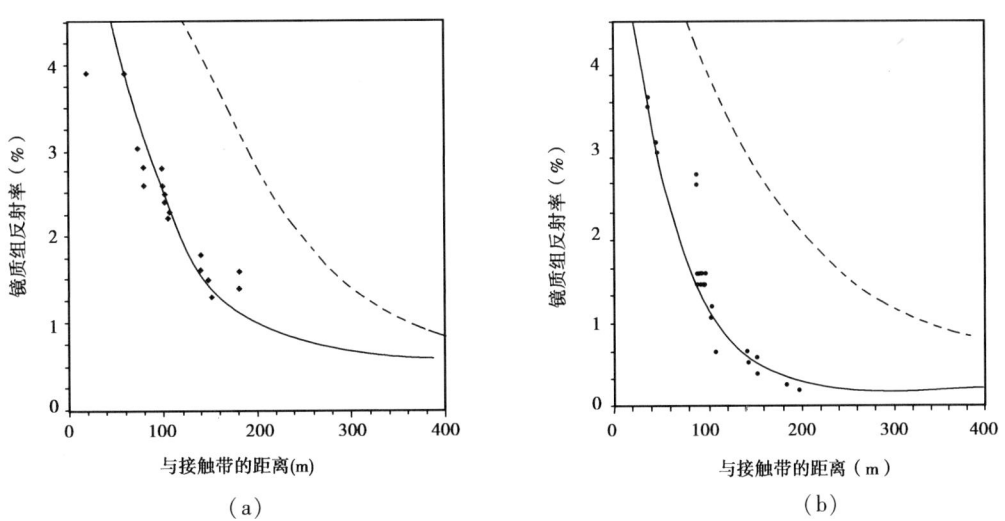

(a)   (b)

图2.25 用图2.20(b)模型计算的中部地区峡谷(苏格兰)118m岩床以上(a)和以下(b)的成熟度分布带(壳层中的侵入),R_o的观测值(特殊符号:Raymond和Murchison,1989)与计算(实线)值之间吻合得很好

在30小时内,岩床轴处温度从300℃上升到1100℃。岩床形成总时间为44h。在模拟中考虑了$Nu = 2.0$情况下岩床以上的热液对流和水合作用反应。参数T_s、T_1和L与图2.19曲线1中的变量值相同。虚线:显示了瞬时侵入模型中的对应结果

壳层模型（在岩床以上有热液活动（$Nu=2$）和在岩床以下无热液活动的情况下，轴温度从300℃上升到1100℃，并且岩墙形成总时间约为44h）相当好地描述了图2.25（a）、（b）中观测的镜质组反射率数据（参数 T_s、T_l 和 L 与图2.22模型中的参数相同）。图2.25显示，对于与壳层模型中相同的岩石热参数和相同特征的热液活动和水合作用反应来说，用瞬时侵入模拟计算的热分布带与壳层模型的结果有很大差别。这一计算结果还表明，水合作用反应在热分布带中的作用相对较小：这些反应只减小了热分布带大小的10m。

2.6.6.2 英格兰诺森伯兰郡38.6m厚的岩床

这是英格兰诺森伯兰郡Throckley钻孔510～548.6m深度的岩床（Raymond 和 Murchison, 1989）。相当高的 R_o 值（从地表附近 $R_o=1.00\%$ 到700m处 $R_o=1.50\%$，（图2.26（a）、（b）和图2.18）表征了侵入之前钻孔的沉积层。

在这种情况下，壳层模型（在约17.5h岩墙形成总时间和无热液活动作用的情况下，仅在3.5h内，轴温度从300℃上升到1100℃）给出了计算的和观测的 R_o 数据之间极好的吻合（图2.26（a）、（b）；参数 T_s、T_l、L、Nu 等与图2.22中的参数相同）。与以前的情况相反，用瞬时侵入模型计算的热分布带（虚线）相对接近壳层模型的结果。

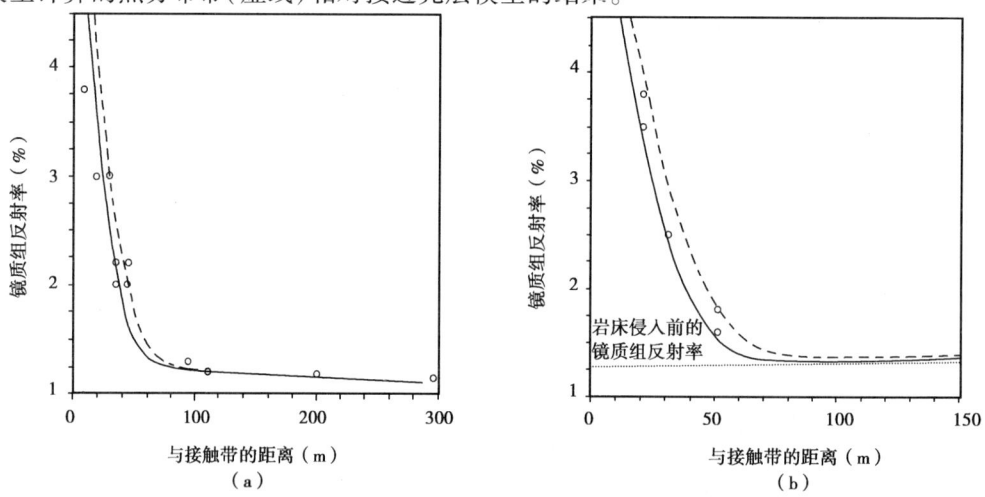

图2.26　用图2.20b模型计算的英国诺森伯兰郡38.6m岩床以上（a）和以下（b）的成熟度分布带（壳层中的侵入），R_o 的观测值（特殊符号：Raymond 和 Murchison，1989）与计算（实线）值之间吻合得很好

在3.5h内，岩床轴处温度从300℃上升到1100℃；岩床形成总时间为17.4h。这一变量未考虑热液冷却的作用，但是在模拟中考虑了水合作用反应；参数 T_s、T_l 和 L 与图2.19中曲线1中的变量值相似；虚线显示了瞬时侵入模型中的对应结果

2.6.6.3 格陵兰东部4.5m厚的玄武岩岩墙

图2.27示出了格陵兰东部基末利阶黏土层内4.5m玄武岩岩墙模拟的结果（Perregard 和 Schiener，1979）。

在这种情况下，当在0.9h内轴温度从300℃上升到1100℃，并且岩墙形成总时间约为2.6h，无热液活动影响的壳层模型极好地描述了图2.27中 R_o 的观测数据。

2.6.6.4 美国科罗拉多州沃尔科特Pierre页岩中的1.3m厚岩墙

图 2.28 示出了美国科罗拉多州沃尔科特 Pierre 上白垩统页岩中 1.3m 厚岩墙的计算热晕（Clayton 和 Bostick,1986）。

对于这种薄层侵入来说,当 0.9h 内轴温度从 300℃上升到 1100℃,并且岩床形成总时间约为 2.3h(无任何热液活动的作用),虽然壳层模型(图 2.28 中的下部曲线)更可取,但是所有 3 个模型:瞬时侵入、2.3h 内(或更短)的熔融侵入和壳层中的侵入给出了相当接近的结果。

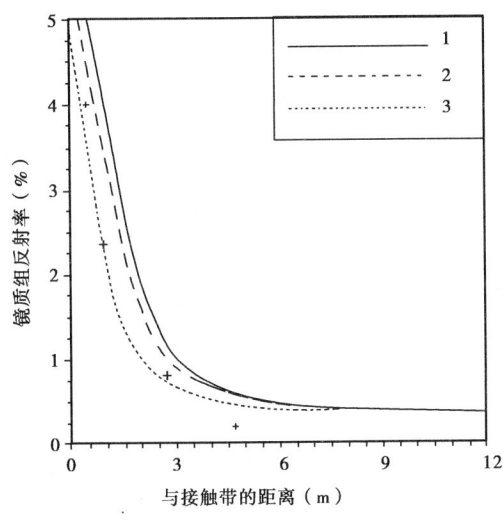

图 2.27 格陵兰东部侵入基末利阶黏土层内 4.5m 岩墙计算的成熟度分布带
(1)瞬时侵入模型;(2)5.3h 内岩床形成模型(图 2.20(a)的模型);(3)当 0.9h 内轴温度从 300℃上升到 1100℃,并且岩床形成总时间约为 2.6 小时,图 2.20(b)壳层模型中岩床形成模型,这一变量未考虑热液冷却的作用,但是在模拟中考虑了水合作用反应,参数 T_s、T_1 和 L 与图 2.19 中曲线 1 的变量值相似,十字符号为 Perregard 和 Schiener(1979)的测量值

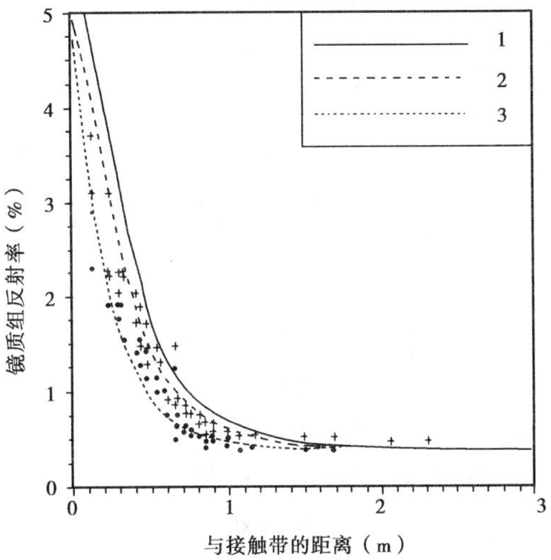

图 2.28 美国科罗拉多州沃尔科特侵入 Pierre 页岩的 1.3m 厚岩墙的计算成熟度分布带
(1)瞬时侵入模型;(2)在 2.3h 岩床形成模型(图 2.20(a)的模型);(3)当 0.9h 内轴温度从 300℃上升到 1100℃,并且岩床形成总时间约为 2.3h,图 2.20(b)壳层模型中岩床形成模型,这一变量未考虑热液冷却的作用,但是在模拟中考虑了水合作用反应。参数 T_s、T_1 和 L 与图 2.19 中曲线 1 的变量值相似。符号为 Perregard 和 Schiener(1986)测量的最小(星号)和最大(十字符号)R_o 值

2.6.6.5 苏格兰西北部斯凯岛的 0.9m 厚辉绿岩岩墙

图 2.29 显示了模拟最薄侵入体的结果,即苏格兰西北部斯凯岛侏罗系粉砂岩地层中约 640m 深度的 0.9m 厚岩墙(Bishop 和 Abbott,1993,1995)。

岩墙侵入发生在约 53Ma 始新统的下部。不清楚这一事件是否出现在强烈火山活动之前、之后还是强烈火山活动过程中,强烈火山活动出现在苏格兰西部几乎相同时代并且与北大西洋打开有关。在 2Ma 期间,火山岩约侵位 2400m(Bishop 和 Abbott,1993)。对盆地演化的两个变量进行了模拟,在盆地演化中,在侏罗纪土阿辛期和阿林期(187—173Ma)沉积了 0.5km 粉砂岩,并且从中侏罗世巴柔期到始新世早期(173—55.5Ma)又沉积了 0.5km 粉砂岩。在第一个变量中,从 55.5Ma 到现今出现了沉积间断。在第二个变量中,发生了在 2Ma(55.5—53.5)期间的 2400m 厚层沉积和 10Ma(52—42Ma)期间这一层后来遭受剥蚀。在第一个变量

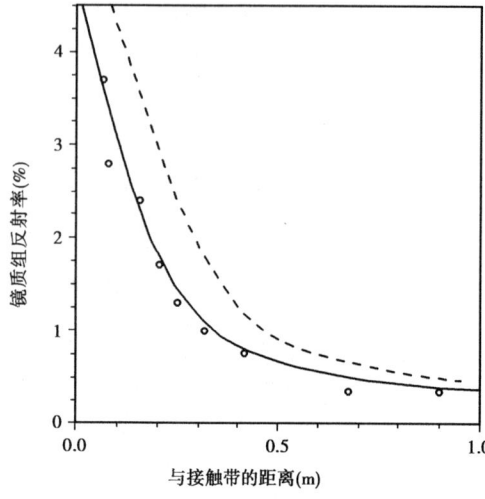

图 2.29 用图 2.20(b) 的模型 (壳层中的侵入) 计算的苏格兰西北部斯凯岛 0.9m 厚辉绿岩岩墙的成熟度分布带, 观测的 (特殊符号: Bishop 和 Abbott, 1993, 1995) 与计算的 (实线) R_o 值之间吻合得很好

在 0.45h 内, 岩床轴处温度从 300℃ 上升到 1100℃。岩床形成总时间约为 2.6h。这一变量未考虑热液冷却的作用, 但是在模拟中考虑了水合作用反应。参数 T_s、T_l 和 L 与图 2.19 中曲线 1 的变量值相似, 虚线显示了瞬时侵入模型中的对应结果

中, 在 640m 深度计算的现今 R_o 背景值约为 0.35%, 并且与观测的 R_o 背景值吻合得很好 (图 2.29)。相反, 在第二个变量中的相同 R_o 值为 0.55%, 并且大大超过了观测数据。因此, 始新统下部的火山岩层不太厚。当在 0.45h 轴温度从 300℃ 上升到 1100℃, 并且岩墙形成总时间约为 2.5h, 用无热液活动影响下的壳层模型进行的第一个沉积变量计算给出了观测值与计算值的接近吻合 (图 2.29)。

2.6.7 小结

瞬时侵入的传统计算过高估计了围岩中有机质的温度和成熟度。侵入体随着时间形成的模型 (与瞬时侵入不同) 和相对冷的岩浆岩表层中侵入体的侵位模型显示了计算数据和观测数据之间的较好吻合。只有把侵入初始温度模拟成接近或低于岩浆固相温度时, 传统瞬时侵入模型才能满意地描述岩浆体附近有机质的热演化状态。热液传递能够解释某些岩床上、下的不同热晕。作者认为, 以上模型仅代表瞬时侵入模型与侵入接触变质带观测数据之间不一致的许多可能解释之一。必须研究具有侵位地质历史和年代测定准确的沉积层的许多其他侵入体实例, 以便证实以上模型。

遗憾的是, 文献中很少注意到准确测定年代的侵入体例子 (与以上考虑的 15m 厚侵入体相似), 并且与侵入形成有关的许多问题尚未解决。例如, 这种问题是苏格兰一些碱性岩床的热晕大小 (Raymond 和 Murchison, 1988b)。数值结果证实了 Raymond 和 Murchison (1988b) 的建议, 即导致其热导率增加的围岩压实作用造成了侵入成熟度分布带的加宽。但是, 在本章后面讨论的苏格兰中部地区峡谷的东部和中部的碱性岩床周围无热晕或规模小代表了分析的困难。一定存在不加热围岩的情况下消除侵入热的机理。如果侵入体出现在地面附近并且侵入体被地面水快速冷却, 将出现这种情况 (Raymond 和 Murchison, 1988b)。可以认为, 冷却很快的薄岩床造成岩床层序增长缓慢是侵入形成的另一个变量。这一机理与在洋壳扩张问题中已知的"岩墙内岩墙"的机理相似 (Perfilyev 等, 1985)。只有该领域中更多的地质和地球化学研究才能够有助于解决这一问题。

3 盆地埋藏史中烃源岩含油气远景的数值重建

镜质组反射率与埋藏深度剖面是广泛认可和通用的热成熟度测量方法(Dow,1977;Bostick等,1978;Teichmuller,1979)。用于建立计算热成熟度与测量镜质组反射率之间相互关系的数据相关性较差(Waples,1980),以至于许多人认为是不能接受的,但是这确实如此。

至少在干酪根生油高峰的埋藏条件下,除了温度和时间之外,深度能够明显地影响镜质组反射率。在不了解干酪根组成的情况下不能判断绝对成熟度。

在盆地之间或一个盆地内的不同地区,这些因素的影响有很大不同。高达0.35%的镜质组反射率的改变与总有机馏分(镜质组是总有机馏分的一部分)的烃含量不同有关。加上 TTI 值高时镜质组反射率的不敏感性,因此提出了关于引入补充成熟度指标的问题。与所有有机化学一样,如果考虑到该方法的局限性并且与其他方法共同使用,就能够进行可靠解释(Petersen 和 Hickey,1985)。

进行了研究以便制定极低成熟度区域(TTI (Waples,1980)在 1~20)和极高成熟度区域($TTI > 900$)精细的相对成熟度分级标准。尽管有许多局限性和复杂性,有时可用生油岩评价热解数据(Espitalié 等,1977)监测或测量烃源岩干酪根(Peters,1986)。生油岩评价数据最好也不过提供了热成熟度的测量值,该热成熟度测量值比 R_o 测量结果或热变指数更不令人满意并且问题较多,特别是当干酪根指数值极高和极低时更是如此(Monthioux 等,1985)。只有在得不到合适参数的地方,才应该用生油岩评价数据测量热成熟度。

应用几种不同技术确定烃源岩中油气生成的动力学参数。不同结果可能是由于在分离的干酪根和整个岩样上进行试验产生的。(含水和干燥)热解试验也显示了不同结果(Duppenbecker 和 Horsfield,1990)。通过热解释放的单个组分常常具有与天然油气不同的化学组成(Lewan,1985,1989),可能是因为在开启热解系统中没有合适地计算出中间沥青阶段(Hunt 等,1991)。通过对干酪根降解的动力学参数准确性进行研究得出结论,在达到约0.5转化率的计算深度中可以预计 300~600m 或更深的不确定性。

Welte 和 Yukler(1981)建议应用 10%~20%(恒定值)驱替效率,Mackenzie 和 Quigley(1988)建议把饱和度临界值作为孔隙体积的固定分数。Hermanrud 等(1988)建议应该把初次运移的滞留量计算为岩石总体积的分数。在预测模拟中,单独用驱替效率(排出油气/生成油气)的概念不是非常有用的,因为该驱替效率变化范围 0~88%(Espitalié,1988),它是富烃岩成熟度的函数。因此,有关这一变化如何发生的更多信息(是成熟度的函数)对于模拟来说是必不可少的。

在沉积盆地含油气远景的重建中试图对以下方面作出贡献:解决许多现有技术空白和问题,提出一些新方法以便提高输入参数质量、模型校准,最后改进对油气成熟度和生成量的评价。用所有现有局限性和观点讨论了作为主要成熟度指标的镜质组反射率。特别关注镜质组成熟的动力学模型。油气生成量和生成率计算、排驱门限和运移、二次裂解、油气生成的3组分和5组分系统构成了本章的主要部分。讨论不确定性、敏感性、局限性和准确性,并且提供了可能出现的地方。目的是非常准确地提出评价模拟盆地的成熟度和油气生成量的工具。这些条件对于石油行业是关键的,当制定盆地远景项目规划时,必须合理地利用模拟方法。

3.1 有机质成熟度的评价

3.1.1 镜质组反射率是测量有机质成熟度的一种方法

镜质组反射率的测量是估计沉积物中有机质成熟度的最流行方法。该方法的基础是,镜质组把煤化过程中反射能力从热阶段的 $R_o=0.25\%$ 变成无烟煤阶段的 $R_o=4.0\%$。从这一过程的研究中得到的极好数据使得用镜质组反射率的测量值可以识别成熟阶段。表3.1列出了进行这种识别的例子。

表3.1 有机质成熟阶段与 R_o 和 *TTI* 值的关系(据 Waples,1984)

成熟阶段	开始生成液态烃	干酪根成熟度50%	液态烃最大生成量	液态烃生成结束	生成凝析油	开始生成干气
R_o(%)	0.50~0.65	0.80	0.90~1.00	1.30	1.75	2.00~2.30
TTI	3~15	35	50~75	160	500	900~1600

成熟阶段与 R_o 值之间的关系是相当近似的。表3.1中的 R_o 值可能与测量值不同,取决于这一物质中所含有机质的类型和纯度。因此,液相生成开始对应于具有高硫含量的干酪根 $R_o=0.50\%$,对应于Ⅰ型和Ⅱ型正常干酪根 $R_o=0.55\%\sim0.60\%$,对应于Ⅲ型干酪根 $R_o=0.65\%\sim0.70\%$(Gibbons 等,1983;Waples,1984)。

应该注意,使用估算成熟阶段镜质组反射率的方法不是一个简单问题。这一方法仅对于煤层的镜质组可靠;它对于具有 TOC<0.5% 的黏土中陆源有机质的镜质组不太可靠。在砂岩中,能够改变或再造这种有机质(Durand 等,1986);因此,对于砂岩来说,必须避免使用这一方法。甚至在陆源岩系中,根据热史,超过 $2\% R_o$ 的值不容易解释,因为存在可异性,并且还因为这些值不但取决于温度和时间而且还取决于压力。

把这一方法应用于湖相和海相岩石时应该注意。这些岩石中的颗粒不常是高等植物的镜质组,并且根据其热物理特性,这些颗粒与镜质组不同(Waples,1985)。在前泥盆纪岩层(在该岩层中不存在高等植物)中存在相似问题。R_o 测量值的大量分散和一些沉积层中镜质组分泌物的硬度能够导致错误。分辨低成熟度岩石中镜质组显微组分是一项困难的工作。特别是对于 R_o 为 $0.30\%\sim0.40\%$ 来说,R_o 测量结果的可靠性非常低(Waples,1992)。R_o 值在很大程度上取决于镜质组的化学组成(Durand 等,1986;Tissot 等,1987)。在干酪根($R_o=1.0\%$)生油高峰的埋藏条件下,不仅温度和时间影响镜质组反射率。高达 0.35% 的镜质组反射率的改变似乎与总有机馏分(镜质组是总有机馏分的一部分)的含量不同有关。在极易生油盆地中特别强调这种情况(McCulloh,1979)。

尽管如此,只要考虑上述情况,对于研究含油气盆地来说,成熟度评价的镜质组方法相当可靠。镜质组反射率是时间和温度的函数。在盆地模拟中用镜质组反射率方法描述其成熟史需要用计算镜质组成熟度的良好化学动力学模型。这些模型中第一个是时间—温度指数(*TTI*)方法,在下一节中将讨论这一方法。

3.1.2 用时间—温度指数方法计算镜质组反射率(R_o)

该方法于1971年由 Lopatin 提出,用以评价有机质成熟度。由于该方法相对简单,以至于在 10~20 年前就备受青睐。运用该方法评价镜质组反射率时,用一个有效的反应取代描述镜质组成熟过程的所有化学反应。该反应赋有一个速率参数:温度每升高 100°C,速率就翻一番。TTI 值受岩石埋藏期间温度 $T(t)$（0°C）的控制（Lopatin,1971;Waples,1980）：

$$TTI = \int_{t_0}^{t_1} 2^{F(T)} \cdot dt$$

式中，t 为时间，单位是 Ma；$t=t_0$ 为岩石在地表的沉积时间，在 $10 \cdot n \leq T \leq 10 \cdot (n+1)$°C 时，$F(T) = n - 10$。因此用下式可以表示 TTI：

$$TTI = \frac{1}{2^{10}} \cdot \int_0^t 2^{(T(t')/10)} \cdot dt' \tag{3.1}$$

为了便于评价成熟度，公式(3.1)需与测得的成熟度参数(例如镜质体反射率)相比较。这种 TTI 值与 R_o 比较是 Waples(1980 和 1984)提出的。他选用了在全球不同地区 300 口井中测得的 R_o 数据。Kalkreuth 和 McMechan 及 Macauley 分别(1984)指出，可用以下公式表明上述 TTI 与 R_o 的对应关系：

$$\lg R_o = -0.4769 + 0.2801 \times \lg(TTI) - 0.007472 \times (\lg(TTI))^2 \tag{3.2}$$

表 3.1 列出了有机质不同成熟阶段与 R_o% 及 TTI 值的关系：不同 R_o 值是 Waples(1980)计算出来的、Dykstra(1987)修正并考虑了沉积物的压实效应。当然，与 Waples(1980,1984)所用的各种数据有很大的出入。另外，在 Waples 的分析中，整个盆地史中现今地温梯度的展布很大程度上限制了上述各个关系的准确性。

然而，在一些简单地质过程的成熟度分析中常首选简易公式(3.1)和(3.2)进行有机质成熟度估算。所以，在 Δt 期间，如果岩石的温度恒定，那么时间—温度指数的相对增量 ΔTTI（公式 3.1）为

$$\Delta TTI = 2^{(n-10)} \cdot \Delta t \tag{3.3}$$

式中，n 是($T/10$)的积分部分。根据公式(3.3)和表 3.1，在相当短的时间($\Delta t = 0.4 \sim 1.0$ Ma)内，烃源岩在 $T = 140$°C($n = 14$)的情况下可以促使有机质向开始生成液态烃($TTI = 7 \sim 20$)的状态转化。以典型的加利福尼亚湾南部海槽较高的温度为例，时间段 Δt 可以降至几千年。这一点已被该区全新统高温热液中的油迹产状所证实(Lonsdale,1985)。与此同时，在岩石温度 $T = 50$°C（根据公式(3.3)，$TTI = \Delta t$(Ma)/64）的情况下，即使在 600Ma 内也未达到 $TTI = 7 \sim 20$ 的对应值。

公式(3.1)的另一个应用涉及具有稳定沉积速率和恒定地温梯度的岩石成熟史。假设岩石温度随深度呈线形变化：

$$T(t) = T_0 + \gamma \cdot V \cdot t \tag{3.4}$$

式中，T_0 是平均地表温度，°C；γ 为稳定温度梯度，°C/km；V 为对应时间段$(0,t)$的平均沉积速率，km/Ma。该公式由公式(3.1)和(3.3)推导出来，TTI 增量是在 Δt 时间段内沉积作用的结果，ΔTTI 为：

$$\Delta TTI = \frac{10 \cdot 2^{T_0/10}}{2^{10} \cdot \ln 2 \cdot \gamma \cdot V} \cdot \left[2^{\frac{\gamma \cdot V \cdot \Delta t}{10}} - 1\right] \tag{3.5}$$

对于 $V = 0.8$ km/Ma 和 $\gamma = 96$°C/km（加利福尼亚湾边缘板块上瓜伊马斯(Guaymas)盆地的 DSDP279 井）(Lonsdale,1983)，公式(3.5)给出即使在埋藏 $1.5 \sim 2$ Ma 之后 TTI 仍为 $7 \sim 20$。在 4.2 节中，将应用公式(3.5)评价海西期剥蚀作用对撒哈拉盆地沉积物中有机质成熟度的影响。

3.1.3 用镜质组成熟度的动态模型评价镜质组反射率(R_o)

镜质组成熟度的动态模型要比前面所用的 TTI 方法更能准确地计算 R_o。根据这些模型，就可用 n 个独立一级 Arrhenius 反应来描述镜质组成熟度：

$$K_i(t) = A_i \exp(-E_i/RT(t)) \tag{3.6}$$

式中，K_i 是第 i 项的反应速率；A_i 是 Arrhenius 或频率因子；E_i 是活化能；R 是理想气体常数；t 是时间；T 是在 K 反应速率下的样品温度，为埋藏史的函数。镜质组成熟度的首个动态模型是 B. Tissot 和 J. Espitalié(1975)提出的。该模型是在 Ⅲ 型干酪根成熟度的基础上计算出来的。根据上述模型，转化率 $X = 0.5$(50% 干酪根转化率)对应液态烃生成的末期($R_o = 1.3\%$)。该动态模型在很大程度上被 Tissot 等(1987)、Burnham 和 Sweeney(1989)、Sweeney 和 Burnham(1990)在分析控制镜质组成熟度化学反应的基础上加以完善。Burnham 和 Sweeney(1989)考虑了控制水、二氧化碳、甲烷和更多的重烃(Vitrimat 体系)排出的 35 个平行反应。Sweeney 和 Burnham(1990)证实 Vitrimat 体系可用准确度更高的 $EasyR_o$ 体系所取代，后者借助带有同一频率因子 A 的 20 个平行反应来描述镜质组的转化(镜质组模型 1 见表 3.2 和图 3.1)。

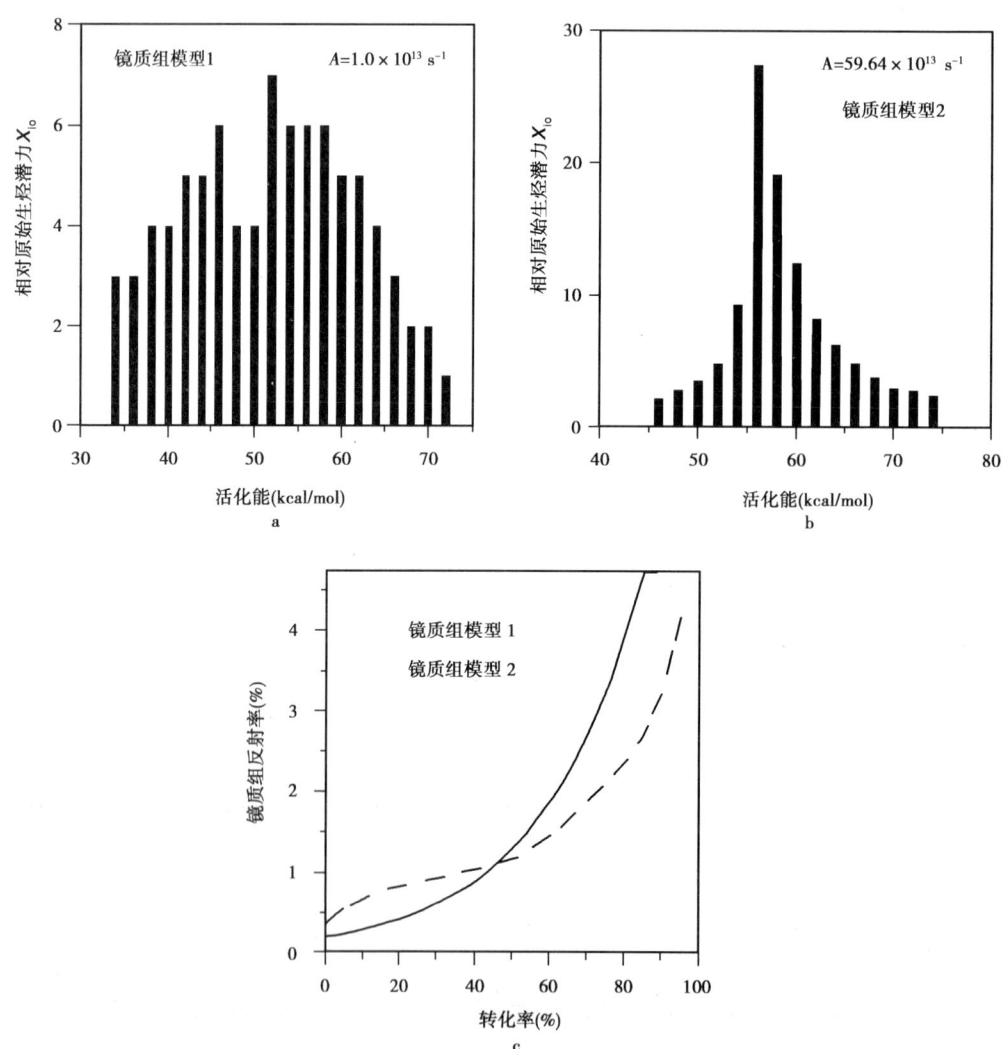

图 3.1 镜质组热转化的动力学光谱((a)、(b)，(表 3.2)和两个模型转化率的对比(c)(表 3.3)：
Sweeney 和 Burnham(1990)的镜质组模型 1 和 Tissot 等(1987)的镜质组模型 2

这些表和数据展示了镜质组成熟度最常见的两个动态谱图。为了依据这些谱图来计算

R_o值，必须首先评价转化率。可以根据 Tissot 和 J. Espitalié(1975)的表达式来评估镜质组模型 1 反射率的转化率：

$$Tr_1(t) = \sum_1^n \left\{ 1 - \exp\left[-\int_{t_o}^t K_i(t') \cdot dt' \right] \right\} \tag{3.7}$$

可根据公式 $Tr_2(t) = Tr_1(t)/\sum_1^n X_{i0} = Tr_1(t)/113$ 来求取镜质组模型 2 反射率的转化率。

表 3.2 Sweeney 和 Burnham(1990)(镜质组模型 1)和 Tissot 等(1987)(镜质组模型 2)的动态模型中镜质组成熟度反应的活化能(E_i)和初始潜力(X_{io})

镜质组模型 1		镜质组模型 2	
$A = 1 \cdot 10^{13} s^{-1}$		$A = 59.64 \times 10^{13} s^{-1}$	
E_i	X_{io}	E_i	X_{io}
34	3	46	2.1
36	3	48	2.8
38	4	50	3.5
40	4	52	4.8
42	5	54	9.3
44	5	56	27.5
46	6	58	19.2
48	4	60	12.4
50	4	62	8.3
52	7	64	6.3
54	6	66	4.9
56	6	68	3.8
58	6	70	3.0
60	5	72	2.7
62	5	74	2.4
64	4		
66	3		
68	2		
70	2		
72	1		

那么，就可借助下列关系式求得镜质组模型 1 的反射率(Sweeney 和 Burnham,1990)：

$$R_o = \exp[-1.6 + 3.7 Tr_1(t)] \tag{3.8}$$

公式(3.8)给出了转化率 $Tr_1(t)$ 和 $Tr_2(t)$ 与表 3.3 及图 3.3 中 R_o 之间很好的相关性。该关系源自北海盆地、法国中央盆地、潘诺尼亚(Pannonian)盆地和马哈坎河(Mahakam)三角洲盆地的数据分析(Sweeney 和 Burnham,1990;Tissot 等,1987)。在法国石油研究院的镜质组动态模型 2 中(表 3.2、表 3.3 及图 3.1)，认为镜质组通常是Ⅳ型干酪根，并且具有表 3.2、表 3.3 及图 3.3 显示的动力学光谱和对应关系。

通常认为镜质组成熟度的动力学光谱(Sweeney 和 Burnham,1990)是盆地模拟中评价成熟度的基本方法。用它就可求出古生代和新生代岩石的现今剖面 R_o 值与有机质成熟度之间较好的对应关系(Sweeney 和 Burnham,1990;Welte 等,1997)。在 3.4 节,即使在里菲系和文德系中,也用这种方法来评价有机质的成熟度。虽然在前寒武纪地层中镜质组缺失,但仍保留一种有效的镜质组反射率的计算方法来做理论评价。尽管有些简易,但也是一种成熟度评价没有办法的办法。

表 3.3 镜质组转化率 X 与动态模型(Sweeney 和 Burnham(1990)模型 1 和 Tissot 等(1987)模型 2)中镜质组反射率的关系

$X(\%)$	模型 $1R_o(\%)$	模型 $2R_o(\%)$
0	0.200	
1		0.40
2.5		0.47
5	0.243	0.55
10	0.292	0.68
15	0.352	0.76
20	0.423	0.83
25	0.509	0.88
30	0.613	0.93
35	0.737	0.99
40	0.887	1.04
45	1.070	1.10
50	1.280	1.18
55	1.540	1.30
60	1.860	1.45
65	2.240	1.65
70	2.690	1.87
75	3.240	2.10
80	3.900	2.35
85	4.690	2.70
90		3.20
95		4.20

然而,在现有的两个镜质组成熟度评价动态模型中还存在选择问题。为此,以不同盆地(撒哈拉、第聂伯—顿涅茨、西西伯利亚、西巴斯基尔(Bashkirian)及其他盆地)的有

机质为例进行了特别研究。图3.2利用不同的动力学光谱计算镜质组反射率,以论述有机质成熟度的差异并描述了在这些光谱中相当一致的特性。这一比较表明,Sweeney和Burnham(1990)动力学光谱计算的有机质成熟度R_o与Espitalié(1988)Ⅳ型干酪根光谱的计算结果在所考虑的所有时段内彼此接近。恰恰相反,Ⅲ型干酪根光谱($R_o(3)$)的计算结果特别是利用TTI($R_o(4)$)的结果与($R_o(1)$)和($R_o(2)$)的相差迥异,这表明过高地评价了岩石有机质的成熟度(图3.1)。应该说明的是,上述图3.2和4.3节图4.58巴斯基尔盆地里菲系和文德系中因为没有镜质组,有机质成熟度评价利用了"有效"镜质组反射率的推算结果。尽管如此,这个例子对所算出的R_o值长期变化的表征和前寒武纪有机质成熟度的数值评价方法的考虑是相当有用的。下里菲统的例子以及4.4节中的中里菲统和泥盆系的计算再一次表明,$R_o(1)$和$R_o(2)$值与阿尔兰(Arlanskaya)和基普恰克(Kipchakskaya)地区现今下—中里菲统中观测的油苗深度一致,而用Ⅲ型干酪根特别是用TTI计算的R_o值过高估计了这些岩石中有机质的成熟度(表3.4中$R_o(3)$和$R_o(4)$)。表3.4也证实了这种情况,该表包括有关西巴斯基尔地区油苗数据和根据甾烷系数方法推导的成熟度(Hayrutdinov和Ablya,2002)。

表3.4 用不同动力学模型计算的西巴斯基尔地层剖面中镜质组反射率估算质的比较

井	深度(m)	地层	镜质组反射率(%)***			
			$R_o(1)$	$R_o(2)$	$R_o(3)$	$R_o(4)$
阿尔兰*	4000~5120	下里菲统	0.660~0.756	0.620~0.714	0.826~0.933	0.995~1.558
基普恰克*	3740~4040	中里菲统	0.676~0.702	0.632~0.657	0.831~0.842	1.031~1.132
阿什雷库尔**	4940	下里菲统	0.73	0.69	1.00	1.25

* 油苗(Belokon等,1996)。

** 用甾烷系数值(Hayrutdinov和Ablya,2002)的成熟度指标$K_1 = C_{29}\alpha\alpha\alpha S/(C_{29}\alpha\alpha\alpha S + C_{29}\alpha\alpha\alpha R)$和$K_2 = C_{29}\alpha\alpha\alpha/(\beta\beta + \alpha\alpha)$进行的有机质热成熟的粗略估算表明,在成岩变化的$MK_1$层内出现了有机质($R_o = 0.55\% \sim 0.70\%$)。

*** 模型中计算的镜质组:$R_o(1)$—用Sweeney和Burnham(1990)的成熟度谱进行的计算;$R_o(2)$—用Espitalié等(1988)的镜质组Ⅳ型干酪根的成熟度谱进行的计算;$R_o(3)$用Tissot和Espitalié(1975)的Ⅲ型干酪根的成熟度谱进行的计算;$R_o(4)$—用时间—温度指数(Waples,1980;Dykstra,1987)根据R_o相互关系推导的镜质组反射率。

根据Hayrutdinov和Ablya(2002)甾烷系数值$K_1 = C_{29}\alpha\alpha\alpha S/(C_{29}\alpha\alpha\alpha S + C_{29}\alpha\alpha\alpha R)$和$K_2 = C_{29}\alpha\alpha\alpha/(\beta\beta + \alpha\alpha)$进行的有机质热成熟估算表明,在成熟的$MK_1$层内出现的有机质比$R_o(3)$和$R_o(4)$估算更接近$R_o(1)$和$R_o(2)$值。当然,基于油苗的显示不足以证明根据Sweeney和Burnham(1990)的前寒武纪岩石镜质组成熟度动力学谱进行的成熟度估算的有效性,但是这一数据与图3.1和其他图一起表明,对于所有岩石年代和R_o范围内的成熟度估算来说,使用$R_o(1)$更可取。

同时,对于图3.2中第聂伯—顿涅茨盆地斯雷布南(Srebnenskaya)地区石炭系和二叠系的计算使得能够与在该盆地现今地层剖面中测量的R_o值进行比较。在这些图中用实心三角形示出了这些值。

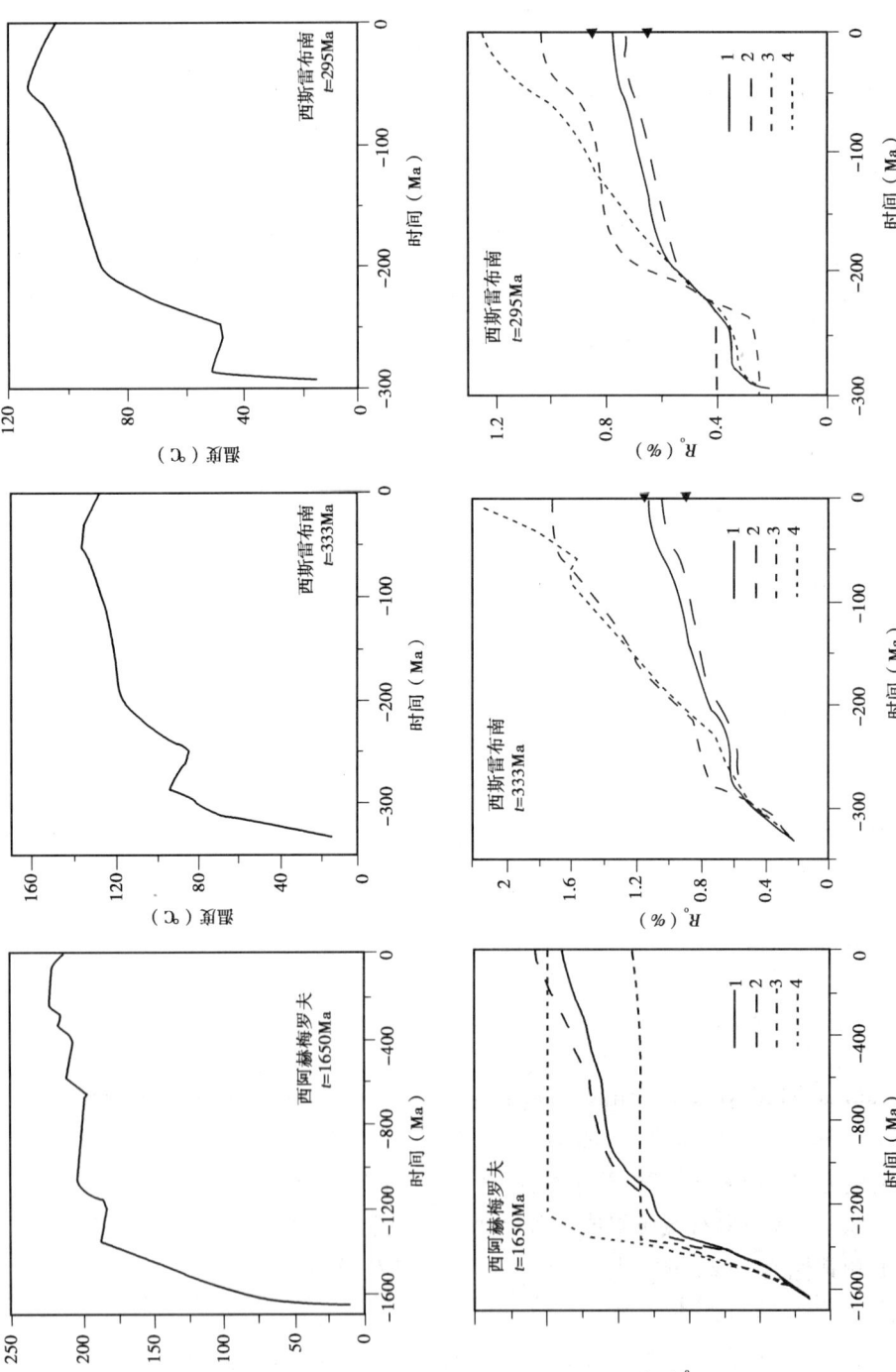

图3.2 西巴斯基尔盆地下里菲统（阿赫梅罗夫Achmerova井）以及第聂伯—顿涅茨盆地石炭系和二叠系（斯雷布南油田）埋藏史中温度（上图）和有效镜质组反射率（下图）的变化

1—用Sweeney和Burnham（1990）的谱图进行的计算；2—用Ⅳ型干酪根（Espitalié等，1988）谱图进行的计算；3—用Ⅲ型干酪根（Tissot和Espitalié，1975）谱图进行的计算；4—Waples（1980）、Dykstra（1987）的R_o-TTI相互关系实心三角形表示有效R_o分布区域，在该区域内把斯雷布南油田现今石炭系和二叠系内测量的R_o值分类

根据西西伯利亚盆地塔林(Talin)地区 Bazenov 组(Lopatin 等,1996)和 4.2 节中撒哈拉盆地志留系的成熟度分析也进行了相似计算。在所有这些情况下,在 Sweeney 和 Burnham 的框架和镜质组Ⅳ型干酪根动力学模型内计算的 R_o 值与测量数据吻合得相当好,但是这些值比由 TTI 模型计算的值小得多。撒哈拉盆地侵入体附近有机质成熟的例子也证实了这一规律。

图 3.3 说明了计算的韦德迈阿盆地志留系烃源岩的镜质组反射率和温度的变化(阿尔及利亚塔克浩科特地区),对应于图 2.2 中的埋藏史(海西期剥蚀,实线)和图 2.7 中的埋藏史(无剥蚀,虚线)。

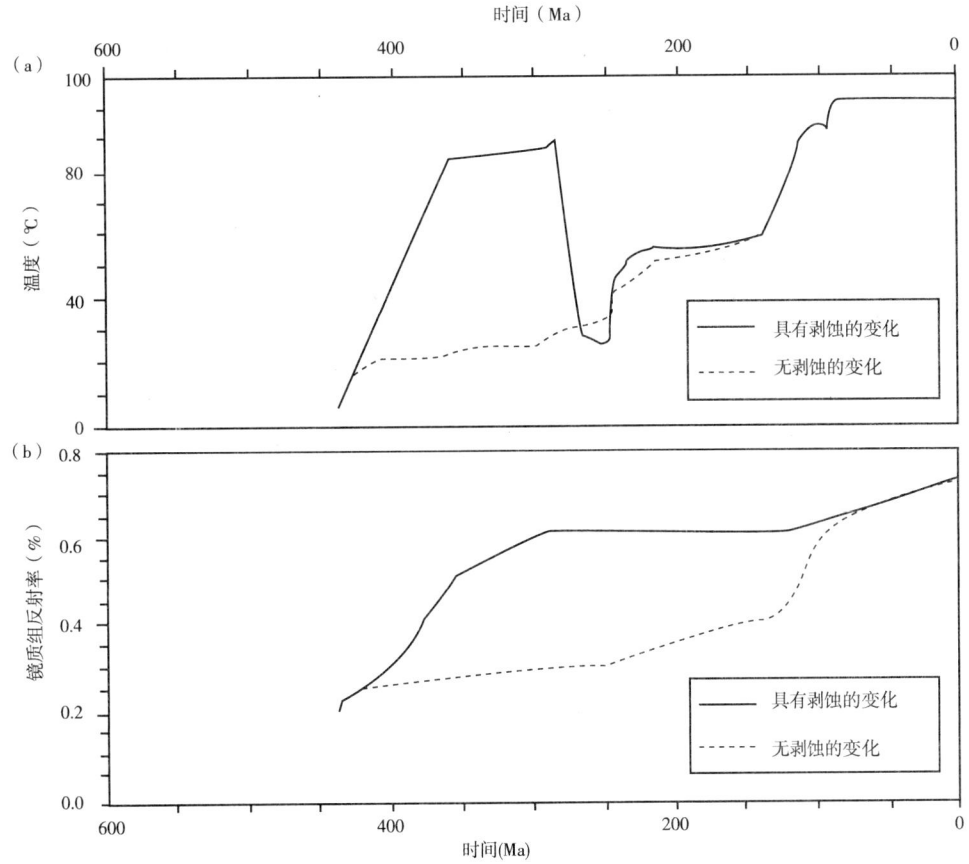

图 3.3 撒哈拉塔克浩科特地区韦德迈阿盆地志留系页岩烃源岩的(a)
温度史和(b)成熟史,这是用图 2.2 中有剥蚀的主要变化(实线)和
图 2.7 中无剥蚀的变化(虚线)计算的

在遭受剥蚀之前,志留系岩石温度不超过 85℃;在这两种变化中,现今温度和成熟度相同

第一个变化中盆地发育的剥蚀前阶段的较高温度导致盆地发育阶段有机质成熟度比第二个变化中的成熟度高。应该注意,在这两种变化中,对模型起作用的关键参数(即现今温度和成熟度)相同。

3.1.4 评价成熟度的辅助方法

除了以上考虑的方法外,还有许多评价有机质成熟度的方法。例如,常常把干酪根富集体的热变指数(TAI)与镜质组反射率数据一起使用。因为制备、分析问题和固有问题不同,与镜质组反射率相比,用该方法得到的数据相当不准确,并且一般概括地说,这些数据仅与油气生成和成熟度有关(Welte 等,1997)。固态¹³C 正交偏振/魔角旋转(CP/MAS)核磁共振(NMR)光谱已发展成为用于识别煤显微组分和确定煤等级或油页岩潜在油产量的非破坏性技术(Miknis 等,1981;Zilm 等,1981;Dereppe 等,1983;Hagaman 等,1984)。虽然这一技术有前途(特别是对于极低成熟度区域进行相对成熟度细分级来说更是如此),但是在不单独了解干酪根组成的情况下不能判断绝对成熟度。尽管存在许多局限性和复杂性,有时用生油岩评价热解数据测量烃源岩干酪根成熟度(Peters,1986)。生油岩评价数据最多提供热成熟度的测量,与 R_o 的测量或热变指数相比,热成熟度的测量更不令人满意并且问题较多,特别是当干酪根指数值极低和极高时更是如此(Monthioux 等,1985)。只有在得不到较合适参数的地方,才用这些数据测量热成熟度。

正在研究引入多种矿物指标作为测量沉积层成熟度的工具。为了简便起见,仅简单列举这些有用途的指标:黏土矿物组合(特别是蒙皂石到伊利石过渡特性)及其结晶多形体、流体包裹体、氧同位素分析、$^{40}Ar/^{39}Ar$ 年龄光谱分析、沸石、浊沸石和矿质水指标。在矿物(例如黏土)或生物标志中应用转化率是不太合适的,因为不够准确地知道对应化学反应的动力学参数(活化能、频率因子和这些反应的相对作用)(例如,Pytte 和 Reynolds,1989;MacKenzie,1984)。

因此,尽管镜质组反射率存在局限性,它仍然是陆源岩系中相当有价值的工具。任何类型地热温标(也包括有机质和矿物地热温标)都存在本节中讨论的这一方法的局限性。因此,镜质组反射率与埋藏深度剖面是广泛认可和通用的热成熟度测量方法(Espitalié 等,1988;Ungerer 等,1990;Welte 等,1997)。

3.2 用 Galo 系统模拟油气生成

如前所述,镜质组反射率是有机质成熟度的良好指标,但是镜质组反射率不能准确预测有机质是生油还是气及其不能准确预测生成的油气量。有机质类型的可变性和来自镜质组成熟度谱的动力学光谱偏差使这一方法复杂化了(Espitalié 等,1988;Lewan 等,1995;Welte 等,1997)。沉积盆地热史和埋藏史的重建不但能够对埋藏烃源岩温度史和成熟度的变化进行数值模拟,而且还能够评价其油气潜力。计算的油气生成史与圈闭形成时间和运移通道的比较有助于评价盆地的含油气潜力。35~40 年前,由法国和德国地球化学家进行的有机质热解实验是以现代模拟为基础的系统动力学重建算法的基础。这些实验首次建立了有机质成熟和油气生成化学动力学模型。自从那时以来,地球化学实验技术和方法能力大幅度地提高。已经建立了许多描述不同类型有机质热裂解的模型。

3.2.1 油气生成总量和生成率的计算

3.2.1.1 油气生成总量

德国地球化学家进行的初期研究集中在莱茵盆地煤样的热解上(Jungten,1964;Hanbaba 等,1968;Van Heek 等,1971),他们的法国同事(研究法国盆地有机质样品的热解)进行的研究显示,一些独立的有效反应能够描述烃源岩样品实验热解过程中的有机质成熟度。根据含有第 i 个反应 A_i (Arrhenius 或频率因子)和 E_i (活化能)参数的 Arrhenius 定律(3.6),反应速率 $K_i(t)$ 取决于在给定时间 t 时的样品温度 $T(t)$。如果知道所有 n 个反应的动力学参数 A_i、E_i 和 X_{i0}(X_{i0} 为油气生成第 i 个反应期的初期生成量),那么用以下公式计算从 t_0 到 t 时段油气生成总量($Q(t)$)和生成率($S_2(t)$)(Tissot 和 Espitalié,1975):

$$Q(t) = \sum_1^N X_{i0} \cdot [1 - \exp(-\int_{t_0}^t K_i(t') \cdot dt')]$$

$$S_2(t) = \frac{dQ}{dt} = \sum_1^N X_{i0} \cdot K_i(t) \cdot \exp(-\int_{t_0}^t K_i(t') \cdot dt') \tag{3.9}$$

当可以忽略二次裂解时,在盆地模拟系统中(Tissot 和 Espitalié,1975;Tissot 等,1987;Espitalié 等,1988;Ungerer,1990;Issler 和 Snowdon,1990;Galushkin 和 Kutas,1995;Lopatin 等,1996;Makhous 等,1997a)用这些公式评价温度 T 在 140~160℃时的生烃总量和生烃速率。对于盆地沉降(图 3.3)和热解实验过程中的有机质描述(3.3 节)来说,这些公式可应用于油气生成史的数值模拟。

图 3.4 说明用 Galo 系统计算韦德迈阿盆地志留系烃源岩的油气生成总量和生成率(阿尔及利亚塔克浩科特地区)。

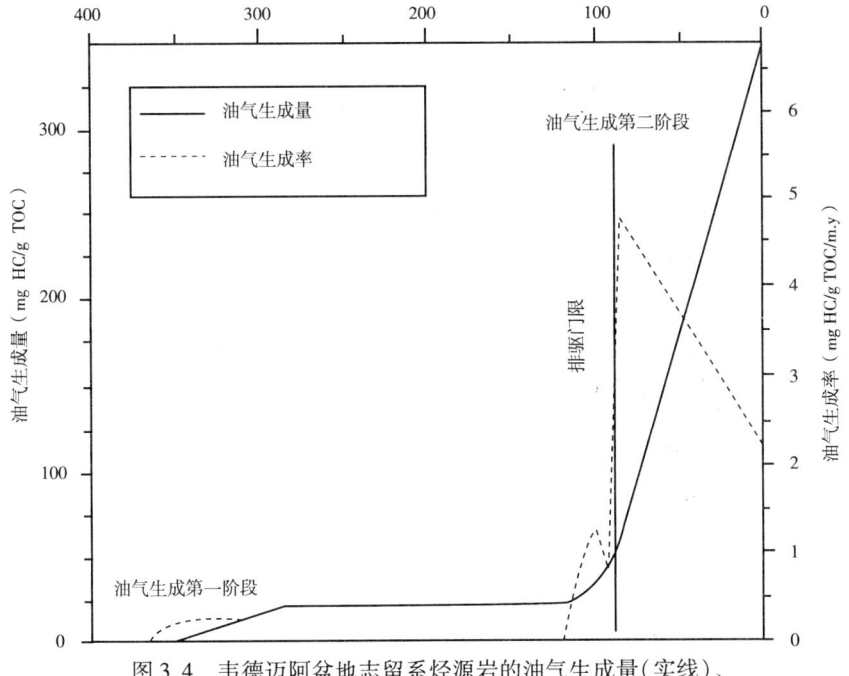

图 3.4 韦德迈阿盆地志留系烃源岩的油气生成量(实线)、
生成率(虚线)和排驱门限

在计算中使用了志留系的时间—温度史和图 3.11 示出的活化能谱。在盆地发育史中发生的两个油气生成阶段:在石炭纪遭受剥蚀之前和白垩纪期间(撒哈拉)

在图 2.2 中能够看到地层的埋藏史,在图 3.4 中用实线示出了温度和成熟度的变化。在盆地发育史中发生了两个油气生成阶段:在石炭纪遭受剥蚀之前和白垩纪—新生代(Makhous 等,1997b)。

3.2.1.2 液态烃的二次裂解

当埋藏岩石在足够高温度($T > 130~150℃$)时,液态烃能够二次裂解生气和并形成焦炭。如果忽略油气从地层中驱动出来,通过解方程组将确定不同烃馏分的生成量(Tissot 等,1987;Espitalié 等,1988):

$$dq/dt = \mathbf{C} \cdot \mathbf{X} + \mathbf{B} \cdot \mathbf{q} \tag{3.10}$$

在 $t=0$ 时的原始条件下：

$$q_i(0) = \text{Copr}(0) \cdot q_{i0} \quad j=1,\cdots,n \tag{3.11}$$

在公式(3.10)中，矩阵 C 描述了一次裂解，并且能够把矩阵 C 写成以下形式：

$$C_{ij} = A_i \cdot \exp(-E_i/R \cdot T) \cdot a_{ij} \tag{3.12}$$

公式(3.10)中矩阵 X 是一次反应剩余潜力的数组。这些潜力遵守以下公式：

$$dx_i/dt = -A_i \cdot \exp(-E_i/R \cdot T) \cdot x_i(t) \tag{3.13}$$

公式(3.10)中的矩阵 B 描述了不稳定烃馏分二次裂解生气并形成焦炭：

$$B_{ij} = A'_j \cdot \exp(-E'_j/R \cdot T) \cdot a_{ji} \quad i=1,\cdots,m, j=1,\cdots,p \, i \neq j,$$
$$B_{ij} = A'_j \cdot \exp(-E'_j/R \cdot T) \quad j=1,\cdots,p$$
$$B_{ij} = 0 \quad i=1,\cdots,m, j=p+1,\cdots,m \tag{3.14}$$

公式(3.14)中的矩阵元素 a_{ji} 把第 i 个馏分的相对包裹体确定为二次裂解的第 j 个反应的产物，P 是等于二次反应数量的不稳定馏分总数，m 是考虑的烃馏分总数，n 是一次干酪根反应的数量。A'_i 和 E'_i 分别是二次裂解反应的频率因子和活化能。

图3.5中的实线表示西西伯利亚盆地主要地层达到的总油气潜力计算值(乌连戈伊气田)。在此，示出了Tyumen组的温度和成熟史的例子(左图)以及油气潜力(右图)，30%Ⅱ型干酪根($HI=377$mg HC/g TOC)和70%Ⅲ型干酪根($HI=160$mg HC/g TOC)的混合物表示有机质；对于Bazhenov组来说，70%Ⅱ型干酪根($HI=627$mg HC/g TOC)和30%Ⅲ型干酪根($HI=160$mg HC/g TOC)的混合物表示有机质；对于Pokur组来说，Ⅲ型干酪根($HI=160$mg HC/g TOC)表示有机质。因为达到了高温和高成熟度，在其埋藏期间，下侏罗统Tyumen组实现了其油气潜力的主要部分(图3.4)。在这些温度下，液态烃开始二次裂解。这一地层的剩余油气潜力相当小。对于Bazhenov组来说，情况也是如此，但是因为在其埋藏史中温度低，在此未发生二次裂解(图3.5)。比较起来，Pokur组埋藏史的特点是热流系统很低，剩余油气潜力很大(图3.5)。

3.2.1.3 油气生成的三组分系统

生成的油气通常是由许多组分组成的复杂系统。用较简单的三组分系统代替这一复杂系统有时是有用的。这一三组分系统包括油(Q_{oil})、气(Q_{gas})和焦炭(Q_{coke})组分。对方程(3.10)进行积分，令 p 反应($1 \leq i \leq p$)控制干酪根转化成液态烃(油)并且令 m 反应($1 \leq i \leq m$)控制干酪根转化成气态烃(气)。然后，从方程(3.10)中得到了转化成油的第 i 个干酪根组分(C_k^i)体积的方程 $\dfrac{dC_k^i}{dt} = -K_{oil}^i \cdot C_k^i$ 或 $\widetilde{N}_k^i = xo_i \cdot \exp(-\int_{t_0}^{t} K_{oil}^i \cdot dt')$，式中，$xo_i$ 和 K_{oil}^i 是干酪根一次裂解成油的第 i 个反应的原始油气潜力($1 \leq i \leq p$)。与这种情况相似，得到了第 j 个干酪根组分(C_k^j)体积的方程 $C_k^j = xg_j \cdot \exp(-\int_{t_0}^{t} K_{oil}^j \cdot dt')$。式中 xg_j 和 K_g^j 是干酪根一次裂解成气的第 j 个反应的原始油气潜力($1 \leq i \leq m$)。因为干酪根(C_k^i)第 i 个馏分的一次裂解，液态烃的生成量(Q_{oil}^i)增加，

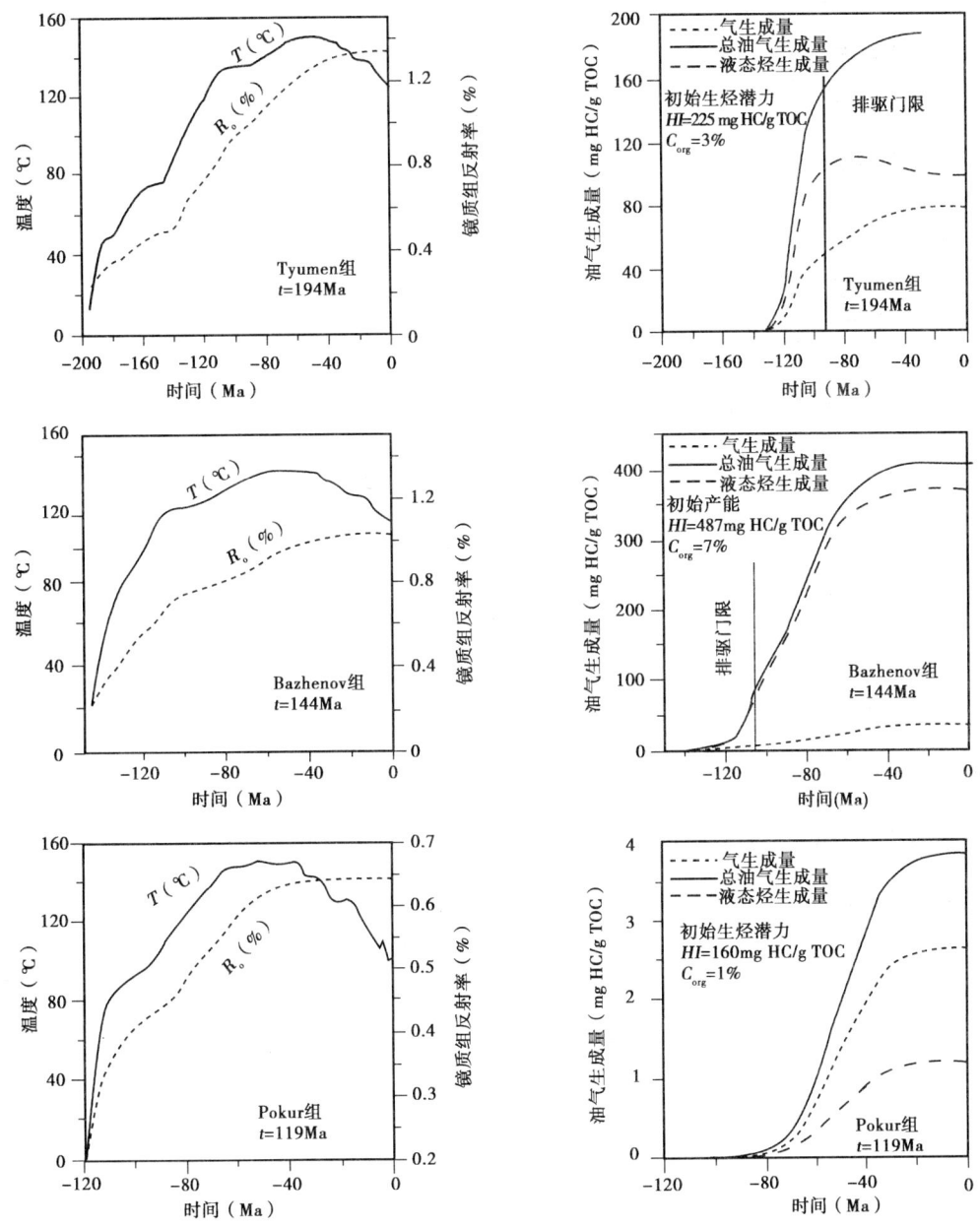

图 3.5 乌连戈伊气田 Tyumen 组、Bazhenov 组和 Pokur 组温度史和成熟史(左图)以及油气潜力(右图)

Tyumen 组(现今深度 $Z=4300$m)的混合物为 30% Ⅱ 型干酪根($HI=377$mg HC/g TOC)和 70% Ⅲ 型干酪根($HI=160$mg HC/g TOC);Bazhenov 组(现今深度 $Z=3693$m)的混合物为 70% Ⅱ 型干酪根($HI=627$mg HC/g TOC)和 30% Ⅲ 型干酪根($HI=160$mg HC/g TOC);Pokur 组(现今深度 $Z=2200$m)的混合物为 Ⅲ 型干酪根($HI=160$mg HC/g TOC)。认为达到了驱替临界值,此时 20% 孔隙体积充满了液态烃

因为这一生成量以 K_{kr}^i 的速率发生二次裂解,所以液态烃的产量减少:

$$\frac{dQ_{oil}^i}{dt} = K_{oil}^i \cdot C_k^i - K_{kr}^i \cdot Q_{oil}^i \tag{3.15}$$

微分方程(3.15)的解给出了时间函数的液态烃的生成量:

$$Q_{oil} = \sum_{i=1}^{p} Q_{oil}^i = \sum_{i=1}^{p} \exp(-\int_{t_0}^{t} K_{kr}^i \cdot dt')[\int_{t_0}^{t} K_{oil}^i \cdot C_k^i \cdot \exp(\int_{t_0}^{t'} K_{kr}^i \cdot dt'') \cdot dt'] \quad (3.16)$$

因为干酪根第 j 个馏分(C_k^j)的一次裂解,以及液态烃第 i 个组分(Q_{oil}^i)以 K_{kr}^i 的速率发生二次裂解,气态烃的产量(Q_{gas})增加:

$$\frac{dQ_{gas}}{dt} = \sum_{i=1}^{p} xr_i \cdot K_{kr}^i \cdot Q_{oil}^i + \sum_{j=1}^{m} xg_j \cdot K_g^j \cdot C_k^j \quad (3.17)$$

式中,xr_i 是油的第 i 个组分(Q_{oil}^i)的二次裂解反应中气态烃生成量的分数。那么用以下公式能够计算气态烃的生成量:

$$Q_{gas} = \sum_{i=1}^{p} xr_i \cdot \int_{t_0}^{t} K_{kr}^i \cdot Q_{oil}^i \cdot dt' + \sum_{j=p+1}^{m} xg_j \cdot [1 - \exp(-\int_{t_0}^{t} K_g^j \cdot dt')] \quad (3.18)$$

液态烃的二次裂解也产生焦炭:

$$\frac{dQ_{coke}}{dt} = \sum_{i=1}^{p} (1 - xr_i) \cdot K_{kr}^i \cdot Q_{oil}^i \quad (3.19)$$

根据公式(3.19)确定时间函数的焦炭生成量:

$$Q_{coke} = \sum_{i=1}^{p} (1 - xr_i) \cdot \int_{t_0}^{t} K_{kr}^i \cdot Q_{oil}^i \cdot dt' \quad (3.20)$$

公式(3.16)、(3.18)、(3.20)确定了在三组分系统(油、气、焦)内因为干酪根一次裂解和液态烃的二次裂解生成的油气量。

3.2.1.4 油气生成的五组分系统

用与公式(3.16)—(3.20)相同算法能够详细描述计算五组分系统(包括轻油和重油(C_6—C_{15} 和 C_{15+})、湿气和干气(C_1 和 C_2—C_5)及焦炭)油气生成量的算法。这表明,干酪根包括四个组分,在一次裂解过程中,这四个组分能够生成重油(浓度 C_{ker}^{15+})、轻油(浓度 C_{ker}^{15-6})、湿气(浓度 C_{ker}^{15-2})和干气(浓度 C_{ker}^1)。这四个组分中的每一个都有其本身含有动力学参数的一级反应化学动力学光谱(见下一节)。如上所述,用以下方程确定第 i 个反应对干酪根对应组分的作用:

$$\frac{dC_{ker}^i}{dt} = -K_{ker}^i \cdot C_{ker}^i \quad (3.21)$$

或

$$C_{ker}^i = xo_i \cdot \exp(-\int_{t_0}^{t} K_{ker}^i \cdot dt') \quad (3.22)$$

式中,$K_{ker}^i = K_{ker}^{i(15+)}$,$K_{ker}^{i(15-6)}$,$K_{ker}^{i(5-2)}$,$K_{ker}^{i(1)}$ 和 $xo_i = xo_i^{(15+)}$,$xo_i^{(15-6)}$,$xo_i^{(5-2)}$,$xo_i^{(1)}$,是干酪根转化的反应速度和干酪根对应组分的一次裂解反应的原始潜力。因为干酪根对应组分的一次裂解,重油生成量增加,并且因为重油到轻油、湿气和干气以及焦炭的二次裂解,重油生成量减少:

$$C_{ker}^i = xo_i \cdot \exp(-\int_{t_0}^{t} K_{ker}^i \cdot dt') \quad (3.23)$$

同样,因为干酪根对应组分的一次裂解和重油的二次裂解,轻油生成量增加,并且因为轻油到湿气和干气以及焦的二次裂解,轻油生成量减少:

$$\frac{dC^i_{15-6}}{dt} = [K^{i(15-6)}_{ker} \cdot C^{i(15-6)}_{ker} + xr^{i(15-6)}_{15+} \cdot K^{(15+)}_{kr} \cdot C^i_{15+}] - K^{(15-6)}_{kr} \cdot C^i_{15-6} \tag{3.24}$$

因为干酪根对应部分的一次裂解和重油及轻油的二次裂解,湿气的生成量也增加,并且因为湿气到干气和焦的二次裂解,湿气的生成量减少:

$$\frac{dC^i_{5-2}}{dt} = [K^{i(5-2)}_{ker} \cdot C^{i(5-2)}_{ker} + xr^{(5-2)}_{15+} \cdot K^{(15+)}_{kr} \cdot C^i_{15+} + xr^{(5-2)}_{15-6} \cdot K^{(15-6)}_{kr} \cdot C^i_{15-6}] - K^{(5-2)}_{kr} \cdot C^i_{5-2}$$

$$(3.25)$$

因为干酪根对应组分的一次裂解和重油、轻油以及湿气的二次裂解,干气生成量随后增加:

$$\frac{dC^i_1}{dt} = K^{i(1)}_{ker} \cdot C^{i(1)}_{ker} + xr^{(1)}_{15+} \cdot K^{(15+)}_{kr} \cdot C^i_{15+} + xr^{(1)}_{15-6} \cdot K^{(15-6)}_{kr} \cdot C^i_{15-6} + xr^{(1)}_{5-2} \cdot K^{(5-2)}_{kr} \cdot C^i_{5-2}$$

$$(3.26)$$

最后,因为重油和轻油以及湿气的二次裂解,仅焦生成量增加:

$$\frac{dC^i_{coke}}{dt} = xr^{(coke)}_{15+} \cdot K^{(15+)}_{kr} \cdot C^i_{15+} + xr^{(coke)}_{15-6} \cdot K^{(15-6)}_{kr} \cdot C^i_{15-6} + xr^{(coke)}_{5-2} \cdot K^{(5-2)}_{kr} \cdot C^i_{5-2}$$

$$(3.27)$$

在公式(3.22)—(3.27)中,$K^{(15+)}_{kr}$、$K^{(15-6)}_{kr}$ 和 $K^{(5-2)}_{kr}$ 分别是重油、轻油和湿气的二次裂解的反应速度;$xr^{(15-6)}_{15+}$、$xr^{(5-2)}_{15+}$ 和 $xr^{(1)}_{15+}$ 分别是生成轻油、湿气和干气的重油二次裂解反应的相对作用。那么,用以下公式能够计算反应焦生成的相对作用:

$$xr^{(coke)}_{15+} = 1 - (xr^{(15-6)}_{15+} + xr^{(5-2)}_{15+} + xr^{(1)}_{15+}) \cdot xr^{(5-2)}_{15-6} (重油)$$

$$xr^{(coke)}_{15-6} = 1 - (xr^{(5-2)}_{15-6} + xr^{(1)}_{15-6}) (轻油)$$

$$xr^{(coke)}_{5-2} = 1 - xr^{(1)}_{5-2} (湿气二次裂解)$$

公式(3.23)—(3.27)的解与公式(3.16)的情况相似:

$$C^i(t) = \exp(-\int_{t_0}^{t} K_{kr} \cdot dt') \cdot \{\int_{t_0}^{t} [F(t')] \cdot \exp(\int_{t_0}^{t'} K_{kr} \cdot dt'') \cdot dt'\} \tag{3.28}$$

公式(3.28)中的[$F(t')$]项等于方程(3.23)—(3.27)的方括号中的对应项。如果连续解这些方程,时间 t' 的函数是已知的。相对应,在连续解方程(3.23)—(3.27)的情况下,方程(3.26)和(3.27)中双方括号内的项也是已知的。该方程解的描述类似于(3.16)的解:

$$C^i_1(t) = \int_{t_0}^{t} [xr^{(1)}_{15+} \cdot K^{(15+)}_{kr} \cdot C^i_{15+} + xr^{(1)}_{15-6} \cdot K^{(15-6)}_{kr} \cdot C^i_{15-6} + xr^{(1)}_{5-2} \cdot K^{(5-2)}_{kr} \cdot C^i_{5-2}] \tag{3.29}$$

$$\cdot dt' + xo^{(1)}_i \cdot [1 - \exp(-\int_{t_0}^{t} K^{i(1)}_{ker} \cdot dt')]$$

并且类似于方程(3.18):

$$C^i_1(t) = \int_{t_0}^{t} [xr^{(coke)}_{15+} \cdot K^{(15+)}_{kr} \cdot C^i_{15+} + xr^{(coke)}_{15-6} \cdot K^{(15-6)}_{kr} \cdot C^i_{15-6} + xr^{(coke)}_{5-2} \cdot K^{(5-2)}_{kr} \cdot C^i_{5-2}] \cdot dt' \tag{3.30}$$

通过把所有一次裂解反应期间的以上公式相加得到了在一次和二次裂解期间生成的给定馏分的总量。通过把 C_1 馏分与 C_{2-5} 馏分结合并且把 C_{6-15} 馏分与 C_{15+} 馏分结合,能够从五馏分模型中的生成量得到三馏分模型中的生成量。在计算中,三馏分模型更有用,但是在这一模型中油到气的二次裂解的突变太快(Tissot 等,1987;Espitalié 等,1988)。

3.2.2　标准型干酪根和有机质成熟度的动力学光谱

确定沉积盆地实际烃源岩中干酪根一次和二次裂解反应的动力学参数需要进行大量实验和理论研究,而且这些实验只能在一些装备良好的实验中心进行。在分析含油气盆地时需广泛使用标准干酪根的动力学光谱,将以数值模拟所需的程度简单考虑油气生成和裂解的动力学问题。对于更详细的信息,建议读者查阅 Tissot 和 Espitalié(1975)、Tissot 等(1987)、Espitalié 等(1988)、Ungerer(1990)、Ungerer 等(1990)、Issler 和 Snowdon(1990)、Welte 等(1997)和许多其他人撰写的论文,在这些论文中详细地讨论不同类型干酪根的油气生成和裂解动力学光谱的确定以及不同类型有机质形成的古地理环境的重建。

法国石油研究院进行了标准类型干酪根动力学光谱的首次研究,通过在实验室中对样品进行开放式热解,Tissot 和 Espitalié(1975)确定了主要类型干酪根成熟反应的动力学参数。他们考虑了三类干酪根,这三类干酪根对应于三种分布广泛的有机质:腐泥型(Ⅰ型干酪根)、腐殖型(Ⅲ型干酪根)和腐殖—腐泥混合型(Ⅱ型干酪根)。在成熟过程中,Ⅰ型干酪根的有机质主要生成液态烃并且含有相对少量惰性组分,该惰性组分在高温下产生焦。北海基末利阶海相页岩的有机质是Ⅰ型腐泥有机质的典型例子(MacKenzie 和 Qugley,1988)。正相反,在其成熟过程中,在腐殖有机质中出现的Ⅲ型干酪根主要生成气态烃并且含有大量惰性组分(欧洲和北美洲古生代煤)。Ⅱ型有机质介于Ⅰ型和Ⅲ型之间。因此,在成熟过程中,干酪根主要生成液态烃,但是其惰性组分比Ⅰ型干酪根高 2~3 倍,并且含量比Ⅲ型干酪根少得多。

在法国石油研究院和加利福尼亚利弗莫尔(Livermore)国家实验室进行的开放式和封闭式实验热解中不同烃源岩的研究改进了标准型干酪根的动力学光谱,除了考虑干酪根的一次裂解外,还考虑了二次裂解反应。图 3.6 说明了一些独一无二的光谱。因此,Ⅲ型干酪根的光谱是文献中描述的三种或更多种中的唯一一种,该光谱具有原始潜力 HI = 274,160 和 113mg HC/g TOC(Tissot 等,1987;Burnham 和 Sweeney,1989;Sweeney 和 Burnham,1990)。在烃源岩埋藏史中以不同生成率实现了光谱中每个反应的油气潜力。用Ⅲ型干酪根的例子,在图 3.7 中说明了这种情况。

该图显示了如何从 R_o = 2.63% 具有初始潜能 HI = 160mg HC/g TOC 的光谱演化成Ⅲ型干酪根的动力学光谱的形态。实现这一过程开始于低能反应然后涉及具有较高能量、一致递增温度的反应。该光谱的主要反应相当于 E = 52kcal/mol、R_o = 0~0.90%,E = 56kcal/mol、R_o = 1.0% ~1.30% 和 E > 60kcal/mol、R_o > 1.50%。相似的过程对于所有类型的有机质成熟度都是典型的。

用Ⅱ型干酪根的例子,在表 3.5 中示出了含有动力学反应参数的标准动力学光谱,总原始油气生成潜力为 377mg HC/g TOC。

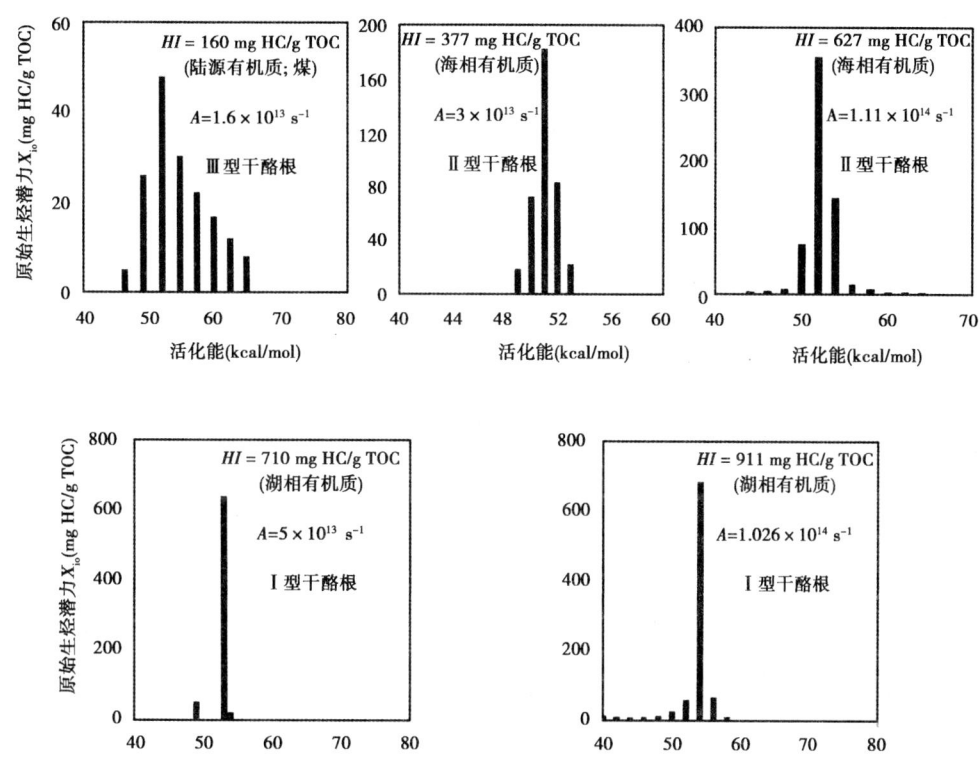

图 3.6 不同类型干酪根生成油气的标准动力学光谱

(Tissot 等,1987;和 Espitalié 等,1988;Burnham 和 Sweeney,1989;Sweeney 等,1990)

表 3.5 Ⅱ 类干酪根三馏分成熟模型的裂解参数,原始潜力为 377mg HC/g TOC

(Espitalié 等,1988;Burnham 和 Sweeney,1990;Ungerer,1990)

活化能 E_i(kJ/mol)	频率因子 A_i(s^{-1})	油	气 (mg HC/g TOC)	焦炭
一次裂解				
205.2	3.0×10^{13}	15	3.3	0.0
209.3	3.0×10^{13}	60	12.9	0.0
213.5	3.0×10^{13}	150	32.4	0.0
217.7	3.0×10^{13}	70.1	12.0	0.0
221.9	3.0×10^{13}	17.5	3.2	0.0
二次裂解				
226.1	1.0×10^{12}		50.0%	50.0%

表 3.5 列出了活化能 E_i、频率因子 A_i 和反应的原始潜力 X_{io},提供了在 3.2.1.3 节中讨论的三组分模型(油、气和焦)内油气生成的值。对应于这类干酪根,认为在实验研究的基础上,由于二次裂解液态烃能够被破坏,因此形成气(50%)和焦(50%)。图 3.5 显示了用表 3.5 中

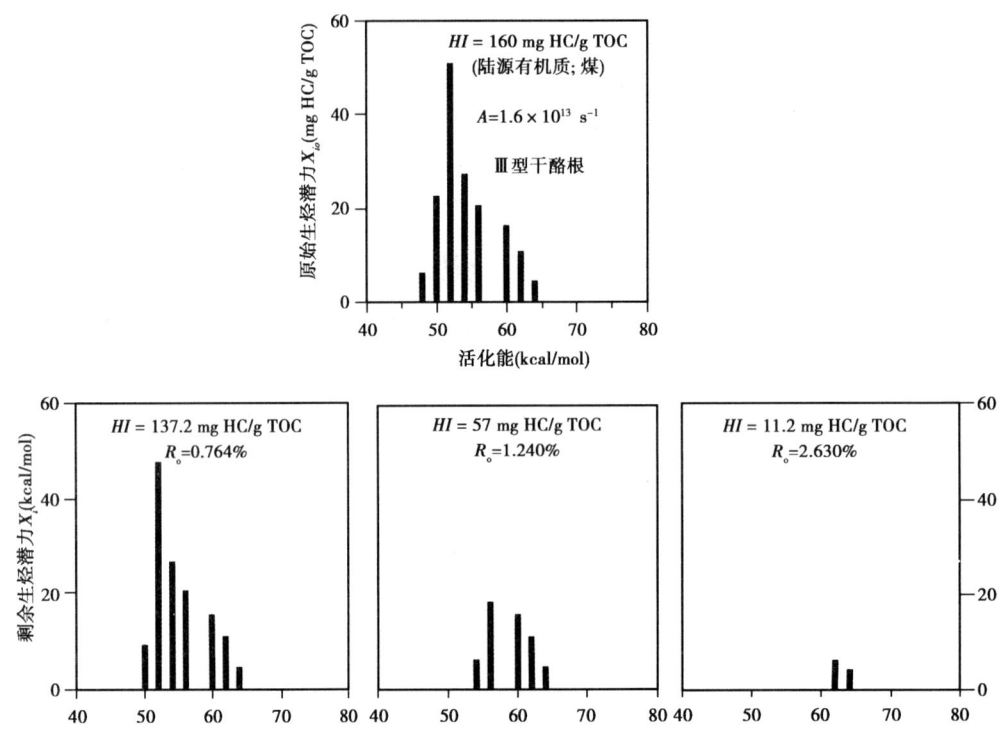

图 3.7 从未成熟阶段有机质成熟度增加($R_o=0$;上图—原始光谱)
到成熟和 $R_o=2.63\%$ 过成熟阶段Ⅲ型干酪根剩余光谱的变化

低能反应的实现导致最大剩余光谱向高能偏移和干酪根的剩余潜力随着 R_o 的增加而减小

的光谱描述西巴斯基尔盆地可能烃源岩埋藏史中达到的油气潜力(参见图 3.1)。

为了得出这一节的结论,必须简要强调与使用以上动力学光谱有关的一些问题。在前面,注意到用几种不同技术确定烃源岩中油气生成的动力学参数。不同结果是在单独干酪根和全岩样品上进行试验的结果。开式和闭式(含水和干)热解也给出不同结果(Espitalié 等,1988;Forbes 等,1991)。由热解释放的单个组分常常具有与天然生成的油气不同的化学组成,可能是因为在开式热解系统中未适当考虑中间沥青阶段(Hunt 等,1991)。在裂解和实验室条件下,压力也可能对油气生成具有很大影响(Welte 等,1997)。目前尚未全部完成作为含水热解连续函数的油气总体化学组成的准确监测。

因此,在分子规模上把光谱的以上动力学参数与几个过程结合的尝试必须谨慎(Ungerer,1990;Ungerer 等,1990)。一个反应对特定分子链的破坏的影响没有意义。表征成熟过程的图像动力学反应光谱的重建与试验热解结果一致(Issler,Snowdon,1990)。但是,天然与人工成熟干酪根的化学组成之间的一些不一致表明,热解结果可能不完全与天然反应有关,因此对地质时期不能严格应用根据热解确定的动力学参数。也可能怀疑来自未成熟样品热解的 S_2 产量是否给出原始油气潜力的有效估算,因为在 S_2 信号中还包括非烃。只能假定,以上光谱也控制着实验室内的干酪根成熟。这个问题仍然是当今未解决的问题之一。

3.2.3 初次运移模拟

初次运移是几个过程的结果,这些过程在不同地质环境中的相对重要性仍然是难以认识的。

这种情况导致处理页岩中初次运移的经验方法的出现。Welte 和 Yukler(1981)建议应用 10%～20% 的(稳定值)驱动效率。MacKenzie 和 Quigley(1988)建议用饱和度临界值为孔隙体积的固定分数。Hermanrud 等(1990)建议把初次运移的滞留量计算为总岩石体积的分数。这一分数应该与热解的 S_1 值相差不大,在所有局限性的情况下,认为这给出了烃源岩游离烃的质量估算。

在预测模拟中,仅驱动效率的概念(排出的油气/生成的油气)是非常没有用的,因为驱动效率从 0 最多变化到 88%(Espitalié 等,1988)(是富烃源岩成熟度的函数)。因此,关于这一变化如何发生的更多信息(是成熟度的函数)对于模拟是不可缺少的。使用饱和度临界值消除了在驱动效率概念中固有的成熟度依赖性的问题。从另一方面来说,根据饱和度临界值计算的滞留量取决于页岩孔隙度的确定,这很可能出现百分之几百的误差。

应该注意,Doligez 等(1986)和 England 等(1987)(他们把初次运移模拟为分离相中油气的压力驱动流)比其他学者预测了较低的孔隙度与深度曲线。这些孔隙度曲线可以避免模拟烃源岩中不实际的大量油气损失。

因此,烃源岩中液态烃初次运移时间和深度的确定仍然是一个未解决的问题。液态烃初次运移临界值仍然是一个非常普通的值(Espitalié 等,1988;Quigley,1988;Ungerer 等,1990)。用 Galo 系统在以下条件下计算了时间 t_{exp},即驱动开始前,生成的液态烃必须充满烃源岩的 20% 孔隙体积(Ungerer,1990)。对西西伯利亚盆地来说,图 3.4 示出了用这一方法计算的临界值的位置,并且为其他地区引入了这一位置。应该注意,在沉积盆地的深层位($z \geqslant 7 \sim 10 km$),即使对于低 TOC 值来说,也能够使用这一方法确定初次运移临界值。通过模拟西巴斯基尔(Bashkiran)盆地东部地区下里菲统的油气生成证实了这种情况(参见 4.4 节)。主要由于在这些岩石中含大量油气以及在埋藏和压实过程中孔隙体积大幅度降低,因此出现了运移。此外,运移的部分原因是,与其现今水平相比,原始 TOC 含量相当高。在模拟中,考虑到了 TOC 含量随着有机质成熟增加而降低。但是,我们再一次注意到确定的排驱门限表明,液态烃孔隙饱和度为 20%。但是这一临界值下限确定的很不准确,主要取决于有机质类型,变化范围可以从 5%～60%(Tissot 等,1987;Espitalié 等,1988;Ungerer,1990)。这一问题仍然是一个有待解决的问题。

3.3 用热解试验方法重建动力学光谱

Galo 系统包括控制干酪根成熟度的动力学反应参数值恢复的模块,是在实验室内通过监测生油岩评价仪中烃源岩样品开式热解过程中得到的数据推导的。在该装置内,把蒸发和扩散热解产物与惰性气流一起输入到收集器(分析仪)。在从 200～300℃ 到 550～650℃ 的编程线性温度的整个时段内每增加 5～10℃ 后,分析来自收集器的输出产物。因此,该装置评价热解过程中的油气生成量,然后绘制油气生成量与热解温度曲线(S_2 曲线;图 3.8)。

动力学光谱参数(E_p、A_i 和 X_{io})拟合程序的目的是在测量的 S_2 曲线和计算的油气生成量之间达到近似的一致。在干酪根的天然和试验裂解过程中,用方程 3.9 确定时间函数的油气生成量和油气生成率(S_2 曲线)。通过在开式热解系统(生油岩评价,图 3.8)中测量这些速率的情况下,用已知线性温度 T_i 和假定动力学光谱(图 3.8a)比较根据方程(3.9)计算的油气释放速率,寻找动力学光谱参数 E_p、A_i 和 X_{io} 的技术将误差函数 x^2 达到最小:

$$x^2(a) = \sum_{i=1}^{N} \left[\frac{S_{2i} - S_2(T_i, a)}{\sigma_i} \right]^2 \qquad (3.31)$$

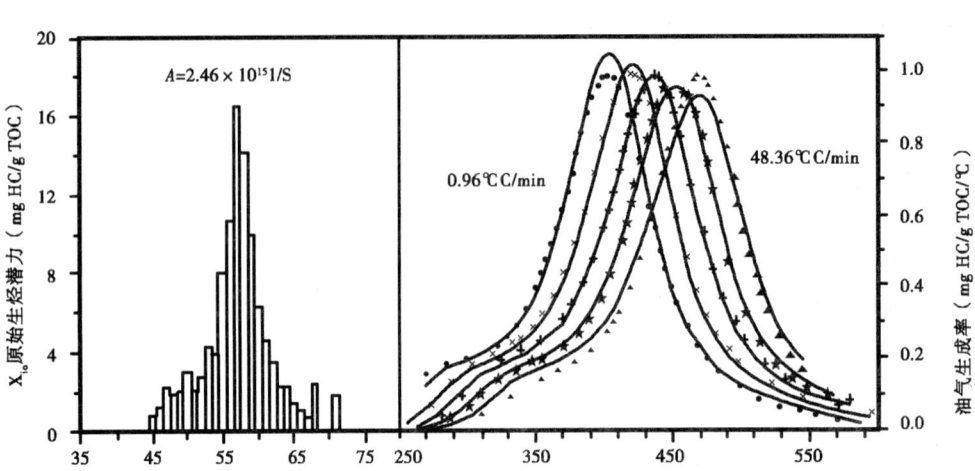

图3.8 根据测量的Pokur组样品S_2热解数据重建的动力学光谱(a)(图b中的星号),
未考虑热解试验中样品的地质史,对所有反应来说,在重建中假定了单个频率因子A_i;
(b)实线表示S_2曲线,是用(a)的动力学光谱计算的

在方程(3.31)中,σ_i是在试验中油气生成速率的第i个测量的误差,N是试验S_2测量的数量,**a**是所解的动力学参数矢量,包括M—原始反应潜力(X_i)和反应频率因子(A_i),用已知活化能(E_i)寻找这两个参数。在矢量**a**中寻找的X_i和A_i的数量能达到80个。这是由动力学分析中活化能的数量决定的,活化能的数量等于有效反应的数量。相邻活化能的差异为$\Delta E = 1 \sim 2$kcal/mol。把这一能量层段识别为模拟最佳层段,因为其进一步减小能够导致拟合程序中的不稳定并且得到差的动力学光谱重建结果,而ΔE增加能够导致光谱太粗糙(Ungerer 等,1990;Issler 和 Snowdon,1990;Forbes 等,1991)。

用有效梯度下降法解对应于最小误差函数(3.31)的动力学反应参数的方程,并且由Levnar模块、Galo程序的动力学组分提供。在Levnar模块中,由以下方程组的解确定以前近似地寻找的矢量**a**的第m个组分的偏差δa_m:

$$\sum_{m=1}^{M} \alpha_{km} \cdot \delta a_m = \beta_k \qquad (3.32)$$

其中

$$\alpha_{km} = 0.5 \cdot \frac{\partial^2 \chi^2}{\partial a_k \cdot \partial a_m} = \sum_{i=1}^{N} \frac{1}{\sigma_i^2} \cdot \left[\frac{\partial S_2(T_i,a)}{\partial a_k} \cdot \frac{\partial S_2(T_i,a)}{\partial a_m} \right] \qquad (3.33)$$

$$\beta_k = 0.5 \cdot \frac{\partial \chi^2}{\partial a_k} = -\sum_{i=1}^{N} \frac{1}{\sigma^2} \left\{ [S_{2i} - S_2(T_i,a)] \cdot \frac{\partial S_2(T_i,a)}{\partial a_k} \right\}$$

并且用公式(3.9)计算S_2。用非线性优化技术(Levenberg-Marquardt 方法;Perss 等,1986;Issler 和 Snowdon,1990)和线性方法确定反应参数E_p、A_i和X_{io}的值。

与文献中已知相似系统相比,Levnar模块有一个优点,即除了用单个频率因子寻找动力学光谱变量外,该模块还能够用不同频率因子A_i寻找不同反应的动力学参数。应该注意,为什么"能谱中所有反应都必须具有相同的频率因子"是没有物理依据的(在化学—动力学模拟中通常假定这一频率因子)(Tissot 等, 1987; Espitalié 等, 1988; Welte 和 Yukler, 1981; Ungerer 等, 1990)。寻找程序中不同值的 A_i 便于大幅度拟合测量的和计算的 S_2 曲线的模拟结果。通过比较图 3.8(该图是在图 3.9 和表 3.6 的光谱的情况下用单个频率因子 $A = 2.46 \times 10^{15} \text{s}^{-1}$ 恢复的,该光谱是用不同 A_i 计算的(表 3.6))。西西伯利亚盆地 Pokur 组油气生成动力学光谱清楚地证明了这种情况。还要强调,图 3.9(a)中的光谱使用与图 3.8(a)的光谱相同的测量的 S_2 曲线数据(这些数据由图 3.8a 和 3.9b 中的星号表示),但是图 3.9b 中计算的和测量的 S_2 曲线拟合情况比图 3.8b 好得多。

表 3.6 **Pokur** 组有机质中油气生成的动力学光谱,用图 3.8(b)、图 3.9(b)的开式热解数据通过方程(3.31)—(3.33)恢复的,未考虑样品在其埋藏期间的成熟度

E_i (kcal/mol)	X_{io} (mg HC/g TOC)	A_i ($1 \times 10^{13} \text{s}^{-1}$)	完成反应(%)
41	4.379	0.305	97.4
42	2.662	7.525	99.9
43	4.895	0.316	16.3
44	7.695	0.178	2.1
45	2.302	28.071	52.8
47	8.169	0.611	0.8
48	0.787	41.391	1.1
49	0.154	0.00883	<0.1
50	4.929	4.408	
51	4.414	0.0188	
53	14.118	19.538	
54	4.059	1.193	
55	0.755	141.009	
56	14.214	96.187	
57	8.967	76.308	
58	1.035	62.696	
60	3.686	24.377	
61	4.699	935.164	
62	6.053	852.962	
63	5.609	7741.292	
64	2.111	18.395	
66	3.207	5420.299	
69	1.176	96.598	
74	0.054	1.123×10^{-5}	
78	0.001	1.076736×10^{-5}	
79	0.781	2.244627×10^{-4}	

图 3.9(a)中光谱的总原始潜力(表 3.6)与图 3.8(a)中光谱的总原始潜力相同并且几乎等于 110.5 mg HC/g TOC。因此,具有 A_i 可变值的光谱比具有单个频率因子光谱具有更不规则的形状,但是第一个光谱使我们能够达到在动力学参数拟合中观测的与计算的 S_2 曲线更接近一致。

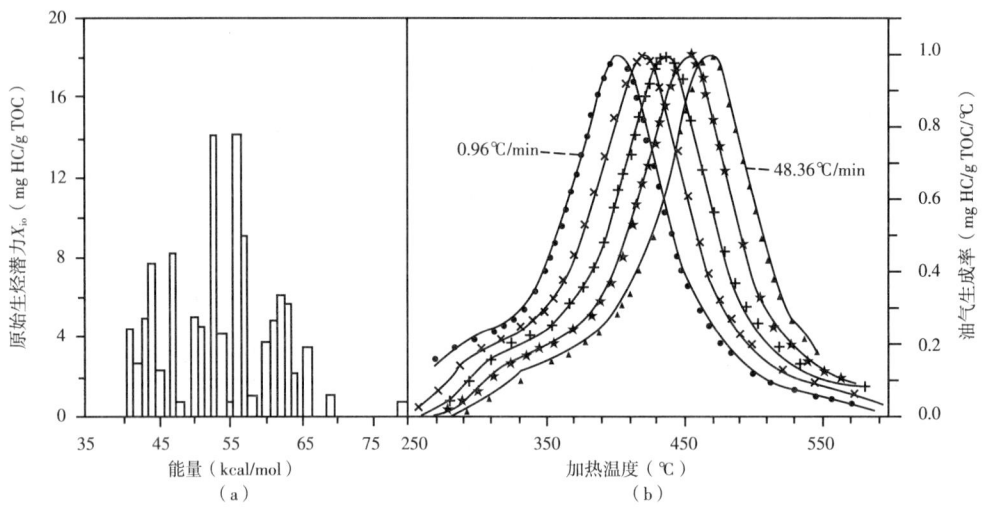

图 3.9 根据 Pokur 组样品的测量热解数据重建的动力学光谱(a),在热解试验中未考虑样品的地质史
在所有反应重建中假定了不同频率因子 A_i 值(见表 3.6)

实线(b)表示用(a)中动力学光谱计算的 S_2 曲线。图(b)中热解试验中的加热速率等于 0.96℃/min、
2.84℃/min、7.60℃/min、19.17℃/min 和 48.36℃/min。应该注意,与图 3.8(b)中单个 A_i 的光谱相比,S_2 值
(用不同频率因子 A_i 在模型中计算并且用实线在图 b 中示出的)证明与测量的 S_2 值(用点示出)有更好的一致性

在图 3.9(a) 和表 3.6 中光谱的情况下,在实验室热解前,动力学光谱恢复的算法假定可忽略样品的成熟度,这与 Espitalié 等(1988)、Welte 和 Yukler(1981)、Ungerer(1990)、Tissot 和 Snowdon(1990)等人的方法获得的结果相似。这一方法不够准确。确实经历了热解试验的大部分样品在其埋藏期间经受了相当的地质成熟过程($R_o \approx 0.50\% \sim 0.70\%$)。表 3.6 中的数据能够说明这种情况。在此介绍根据 Pokur 组样品测量的 S_2 热解数据重建的动力学光谱(图 3.9(b) 中的星号),未考虑样品的地质史。表 3.6 的第 4 列示出了用方程(3.9)为 Pokur 组温度史计算的完成反应的程度(%),在图 3.10(b)中用实线表示。在西西伯利亚盆地乌连戈伊气田盆地模拟框架内计算了这一历史(参见 4.3 节;图 4.44)。计算结果显示,对于活化能 $E_i = 41$、42、43 和 45kcal/mol 的反应来说,在样品的地质埋藏期间很大程度上实现了其潜力,与图 3.10(b)示出的温度史一致。换句话说,可以认为图 3.9 和表 3.6 中的光谱重建程序是不正确的,因为它们假定在试验热解前,样品中的有机质是未成熟的。像在图 3.10b 中的例子说明的那样,即使对于热解前相当低的成熟度,也必须考虑这种情况,即样品埋藏阶段有机质的成熟度。

为了考虑以上情况,拟合动力学参数 E_p、A_i 和 X_{io} 的算法,使用烃源岩样品的总时间—温度史,对应于热解前样品中有机质成熟度的第一部分(图 3.10(b)中的实线);第二部分对应于开式热解试验期间的温度史,这时温度以从 0.96~48.4℃/min 的不同速率线性增加,范围从 300~600℃(图 3.8(b)、3.9(b))。重要的是,注意在比正常生油岩评价分析仪中能够得到更准确的温度控制的热解设备中得到了图 3.8—图 3.10 中测量的 S_2 曲线数据。所以把方程(3.9)中的时间积分分成两部分(Makhous 等,1997a):

$$\int_{t_0}^{t} K_i(t') dt' = \int_{t_0}^{t_1} K_i(t') dt' + \int_{t_1}^{t} K_i(t') dt' \qquad (3.34)$$

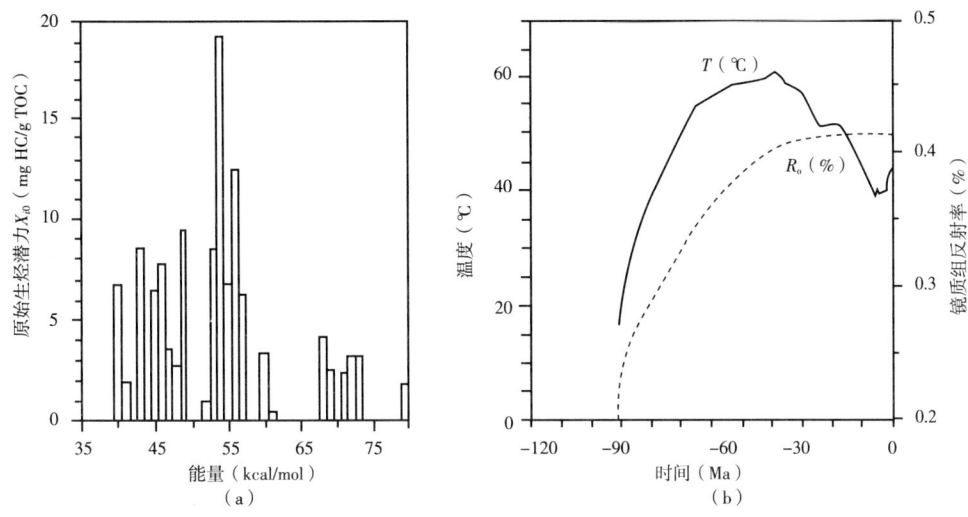

图 3.10 根据 Pokur 组样品测量的 S_2 热解数据重建的动力学光谱

(a)(图 3.8(b) 和 3.9(a) 中的星号),未考虑热解情况下样品的地质史,在所有反应的重建中假定了带有不同值的频率因子 A_i(表 3.7)。用图(a)中的光谱对测量的 S_2 曲线与计算的 S_2 曲线的拟合与图 3.9(a)中曲线相同

式中,$t_0 < t' < t_1$ 是埋藏过程中烃源岩样品加热的时段,$t_1 < t' < t$ 是生油岩评价仪编程加热的时段。这些时段通过方程(3.9),(3.32),(3.33)参与光谱重建程序。根据所考虑部分的盆地模拟推导样品的时间—温度史,与图 3.10(b)中的方法相似。对于具有热解前 $R_o ≤ 0.70\% \sim 0.80\%$ 的样品来说,该方法便于从开式热解数据中进行有效动力学光谱数值重建,因此该方法能够大幅度改善动力学光谱的低能部分。

在图 3.10(a)和表 3.7 中示出了另一个恢复的动力学光谱的例子,考虑了像在图 3.10(b) 中证明热史表征的成熟地质阶段。

表 3.7 Pokur 组有机质中油气生成的动力学光谱,用在图 3.8(b)、3.9(b)中引用的开式热解曲线数据由方程(3.31)—(3.33)恢复,考虑了埋藏史中样品的成熟度

E_i (kcal/mol)	X_{io} (mg HC/g TOC)	A_i ($1 \times 10^{13} s^{-1}$)	完成反应(%)
40	6.766	0.013	51.1
41	1.868	2.516×10^{-5}	0.03
43	8.486	1.018	43.7
45	6.465	23.263	46.4
46	7.781	0.567	0.33
47	3.512	6.278	0.794
48	2.679	1161.237	27.5
49	9.466	2.153	0.013
52	0.957	157610.400	9.37
53	8.504	25.970	<0.001

续表

E_i (kcal/mol)	X_{io} (mg HC/g TOC)	A_i ($1\times10^{13}\,s^{-1}$)	完成反应(%)
54	19.273	26.692	
55	6.806	6.710	
56	12.470	39.444	
57	6.249	5.555	
60	3.289	8.797	
61	0.325	2781.114	
68	4.129	210397.600	
69	2.412	443.620	
71	2.345	3832257.000	
72	3.154	350696.600	
73	3.117	2436399.000	
79	1.768	29336.580	

这个例子的特点是原始油气生成潜力约为 121.8mg HC/g TOC。因为低能反应的原始潜力增加(图 3.10(a)、图 3.9(a);表 3.6、表 3.7),其潜力超过在图 3.9(a)中证明的潜力(未考虑地质成熟阶段)。在表 3.7 的第四列中说明了在样品埋藏期间达到了有效动力学反应的潜力。如果这些说明了表 3.7 中的 X_{io} 值,那么剩余光谱将表征其油气生成剩余潜力。剩余光谱中反应的总潜力将正好等于图 3.9(a)和表 3.6 中说明的光谱的总原始潜力 110.5mg HC/g TOC。此外,这一潜力应该非常接近在图 3.8(a)中说明的光谱潜力,在研究地区确定了这一点并且对应于图 3.8(b)和 3.9(b)中的 S_2 曲线。

用以上方法重建阿尔及利亚韦德迈阿盆地志留系烃源岩油气生成的有效动力学光谱。在这些重建中使用了计算的烃源岩温度史(图 3.3(a)中的实线)和得到的开式热解数据(在这些得到的开式热解数据中,编程温度以 5℃/min、15℃/min 和 30℃/min 速率变化,范围从 300～600℃)(Makhous 等,1997a)。

在图 3.11(b)中示出的能谱对应于相当高的原始油气生成潜力,HI_o = 630mg HC/g TOC,这对于 Ⅱ 型干酪根中的海相组分来说是有代表性的(Espitalié 等,1988;Ungerer 等,1990)。图 3.4 中示出了用图 3.11(b)的恢复光谱计算的油气生成量和生成率以及在图 3.3(a)、(b)中示出的志留系烃源岩的温度—成熟史(实线)。

因此,为了确定动力学反应参数,系统将烃源岩的地质热解阶段以及生油岩评价热解阶段归并到拟合程序。这一方法有助于解决一些论文中讨论的问题(Tissot 等,1987;Espitalié 等,1988;Tissot 和 Snowdon,1990),这些问题与用未成熟有机质确定热解试验的化学动力学参数的必要性有关。该方法较好地估算了具有 0.5% ～0.8% 镜质组反射率的烃源岩动力学光谱的低能部分。忽略有机质成熟的地质阶段导致重建光谱的能量向高能量偏移,因此造成过低估算油气生成量的结果。

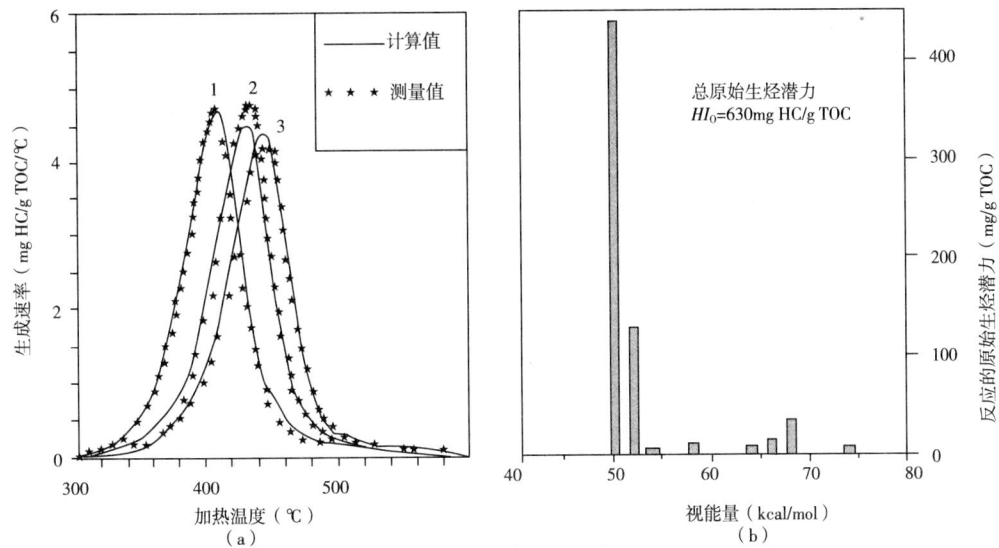

图 3.11 韦德迈阿盆地志留系页岩热解试验过程中油气生成速率及根据这些速率恢复的动力学能谱
(a) 具有①5℃/min、②15℃/min、③30℃/min 速率的编程热解加热过程中的油气生成速率；
(b) 化学动力学的视活化能与原始油气潜力的分布，绘制能谱时考虑了志留系烃源岩
的时间—温度史（参见图 2.2b 中的实线和虚线）

3.4 动力学参数中不确定性的影响

以上讨论的有效动力学光谱的重建需要高质量热解数据以及控制好的热解温度。此外，存在涉及重建程序的数学特性问题。实际上，根据生油岩评价热解数据确定活化能谱是一项具有多解性的数学统计逆运算。在动力学参数和多值频率因子的拟合程序中包括成熟作用的地质阶段造成的某些问题。动力学光谱恢复的明确解需要详细研究相同干酪根类型（但是具有不同成熟度）的烃源岩。实际上在图 3.11 的光谱中，具有小于 50kcal/mol 活化能的反应没有对生油岩评价热解 S_2 曲线起到作用。只要在样品的埋藏期间完全实现了这些反应，在这一阶段就能够出现这些反应。在这种情况下，这些反应没有对热解过程中 S_2 曲线起到作用，因此不能用以上程序重建。这就需要确定油气生成原始潜力（HI_0）的上限。例如，图 3.11(b) 中的光谱是以 HI_0 =630mg HC/g TOC 的假设为基础的，这一假设对于 II 型干酪根中海相组分是有代表性的（Espitalié 等，1988；Ungerer 等，1990）。因此，在确定有机质类型的情况下，重建有效动力学光谱中的误差可能与重建样品的埋藏时间—温度史中的误差有关，并且主要与缺少有关样品在地质历史阶段中完全实现光谱低能反应的信息有关。只要能够对含有相同类型干酪根（但是具有不同成熟度）的烃源岩进行多种分析，并且通过动力学分析得到不同成熟度，就能够解决这一问题。

3.5 结论

不同镜质组反射率方程使用不同动力学参数和不同校准集合。最终深度趋势取决于加热速率变化，当加热速率低时偏差最明显，这影响温度史的优化。新模型在这方面比较令人满意，特别是 Burnham 和 Sweeney（1989）的模型更是如此，当从实验室规模扩大到盆地规模时，该模型显示出了与观测数据几乎完美的拟合。把镜质组反射率成功地作为盆地模型中古温度

重建的检验参数依赖于正确模型的准确校准和选择。

在这方面,详细描述了带有可变频率因子 A_i 的算法,并且在寻找有效反应光谱中特别推荐这一算法,因为与传统方法(在传统方法中认为频率因子是不变的)相比,该算法保证了准确的动力学反应参数集。计算油气潜力的算法应该把烃源岩的地质热解阶段以及生油岩评价热解阶段归并到确定动力学反应参数的拟合程序。这导致了较好地估算具有 0.5%~0.8% 镜质组反射率的烃源岩的动力学光谱的低能部分。忽略有机质成熟段的地质阶段导致能谱向高能偏移,因此导致过低地估算油气生成量。为了克服形成的更多问题,动力学光谱恢复的明确解需要详细研究相同类型干酪根(但具有不同成熟度)的烃源岩。

为什么"能谱中所有反应都必须有相同的频率因子"是没有物理依据的(在化学—动力学模拟中通常假定这一频率因子)(Tissot 等,1987;Espitalié 等,1988;Welte 和 Yukler,1981;Ungerer等,1990)。使用寻找程序中不同值的 A_i 极大地改善了测量的和计算的 S_2 曲线的一致性,因此提高了模型的有效性。

计算和测量的镜质组反射率值的比较是控制模拟程序以及现今温度和构造沉降的关键方法之一。这种分析用来提供有关盆地古温度史信息,作为模拟油气潜力的基本参数。

4 利用Galo模拟系统进行大陆沉积盆地分析

人们经常使用沉积盆地分析的框架说明定量建模对资料控制的影响,认为现在的实际方法是综合使用动力埋藏史、热史和油气生成、运移及聚集史。

盆地分析中的定量方法研究不同分量之间的相互关系,量化动力学特征,以致能够模拟盆地的形成过程,使用现今资料约束一般过程及其对特殊盆地的应用,并且评价勘探设计框架内的油气生成趋势。根据可获得资料的最佳敏感性研究,这样的评价还必须提供对它们的准确性概率的量度。

按照前面章节提出的新概念,提出很多人认为值得关注的个别的关键问题,以便尽可能突出考虑每个单独方面的作用。逐渐交织发育的综合图像演化成知识共同体的这些方面。

已经进行包括沉积岩石学、地球物理学、大地构造学、地球动力学、地球化学和盆地模拟等广泛论题的多学科领域的综合研究工作,并且将其应用于东欧地台(西西伯利亚盆地、南巴伦支盆地和乌拉尔—西巴斯基尔盆地)和北非地区(撒哈拉盆地北部、东部、西部及南部)大量具有不同地质特点的沉积盆地之中,这些盆地是作为典型的大陆裂谷构造研究的。除了对于可能涉及和对这样研究感兴趣的研究人员及专业人员,包括经营或打算在这些特殊地区经营的人员之外,这种变化对于合成和标准化输出所需要的差异和数据库建设极其重要。本质上,这些新概念是建立在矿山地质、地球物理、地球化学和热资料的基础之上。

当以各种方式介绍Galo模拟系统时,我们研究的主要目的仍然是使用可信的模拟系统进行沉积盆地的成熟史分析,并且最终评价出盆地的含油气远景。本章包括了一套大陆沉积盆地的分析,它们以其构造和发育史而闻名于世。在某种程度上,由于近40年来在撒哈拉盆地进行了密集的勘探,获得了大量的地质和地球化学资料,可以作为开发我们的模拟系统的资料基础。然而,在说明该系统的应用之前,将概述裂谷沉积盆地的热演化史和成熟史综合特征的背景,除了热再活化和盆地岩石圈的拉伸作用之外,还包括裂谷阶段和裂谷后阶段的成熟作用。

把一维和二维模拟应用于撒哈拉和一些东欧盆地,并且认为西西伯利亚盆地应用一维方法最合适。一维热方法对于这样的地区是有效的:在沉积剖面中垂直温度梯度超过水平温度梯度的80~200倍,并且在基底和岩石圈中超过15~40倍。因此,预期一维引进的误差是微不足道的。此外,在一维重建中,能够研究在二维模拟中难于获得的确定的热特征。研究了东欧地台盆地中的这种情况,以充分复杂的热史为特征,用一维与二维模拟对比证实了上述引用的情况。对比表明:即使在遥远的乌拉尔山前坳陷西部边缘不同地球动力学背景下的一条剖面(在阿赫梅罗夫井),一维的温度分布随深度变化与二维的变化差异不超过5%。在有关上述其他地区,这种差异完全可以忽略。在使用计算的与测量的温度差对比的情况下,一维非稳态模型比二维的效果好,因为前者认为沉积物的物理属性和岩性随深度变化,数值上模拟在压实沉积物中的传热,并且考虑了气候因素。

在把Galo模拟系统应用于特殊盆地时,证实了它的主要特征。这里说明热史的一些主要特征,例如剥蚀、岩浆和相关的热液作用,岩石圈的拉伸与变薄,局部与区域的均衡、流变,因上新世—全新世的气候变化引起的温度剖面变化,沉积物中分散有机质的热效应等。自然地,最终提出对每个研究地区含油气远景的评价结果。

该模型因而能够建立热史上有区别的盆地,特别是,它们显示了岩石圈厚度变化如何在传统上认为仅含气的地区确定油藏的存在,例如,撒哈拉西南部的斯巴次盆地。

证明热流系统中的剥蚀作用主要取决于剥蚀作用发生前后的盆地沉降和沉积史。压实沉积物遭受长期而缓慢的剥蚀作用能够使盆地盖层中的温度梯度升高。模拟系统提出了通过计算时间—温度指数简化分析剥蚀后镜质组反射率变化的方法。

模拟说明了岩浆和相关的热液作用如何解释有机质成熟度的急剧增加,表现为镜质组反射率的阶状剖面,常常在裂谷盆地的下部地层中观察到这种现象。

南北半球的高纬度盆地中永冻层的形成和融化,是正确评价这些地区热流系统演化必不可少的组成部分。

4.1 裂谷型沉积盆地热演化和成熟史的综合特征

本节主要讨论了裂谷型沉积盆地热史和成熟史的典型特征及背景,这是讨论全球各类型沉积盆地模拟的基础。

4.1.1 盆地发育裂谷阶段有机质的成熟

盆地演化中最初裂谷阶段的高热流促进了沉积物中有机质的早熟。然而,有机质的成熟度主要取决于盆地初始热再活化期间的沉积速率。用图4.1的模拟结果说明了这种情况。这里,应用第2章和第3章讨论的模拟方法模拟了裂谷阶段初期加热之后盆地岩石圈冷却期间沉积地层的热演化和成熟度演化过程。裂谷的初期加热以表面热流 $Q = 105\,mW/m^2$ 为特征。

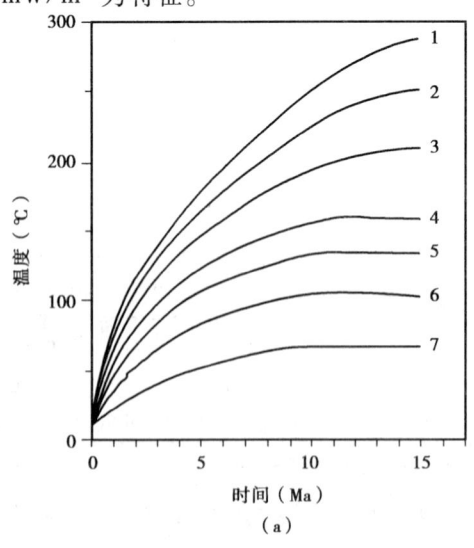
(a)

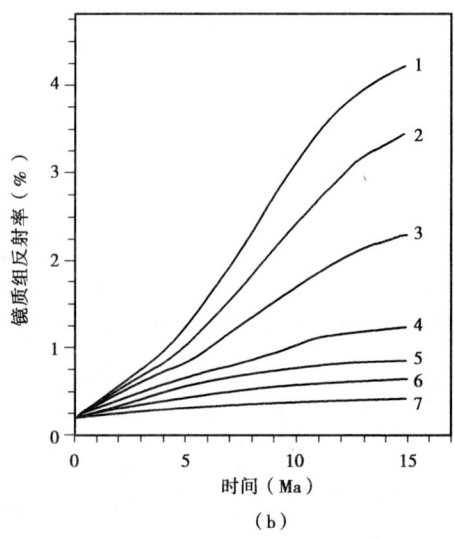
(b)

图4.1 裂谷热作用(初始表面热流值 $Q = 105\,mW/m^2$)之后,在冷却的岩石圈上以稳定速率:
1.0(1),0.8(2),0.6(3),0.4(4),0.3(5),0.2(6),0.1(7) km/Ma
在10Ma期间沉积的地层底部有机质的温度(a)和成熟度(b)曲线

假定基底冷却伴随着10Ma期间以稳定速率(1.0,0.8,0.6,0.4,0.3,0.2,0.1km/Ma)的沉积作用和下一个10Ma期间无沉积作用。假定沉积物由50%砂岩和50%泥岩组成。计算结果表明：在10km/10Ma(图4.1(a),(b)中的曲线1)的最大沉积速率下，沉积盖层底部岩石的温度达到150℃以上，而且有机质的成熟度$R_o \geq 1.0\%$。即使5Ma之后开始沉积(图4.1)，在沉积10Ma之后，所有沉积速率超过4km/10Ma的情况下都达到相同的温度和成熟条件。图4.2A和B显示按照上述埋藏史和热史沉积地层底部岩石中有机质生成的液态烃和气态烃量。进行了两类标准的非海相干酪根计算：III型干酪根的初始生烃量$HI = 160$mg HC/g TOC(a)，II型干酪根的初始生烃量$HI = 277$mg HC/g TOC(b)，而海相I型干酪根的初始生烃量$HI = 627$mg HC/g TOC(c)。图3.5示出了这些干酪根生烃的动力学光谱。

根据该模型，在深度$z \approx 4 \sim 5$km达到温度$T > 150$℃和成熟度$R_o \geq 1.0\%$，这与液态烃开始二次裂解紧密相关(比较图4.1和图4.2A)。

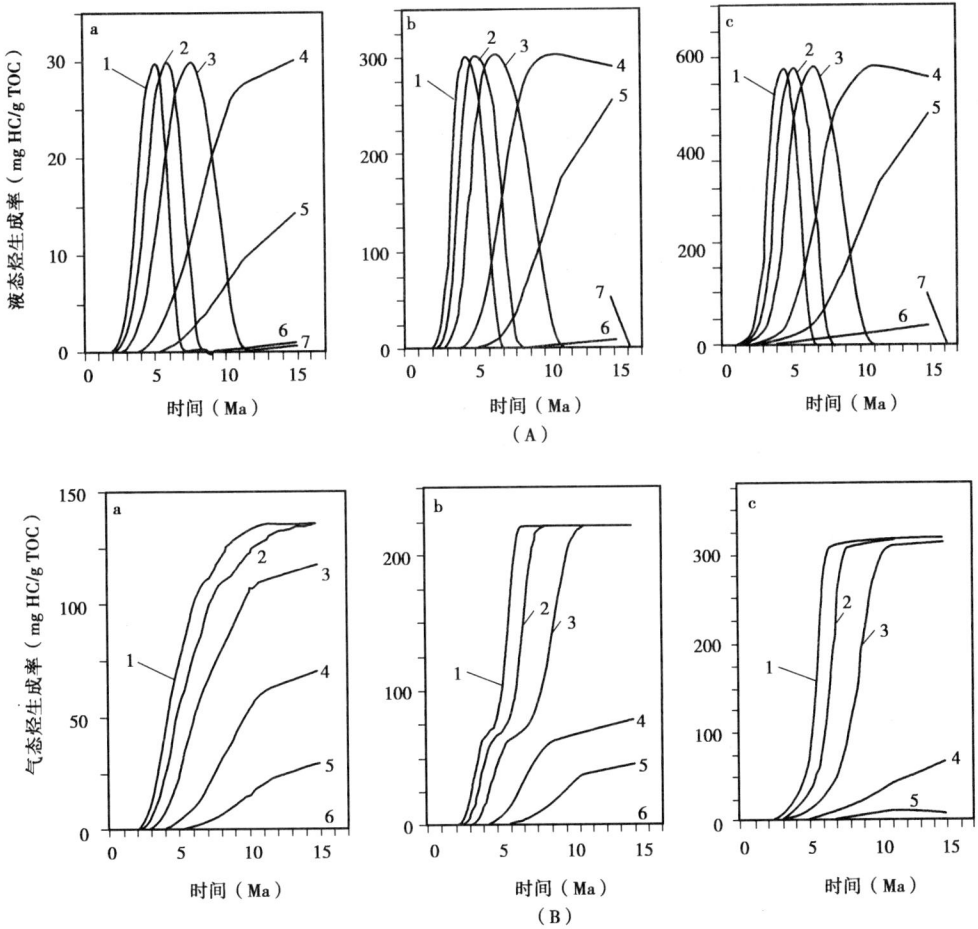

图4.2 在具有图4.1显示的热史和成熟史的沉积地层底部
岩石中有机质的液态烃(A)及气态烃(B)生成率曲线
(A)计算了III型(a)，II型(b)和I型(c)干酪根的液态烃生成率；
(B)计算了III型(a)，II型(b)和I型(c)干酪根的气态烃生成率

如果这些岩石没有机会替换较低温度的地层(图 4.2A),即使在高沉积速率 V_{sed} = 10km/10Ma 的 5Ma 之后和 V_{sed} = 4km/10Ma 的 10Ma 之后,一定开始二次裂解。这种情况是上述所有类型干酪根的典型特征。如果岩石没有机会移动到具有较低温度的层位,在最初的 7~11Ma 期间,以 $V_{sed} \geq$ 6km/10Ma 沉积在地层底部的液态烃将被裂解成气体和焦(图 4.2A 曲线 1—3)。这些岩石将完全达到生烃潜能。在中等沉积速率下出现其他情况(参见图 4.2A、B 曲线 4—7)。

通过模拟下述各种盆地还证实了盆地发育裂谷阶段的沉积速率与有机质成熟度之间紧密关系。在此,用第聂伯—顿涅茨盆地说明这种相关性,它位于古裂谷内克利丁谢夫(Clidintsevskoy)地区(图 4.3(a)),在最初 5Ma 期间,其沉积速率超过西克列斯蒂谢夫(West Krestishevskoy)的 10 倍,后者位于构造翼部(图 4.3(b))。

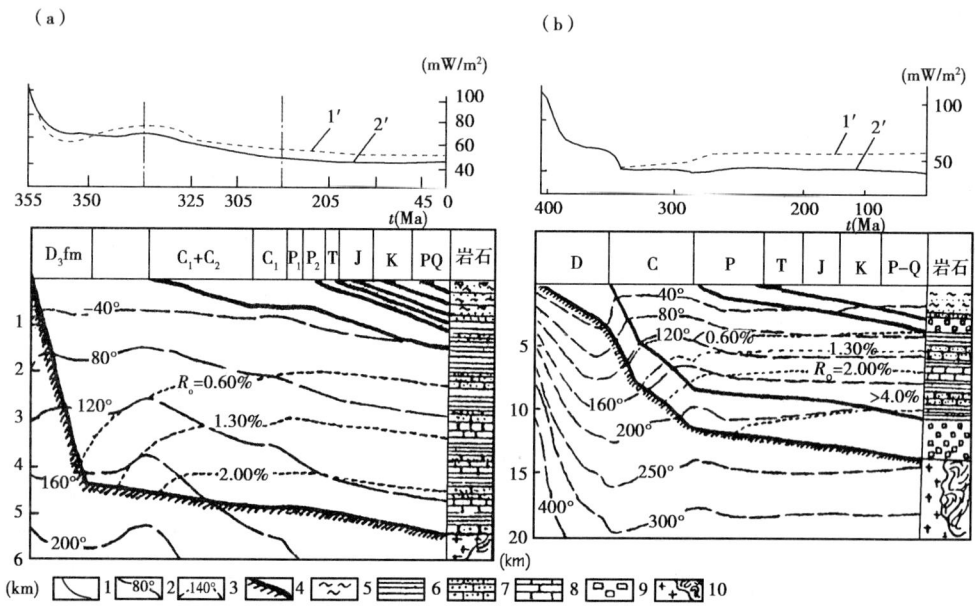

图 4.3　第聂伯—顿涅茨盆地古裂谷中心部位(a)及其翼部(b)沉积剖面的埋藏史、热史和成熟史

上图:通过沉积物(1′)和基底面(2′)的热流曲线

下图:1—岩石和地层界线;2—等温线(℃);3—镜质组反射率等值线(%);4—基底面;5—粉砂岩和泥岩;
6—页岩;7—砂岩、粉砂岩;8—石灰岩;9—岩盐;10—基底

由于沉积速率的差异,最初 5Ma 期间在第一个地区达到相当于开始生成液态烃的成熟度,而在 60Ma 后才在第二个地区达到相同的初始热条件。在西西伯利亚盆地的乌连戈伊地区(Galushkin 等,1999)、德国北部盆地(Berthold 和 Galushkin,1986;Berthold 等,1986)和其他地区出现了相似情况。在所有这些情况下,当在高热流系统期间沉积的沉积盖层厚度超过 2~4km 时,即使在盆地演化的裂谷阶段有机质成熟度也会很高,并且具有极大的含油气远景。

在盆地发育的裂谷阶段存在有机质早熟的其他有利因素。首先是裂谷作用的有效持续期及其伴随的热活化作用(表 1.1、表 1.2;Takeshita 和 Yamaji,1990;Huismans 等,2001)。我们进行的基底构造沉降分析表明,在裂谷阶段发生岩石圈热活化比 Mckenzie

的瞬时裂谷作用模型长数千万年(Mckenzie,1978,1981;Sclater 和 Christie,1980)。因此,在西西伯利亚盆地的下鲁尔(Nizhnepyr)、乌连戈伊和苏格穆特(Sugmut)地区,不仅在三叠纪出现具有 $65\sim85\,mW/m^2$ 表面热流的热活化,而且在大部分侏罗纪也出现(参见4.3节)超过20Ma的热活化,加上岩石圈拉伸,有助于解释石炭纪第聂伯—顿涅茨盆地发生的裂谷后快速沉降作用(Galushkin 和 Kutas,1995)。目前对这种沉降的原因还有很大的争议(Artjushkov,1992;Nikishin 等,1997)。沉积物中有机质的早熟还可以是沉积盖层和最上部基底的热液和侵入热造成的。这些过程解释了沉积剖面下部地层中有机质成熟度的阶状增加,这种情况对于许多裂谷盆地都是典型的(参见4.2;Makhous 和 Galushkin,2003a 和 2003b)。

4.1.2 盆地发育裂谷后阶段的有机质成熟

沉积速率和沉积持续期也是盆地演化裂谷后阶段控制盆地热流系统的主要因素。如果没有盆地岩石圈的热活化,缓慢沉积或者沉积间断时期的特征是有机质成熟度适度增加。当岩石温度因为时间因素而降低时,即使在剥蚀时期成熟度也将增加(可能极其缓慢)。图4.1(b)说明了时间 $t>10Ma$(非沉积作用)情况下 R_o 的这种增加。图4.4显示了伏尔加—乌拉尔盆地中罗马什金油田超过亿万年的成熟度缓慢增加的例子,图4.3(b)是第聂伯—顿涅茨盆地的例子,其他例子包括伊利兹盆地(Makhous 等,1997b)等。

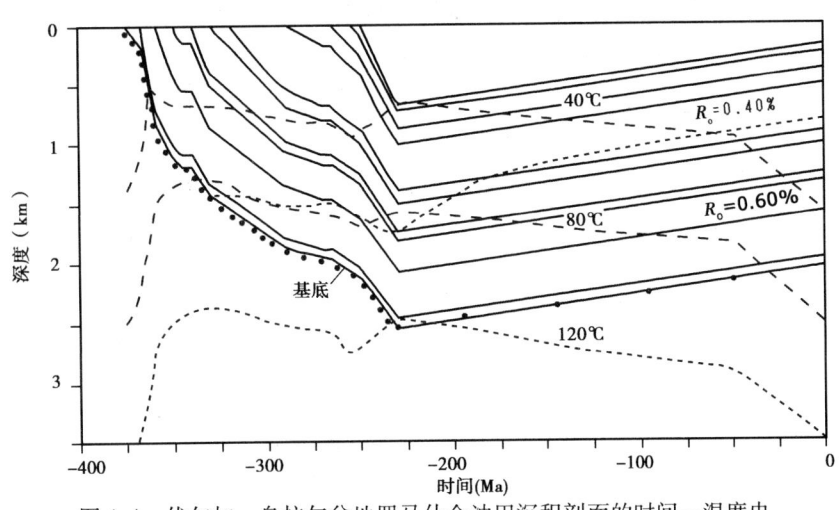

图4.4 伏尔加—乌拉尔盆地罗马什金油田沉积剖面的时间—温度史

但是,如果在盆地发育的裂谷后阶段发生了强烈的沉积作用,下部沉积岩能够移到具有高温度的深度,并且极大地增加了有机质的成熟度。因此,东巴伦支盆地斯托克曼(Stockman)油田在三叠纪沉积了6km厚的陆源砂岩、粉砂岩和泥岩,致使三叠纪早期的岩石温度上升到150℃甚至更多。仅仅在40Ma的时期中(图4.5),由于这种作用使成熟度增加到 R_o 1.20%~1.40%。

这种沉积作用随着液态烃二次裂解致使三叠系底部甚至侏罗系的岩石中形成含油气远景,不必要涉及地层中的排烃。

剥蚀作用是盆地演化中的典型过程。强烈剥蚀作用使深部岩石移动到具有较低温度的层位(接近地表),并且能够使其成熟度接近剥蚀之前的成熟度。撒哈拉北部韦德

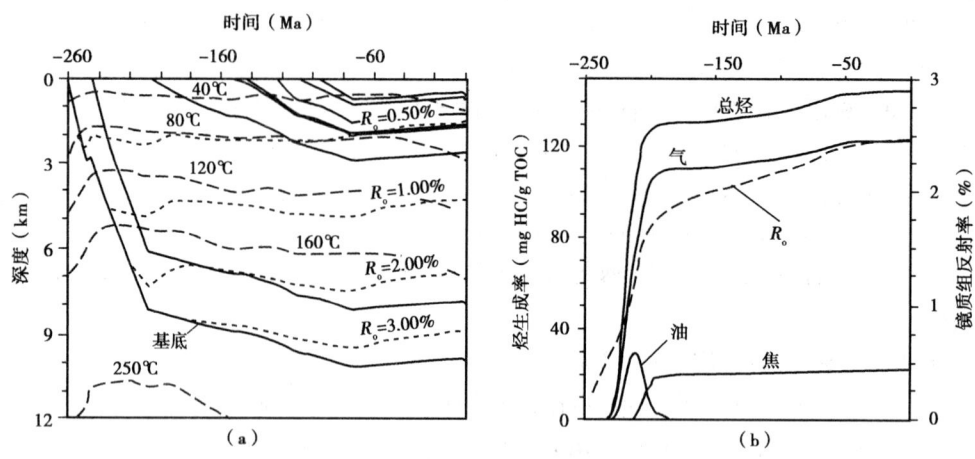

图4.5 东巴伦支盆地斯托克曼油田的埋藏史和热史(a)及三叠系底部岩层中的含油气远景(b)
图(b)的 R_o 等值线显示了计算的该地层底部有机质成熟度曲线

迈阿盆地塔克浩科特地区的志留系在二叠纪也遭受了剥蚀(图2.2(b);Makhous 等,1997b;Makhous and Galushkin,2003a)。许多地热学专家认为剥蚀导致固定深度的岩石的热流和温度增加。模拟结果表明,这种状态仅仅对于那些具有均匀热物理性质岩石的盆地的剥蚀才是有效的。对于孔隙度随深度降低和热导率随深度增加的一条实际沉积剖面,中等剥蚀能够使沉积盖层的热梯度降低。图4.4描述了伏尔加—乌拉尔盆地罗马什金油田的埋藏史和热史,介绍了这样的实例。这里,三叠纪、侏罗纪、白垩纪和新生代的缓慢剥蚀伴随着等温线的稳定下降。等温线下降的原因是除去了具有低热导率的压实差的上部沉积地层,因此引起沉积盖层的平均热导率增加和平均热梯度降低。

4.1.3 热再活化与盆地岩石圈拉伸

岩石圈的热活化是许多盆地的常见作用,不仅发生在盆地发育的裂谷阶段,也发生在裂谷后阶段。用 Galo 系统模拟热活化过程,以 1000~1200℃ 的量级提高温度为 T_{diap} 的热底辟的顶部。在模拟过程中,在计算范围的基础上,以每个时步把热活化期间 $T_{diap} < T < T_{low}$ 温度范围内的温度分布改写为一个特定温度,它是从该底辟顶部温度 T_{diap} 线性地增加到 T_{low} 的温度。选择的底辟上升速率和幅度是为了使构造沉降的虚线(由基底岩石密度随深度的变化确定)与实线(由基底面负载变化确定)的偏差达到最小化。有许多包括盆地热活化和热再活化的例子:伯朝拉盆地的泥盆纪活化,德国北部盆地的二叠纪活化(Berthold 和 Galushkin,1986),西西伯利亚盆地的侏罗纪和新生代活化(参见4.3节),第聂伯—顿涅茨盆地的早石炭世—二叠纪活化(Galushkin 和 Kutas,1995)等。一般说来,热活化导致了沉积岩的温度及其有机质成熟度的增加。然而,也有例外的情况。例如,撒哈拉韦德迈阿盆地岩石圈的二叠纪热活化的特征是,由于广泛的剥蚀作用,使沉积岩温度降低,而且有机质的成熟度增加极小(参见图2.2;Makhous 等,1997a,b)。同时,后面的盆地在新生代的活化使温度和成熟程度大幅度增加符合一般规律(图2.2)。

在盆地演化的一些阶段,其岩石圈可能经历由区域应力作用产生的拉伸过程。用 Galo 系统模拟了有限幅度 β 的岩石圈拉伸过程,采用了一系列 n - 幅度为 $\Delta\beta_i$ 的基底绝热拉伸小型间隔,以至于 $\beta = \Delta\beta_1 \cdot \Delta\beta_2 \cdots \Delta\beta_i \cdots \Delta\beta_n$。地盆地模拟中,很少见到超过 1.1～1.2 的拉伸幅度 β,而事件持续期一般超过 30～40 Ma。因此,可以忽略岩石圈在拉伸期间的应变速率。拉伸速率慢($V \leqslant 0.06$ mm/a)而且仅产生莫霍面深度的变化,而不是等温深度的变化(图 2.3)。这些变形速率在盆地表面附近未留下引人注目的踪迹。通常预期在大陆裂谷模型中有铲状断层,该模型几乎具有高幅度(1.8～2.0 和较高)瞬时拉伸和超过模型中变形一个数量级的变形。

在盆地的热活化时期通常伴随着侵入和热液活动,并且能够增加侵入体附近有机质的成熟度和围岩的温度。图 4.6 是巴西利亚的巴纳伊巴(Parnaiba)盆地沉积盖层中的一些侵入活动的例子。

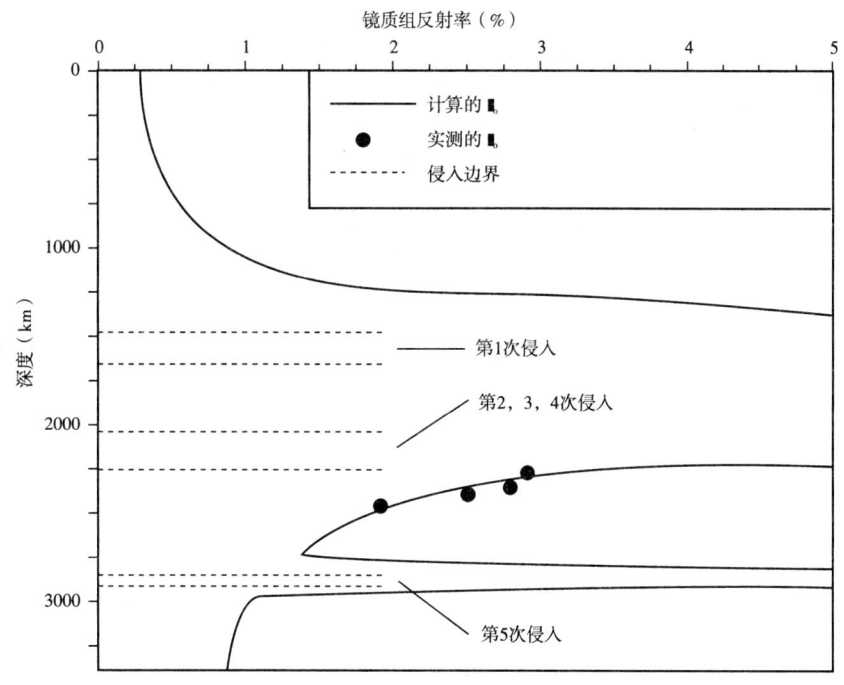

图 4.6 巴西利亚的巴纳伊巴盆地沉积剖面中计算的(实线)和
实测的(黑点)镜质组反射率曲线

该图显示出侵入体附近地区有机质的成熟度快速改变。侵入活动和伴随的热液作用既能使有机质成熟度和生烃量增加(例如在撒哈拉盆地的一些地区,参见下一节),也能使有机质过成熟和先前生成的烃类遭到破坏(例如,巴西利亚的巴纳伊巴盆地)。在 2.6 节中详细讨论了侵入—热液作用对盆地热状态和围岩中有机质成熟度的影响,正如应用于世界不同地区确定侵入的时间。在本章的 4.2 节关于撒哈拉的盆地模拟问题中将再次讨论这一问题。

4.2 撒哈拉盆地埋藏史、热史和成熟史的二维模拟

在这一节,讨论使用盆地模拟 Galo 系统,根据撒哈拉盆地东部、北部地区 32 口井和西

部、南部地区24口井完成的沉积剖面和基底的埋藏史和热史演化的一维数值重建。通过这些重建,可以沿着研究区的8条剖面进行盆地发育期间的准二维分析,包括盆地埋藏史和热史、岩石温度和岩石圈厚度变化以及有机质成熟史。在撒哈拉有两个地区以地球动力学特征和热史而著名:第一个地区包括撒哈拉北部和东部的盆地,而第二个地区由南部和西部盆地组成(图4.7)。然而,一种特殊情况是突出的:伊利兹盆地作为第一个地区的一部分构成了古德米斯盆地的南翼,延伸到霍加地块,该盆地(伊利兹)实际上显示出许多与第二组相似的热特征。就此而论,这与伊利兹盆地经过塔西利·阿哈加尔(Tassili Najjer)火山地区并且延伸到霍加地块北坡有关。包括伊利兹盆地在内的整个地区以强烈的近代火山活动为特征,后面将详细讨论这种情况。

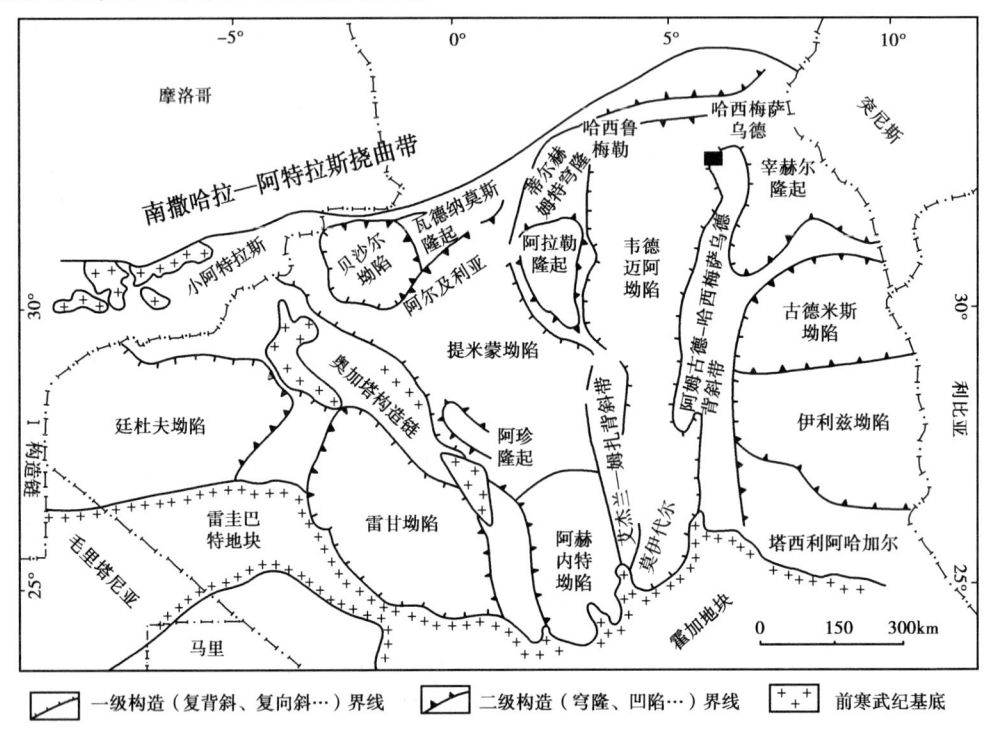

图4.7 撒哈拉主要地质单元示意图

研究的主要目的是揭示撒哈拉盆地的热演化史,除了岩石圈厚度的变化之外,还包括盆地中沉积盖层和基底的热状态。这里讨论的地区是世界上最重要的油气产区之一,而且对它的热史分析是含油气远景评价的主要内容。该地区被限定于非洲克拉通西部和北部与南部的霍加地块及雷圭巴特地块的阿尔卑斯山地之间(图4.7和4.8)。观察到的高热流值(超过$80mW/m^2$)是该地区的典型特点(Makhous,2001)(图4.9)。一个东—西向的高热流轴从加那利群岛到利比亚(图4.8),在图阿雷格(Touareg)地盾北部的撒哈拉南部有最大值($100\sim120mW/m^2$),包括霍加地块(Lesquer等,1990)。撒哈拉南部这个热流异常垂直于大型南—北向泛非洲时代的构造。由于从锡尔特盆地到埃及内陆红海的热流没有升高(Nyblade等,1996;Morgan和Swanberg,1979;Morgan等,1985),认为该异常未向东延伸到蒂海穆博卡(Tihemboka)穹隆。根据阿尔及利亚东部和突尼斯的热流资料推断,该异常向北延伸到突尼斯和地中海(图4.9;Lucazeau等,1990;Takherist 和 Lesquer,1989;Lucazeau 和 Dhia,1989;Hlaiem 等,1997)。许多学者(Lesquer 等,1990;Lucazeau 等,1990;Takherist 和 Lesquer,1989)在地震、重力和岩石学资料的基础上对撒哈拉盆地的热流值升高进行了争论,认为原因是热再活化,可能与新生代和第四纪碱性火山活动有关(Lucazeau 等,1990)。

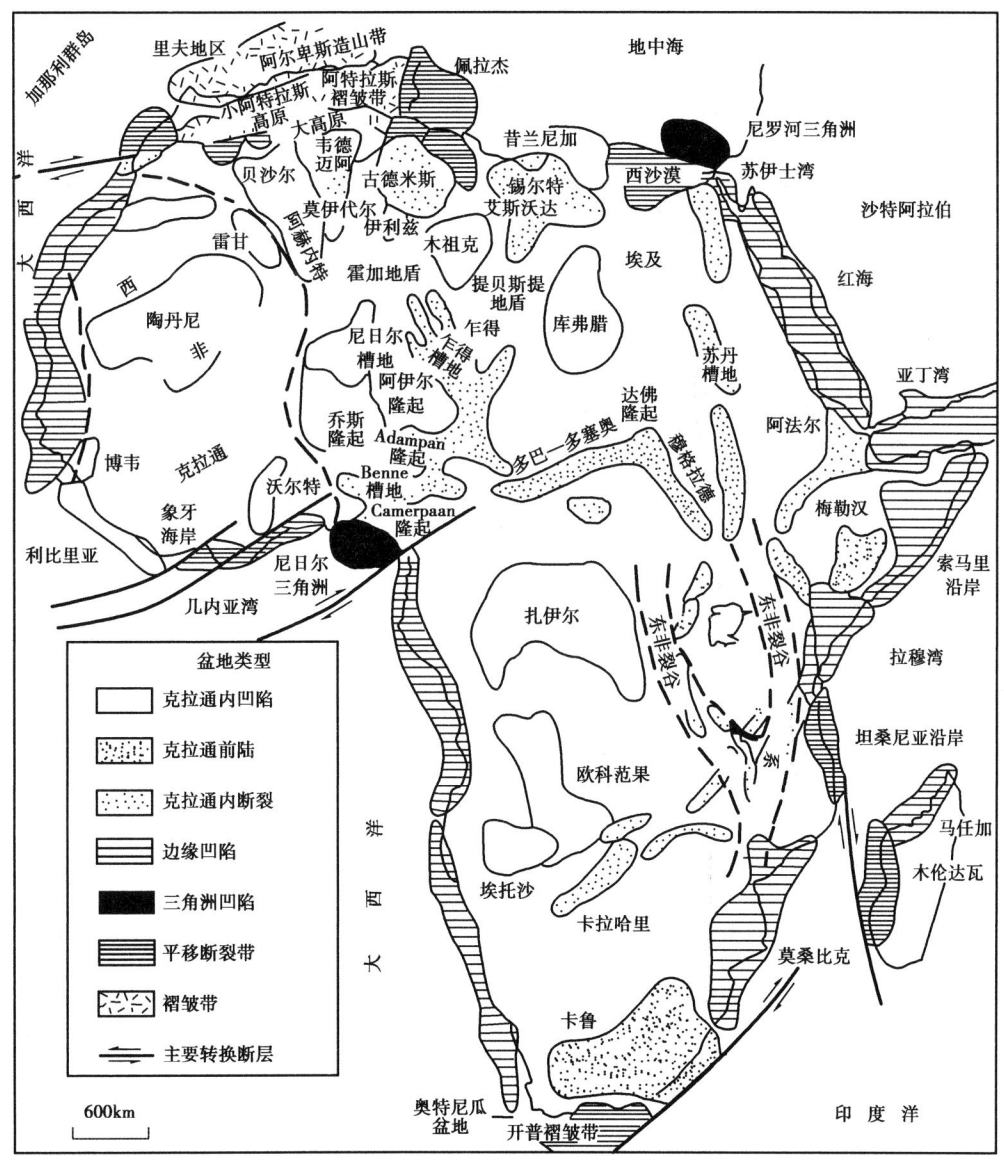

图4.8 非洲的主要地质构造和地理要素

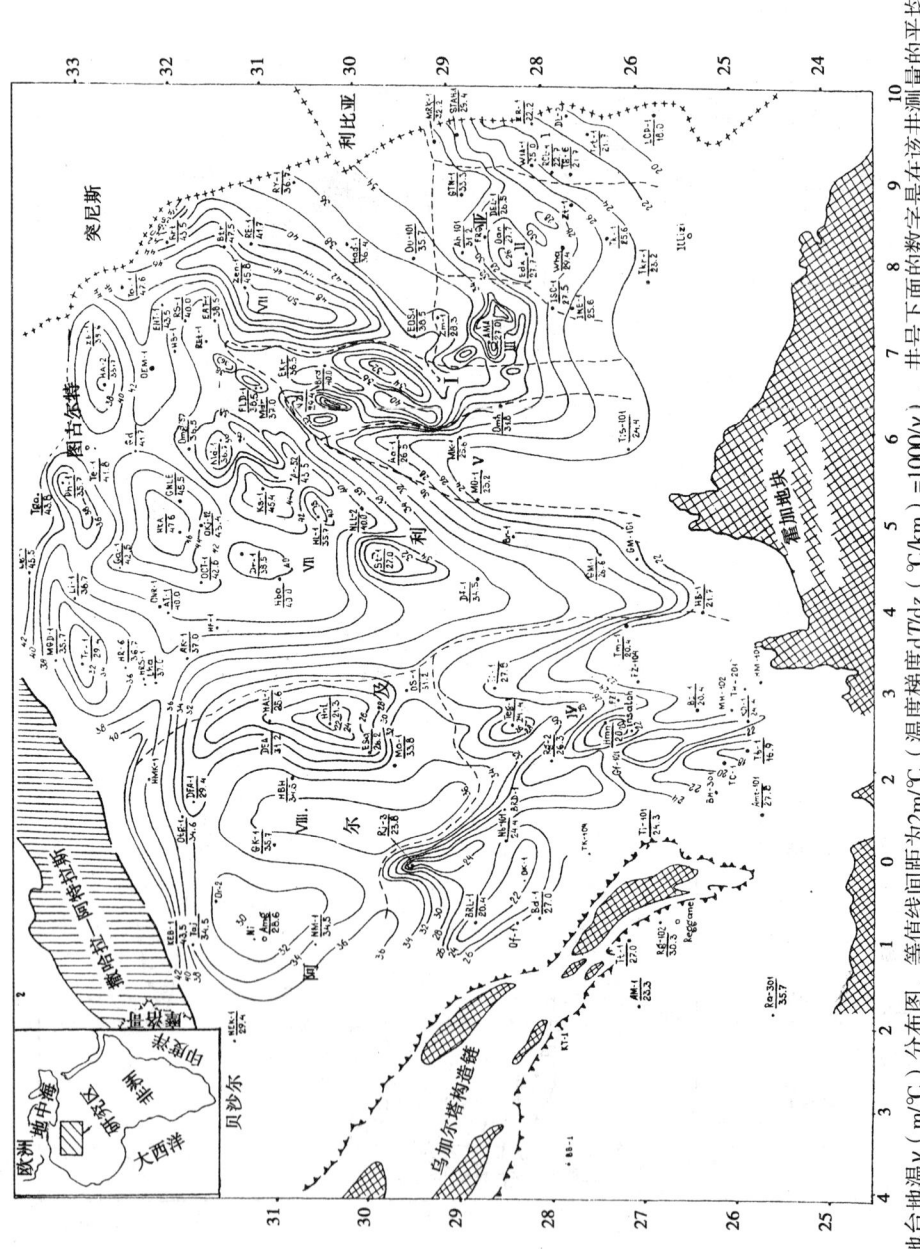

图4.9 撒哈拉地台地温γ（m/℃）分布图，等值线间距为2m/℃（温度梯度dT/dz（℃/km）=1000/γ），井号下面的数字是在该井测量的平均地温（m/℃）

I—扎尔扎廷井廷—阿勒拉尔（Alrar）构造脊；II—伊利兹中央地垒；III—廷富耶（Tin Fouye）构造地垒；IV—阿赫内特坳陷，阿珍（Azene）—未阿（Djoua）隆起、艾杰兰（Idjerane）构造脊；V—阿姆古德—比亚德（Anguid et-Biod）背斜带；VI—古尔德努斯（Rhourd Nouss）—古尔德舒夫（Rhourde Chouff）构造带，塞乐特拉特（Tartrat）和弗拉特斯（Flatters）隆起；VII—三叠纪构造单元（除了VI号地区之外），莫伊代尔盆地；VIII—提米豪坳陷（除丁斯巴次盆地之外），阿里（Alial）和拜努德（Benoud）和瓦德纳莫斯（Oued Namous）隆起

为了估计下面讨论的地区的平均温度梯度,以上列举的地热研究使用了浅钻的温度测量值。然后,用平均热导率乘以这个温度梯度,以便评价该地区的平均热流和推断盆地的深层热构造。这些研究主要针对该地区岩石圈相当高的现今热流系统(Takherist 和 Lesquer,1989;Roni 和 Lucazeau,1987;Lesquer 等,1988;Lucazeau 和 Dhia,1989;Lesquer 等,1990)。然而,在估算盆地的深层温度和岩石圈厚度中存在一定的限制条件。与大的深度相比,它们是由于对近地表结果使用内插法引起的。他们对整个沉积剖面使用了平均深度—温度梯度和平均热导率,并且假定岩石圈是稳态热流系统。的确,热梯度主要随深度、所分析地区岩石圈的热状态和岩石的岩性、孔隙度而变化。正如这项研究得出的结论,热流系统一定是非稳定的。在这种情况下,不仅热梯度随深度变化,而且热流也随深度变化。此外,水循环、地形和古气候条件也能够影响浅钻孔的地热测量结果。

应用 Makhous 等(1997a)描述的 Galo 盆地模拟系统重建撒哈拉盆地演化期间的岩石圈热演化史,并且估算岩石圈的厚度。该系统能够用岩性和孔隙度随时间和深度的实际变化计算温度剖面。认为测量的深井温度不受热液影响,它和测量的镜质组反射率是控制盆地模拟的主要因素。在这个模拟中,认为沉积层、下伏岩石圈和软流圈上部一起传热。这能够用岩石圈密度分布随深度变化关系计算构造的沉降幅度。假定负载下岩石圈的局部均衡响应有一个地壳均衡面,它接近温度计算域的基线。那么,用常规方法(消除基底面的水和沉积物负载)与非常规方法(考虑基底内密度剖面的改变)计算的构造沉降幅度的相对变化对比,提供了一种控制岩石圈构造事件与热事件次序的补充方法(Makhous 等,1997a)。

盆地热演化的数值分析使用计算的岩石温度、镜质组反射率和基底构造沉降的相对幅度作为模型的控制参数,能够得出关于撒哈拉盆地构造发育史和热史的一些结论,并且有助于认识撒哈拉盆地中岩石圈的现今状态。有人指出,用只有很少实例的剥蚀作用能够解释撒哈拉盆地中典型的阶状成熟度随深度变化剖面。可以断定,这些阶状是侵入—热液作用造成的结果,特别是在三叠纪、早侏罗世和新生代。

4.2.1 地质格架

4.2.1.1 地质及地球动力学特征

表4.1概括了撒哈拉地台的简要构造发育史和沉积史。

认为撒哈拉地台从寒武纪到全新世一直是单一的克拉通实体(Burollet,1967)。造陆运动的翘曲和局部重要的断裂作用影响着一些盆地的沉积作用。认为撒哈拉盆地的形成受到显生宇重复的大陆碰撞的影响,产生了断块地形(Furon,1963)。尽管后来的新构造运动影响了这些盆地的构造特征,主要构造单元的定向在某种程度上继承了前寒武纪基底的大体趋势(Burollet,1967)。根据非洲东北部在显生宇的构造演化特征,Klitzsh(1971,1981,1986)、Klitzsh 和 Wycisk(1987)以及 Schandelmeier 等(1987)提出了泛非洲构造运动后撒哈拉地台的构造格架,包括加里东和海西造山运动的影响。

总体上,非洲板块在过去600Ma 中是稳定的,西非克拉通自从2000Ma 以来一直是稳定的。尽管如此,在中生代晚期和新生代发生了许多岩石圈规模的极其重要的断裂(Dautria 和 Lesquer,1989)。它们造成了非洲板块东部的东非裂谷系、板块中—西部的东尼日尔槽地、贝努埃(Benue)槽地、乍得和苏丹槽地和圆顶的火山穹隆(霍加、阿伊尔(Air)、提贝斯提(Tibesti)、达佛(Dafur)、卡梅伦(Cameron line)、阿达马瓦(Adamawa)和乔斯(Jos))(图4.8)。

表 4.1 撒哈拉地台构造发育史和沉积史综述

大致时间(Ma)	构造单元	构造运动	海进/海退	沉积类型	沉积间断/剥蚀	参考文献
570—515	拉匹特斯洋(Lapetus Ocean)	在北非之上漂移	海进	三角洲,海相和陆相		Petters,1991;Klitzsch,1990;Burollet,1989
510—475	克拉通内盆地	加里东造山运动	海退,海进	三角洲,海相和陆相		Petters,1991
470—440	冈瓦纳古陆	在南极之上漂移,相对稳定	海进	三角洲,海相和陆相		Neugebauer,1989
450—440	克拉通内盆地(尤其撒哈拉中部和东部)	相对稳定	海进(主要是冰川成因)	三角洲,冰川和海相	局部剥蚀	Rognon,1971;Beufet 等,1971
440—410	霍加和雷吉巴特地块	这些地块开始上升	—	—		Petters,1991
440—420	盆地(尤其撒哈拉西部)	沉降	重复性海进	三角洲,主要为海相		—
410—360	盆地(尤其撒哈拉西部)	交替的沉降和上升	交替的海进/海退	三角洲,海相和陆相		—
360—320	盆地(尤其撒哈拉西部和南部)	沉降和海西期上升开始	海进/海退	三角洲,海相和陆相,少量碳酸盐岩		—
320—290	盆地(尤其撒哈拉中部和东部)	通常为海西运动引起的上升	—	—	沉积间断	Bishop,1975
290—245	盆地	阿尔及利亚无沉积,东比亚沉降	海进/海退	阿尔及利亚无沉积,东部海进和陆相碎屑		—
245—240	撒哈拉东部盆地	上升	—	火山熔岩流		—
245—240	东部和北部盆地	次要沉降	海进	三角洲,陆相和海相		—
240—235	东部和北部盆地	沉降	海进	三角洲,陆相和海相碳酸盐岩	剥蚀	—
235—210	东部和北部盆地	沉降	海进	主要是蒸发岩(潟湖),碎屑岩		—
210—145	盆地	沉降,次要上升	海进/海退	蒸发岩(潟湖),碎屑岩		—
145—65	盆地(尤其撒哈拉东部)	沉降,次要上升	海进/海退	碳酸盐岩,蒸发岩和碎屑岩		—
65—3	盆地(尤其突尼斯和叙利亚)	沉降/阿尔卑斯造山运动;阿特拉斯山脉形成	海进/海退	碎屑岩,碳酸盐岩	局部剥蚀	—

西非克拉通周围的构造活动带在中生代和新生代经历了数次构造运动(Lucazeau 等,1990)。在对比的基础上,Manspeizer(1978)推断:泛大陆解体的同时发生了不少于 4 个局部构造幕:①二叠纪—中三叠世的上升和地壳变薄;②中三叠世晚期的地壳变薄和走滑断裂运动,安山岩火山活动和沿着特提斯海盆边缘的海进,同时伴随着沿未来大西洋轴部的裂谷作用;③三叠纪晚期泛大陆的裂谷作用和巨量碎屑岩及蒸发岩的沉积作用(最大为 3000~7000m);④晚三叠世—早侏罗世的海底扩张,拉斑玄武岩熔岩喷出和大陆边缘塌陷。

关于第一个构造幕,值得注意的是北美洲和非洲西北部的大西洋边缘地层记录实际上缺失了整个二叠系—上三叠统(Manspeizer,1978)。二叠纪—三叠纪的地壳变薄发生的时期大致为 75Ma,并且最终控制了扩张中心的位置。在撒哈拉盆地,位于该地区的周边,岩石圈内热膨胀和相边界变化引起地壳隆起。在中三叠世晚期的地壳变薄和发生剪切的构造幕期间,断裂作用、火山活动和海进实质上是沿着摩洛哥和阿尔及利亚的特提斯海盆的同时代事件。在三叠纪晚期发生了第三阶段的泛大陆解体,特征是从北非到原始大西洋盆地广泛发育了深层裂谷和海进层序,因此形成了碎屑岩和蒸发岩沉积。随着晚三叠世—早侏罗世的大西洋扩张,新形成的非洲和北美洲大陆连缀被破碎成小的断块和盆地。在小阿特拉斯高原、阿尔及利亚、毛里塔尼亚、利比里亚、几内亚(图 4.8)和北美洲东部的山前地带,在沉降和海进之后,蒸发岩沉积形成了局限的海水循环地区(Manspeizer,1978)。

撒哈拉盆地南部的热史和构造发育史(伊利兹盆地、阿赫内特、莫伊代尔和雷甘坳陷)与霍加地盾的地质史紧密相关(图 4.7、图 4.8 和图 4.9)。后者的主要岩石和构造特征是由泛非洲造山运动引起的(Dautria 和 Lesquer,1989)。该造山运动可能由西非克拉通与东非地块之间的大陆碰撞造成。碰撞引起地壳显著增厚,并且发生了再沉积和深层地壳的部分熔融作用,因此,有大量花岗岩富集(Dautria 和 Lesquer,1989)。

为简单起见,把霍加隆起的最新演化分为两个阶段(Dautria 和 Lesquer,1989):①早白垩世和中白垩世全然是拉张作用的第一阶段,由于泛非洲断裂的再活化产生了 N—S 到 NNW—SSE 向的拉张构造,拉张作用产生了一系列沉降槽地。这个第一阶段应该与中生代晚期非洲中—西部发生的地壳拉伸有关,它是中大西洋开启产生的应力场造成的结果($\delta_3 = E - W$)。在霍加地块东部,玄武岩火山活动(拉斑玄武岩的副碱性亲和性)与这个拉张事件有关。②晚白垩世和新生代的第二阶段,可能相当于非洲—欧洲板块碰撞引发的应力场改变(Dorbath 等,1985;Guiraud 等,1987),并且使 NE—SW 向线性构造发生再活化成为走向断层。伊利兹的小型火山活动区构成了霍加火山轴可能的东北方向延续。值得注意的是,在这个火山轴内的熔岩和地质体完全类似于在东非裂谷系和莱茵地堑中观察到的现象(Dautria 和 Lesquer,1989)。来自深部地幔的气体、液体和岩浆引起了上地幔发生改变,使岩石的密度降低,大范围的碱性岩浆活动(碳酸岩到碱性玄武岩)和连续的成穹作用(接近 1500m)可能与霍加地块演化的第二阶段有关,而且可能受到横向扭断层的控制(Lesquer 等,1988)。

4.2.1.2 构造史、地层史和沉积史

通常,背斜隆起及其复杂的高地受到前寒武纪基底凸起(地垒)的限制,而且表现为古生代沉积物受到频繁的中断和冲刷使厚度变薄,而且在北部地区中生代和新生代沉积物不整合超覆于其上(图 4.10 和图 4.11)。向斜中充填了古生代和中生代—新生代的沉积物。地层柱

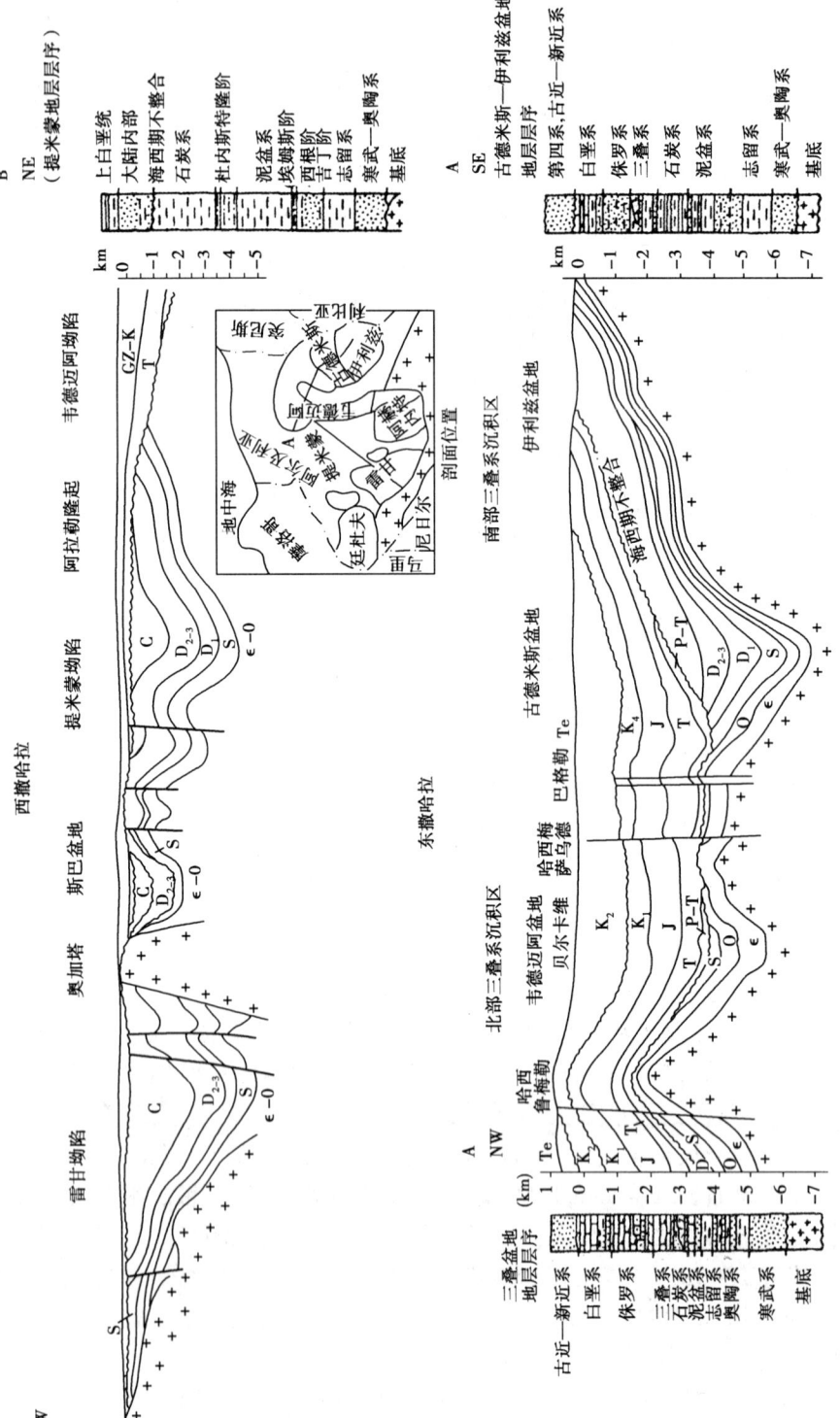

图4.10 撒哈拉地台地质剖面图
AA—撒哈拉西部的NW—SE向剖面；BB—撒哈拉东部的SW—NE向剖面

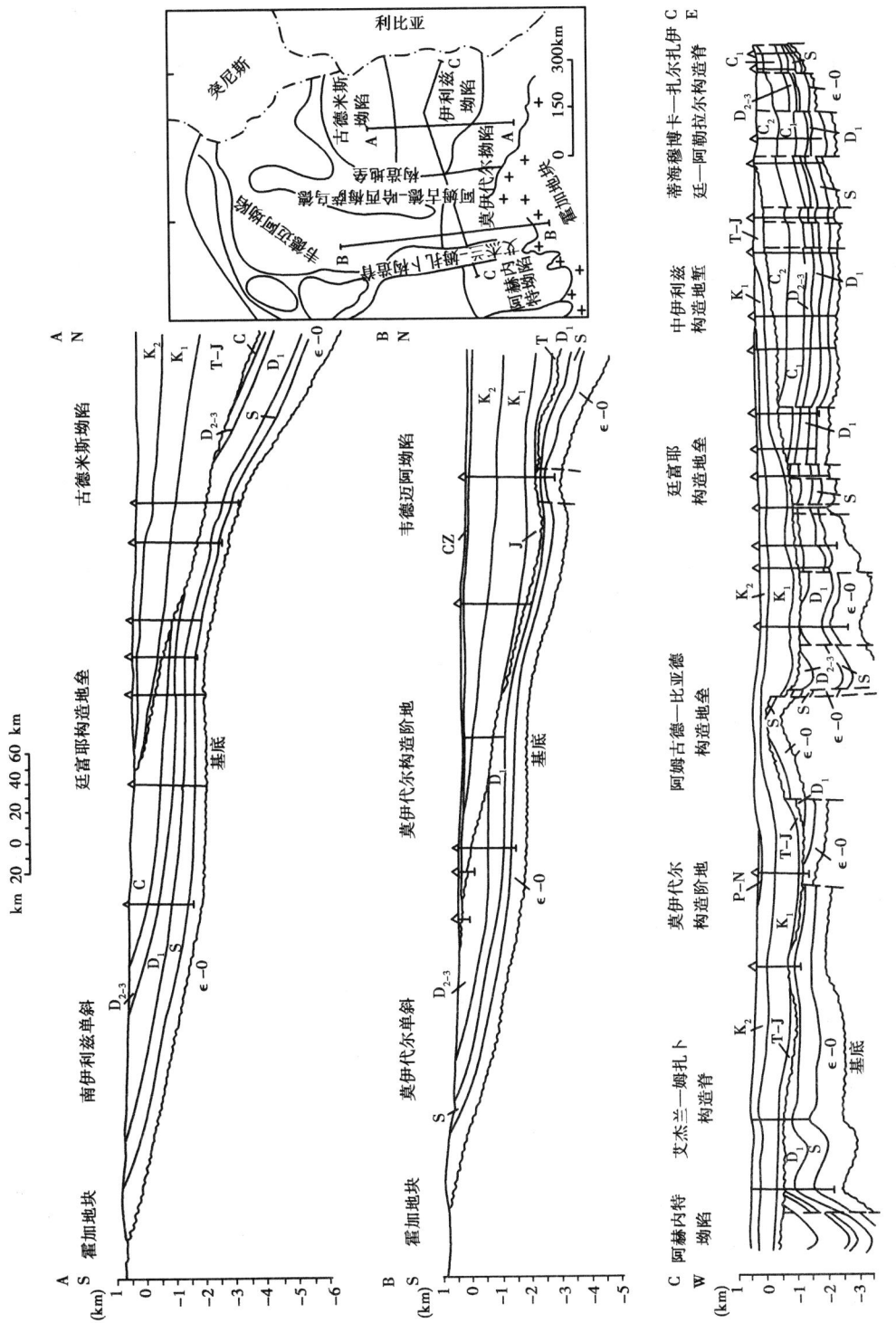

图4.11 撒哈拉地台构造剖面图

AA—撒哈拉东部的N—S向剖面；BB—撒哈拉中心的S—N向剖面；CC—撒哈拉南部的E—W向剖面，Pg—古近系，Ng—新近系

比背斜的更完全和更厚,特别在撒哈拉地台的西部(Makhous,2001)(图4.10和图4.11)。撒哈拉盆地中部和南部的露头沿着N—NW—S—SE向隆起带分布,如奥加塔(Ougarta)山脉、霍加和雷圭巴特地块,而且也出现在伊利兹单斜南部,如塔西利·阿哈加尔古生代最大露头区(Devnoux,1983)。

撒哈拉西部向斜在古生代和中生代早期经历了快速沉降过程。因此形成了古生代沉积物的大型盆地(7～8km深)。撒哈拉中部和东部向斜在古生代是缓慢沉降的地区(在古生代的个别时期),海相沉积物相对较薄(2～4km)(图4.10和图4.12)。在中生代早期,撒哈拉东部向斜,包括三叠系沉积区(图4.13)、韦德迈阿和古德米斯盆地(图4.10和图4.11)出现了快速沉降。由此在原地形成了最大厚度达4km的海相和陆相三叠纪、侏罗纪及白垩纪沉积物(Makhous,2001)。

撒哈拉地台广泛发育着基底断裂。这些断裂影响着不同构造的形成,包括大型坳陷和盆地(复向斜、阶状地垒)。沿着霍加地块(地盾)北部边界的基底断裂的再活化形成了具有古生代地层褶皱的地垒和地堑。

在古生代初期,南极刚好位于古大西洋中的非洲北部(Petters,1991)。在寒武纪,当出现递增的海进时,沿着北非开始沉积富含石英的砂岩,这次海进一直持续到奥陶纪(Burollet,1989;Klitzsh,1990)。那时并不存在隆起,例如霍加和雷圭巴特,它们是在奥陶纪之后上升的。同时,廷杜夫、雷甘、提米蒙、阿赫内特、莫伊代尔、古德米斯、伊利兹、木祖克和库弗腊(在利比亚以东)等克拉通内盆地发生了沉降(Petters,1991)。

奥陶纪,冈瓦那古陆在南极漂移(Neugebauer,1989),并且到晚奥陶世,南极位于非洲西北部的遥远内陆,导致分布广泛的大陆冰川。到中奥陶世,沉积了浅海相砂岩与厚层泥岩互层。推测由于撒哈拉冰帽的溶化,在广泛的海进期间沉积了暗色含云母的笔石和三叶虫黏土(Beuf等,1971;Rognon,1971)。观察到在奥陶纪与志留纪沉积期间未出现实质性中断。在早志留世重复的海进沉积了厚层暗色笔石泥岩、厚层泥岩和砂岩。古德米斯和韦德迈阿盆地油气生成潜力大,它们是这一时期厚层泥岩的沉积中心(Makhous,2001)。

泥盆纪早期,具有植物残骸的陆相沉积物不整合覆盖于志留系之上。泥岩和砂岩交互层序反映了泥盆纪期间广泛的海进—海退旋回,认为泥盆系页岩,特别是中、上泥盆统和志留系页岩是撒哈拉盆地的主要烃源岩。

石炭系页岩也是良好的烃源岩。海西期造山运动的普遍隆起造成了大型海退(Bishop,1975)。撒哈拉盆地在海西期后发生剥蚀的主要特征是T—形复背斜,它们从阿尔及利亚延伸到突尼斯。向东,利比亚的海西期涅夫萨(Nefusa)隆起向西延伸并且与该复背斜连接。在阿尔及利亚地区缺失二叠纪沉积物表明该区仍然保持隆起。在这个时期发生的海进导致在突尼斯和利比亚以东地区沉积了厚层的二叠系海相沉积物。

在早石炭世末期,古德米斯和韦德迈阿盆地北部遭受了隆起,在海西期之后的海进之前剥蚀掉了古生代地层(图4.14)(Burollet,1989)。在突尼斯和利比亚北部,一组断层沿着古特提斯海的南缘形成了阶状倾斜断块(Klitzsch,1971),沉积了石炭系和二叠系的浅海相地层。二叠系页岩形成了利比亚油田中志留系砂岩储层的盖层。

由于特提斯盆地西部的限制和沿着非洲地块边缘的海西期后沉降形成了新的沉积旋回,包括厚层的三叠系和里阿斯统蒸发岩。这两个阶段影响了烃源岩和储集岩的成岩作用(Makhous,2001)。除了部分伊利兹盆地北翼之外,三叠系还广泛分布在撒哈拉地台的北部—东部,即古德米

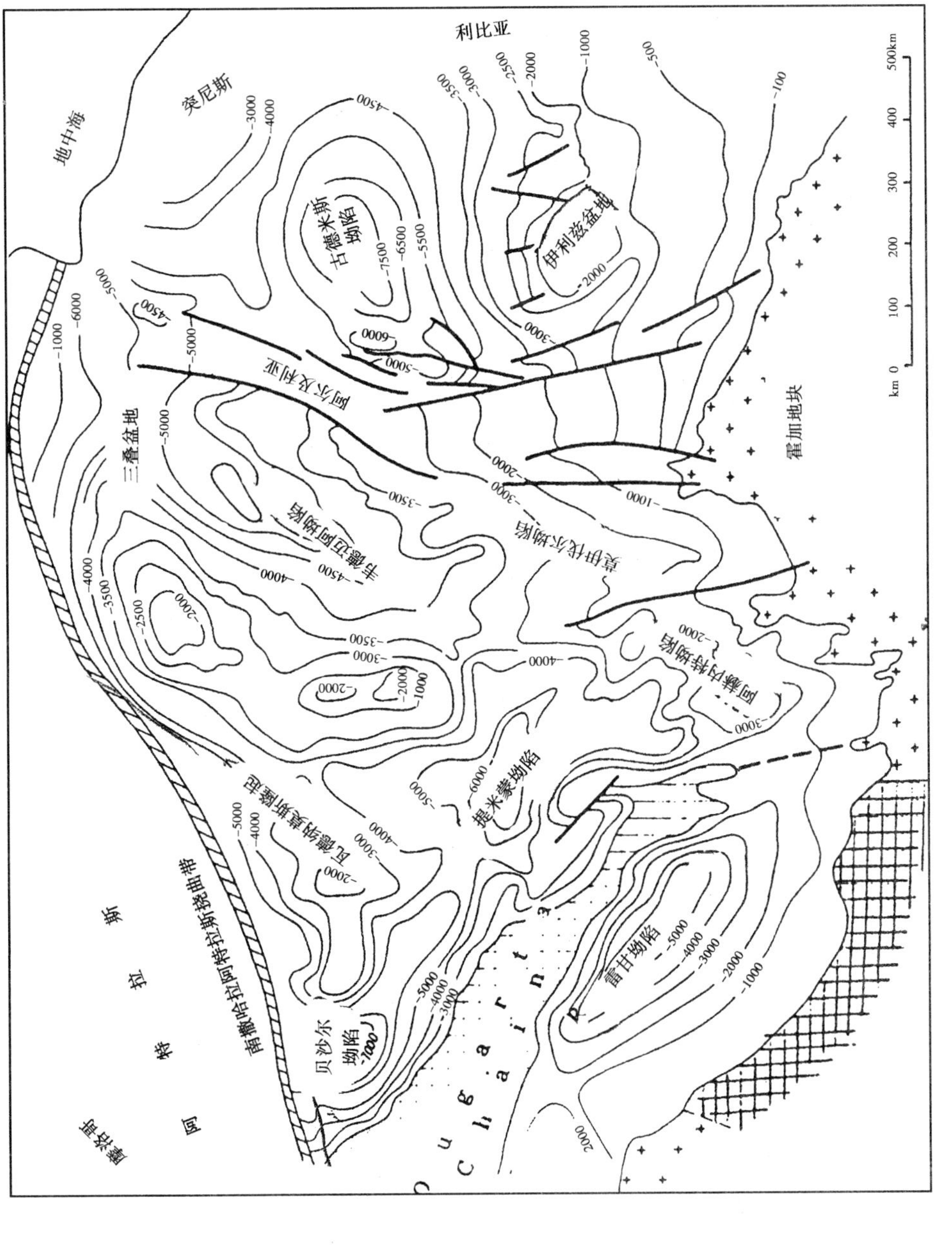

图4.12 撒哈拉地台基底构造图

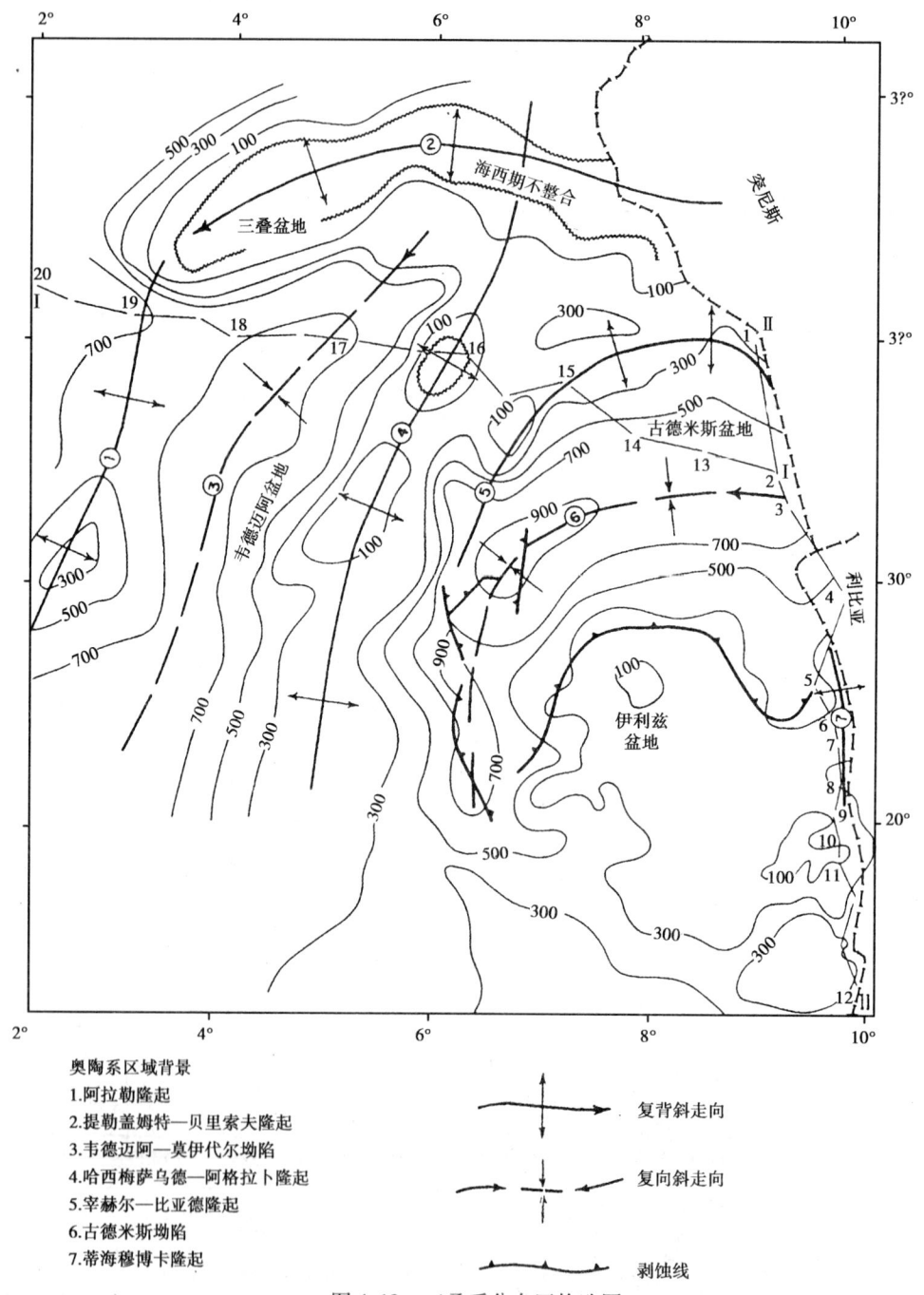

奥陶系区域背景
1. 阿拉勒隆起
2. 提勒盖姆特—贝里索夫隆起
3. 韦德迈阿—莫伊代尔坳陷
4. 哈西梅萨乌德—阿格拉卜隆起
5. 宰赫尔—比亚德隆起
6. 古德米斯坳陷
7. 蒂海穆博卡隆起

→ 复背斜走向
⇢ 复向斜走向
⌒ 剥蚀线

图 4.13 三叠系分布区构造图

斯、韦德迈阿和三叠盆地。三叠系河流相和浅海相砂岩一般覆盖在海西期不整合面之上。三叠系剖面中的安山岩和玄武岩是很丰富的，通常上覆于海西期不整合面以上的寒武系和奥陶系砂岩之上，形成良好的盖层。这一时期的火山活动表明拉张的地壳和热活化与海西期造山运动有关。

稳定的撒哈拉地台上的中侏罗统和更新的地层剖面以较薄的潟湖相白云岩、蒸发岩和页岩为主。白垩系由交互的蒸发岩、石灰岩、白云岩和薄层砂岩组成。突尼斯的阿普第阶—阿尔

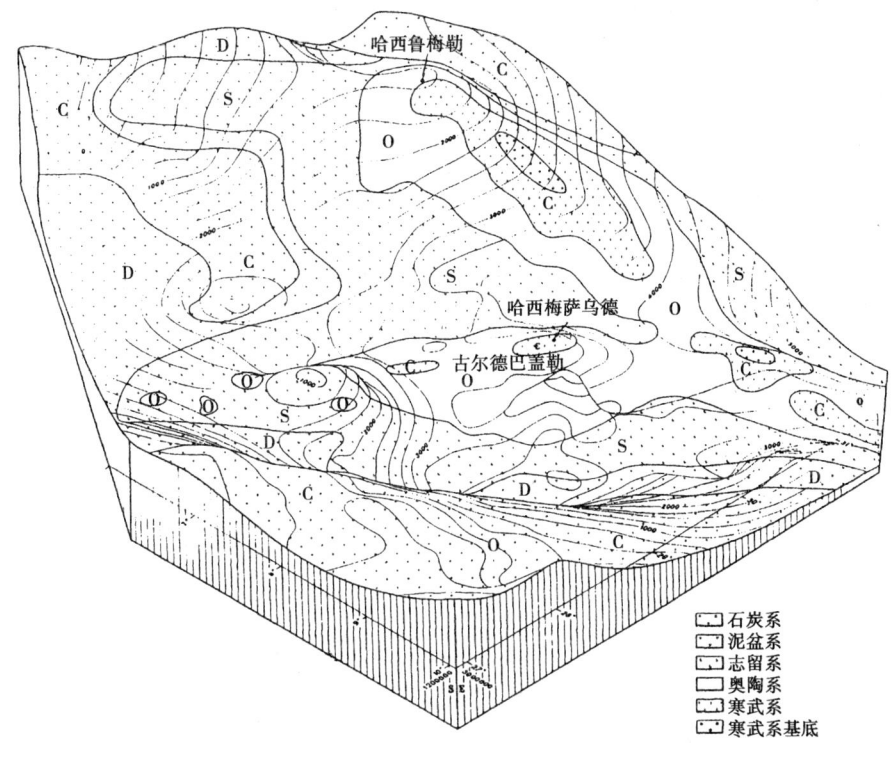

图 4.14 海西期不整合面

必阶近滨碳酸盐岩相含油。尤其在突尼斯存在古近—新近纪的沉积作用,而且古近—新近系的范围和厚度极大(最厚为 7000m)。从古新世—上新世,这些沉积物沉积在东部和突尼斯加布湾近岸区以及地中海海岸。古近—新近纪的阿尔卑斯造山运动使地台的不稳定地区上升,并且形成了大量的褶皱和复杂构造。阿特拉斯褶皱带构成了北部地区。

4.2.1.3 岩浆活动史

泛非洲造山运动之后,非洲呈现出大量不同的板内或者非造山运动的岩浆活动。仅有的例外是非洲西北部的阿特拉斯山脉和南部的开普褶皱带(图 4.8),在显生宇的不同时期,那里发生了与岩浆活动有关的俯冲作用。在显生宇,非洲板内的岩浆活动包括碱性环状杂岩侵位、基性侵入、玄武岩火山活动和钙—碱性岩浆活动。

非洲碱性岩浆活动在显生宇出现的高潮与冈瓦那古陆解体之前中生代早期广泛的裂谷作用有关。在晚三叠世—侏罗纪,玄武岩流喷出达到顶峰。到侏罗纪,碱性环状杂岩侵位也达到了高潮。

在东非裂谷系形成期间,新生代晚期发生了玄武岩火山活动的活化。这是深层基底线性构造再活化造成的结果。

撒哈拉西部和南部地区。撒哈拉地区最普遍的岩浆类型是辉绿岩,它们侵入到沉积地层中,产状为岩脉、环形岩墙、岩颈状侵入体和锥形岩席。岩脉相当于充填裂缝和断层的空隙,其厚度为 2~20m,最长延伸达到 100km。至于年代,辉绿岩分布的年代范围很宽(Conrad,1972;Conrad 和 Westphal,1975):在雷甘盆地为 166Ma,在贝沙尔盆地为 166~170Ma,在提米蒙盆地为 189~195Ma,在廷杜夫盆地为 180Ma,在小阿特拉斯和摩洛哥阿特拉斯为 180~200Ma,而在阿尔及利亚—马里边界为 230~270Ma(图 4.7 和图 4.8)。

已知阿赫内特和莫伊代尔盆地的辉绿岩比提米蒙和雷甘盆地少。然而,这些盆地的井资料中的热成熟度很高,在有机质中观察到的焦结构证实了存在下伏侵入体(Logon 和 Duddy,1998)。

撒哈拉北部和东部地区。 在石油探井中发现了许多熔岩杂岩,尤其是在哈西梅萨乌德(Hassi Messaud)、毫德拜尔考维(Haoud Berkaoui)、古尔德巴盖勒(Rhourde el Baguel)、瓦尔格拉(Ouargla)和哈西鲁梅勒(Hassi R'Mel)油田(三叠盆地)(图4.7和图4.15)。古德米斯盆地也广泛分布熔岩流,其厚度能够达到120m,类似于三叠盆地。这样的熔岩流在二叠—三叠系是典型的。它们形成了海西期不整合之上的下三叠统内准连续的碎屑岩层序,遍布所有的三叠盆地、韦德迈阿盆地北部和古德米斯盆地北部。

在整个研究区,寒武—奥陶纪沉积物中的火成岩成分极类似于玄武岩成分,而二叠—三叠纪熔岩流为细碧岩类型,即火山熔岩流在海洋环境中结晶。这些岩层底部一般为辉绿岩类型,在顶部转换成细碧岩。在阿尔及利亚北部的大高原地区地表发现了大量三叠纪辉绿岩。它们是底辟上升形成的辉绿岩。由于它们的时代相同(P—T)和时常共生,在井中发现的细碧岩与地面露头的辉绿岩是同一岩浆事件的不同表现形式。

新生代火山活动。 非洲大陆上在新生代晚期发生的火山活动与许多成穹中心有关。正如 Cahen 等观察到的那样(1984),它们大部分位于西非克拉通的东部地区。在特兰斯(Trans)—撒哈拉构造活动带,从霍加、阿伊尔(Air)南部到尼日利亚的乔斯高原,火山中心排列成一条直线。在摩洛哥、阿尔及利亚和突尼斯的阿尔塔(Alta)构造带(图4.8),有中新世—第四纪的火山颈。上述火山岩主要属于橄榄岩—玄武岩—粗面岩组合的玄武质熔岩。火山有时沿着年代新的花岗岩复合体中环形岩墙的断层分布。这些火山岩大多数的年代为古近纪末期—新近纪早期,中新世是高峰活动期。

在非洲东北部可观察到的新生代火山活动也是明显的。除了在利比亚出露的粗面岩穹隆之外,在那里钻遇到中生代的粗面岩和玄武岩,还有溢流玄武岩和盾形火山。在利比亚,玄武岩覆盖在杰贝勒埃萨瓦达(Jebel AsAwada)的上白垩统和渐新统之上。在哈鲁吉(Haruj),可能有接近40000km^{2}的渐新统橄榄石玄武岩覆盖在始新统下部和上白垩统之上(图4.8)。

霍加隆起。 霍加隆起的成型及其伴生的火山活动的性质特别有趣。如上所述,该地块有两个发育阶段:奥陶纪末期的第一次隆起和第四纪的第二次隆起。由于在该地区(阿伊尔地区)发现了土伦期的沉积物,认为霍加在白垩纪末期就有了地盾的雏形(图4.8)。

在霍加地盾观察到3类火山:复合火山、火山口爆发和喷发型火山。在晚白垩世和始新世,霍加地盾开始了新近的岩浆活动(Rossi 等,1979)。这里出现的中新世和上新世到第四纪的火山活动是典型的板内碱性火山活动(Girod,1971),并且在几个地区发现了这种情况。这种活动可能与晚白垩世—始新世期间出现的异常地幔隆起有关。

伊利兹盆地。 在伊利兹盆地,描述了伊利兹台地东北部20个石炭系的环形构造(直径从数百米到1000m)(Megartsi,1972)。这里保存的火山碎屑岩(凝灰岩环)证实猛烈的火山爆发活动可能发生在第四纪。这些火山沿着新近的 E—W 向断层排成一排。采集到的熔岩碎片具有黄长岩的化学性质和矿物成分。这种特殊类型的熔岩通常与碳酸岩岩浆作用、裂谷作用和存在异常低密度的地幔有关,如东非裂谷系(Megartsi,1972)和莱茵地堑(Lloyd 和 Bailey,1975)。在伊利兹火山口内部和周围有时超铁镁质重硅线石极其丰富。据 Bossiere 和 Megartsi (1982),伊利兹火山口内的辉石岩可以出现由高度饱和 CO_2 和水的岩浆产生的累积高压。

在撒哈拉地台北部阿尔卑斯造山运动形成的山脉（阿特拉斯山脉）的近代火山活动具有钙碱性成分（安山岩型），主要发生于始新世晚期。这里的火山活动一直持续到第四纪。这些火山活动与一个俯冲带有关，该俯冲带自从上新世早期以来已经静止（Lesquer 等，1988，1989）。

4.2.2 撒哈拉盆地北部和东部的埋藏史、热史和成熟史的二维模拟

在这部分，讨论用撒哈拉盆地东部和北部地区的 32 口井做出的沉积剖面和基底的埋藏史及热演化史的一维数值重建结果。应用这些重建结果能够进行准二维分析，分析盆地发育期间沿着穿过研究区的 4 条剖面的岩石圈厚度和温度变化史、盆地埋藏史。

撒哈拉盆地北部和东部地区。 晚石炭世到二叠纪期间，宰赫尔和韦德迈阿盆地发生了热流量超过 $100mW/m^2$ 和最薄的岩石圈为 $25 \sim 35km$ 的最高热活化。隆起作用是造成奥陶系—下石炭统剥蚀掉 $2000 \sim 3000m$ 的热活化的原因。古德米斯和伊利兹盆地同时经历了更多的剥蚀和有效热流小于 $75mW/m^2$ 的热活化作用。三叠纪—白垩纪，在北部地区发生了最大幅度的沉降，其特征是二叠系热活化最大和岩石圈最薄。现今状况与二叠纪相反：最高的热流系统出现在研究区的南部，尤其是伊利兹盆地的热流达到甚至超过 $100mW/m^2$，而且岩石圈的厚度减少到 30km。模拟还假定伊利兹盆地东北部和中部的岩石圈在新生代发生了拉伸，最大幅度为 1.16。分析表明：海西期剥蚀仅能说明撒哈拉盆地中镜质组剖面的一些突变，而且三叠纪和后来的侵入活动及相关的热液转换作用精确地解释了成熟度剖面的阶状特征。

4.2.2.1 撒哈拉盆地东部和北部的埋藏史及热史

应用 Galo 盆地模拟系统（Makhous 等，1997a）重建了撒哈拉盆地北部和东部 32 口深井的沉积剖面的埋藏史、热史和成熟史，如图 4.15 所示。图 4.16 和图 4.17 是古德米斯盆地海德地区（HAD）的埋藏史和热史重建的例子。它们是由计算机 Galo 系统从一维非稳定热传导方程的数值解生成的。在第 2 章和第 3 章中介绍了该程序的算法和基础结构。埋藏史和热史重建考虑了如下过程：①孔隙岩石具有不同速率的沉积和压实作用（表 4.2）；②剥蚀和沉积间断；③热物理特征随岩石的岩性、深度和温度发生的变化；④水和基质热导率与温度的相关性（表 4.3）。

表 4.2 古德米斯盆地海德地区演化的主要阶段

N	演化阶段	地质年代 (Ma)	深度 (m)	岩石类型 cl:sl:sn:lm:dl:hl:an:ml
1	沉积作用	0~23	0~58	10:00:90:00:00:00:00:00
2	沉积间断	23~65	58~58	—
3	沉积作用	65~97	58~853	20:00:05:55:15:00:00:05
4	沉积作用	97~145	853~1727	15:00:65:05:15:00:00:00
5	沉积作用	145~157	1727~1966	20:00:20:30:30:00:00:00
6	沉积作用	157~208	1966~2137	35:00:00:10:25:30:00:00
7	沉积作用	208~235	2137~2294	00:00:00:10:40:40:00:00
8	沉积作用	235~241	2294~2407	40:10:05:15:30:00:00:00
9	沉积作用	241~245	2407~2535	35:30:30:35:00:00:00:00
10	沉积间断	245~290	2535~2535	—
11	剥蚀	290~313	400	
12	沉积作用	313~322	2535~2775	45:10:20:05:15:00:05:00

续表

N	演化阶段	地质年代 (Ma)	深度 (m)	岩石类型 cl:sl:sn:lm:dl:hl:an:ml
13	沉积作用	322~360	2775~3745	80:10:00:10:00:00:00:00
14	沉积作用	360~377	3745~4232	70:10:15:05:00:00:00:00
15	沉积作用	377~386	4232~4466	40:20:30:05:05:00:00:00
16	沉积作用	386~408	4466~5600	20:10:70:00:00:00:00:00
17	沉积作用	408~439	5600~6300	40:20:35:05:00:00:00:00
18	沉积作用	439~510	6300~6800	35:20:35:10:00:00:00:00
19	沉积作用	510~570	6800~7300	15:15:70:00:00:00:00:00

注:列中的"深度"表示沉积层顶、底的深度或者剥蚀的幅度。在第二列和第五列中使用了下术术语:an—硬石膏;Cl—泥岩和页岩;dl—白云岩;hl—岩盐;lm—石灰岩;ml—泥灰岩;sl—粉砂岩;Sn—砂岩。第五列中的数字表示上述岩性单位的相对作用(百分数)。

表4.3 古德米斯盆地海德地区沉积岩的岩石物理参数

N	$\phi(0)$	B(km)	K(W/(m·℃))	Al(℃$^{-1}$)	C_v(MJ/(m^3·K))	ρ_m(g/cm^3)	A(mkW/m^3)
1	0.454	2.04	3.91	0.0027	2.826	2.65	0.963
2							
3	0.611	1.84	2.99	0.0008	2.625	2.71	0.921
4	0.502	2.22	3.76	0.0023	2.759	2.67	0.942
5	0.575	1.94	3.38	0.0014	2.659	2.71	0.883
6	0.519	1.39	3.90	0.0029	2.127	2.48	0.795
7	0.318	1.23	5.19	0.0042	2.085	2.37	0.134
8	0.617	1.88	3.03	0.0012	2.533	2.71	1.202
9	0.581	2.06	3.18	0.0018	2.608	2.68	1.306
10	—	—	—	—	—	—	—
11	—	—	—	—	—	—	—
12	0.608	1.91	3.03	-0.0015	2.503	2.68	1.319
13	0.681	1.84	2.27	0.0006	2.349	2.70	1.859
14	0.658	1.91	2.48	0.0010	2.420	2.69	1.742
15	0.599	2.10	3.01	0.0016	2.579	2.68	1.382
16	0.512	2.49	3.57	0.0024	2.742	2.66	1.126
17	0.596	2.19	2.99	0.0016	2.587	2.67	1.407
18	0.589	2.21	3.04	0.0016	2.608	2.67	1.331
19	0.498	2.59	3.66	0.0024	2.763	2.66	1.084

注:N—盆地演化阶段号(相当于表4.2中的N);$\phi(0) = 0 \sim 150m$深度内的近表层中的平均岩石孔隙度;$B = (\phi(z) = \phi(0)\exp(-z/B)$定律中孔隙度随深度变化的比例;$K_m = T = 0℃$时基质岩石的热导率;$Al$—基质热导率的温度系数;$K(T) = K_m/(1 + Al\ T(℃))$;$C_v$—基质岩石的体积热容量;$\rho_m$—基质岩石密度;$A$—单位体积生成的热量。

盆地分析与模拟　123

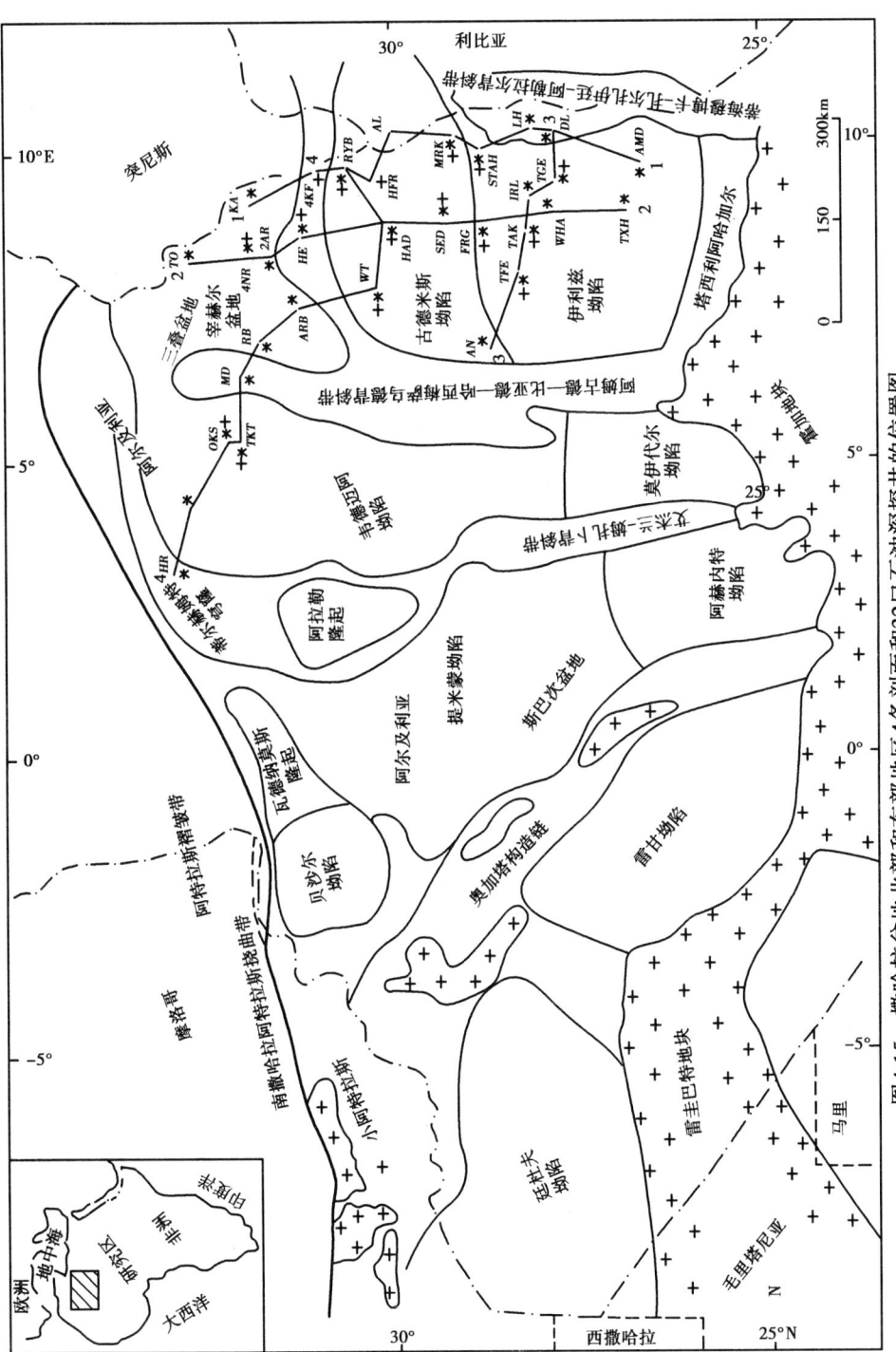

图4.15　撒哈拉盆地北部和东部地区4条剖面和32口石油深探井的位置图

加号表示所有测量的镜质组反射率（R_o）数据的井；星号表示所有测量的深层温度（T）数据的井；菱形符号为无测量的T和R数据的井 AKF—阿克法多（Akfadou）；AMD—Amd；AN—An；ANR—阿雷内（Arene）；ARB—阿雷卜（Arb）；DI—埃杰莱（Edjeleh）；FRG—Frg；GLA—盖拉拉（Guellala）；HAD—海德；HFR—Hfr；MD（HMD）—哈西梅萨乌德（Hassi Messaoud）；HR—瓦迪努万尔（Hassi R, Mel）；IRL—伊拉林（Iralene）；KA—凯斯卡萨（Keskassa）；MRK—梅勒克森（Mereksen）；OKS—本卡拉（Benkahla）；ONR—瓦迪努万尔（Oued el-Nomer）；RB—古尔德巴盖（Rhoud el-Baguel）；RE—比尔雷贝阿（Bir Rebaa）；RN—古尔德诺斯（Rhoud el-Nouss）；RTB—古尔德亚古勃（Rhoud el-Yacoub）；SED—塞多阿内（Sedoukhane）；STAH—斯塔（Stah）；TAK—塔克（Tak）；TFE—廷富耶（Tin Fouyé）；TCE—提甘图林（Tiguentourine）；TKT—塔克若科特（Tiguentourine）东；TXH—Txh；TO—To；TXH—Txh；WHA—Wha；WT—瓦迪仆赫（Wadi el-Teh）；ZAR—扎尔（Zar）；ZR—扎尔扎伊廷（Zarzaitine）

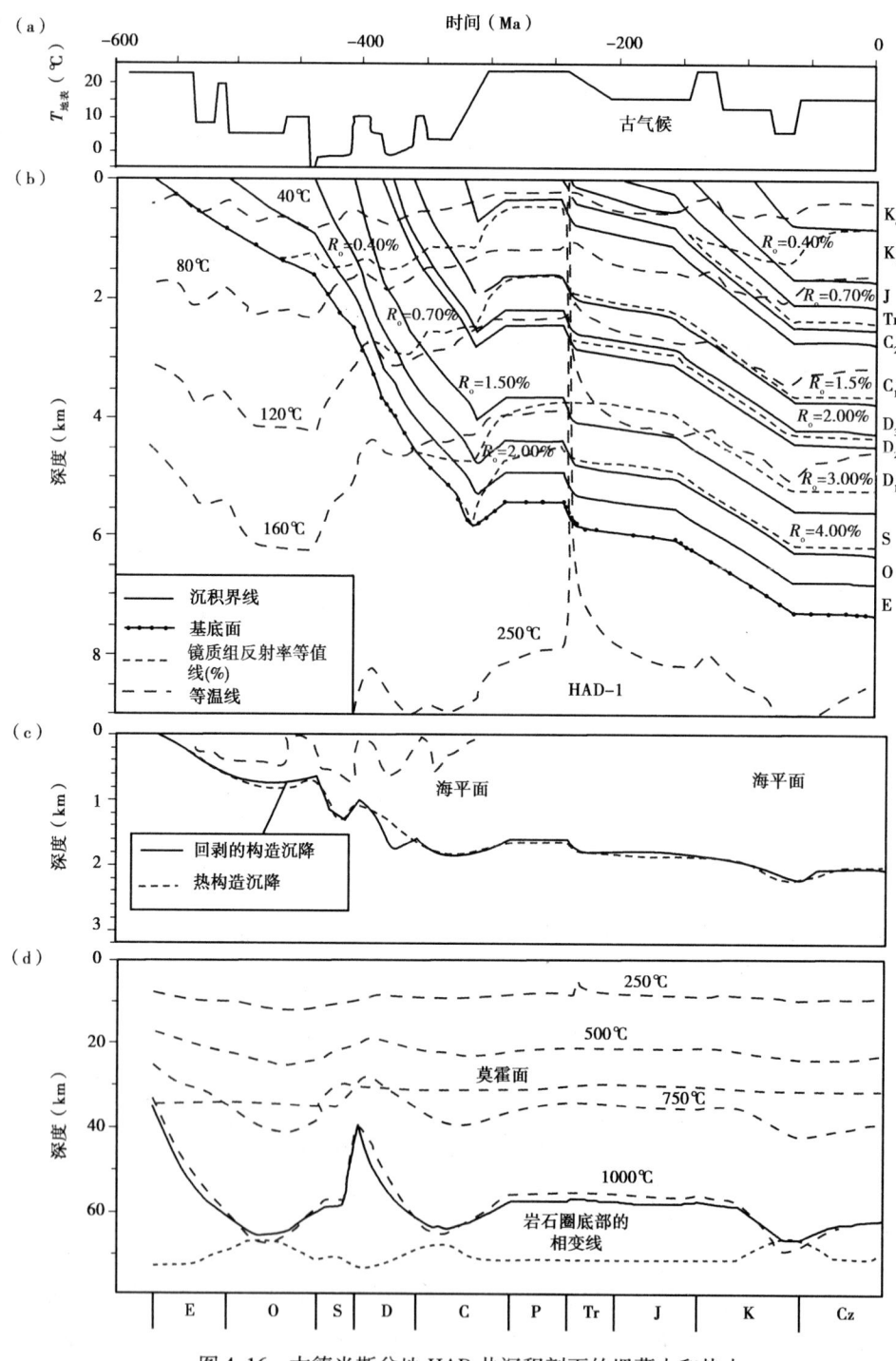

图 4.16 古德米斯盆地 HAD 井沉积剖面的埋藏史和热史

(a)用古地理资料估算的地面温度曲线;(b)盆地模拟得出的埋藏史、热史和成熟史;(c)考虑基底岩石密度变化(热构造沉降,虚线)和通过消除沉积物和水负载(回剥的构造沉降,实线)计算的基底岩石构造沉降曲线,两条曲线的一致性支持了解释的岩石圈中构造和热事件的次序;(d)岩石圈的热演化史,实线是用现今等温线与橄榄岩固化曲线交会确定的岩石圈底部,见图 4.17c,长虚线是等温线,"莫霍面"线是地壳的底部,"相变线"是地幔中"辉石橄榄岩—石榴子石橄榄岩"成分过渡的位置

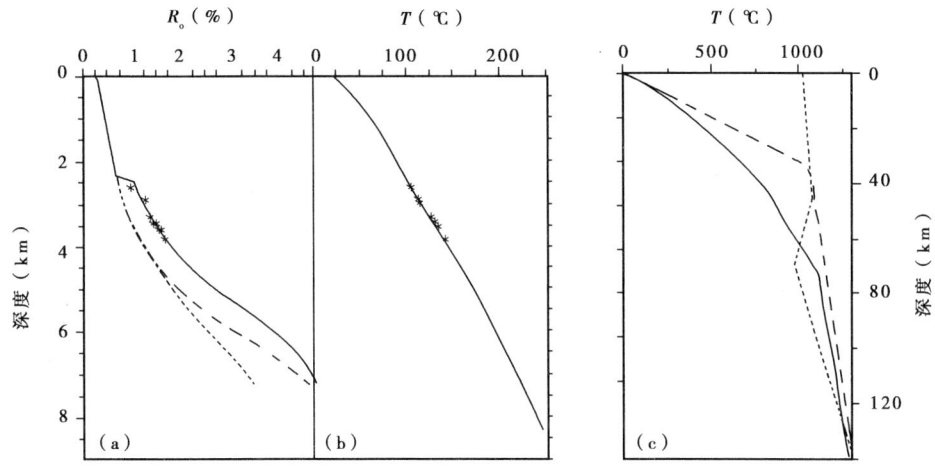

图 4.17 古德米斯盆地 HAD 井现今剖面的成熟度和温度剖面

(a) 计算的(线)和测量的(星号)现今镜质组反射率值($R_o\%$),实线:用侵入和相关的热液对流传热引起的埋藏和传导热计算的 R_o(参见文中说明)。虚线:用埋藏和侵入引起的传导热计算的 R_o,假定无热液传热。点线:除去侵入和热液效应(区域成熟)

(b) 计算的(实线)和测量的(星号)现今温度随深度变化曲线

(c) 计算的温度随深度变化剖面,在本研究中用于确定基底或者岩石圈。实线为现今剖面。虚线为初始温度剖面($t=570Ma$)。点线为橄榄岩的固相线(Wyllie,1979)

计算沉积剖面中的温度是估算有机质成熟度使用的时间函数。镜质组成熟的动力学模型(Sweeney 和 Burnham,1990)是估算成熟度的方法(参见第3章)。除了下伏的岩石圈和软流圈之外,Galo 程序的特殊之处在于通过联合分析沉积剖面中传热如何重建热史(图 4.16)。

该程序还考虑了地壳和地幔岩石熔化或者固结产生的潜热。连同更新模型的传统方法,根据观测值和计算值对比(图 4.17),还用基底面构造沉降幅度变化的分析(图 4.16(c))标明模型的原始参数,特别是构造—热事件(Makhous 等,1997a)。

然后,在全部 32 口井的重建中,采用了模型有效性的 3 条主要标准:①镜质组反射率测定值必须接近计算值(如图 4.17(a));②温度测定值必须接近计算值(如图 4.17(b));③通过消除地面负载计算基底构造沉降的变化值,必须接近根据基底地层柱中密度分布确定的沉降量,如图 4.16(c)(参见 Makhous 等,1997a 和第2章)。用盆地模拟计算机系统还分析了岩石圈加热和拉伸期间热状态和岩石密度的变化、侵入和热液活动。

该表中的值是根据表 4.2 中相对含量和表 4.3 的数据计算得出的。模型的输入参数包括现今沉积横剖面、剥蚀幅度和速率的估算值、岩石的岩性和岩石物理特征、岩石圈的构造和组成、成熟度指标(镜质组反射率)、古气候、古海洋深度、现今地表热流、深度—温度剖面和关于盆地古代和现今构造背景方面的信息(第2章)。在表 4.2 和图 4.3 以及图 4.16 和图 4.17 中,显示了 HAD-1 井(图 4.15 中的 2 号剖面)的这样一些数据。在 Makhous 等著作中(1997a)和第2章介绍了计算沉积岩和基底岩石的热物理参数的算法。

我们的方法使用了该地区岩石圈的更精确模型的反射率、新的温度和镜质组反射率(R_o)测量值和更精确的剥蚀幅度估算值,修正了 Makhous 等(1997a)获得的一些模拟结果。盆地基底模型(在沉积盖层之下)与霍加和其他非洲北部地区的地震资料和热分析的结果一致(Evans 和 Tammemagi,1974;Morgan 等,1985;Lesquer 等,1989;Nydlade 等,1996):①上部花岗岩地壳层($0 \leq z \leq 5km$)的单位体积生热量 $A = 1.67 mkW/m^3$ 和热导率 $k = 2.72 W/(m \cdot K)$;②下部花岗岩地层 $A = 1.05 mkW/m^3$ 和 $k = 2.72 W/(m \cdot k)$($5 \leq z \leq 5km$);③下部"玄武岩"地层($15 \leq z \leq 35km$)$A = 0.54 mkW/m^3$ 和 $k = 1.88 W/(m \cdot K)$;④地幔($z \geq 35km$)的 $A = 0.021 mkW/m^3$。Makhous 等介绍了沉积岩和基底岩石的热物理参数的计算方法(1997a)。

在这个基底模型中,140km 基底地层剖面中的放射性元素衰变对地面热流的总影响大约为 $32mW/m^2$。地幔热导率取决于温度,符合(Schatz 和 Simmons,1972)下列公式:

$$K/K_0 = 88.33/[31 + 0.21 \times (T + 273.15)] \quad T \leq 226.85℃ \quad (A1)$$

$$K/K_0 = 88.33/[31 + 0.21 \times (T + 273.15)] + 4.86 \times 10^{-4} \times (T - 226.85℃) \quad (A2)$$
$$T > 226.85℃$$

式中,$K_0 = 4.731 W/(m \cdot K)$ 与 Makhous 等(1997a)的模拟不同,后者的地幔热导率是稳定的,数值为 $3.56 W/(m \cdot K)$。

寒武纪—泥盆纪。对基底的构造沉降分析表明,从古德米斯盆地北纬 30°以北,地面初始热流为 $85mW/m^2$ 和岩石圈厚度为 30km(图 4.16d),而南部的初始热流较低($60 \sim 75mW/m^2$)和岩石圈较厚($H \approx 50 \sim 70km$)。分析还假定该盆地在寒武纪—志留纪的热史与岩石圈的简单冷却不同,基底的热活化维持相对高的热流直到晚志留世为止。图 4.16(c)显示出:基底的构造沉降幅度主要与古海洋的深度变化有关。根据古地理和岩石地层分析,海的深度在寒武纪—奥陶纪为 $250 \sim 400m$,在晚志留世达到了 700m,并且在中泥盆世为 500m(图 4.16(c)中虚线)。能够用模型中由盆地岩石圈的热活化引起基底面上升来解释这种早泥盆世海的快速变浅现象(图 4.16(b),(c)和图 4.17(c))。

除了热活化之外,构造分析还假定岩石圈的拉伸作用。因此,海在早志留世的急剧加深表明,在地壳均衡模型中用 $15 \sim 20Ma$ 期间岩石圈拉伸解释了全部 32 条模拟剖面,总拉伸幅度为 $\beta \approx 1.1 \sim 1.2$,使地壳厚度减薄 $3 \sim 4km$(图 4.16(d)的"莫霍面"曲线)。从中泥盆世开始到晚石炭世末期,伴有 4km 的沉积物沉积强烈的基底拉伸可能与 $\beta < 1.08$ 的缓慢岩石圈拉伸同时发生。

石炭纪—二叠纪。如上所述,撒哈拉盆地东部和北部地区的地层记录中最值得注意的是沉积剖面中缺失石炭系和二叠系。我们相信在撒哈拉盆地东部和北部地区的所有演化的模拟中将包括这一事件。为简单起见,认为在所有的模拟剖面中,晚石炭世发生了剥蚀,随后是二叠纪的沉积间断(表 4.2,图 4.16(b))。能够用于目前研究的较大的数据库使估算剥蚀量比以前更精确(Makhous 等,1997b)。

图 4.18—图 4.21 显示了 322Ma(剥蚀前)和 255Ma(剥蚀后)的剖面。根据这些图,最大的剥蚀发生在三叠和宰赫尔盆地的东部。这里,在晚石炭世剥蚀了超过 3000m 的泥盆纪和志留纪沉积物。地壳均衡模拟表明,盆地表面如此严重的隆起是由

于强烈的热活化引起盆地岩石圈中岩石的热膨胀所产生的。在模拟程序中，通过抬高温度为 $T=1100℃$ 的热底辟的顶部，模拟了这一活化过程（参见 4.1.3 节）(Makhous 等，1997a；Galushkin 等，1999)。随后，把热活化期间每个时步的温度分布重写为温度，从该底辟顶部的温度（1100℃）线性增加到计算域底部的值 T_{low}。选择了底辟上升的速率和幅度，以使构造沉降的虚线（用基底岩石密度随深度的变化关系确定的）与实线（用基底面上的负载变化确定的）的偏差达到最小值，如图 4.16（c）所示。在宰赫尔盆地（TO 井，ANR 井，Zar 井）（剥蚀量最大区 3000～3700m）进行的构造沉降分析表明，该底辟在 330—290Ma 以 1.81km/Ma 的平均速率上升。该底劈从 290—40Ma 在小于 30km 的深度保持静止；参见图 4.22 中模拟的宰赫尔盆地井 TO。这里，地面热流达到 90～110mW/m²，接近于在现今大陆裂谷中的观测值（Smirnov，1980）。在撒哈拉盆地北部和东部地区的三叠纪火山是二叠纪—三叠纪高地温梯度的证据。计算出基底面隆起大约为 200～250m，而且产生的剥蚀是由岩石圈中成分过渡界线（辉石橄榄岩—石榴橄榄岩）发生沉降引起的（Forsyth 和 Press，1971），而隆起的主要部分是由岩石的热膨胀引起的（Makhous 等，1997a）。

在三叠盆地和宰赫尔盆地南部，在晚石炭世仅剥蚀了 1500～2000m 的石炭纪、泥盆纪、志留纪和奥陶纪的沉积物（图 4.15 中剖面 4 中的 MD，RB 和 ARB 井；图 4.21）。构造分析表明这里在晚石炭世—二叠纪的热活化更温和：在 350—295Ma，底辟隆起的平均速率为 1.1km/Ma。在二叠纪，到底辟顶部的最小深度大约为 32～35km，而且早二叠世的最大地面热流为 90～100mW/m²（图 4.21）。这时岩石圈厚度大约为 30km。估算韦德迈阿盆地北部的石炭系、泥盆系和志留系的剥蚀量为 1000m（图 4.15、图 4.21，ONR 井，TKT 井和 OKS 井）。根据模拟，该剥蚀是由于 345—295Ma 的热活化产生的，其底辟隆起的平均速率 $V \approx 0.8km/Ma$，岩石圈的最小厚度约为 40～45km，而且最大地面热流 $q \approx 80mW/m^2$。北纬 30°以南（南古德米斯和伊利兹盆地），剥蚀量从 300～1300m（图 4.15 中的 1、2 和 3 号剖面和图 4.18—图 4.20）。总体上，该地区在晚石炭世—二叠纪以比北部地区更适中的热流系统为特征。在伊利兹盆地东部（1 号剖面中的 ZR 井，DL 井和 AMD 井）剥蚀掉超过 1200m 的下石炭统（图 4.18）。在二叠纪，盆地岩石圈 45～50km 的厚度是北纬 30°以南地区中最小的厚度。的确，在古德米斯和伊利兹盆地到 1 号剖面西部的区域内（图 4.15），这时岩石圈不止 55km 厚，而且地面热流约为 60～70mW/m²（图 4.18—图 4.21）。

在晚石炭世，沿着 3 号剖面的全部地区剥蚀掉了大约 700m 的泥盆系和部分志留系（图 4.15、图 4.20）。解释该剥蚀是晚石炭世—二叠纪热活化和软流圈顶部上升的结果，软流圈顶部从剥蚀前的 70～72km 深度上升到二叠纪末期的 55～57km。这一阶段的地面热流达到 60～65mW/m²。

三叠纪—白垩纪。晚石炭世—二叠纪的热活化之后，撒哈拉盆地下伏的岩石圈在三叠纪、侏罗纪和白垩纪经历了冷却过程。在宰赫尔盆地和韦德迈阿盆地北部及中部，三叠纪—白垩纪盆地沉降了 2～3km，主要是由盆地岩石圈的冷却造成的。对比图 4.18—图 4.21 中 $t=255Ma$ 的剖面与现今剖面可以观察到沉降量。然而，KA 井的模拟是一个单一例子，其沉降完全是由冷却作用造成的（图 4.22）。相对地，对其他地区

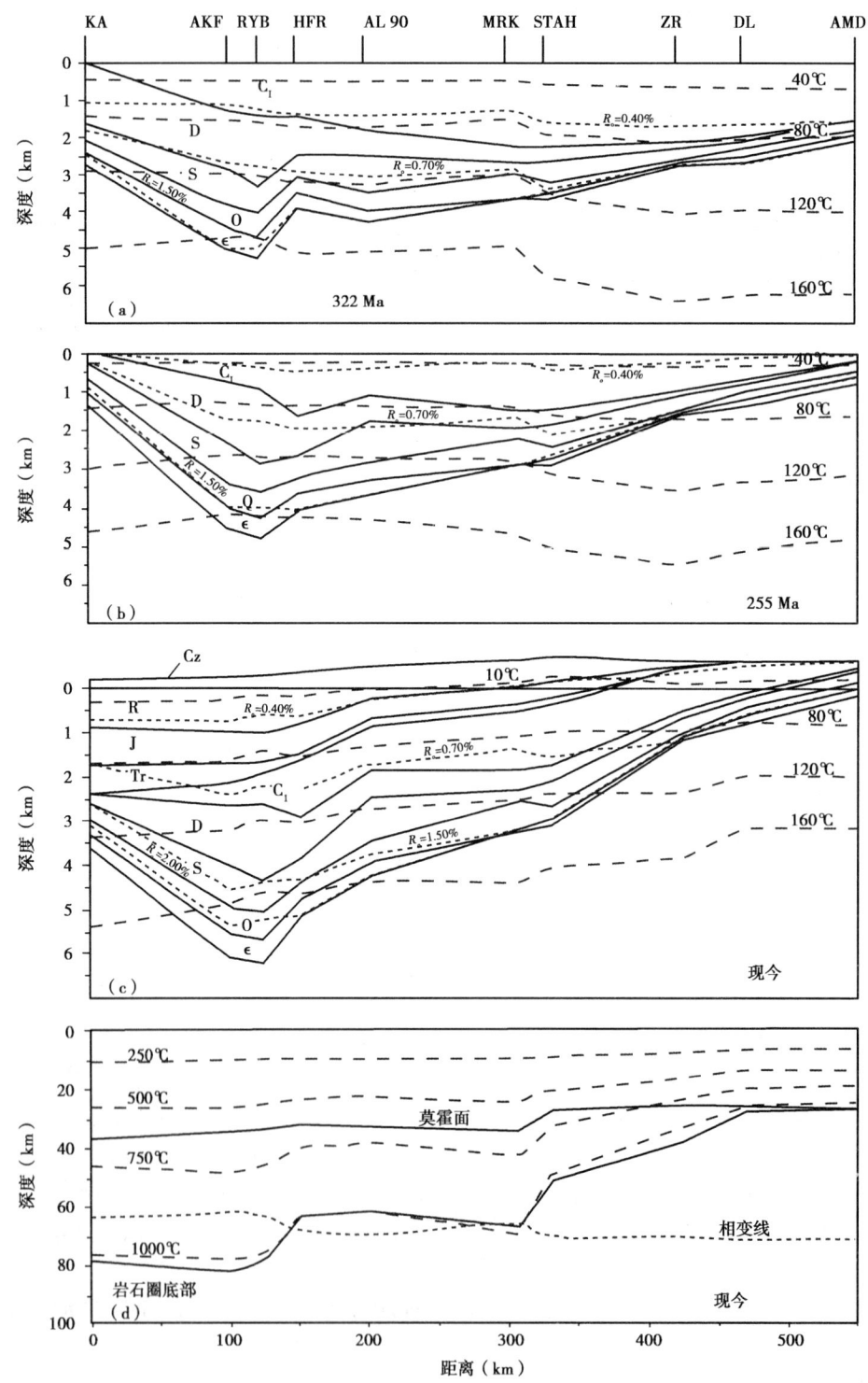

图 4.18 沿 1 号剖面进行的 322Ma(a)、225Ma(b)、现今沉积剖面(c)和岩石圈(d)的埋藏、热和成熟条件的数值重建

图中显示了根据计算的镜质组反射率得出的区域成熟度,未考虑侵入和热液作用的局部影响

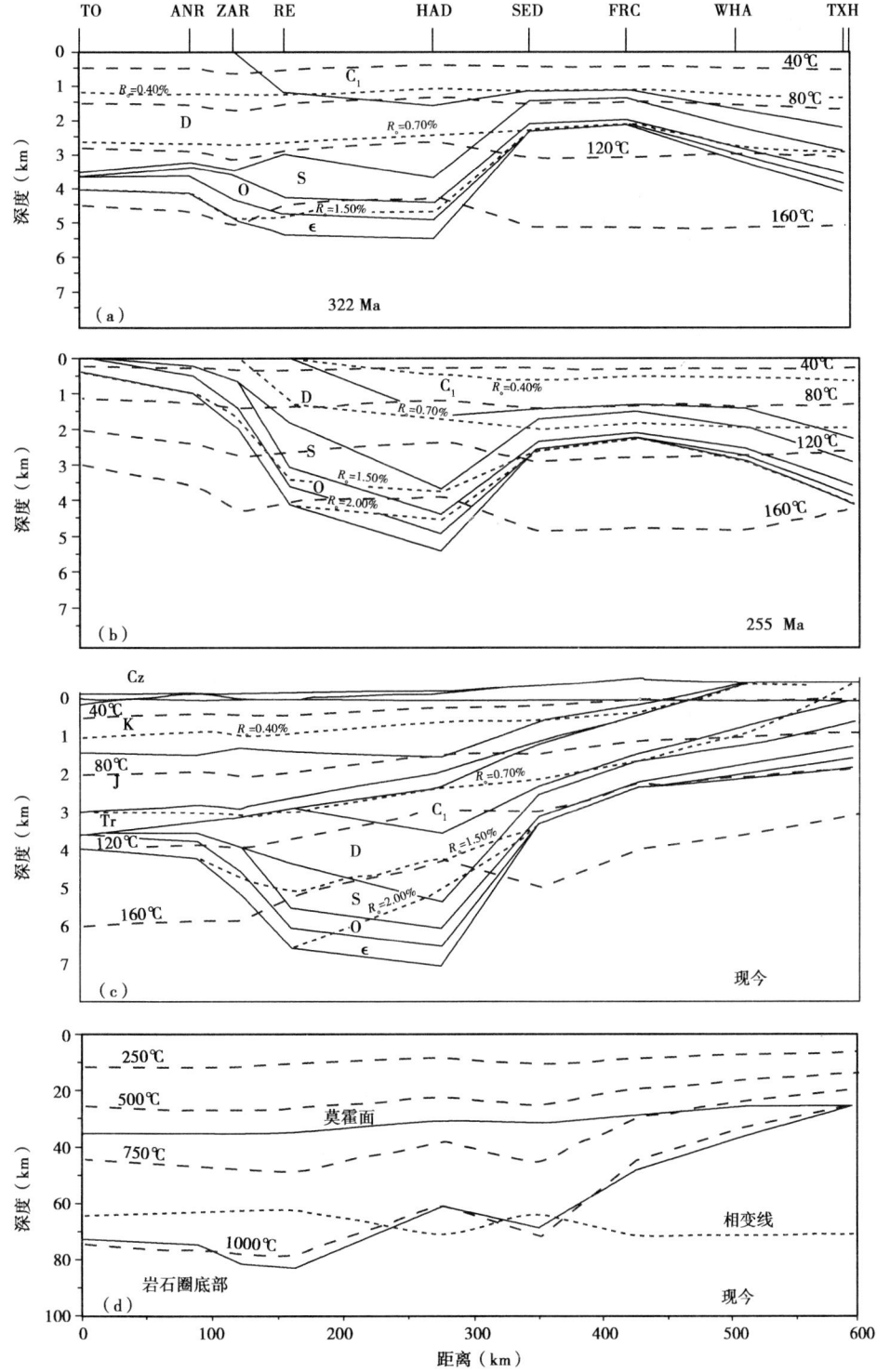

图 4.19 沿 2 号剖面进行的 322Ma(a)、225Ma(b)、现今沉积剖面(c)
和岩石圈(d)的埋藏、热和成熟条件的数值重建

图中显示了根据计算的镜质组反射率得出的区域成熟度,未考虑侵入和热液作用的局部影响

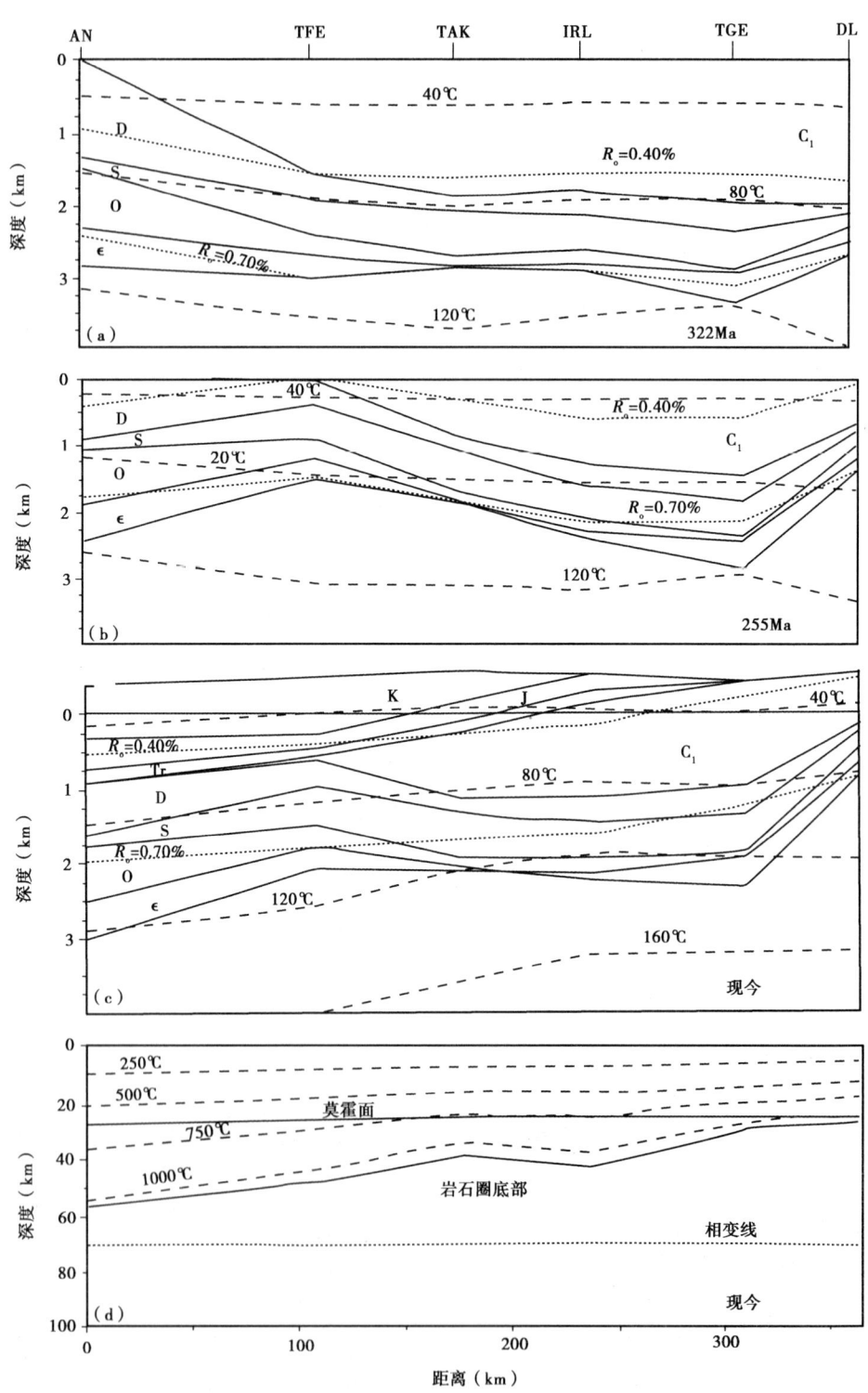

图 4.20 沿 3 号剖面进行的 322Ma(a)、225Ma(b)、现今沉积剖面(c)
和岩石圈(d)的埋藏、热和成熟条件的数值重建

图中显示了根据计算的镜质组反射率得出的区域成熟度,未考虑侵入和热液作用的局部影响

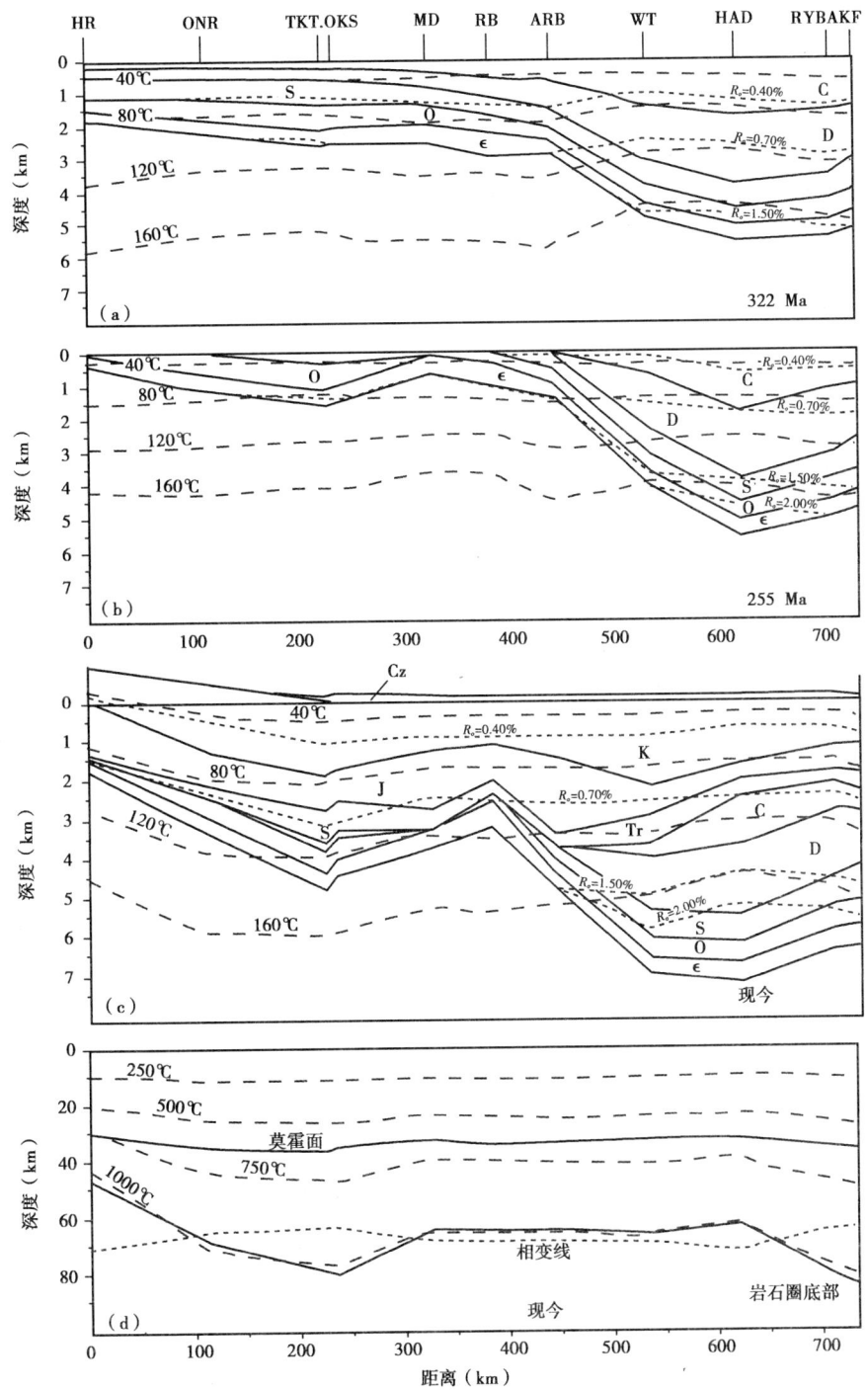

图 4.21 沿 4 号剖面进行的 322Ma(a)、225Ma(b)、现今沉积剖面(c)
和岩石圈(d)的埋藏、热和成熟条件的数值重建

图中显示了根据计算的镜质组反射率得出的区域成熟度,未考虑侵入和热液作用的局部影响

的构造沉降分析结果表明,由于热活化持续到三叠纪(HFR井)、侏罗纪甚至早白垩世(DL-1井和HAD井,图4.16(d)),延迟了盆地岩石圈的冷却作用。二叠纪热活化持续减慢了基底沉降和沉积作用(对比KA井(图4.22)与HAD井(图4.16)或者TO井(图4.22))。二叠纪热活化持续引起三叠纪和侏罗纪极其缓慢的沉积作用或者沉积缺失,在伊利兹盆地及以西地区是比较典型的(图4.23,对比图4.20中3号剖面的$t=255Ma$剖面与现今剖面)。分析表明,撒哈拉盆地北部和东部在晚白垩世达到最冷的热状态。这时,北纬31°以北的盆地岩石圈超过100km,并且南部厚度变化为60~90km。

新生代至现今。撒哈拉盆地北部和东部在三叠纪—侏罗纪和白垩纪发生了沉降。随后是新生代的沉积间断或者极其缓慢的沉积时期,原因是所有这些盆地发生了热活化和隆起,正如在深井中测量到的高温和高热流所证实(图4.15、图4.16、图4.22和图4.23)。在SIAH、FRG、AN、TFE井的沉积剖面2300~2500m深度和DL、AMD、WHA、TXH井和TGE井的1700~2000m深度达到了100℃的温度(图4.23、图4.24)。

研究区内的所有盆地的模拟显示新生代岩石圈热流系统相当高,计算的岩石圈厚度不超过80km(图4.18(d)—图4.21(d))。这种状况延续至今,正如现今井眼温度(BHT)和地温梯度显示的那样(图4.24)。计算的地面热流从北纬29°以北地区的$60mW/m^2$增加到伊利兹盆地南部的$90~100mW/m^2$。相应的,估算的岩石圈厚度从北部的60~80km减少到伊利兹盆地南部的30~40km(图4.18(d)—图4.21(d))。韦德迈阿盆地西北部的岩石圈比东部地区的热(图4.21(d))。伊利兹盆地东部也比中心部位热(图4.18(d)—图4.21(d))。伊利兹盆地东部最大地面热流的区域与近代火山活动的区域重合。假定伊利兹盆地的这个小的火山分布区可能是霍加火山轴向北东方向的延续(Dautria和Lesquer,1989)。

沿着1、2和3号剖面的模拟结果显示,伊利兹盆地的岩石圈在新生代经历了中等程度的拉伸,在该盆地中心部位的最大拉伸幅度为1.16。图4.23(b)上部的虚线标明无新生代拉伸的热构造沉降的位置,而点线的位置有幅度为1.16的新生代拉伸。为了组合回剥(实线)和热(点线)构造曲线,模拟假定存在这一拉伸。图4.24显示了新生代拉伸的幅度连同伊利兹盆地的12口井或周围地区的沉积剖面中计算的现今温度剖面和测量温度。如上所述,假定在所有研究的盆地中这些和其他井中测量的深层温度值新生代具有相当高的热流系统,特别是伊利兹盆地。

4.2.2.2 撒哈拉盆地北部和东部有机质的成熟史

使用在沉积盖层中作为时间函数计算的温度评价盆地演化中任何时间内有机质的成熟度。应用Sweeney和Burnham(1990)的动力学模型计算了镜质组反射率(R_o)的成熟度,在第3章中介绍了计算R_o的算法。

图4.25显示了研究区内计算的15口井的镜质组反射率现今分布和R_o测量值。图4.16(b)、4.22(a)、(c)和4.23(a)中的虚线分别说明井HAD、TO、KA和TGE中沉积剖面地质史中成熟度的变化。成熟度等值线的深度变化反映了以上讨论的沉积盆地的复杂热史,假定由热液—侵入活动引起的有机质成熟度的急剧上升发生在下三叠统和呈阶状的现今成熟度的深度中。下面将讨论阶状剖面的成因。这里,应该指出的是,图4.16—图4.23的剖面中R_o等值

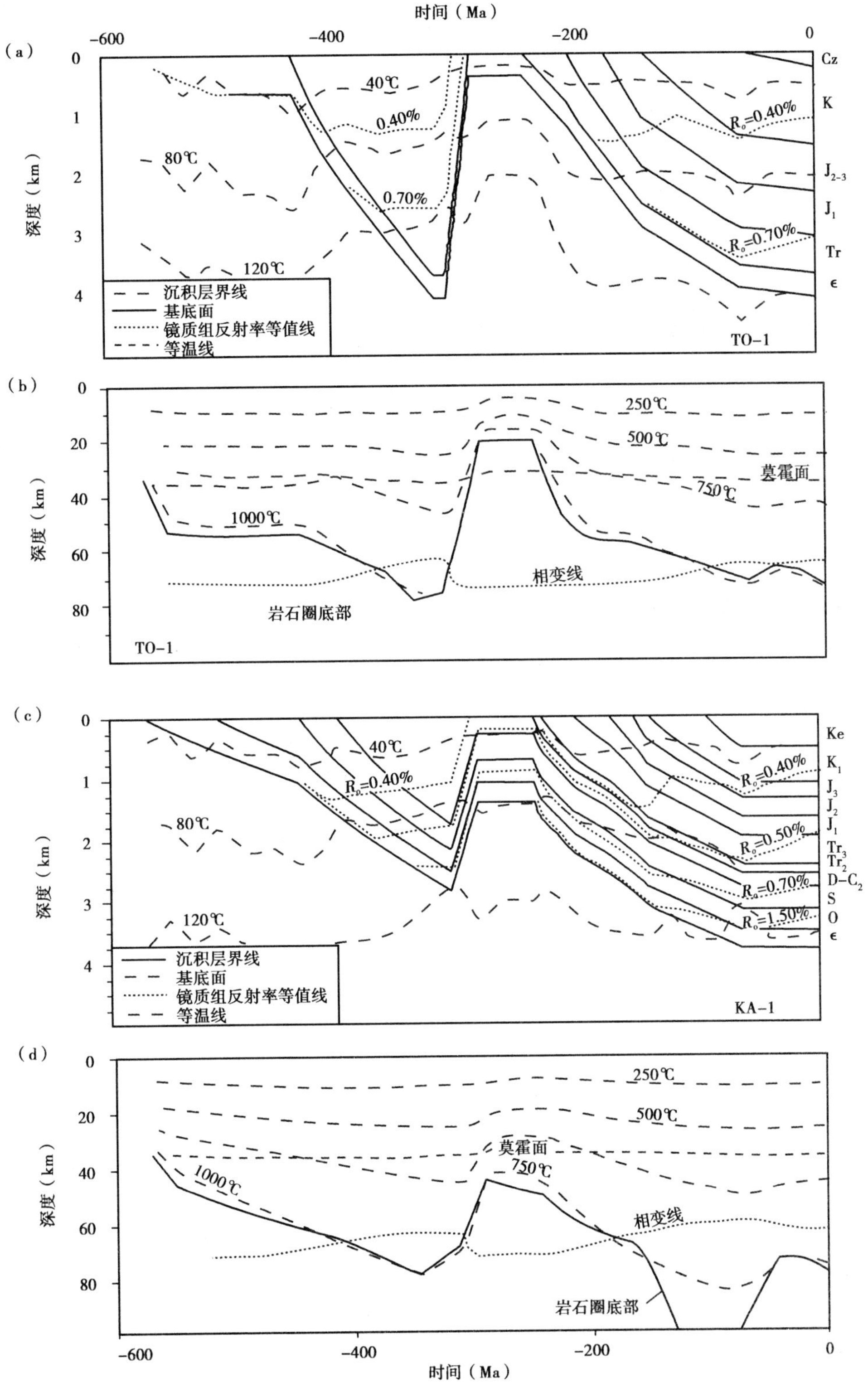

图 4.22 宰赫尔盆地 TO 和 KA 井区的沉积剖面(a,c)和岩石圈(b,d)的埋藏史及热史

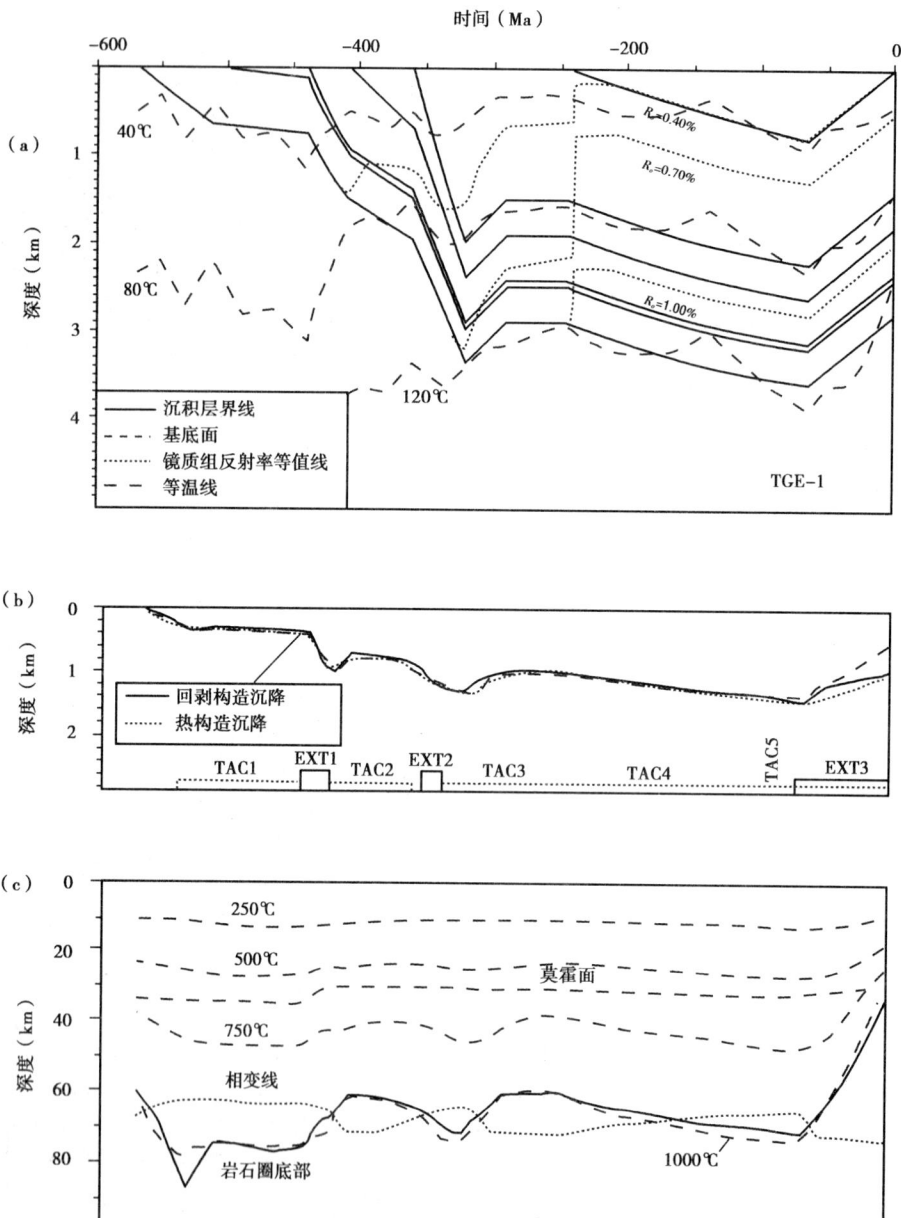

图 4.23 伊利兹盆地 TGE 井沉积剖面的埋藏史和热史(a)、构造沉降史(b)以及岩石圈的热史(c)
该区岩石圈现今有拉伸和热活化
图(b)中,TAC—岩石圈热活化的时期;EXT—岩石圈拉伸时期;
(b)中的长虚线未考虑新生代的基底拉伸(参见文中说明)

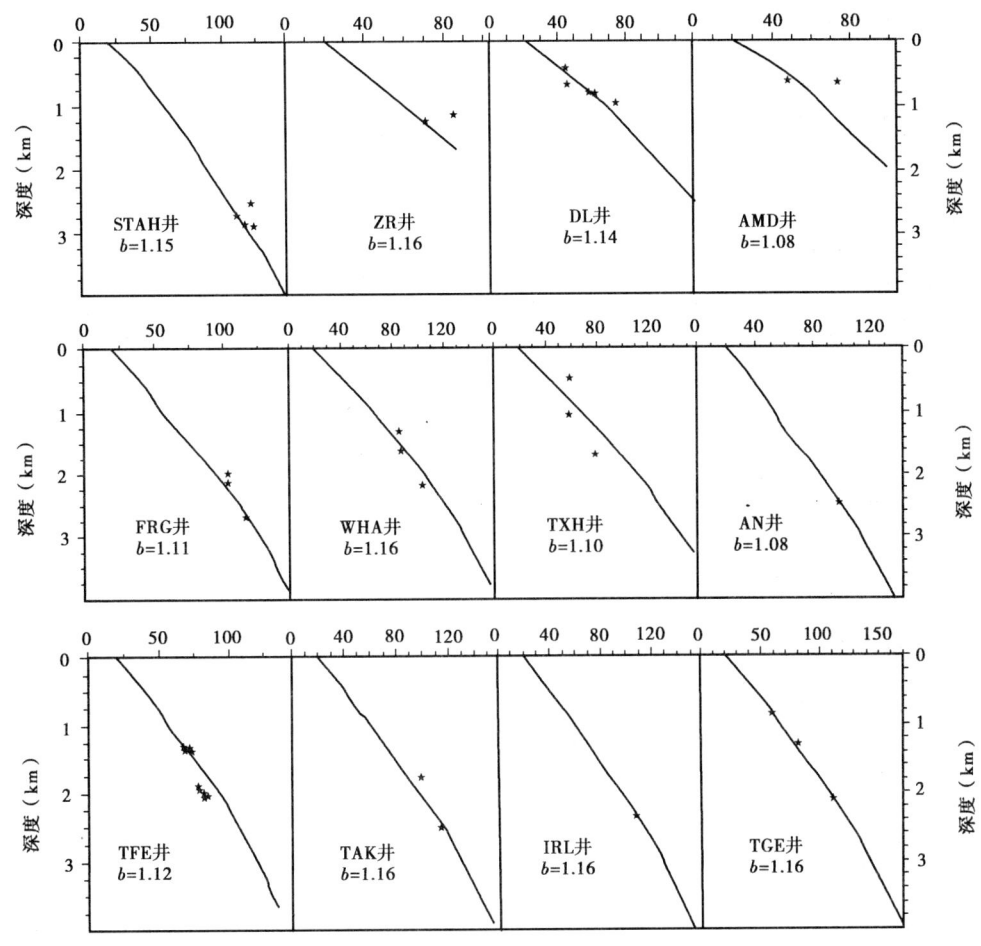

图 4.24 伊利兹盆地 12 口井沉积剖面中计算的(实线)和测量的(星号)温度曲线
构造分析假定伊利兹盆地岩石圈在新生代发生热拉伸作用(见文中说明),
在图中用参数 b 表示新生代拉伸的幅度

线仅说明背景成熟度,并未考虑热液和侵入活动的局部作用。

4.2.2.3 利用时间—温度指标计算剥蚀后镜质组反射率变化的简化分析

在此说明如何使用比重建中更容易的方法评价 R_o 的变化。该方法有助于解释尽管有相当强的海西期剥蚀却出现极小的 R_o 突变的原因。为此,将借助于 TTI,即时间—温度指数估计有机质的成熟度。这种方法在 10～20 年前是流行的,作为评价有机质成熟度相对简单的参数。用岩石埋藏期间的温度 $T(t)$ 确定时间—温度指数(Lopatin,1971;Waples,1980)。该指数假定岩石温度每增加 10℃ 反应速度加倍(Lopatin,1971)。镜质组成熟度的动力学模型(Sweeney 和 Burnham,1990)允许更精确的 R_o 计算。然而,常常同时应用方程(3.1)和 Kalkreuth 和 McMechan(1984)的关系式(3.2),以获得有机质成熟度的初始估算值。TTI 方法的建立极有助于分析剥蚀后 R_o 的变化,如图 4.25 中随时间产生的附加效应的情况。

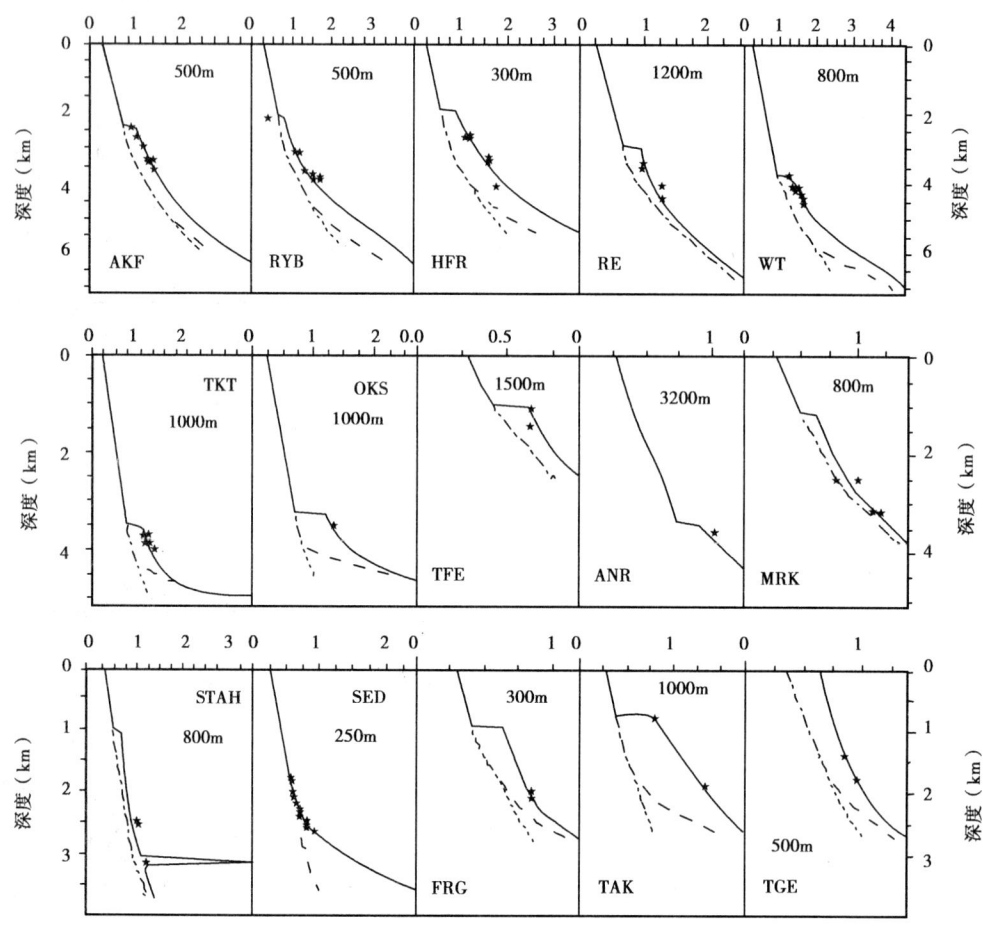

图 4.25 撒哈拉盆地北部和东部 15 口井的 R_o 剖面

星号:测量的 R_o 数据。实线:根据埋藏和由侵入活动和伴生的热液对流传热产生的传导热计算的 R_o 值(见文中说明)。虚线:根据埋藏和侵入活动产生的传导热计算的 R_o 值,假定无热液传导。点线:除去侵入和热液效应(区域成熟度)。图中海西期剥蚀量的单位为 m

为简单起见,假定岩石温度随深度呈线性变化:

$$T(t) = T_0 + \gamma \cdot V \cdot t \quad (4.1)$$

式中,T_0 是平均地面温度℃;γ 是稳定的温度梯度,℃/km;V 是(0,0)时期内的平均沉积速率,km/Ma。按照方程(3.1)和(4.3),TTI 增量是时间 Δt 内这样沉积作用的结果 ΔTTI:

$$\Delta TTI = \frac{10 \cdot 2^{T_0/10}}{2^{10} \cdot \ln 2 \cdot \gamma \cdot V} \cdot \left[2^{\frac{\gamma \cdot V \cdot \Delta t}{10}} - 1 \right] \quad (4.2)$$

在重建中,海西期的剥蚀是相当快速的过程,而且它对 TTI 的影响主要包括地层到地面的隆起及其遭受剥蚀。如果用方程(4.2)描述剥蚀前的成熟度和剥蚀幅度等于 Δz(单位为 km),

那么就能计算与那时剥蚀产生的间断面符合的盆地表面的 TTI 变化如下：

$$\Delta TTI_{erosion} = \frac{10 \cdot 2^{T_0/10} \cdot \Delta t}{2^{10} \cdot ln2 \cdot \gamma \cdot \Delta z} \cdot \left[2^{\frac{\gamma \cdot \Delta z}{10}} - 1 \right] \tag{4.3}$$

式中，参数 T_0 和 γ 表示剥蚀之前沉积的特征，而 Δt 是 Δz 层的沉积持续时间。在沉积间断时期，当无沉积或剥蚀作用时，用岩样的平均温度 T_{av} 和这一时期的持续时间 Δt 确定 TTI 指数：

$$\Delta TTI_{interrup} = \left[2^{\frac{T_{av}}{10} - 10} \right] \cdot \Delta t \tag{4.4}$$

如上所述，T_{av} 的单位为℃、Δt 的单位为 Ma。按照方程(4.4)，沉积间断使具有低 T_{av} 的近地表岩石的 TTI 几乎无变化，而具有高 T_{av} 的深层岩石却产生相当大的变化。

现在，应用方程(4.2)、(4.3)和(4.4)能够快速分析剥蚀之后间断面上的 R_o 突变，该间断面是由不同的沉积和间断过程所引起的。最初，分析剥蚀幅度最大的 ANR 井的剖面，如图4.25 所示。选择了与模拟结果一致的参数。Δz 层的海西期剥蚀量 = 3.2km，$T_0 = 10$℃，$\gamma = 40$℃/km，该层在剥蚀前的沉积时间 $\Delta t = 103$Ma。那么，根据方程(4.3)，得到 $\Delta TTI_{erosion} \approx 162$，或应用方程(3.2)得到 $\Delta R_o(eros) \approx 1.27\%$。因此，根据 TTI 法，ANR 井近地表的地层在海西期剥蚀结束时的特征是 $R_o \approx 1.27\%$ 和那时不同间断面上的 R_o 差异也是 $\Delta R_o(eros) \approx 1.27\%$。如果在相应的盆地内不发生更多的沉积和剥蚀作用，在萨克森(Saxony)盆地可能有这样的 ΔR_o 值(Petmecky 等, 1999)。然而，后来三叠纪—白垩纪的沉积作用使地表层降低到3000m 深度以下。模拟结果表明，该阶段以下列参数为特征：在 $\Delta t = 183$Ma 期间沉积了 $\Delta z = 3.4$km 的地层，$T_0 = 10$℃ 和 $\gamma = 32$℃/km。然后由方程(3.2)和(4.2)得到：$\Delta TTI_{sedim} \approx 89$。因此，认为三叠纪—白垩纪沉积结束时刚好在间断面之上的岩石的 $\Delta TTI_{sedim} \approx 89$，并且根据方程(3.2)，$R_o(sed) \approx 1.1\%$。同时，由于刚好在间断面以下的岩石具有方程(3.1)的性质，它的 $TTI \approx 162 + 89 = 251$ 和 $R_o \approx 1.42\%$。因此，沉积作用使中生代沉积开始时间断面的 R_o 从 1.27% 降低到结束时的 0.32%。新生代沉积间断的特征是：在 65Ma 时期内，间断附近的平均温度 $T_{av} \approx 105$℃。根据方程(4.4)，这一时期的 TTI 增量，即 $\Delta TTI_{interrup} \approx 92$。然后，刚好在间断面以上的岩石的 $TTI = 89 + 92 = 181$ 和 $R_o \approx 1.31\%$，而刚好在间断面以下的岩石的 $TTI \approx 251 + 92 = 343$ 或者 $R_o \approx 1.53\%$。相应的，由于 3.2km 剥蚀使 R_o 差从初始值 $\Delta R_o \approx 1.27$ 降低到现今的 $\Delta R_o \approx 0.22\%$，这是后来沉积作用和沉积间断的结果。值得注意的是，尽管 R_o 的对应值可能差 0.2% ~ 0.3%，该差异与图4.25 中更精确的计算结果一致。

在提米蒙盆地 REG-1 井沉积剖面的相似分析中，海西期剥蚀量为 2300m，假定刚刚在剥蚀后的初始 R_o 变化 $\Delta R_o \approx 0.73\%$。用于计算的参数为 $\Delta z = 2.3$km，$T_0 = 10$℃，$\gamma = 45$℃/km，Δz 在剥蚀前的沉积时间 $\Delta t = 49$Ma，由方程(3.28)得到 $TTI = 17.4$。白垩纪的沉积在 $\Delta t = 85$Ma 期间供给了 $\Delta z = 0.8$km 的沉积物，$T_0 = 10$℃，$\gamma = 50$℃/km 和 $\Delta TTI_{sedim} \approx 0.9$，并且新生代的沉积间断持续了 65Ma，接近间断面的平均温度 $T_{av} \approx 50$℃ 和 $\Delta TTI_{interrup} \approx 2.0$。这使刚好在间断面上地层的 $TTI = 2.9$ 和 $R_o = 0.45\%$，其下地层的 $TTI = 20.3$ 和 $R_o = 0.753\%$。因此，在这种情况下，剥蚀 2300m 之后的初始 R_o 变化 $\Delta R_o \approx 0.73\%$ 降低到现今的差 $\Delta R_o \approx 0.30\%$。

最后，对海西期剥蚀量为 1500m（$\Delta z = 1.5$km，$T_0 = 10$℃，$\gamma = 40$℃/km，$\Delta t = 38$Ma，$TTI = 1.12$）的 TGE-1 井沉积剖面的分析表明：三叠纪—白垩纪的沉积作用（$\Delta z = 1.2$km，$\Delta t = 175$Ma，$T_0 = 10$℃，$\gamma = 50$℃/km，$\Delta TTI_{sedim} \approx 52$）和新生代的沉积间断（$T_{av} \approx 55$℃，$\Delta t = 65$Ma，

$\Delta TTI_{interrup} \approx 2.9$)分别产生间断面上、下的 TTI 为 8.1 和 9.2,R_o 为 0.59 和 0.61%。因此,在这种情况下,剥蚀之后的发育史使刚刚在剥蚀后的 $R_o \approx 0.345\%$ 的初始 ΔR_o 降低到现今可忽略的 $\Delta R_o \approx 0.02\%$。在图 4.25(虚线)的其他剖面中遇到了相同的情况。上述例子清楚地证明成熟度剖面不仅受到剥蚀幅度的控制,还在很大程度上受到盆地后来沉积史的控制。

4.2.2.4 海西期剥蚀在成熟史中的作用

图 4.25 剖面中的点线表示计算的 R_o 随深度的变化曲线,未考虑三叠纪热液—侵入活动的影响(局部成熟度)。实线是考虑上述影响和埋藏影响下得到的 R_o 剖面。虚线是在未考虑热液影响但考虑侵入的传导热效应下计算的 R_o 剖面。在图 4.25 的每口井中,全部 3 条剖面在上三叠统和较新沉积物中一致,但是在海西期不整合面出现显著的突变。第一印象是海西期剥蚀是产生这种突变的主要原因。然而,图 4.5 中显示的剥蚀幅度与 R_o 剖面中的突变不相关,与"海西期剥蚀仅是观察到的有机质成熟度急剧增加的原因"的观点相矛盾。尽管海西期剥蚀可能起一些作用,但是侵入—热液作用是形成这些阶状成熟度分布剖面的主要过程。

许多地质学家相信,剥蚀是沉积剖面中出现镜质组反射率急剧阶状增加的最可能原因。例如,S. Petmecky 等(1999)通过分析下萨克森盆地中岩石的高成熟度,断定 R_o 的 0.5% ~2.5% 的阶状增加主要是由于极高的热流系统(>70mW/m²)造成的,其后剥蚀掉不止 42km 的沉积物。然而,在那项研究中考虑过的一些 R_o 剖面的上部几乎是垂直的 R_o 梯度。在这种情况下,Petmecky 等(1999)假定了"剥蚀后这里发生的热液活动能够减少相当高的剥蚀幅度"的推测。

撒哈拉盆地北部和东部成熟史的分析表明,现今成熟度剖面不仅取决于剥蚀量,而且主要取决于盆地的剥蚀后发育史。的确,从图 4.25 中点线剖面看到剥蚀仅仅对 ANR 井的 R_o 剖面产生重大的影响。然而,即使对这口井,$H = 3200m$ 的海西期剥蚀仅达到 $\Delta R_o = 0.2\%$,这似乎明显小于通常所假定的数值。图 4.25 中其他 14 条剖面的点线说明海西期剥蚀对现今成熟度剖面的影响很小,尽管一些剖面的剥蚀差不多达到 1~1.5km。

成熟度剖面对多达 1.5~3km 的剥蚀量的响应极低,这与"重大的剥蚀作用总是显著地改变成熟度剖面"的流行观点相反。为了确认图 4.25 中的结果,应用这种简单的 TTI 成熟度估算法验证剥蚀后 R_o 的变化(参见前面章节 4.2,2.3)。用这种方法计算的 R_o 值与图 4.16—图 4.23 和图 4.25 中用动力学光谱(Sweeney 和 Burnham,1990)得到的那些值相差 0.2%~0.5%。然而,这两种方法得到的沉积或间断引起的 R_o 增量很接近。根据 TTI 法,ANR 井的近地表岩石在 3.2km 的海西期剥蚀末期应达到 $R_o = 1.27\%$。此时,在间断面上的 R_o 突变具有相同的值。如果既未沉积也未遭到剥蚀,那么现今值应该相同。三叠纪—白垩纪沉积超过 3000m 是由于间断面以上 R_o 达到 1.1%,和间断面以下达到 1.42%。因此,沉积作用使沉积开始时在间断面上的 R_o 差从 1.27% 减少到沉积结束时的 0.32%。新生代的沉积间断使间断面以上的 R_o 从 1.31% 增加到间断面以下的 1.53%。最后,现今的 R_o 突变减少到 0.22%,这与图 4.25 中更精确的结果完全一致。图 4.25 中的其他井也出现了相同的情况,这使图 4.25 点线中因海西期的剥蚀而缺少明显的效应。总之,值得注意的是,ANR 井是图 4.25 中唯一能够在不考虑热液—侵入影响的情况下用剥蚀解释 R_o 剖面的井(该井的点线、虚线和实线吻合)。

总之,剥蚀对现今成熟度随深度变化的影响不仅取决于剥蚀幅度,还取决于海西期之后盆地的沉积史。由于再埋藏作用,R_o 剖面的偏差减少,直到无明显差异为止,并且 R_o 剖面因此被退火。Yahi 等(2001)也提出了拜尔肯(Berkine)盆地连续再埋藏之后的这种成熟度剖面。

4.2.2.5 具有阶状 R_o 剖面的地层是热液侵入活动的结果

上述分析表明,海西期剥蚀仅能说明一小部分在撒哈拉盆地北部和东部地区镜质组剖面中观察到的 R_o 突变。阶状 R_o 剖面是由侵入活动和热液的传热产生的。三叠纪侵入活动和热液活动的充分证据(Makhous 等,1997b)表明,这种情况对于撒哈拉沉积盆地所有北部和东部地区也是真实的。同样地,Galushkin 等(1999)推断,在西西伯利亚盆地乌连戈伊气田,侵入活动和热液传递产生了相似的阶状 R_o 剖面。

令人遗憾的是,在海西期间断面之上缺少镜质组(少见的不成熟有机质)资料的情况下,估计侵入和热液活动的确切时间是困难的,但是图 4.25 剖面的镜质组资料显示为早三叠世之后。在研究区的大部分,为了与那里公认的火山活动年代一致,选择了 240~235Ma 作为侵入到基底浅层的时间(Makhous 等,1997b)。在数值重建中,用计算的温度代替侵入活动的有效期限内每个时步的侵入深度范围内的侵入温度(700~1000℃),模拟了侵入活动的传导热部分。在图 4.25 中,把侵入定位在基底之下 100~5000m 的深度,其厚度为 100~500m。1 号剖面上的斯塔井剖面仅仅是显示岩体侵入到沉积剖面中的例子(侵入深度 $2.16 \leq Z_i \leq 2.29$km;厚度 $H=130$m;侵入时间 $t_i=237$Ma;侵入活动的持续期为 0.6Ma)。通过对比实线(使用埋藏和由于侵入及相关的热液传递产生的传导热计算的)、虚线(考虑传导侵入热,但是不考虑热液影响情况下计算的)和点线(不考虑侵入和热液加热—局部成熟的情况下计算的)在图 4.25 中能够看到侵入活动的传导热对成熟度剖面影响的结果。SED 的剖面是具有相当平滑的 R_o 分布的例子,能够用侵入活动的传导热效应解释(有效厚度为 400m,侵入深度为基底面之下 2km,侵入时间大约为 240Ma,侵入温度为 1000℃)。从图 4.25 中其他井的实线 R_o 剖面与点线的对比可以看出,为了使计算的 R_o 剖面与测量数据一致,需要侵入活动和相关热液作用产生的热传导的影响。

众所周知,由于需要渗透率、孔隙度和其他岩石物理参数的详细信息,所以计算存在热液活动传热时的温度分布是相当困难的数学问题(Bethke,1989;Person 和 Garven,1992)。为了避免这些约束条件,不考虑热液的热交换过程,只模拟热液作用区域内主要由温度增加引起的热液对有机质成熟度的影响。在程序中,从数值上模拟了这一过程,用线性热液分布代替现有的温度分布 $T(z,t)$:

$$T_{\text{hydr}}(z,t) = T(z_2) - \Delta T \cdot [(z_2-z)/(z_2-z_1)] \qquad (4.5)$$

式中,$\Delta T/(z_2-z_1)$ 是热液深度范围内的平均温度梯度。在地下水活动的深度范围内 $z_1 \leq z \leq z_2$ 和该过程的每个时步中,进行了这种替换。为了使计算的和测量的 R_o 达到最佳拟合,选择了热液作用的深度界限 z_1 和 z_2 以及 ΔT 的值。在重建中,取热液作用的持续时间接近侵入活动的持续时间。活动的底部深度 z_2 通常在基底面以上 0.5~2.5km,偶尔,与基底面重合(SIAH、TGE、TAK 井)。热液作用的上边界通常与侵入活动时的盆地表面重合。方程(3.32)中参数 ΔT 的范围 30~60℃。图 4.25 显示出考虑热液影响能够解释研究区内成熟度剖面的阶状特征。

4.2.2.6 途径、热流异常、古海深、侵入—热液活动和局部及区域地壳均衡

盆地演化是一个极其复杂的时间—空间过程,而且实施模拟的三项标准(温度和镜质组反射率的计算值与测量值之间的近似以及两条构造曲线的重合)并不产生单一盆地发育的真实模型。

前面介绍的重建是通过求解一维非稳定热传导方程得到的,而且图 4.18—图 4.21 中的二维剖

面是通过图中剖面的一维重建之间的线性外推导出的。特别是应用了线性外推法,以避免额外的模拟结果失真。一维方法对于讨论的撒哈拉盆地北部和东部地区是有效的。的确,从图4.18—图4.21能够看到,沉积剖面中的垂直温度梯度 $\partial T/\partial z$ 超过水平梯度 $\partial T/\partial x$ 80~200倍,而且在基底和软流圈超过15~40倍。因此,预期一维引入的误差是不重要的。

一些学者提出,用该盆地中沉积物的非稳定热状态可以解释相邻盆地中观察到的不同地面热流值(Nyblade 等,1996)。的确,与深层相比,快速沉积能够极大地降低地表热流(q)(Carlslaw 和 Jaeger,1959),例如,里海南部和黑海东部(Galushkin 和 Smirnov,1987)。已知可以用两个无量纲参数 S 和 p 确定因沉积作用产生的热流干扰。这里,$S = [(k\rho C_p)_s/(k\rho C_p)_f]^{1/2}$ 确定沉积物(s)和基底(f)中热物理参数的比率,$p = H/[k_s t]^{1/2}$ 为无量纲的沉积速率。以上使用的参数为:$H = Vt$,式中 V 和 t 是沉积速率和时间,k_s 是沉积物的热传导系数。最大的沉积速率发生在三叠纪,而且沉积量仅为20m/Ma(KA 井的剖面)。在这种情况下:$S > 0.8, t > 30Ma, H < 600m, k_s \approx 4.5 \times 10^{-7} m^2/s$,因此得到 $p < 0.03$。那么根据 Galushkin 和 Smirnov(1987)的曲线,由于沉积产生的地面热流干扰并不超过6%。因此,撒哈拉盆地中现今热流的变化不可能是由于沉积速率的差异引起的,而与地幔热状态的差异有关。

另一个问题涉及古海洋的深度。从充分精确的角度,这些深度的变化是未知的。为了估计由这种不确定性引起的误差,用小于图4.16(c)中显示的主要变量两倍的古海洋深度模拟了 HAD 井。模拟得到了奥陶纪、志留纪和泥盆纪的热活化强度较低(地面热流为0.05~0.15mW/m^2),志留纪的 β 值较低(1.17,而不是图4.16(c)中的1.21)。因此,包括泥盆纪在内的早古生代的海洋深度的误差在估算当时构造事件的幅度和次序时能够产生误差。模拟的盆地现今热状态和成熟度或多或少没有变化,这表明模拟有效性的三个标准是成立的。

分析假定,模拟的所有井在晚石炭世发生了剥蚀,随后是二叠纪的沉积间断。剥蚀可能持续到早二叠世,但是这将对提供地质事件次序保持不变的模拟结果的影响极小。

对侵入和热液活动的持续期和强度的估计是定性的,而不是定量的。在一定程度上,使用与上述不同的侵入厚度、温度和热液作用的参数能够得到相同的现今 R_o 剖面(Galushkin 等,1999)。对侵入—热液活动的强度和持续期的估计是非常近似的。对侵入影响的更详细分析需要相应方程计算的相当小的深度—时间步长(Galushkin,1997b)。然而,建立更精确的模型必须有更详细的 R_o 资料。尽管如此,在研究中使用的上述方法足以显示侵入—热液活动对成熟度的影响,并且调整以上证明的推论。

最后,方法中最重要的问题之一是假定盆地岩石圈对构造沉降分析中负载的局部地壳均衡的响应。在(Makhous 等,1997a)中讨论了这个问题。我们注意到,由于地幔岩石的流变性在很大的深度 $z \approx z_i$ 下变弱,相当大的地壳均衡补偿 z_i 与计算范围的下边界 z_{low} 重合,暗示无重大的有效应力差。此外,预期盆地岩石圈由于热活化或者扩张变弱期间的局部地壳均衡的偏差小,而且盆地岩石圈的有效弹性厚度超过沉积盖层的水平尺度2~4倍,并且没有水平构造应力,在区域上盆地发育期间的偏差也小。

4.2.2.7 热史与油气生成的关系

根据热模拟,志留系烃源岩尽管大多数在生油窗内,但是在韦德迈阿盆地北部和古德米斯盆地一些地区未加热到足够高的温度。就此而论,还可以提到古德米斯盆地的泥盆系烃源岩。这种表观上的不一致可归因于海西期隆起造成了古生界的有效剥蚀和存在厚层蒸发岩。古德米斯盆地的海西期隆起幅度和剥蚀范围都略低于韦德迈阿盆地,因此,现今温度与有机质成熟度之间的明显不一致无可比性。在伊利兹盆地南部和西部,最深的沉降发生在海西期隆起之前。在这些地区缓和的海西期隆起不需要大的温差;因此,尽管具有较低的速率,有机质的成熟作用继续进行。最终结果是测量的成熟度比根据现今温度预测的成熟度要高。因此,原始总有机碳的区域平均估算需要估计每个特定地区内海西期隆起的幅度和古生代沉积物的剥蚀程度,及其对干酪根成熟度的影响。

古生代油气生成和聚集的有利条件主要发生在该地区的南部和西南部。至于中部和西部地区,油气生成将优先发生在中生界。有希望的圈闭或有利构造是那些紧靠沉积带的区域,那里的志留纪和泥盆纪烃源岩未受到隆起,因此,除了剥蚀之外还有热脉冲。特别是,由于在古生代和中生代它们是活动的,古德米斯和伊利兹盆地构成了有利的含油气区。白垩纪末期,撒哈拉东部开始生成天然气。

4.2.2.8 小结

应用 Galo 模拟系统分析了撒哈拉盆地北部和东部 32 口井的埋藏史和热史,获得了随时间变化的沉降、温度、岩石圈厚度和有机质成熟度的分析结果。用于控制模拟的 3 个标准:测量的与计算的温度值、测量的与计算的镜质组反射率以及计算的基底沉降幅度,这些是通过消除水与沉积物负载及岩石圈中岩密度随温度和压力的变化计算出来的。

模拟假定撒哈拉盆地中最高的热活化热流 $q > 100 \text{mW/m}^2$ 和最薄的岩石圈($H = 25 \sim 35 \text{km}$)出现在晚石炭世—二叠纪的宰赫尔和韦德迈阿盆地,而且靠近大陆裂谷地区。这种活化引起了下石炭统、泥盆系、志留系甚至奥陶系遭受了相当于 2000~3000m 的剥蚀。同时,上述地区的南部(古德米斯和伊利兹盆地)经历了更缓和的剥蚀,具有较厚的岩石圈($H > 45 \sim 50 \text{km}$)和较低的地面热流($q < 75 \text{mW/m}^2$)。在三叠纪—白垩纪,最大的沉降区是北部地区。这里最大的热活化和最薄的岩石圈出现在二叠纪。现在与二叠纪的状况相反,最高的热流系统出现在研究区南部,特别是在伊利兹盆地,那里的热流达到 100mW/m^2,岩石圈厚度减少到 30km(图 4.9、图 4.18—图 4.21)。

在图 4.18(d)—图 4.21(d)中显示的现今岩石圈温度随深度的分布,盆地与盆地之间明显不同。例如,在 40~50km 深度的温度从北部地区的 750℃(三叠盆地、韦德迈阿盆地北部、古德米斯盆地北半部)上升到伊利兹盆地东部和中部的 1000℃ 以上。后者等地温线大约在 25~30km 深度与橄榄岩的固相曲线相交(参见图 4.18(d)—图 4.21(d)中岩石圈底部)。因此,在该地区的较浅深度能够出现地幔岩石的部分熔融,然而在古德米斯、三叠盆地和韦德迈阿盆地北部,相应的深度为 60~80km。这表明现今这些盆地的岩石圈构造之间存在差异。因此,地幔岩石的部分熔融可能出现在 1000℃ 等温线达到浅40km 的深度(图 4.18(d)—图 4.21(d)),而且由地幔热柱产生的温度扰动将使岩石圈变薄。此外,按照模拟结果,对于伊利兹盆地东部和中部地区由于下面的地幔热柱而使岩石圈变薄,也存在由于中生代岩石圈拉伸使其变薄的情况,拉伸的最大幅度约为 1.16,导致了地壳厚度的减少。上述所有证据都符合"伊利兹台地之下岩石圈地幔特别在东部和中部已经被熔化或者局部被变成单斜辉石岩"的假说一致(Lesquer 等,1990)。造成上述引证修正的过程类似于与裂谷作用有关的过程,但是改变的程度比 Megartsi 说明的东非裂谷系西支的强度要低(1972)。

对撒哈拉盆地北部和东部的成熟史的分析表明,剥蚀对现今成熟度分布随深度变化的影响不仅取决于剥蚀幅度,而且在很大程度上取决于剥蚀后盆地的发育史。分析结果显示,海西期剥蚀仅仅说明撒哈拉盆地北部和东部地区中 R_o 剖面的一小部分阶状形式,因此推断三叠纪和局部的新生代侵入活动及热液传热同样解释了阶状特征。

4.2.3 撒哈拉盆地南部和西部综合埋藏史和热史的二维模拟及其与北部和东部的比较

这部分的目的是重建撒哈拉盆地南部和西部的热流系统,以便在撒哈拉沉积盆地的地热测量可比研究的框架下分析盆地之间热流系统中存在差异的根源。随后,进行研究区内油气生成潜能的评价是最重要的工作。就此而论,通过估计盆地之下岩石圈增厚或变薄解决这些问题,除了评价剥蚀、侵入和热液作用及与构造相关的埋藏作用的影响之外,还分析热流分布与油气生成和聚集的关系。

研究并重建了撒哈拉盆地南部和西部的热演化,包括提米蒙、阿赫内特、莫伊代尔、雷甘等盆地,及斯巴次盆地和韦德迈阿盆地的南部。这些盆地加上先前章节讨论过的撒哈拉北部和东部的盆地(Makhous 和 Galushkin,2003a),包括撒哈拉盆地的主体。研究区限于非洲西部和北部克拉通之上的阿尔卑斯山脉与南部的霍加和雷圭巴特地块之间(图4.26)。它位于著名的异常高热流区内($q > 80\text{mW/m}^2$),其走向从加那利群岛和摩洛哥到利比亚向北经过突尼斯和地中海(深海),在包括霍加地块在内的图阿雷格(Touareg)地盾以北,撒哈拉南部具有最高的热流($100 \sim 120\text{mW/m}^2$)(图 4.26 和图 4.9)(Lesquer等,1990;Lucazeau 等,1990;Takherist 和 Lesquer,1989;Lucazeau 和 Dhia,1989)。撒哈拉南部的异常热流横切大型的 N—S 向泛非洲时代的构造。根据地震、重力和岩石学资料分析,认为撒哈拉盆地升高的热流是由区域热异常产生的,而该热异常可能是由于新生代和第四纪碱性火山活动有关的热活化所产生的(Lucazeau 等,1990;Takherist 和 Lesquer,1989;Lucazeau 和 Dhia,1989)。

总之,对撒哈拉盆地演化史的重建为撒哈拉的所有盆地之下的区域热异常提供了补充证据,尤其是撒哈拉盆地南部和西部之下。它们显示出盆地中沉积盖层的热梯度随岩石的深度和岩性及孔隙度的不同而产生急剧变化。此外,它们还表明研究区内岩石圈的热状态极其不稳定。所有这些工作能够修正先前估算的深层温度和岩石圈厚度,它们是通过把近地表结果外推到大纵深,并且假定随深度增加温度梯度和热流是稳定的方法估算的(Roni 和 Lucazeau,1987;Lesquer 等,1988;Lucazeau 和 Dhia,1989;Takherist 和 Lesquer,1989;Lesquer 等,1990;Lucazeau等,1990)。

该地区热演化的结论是根据撒哈拉盆地南部和西部地区 24 条沉积剖面并与前面讨论的北部和东部地区的 32 条剖面联合进行数值重建的结果得出的(Makhous 和 Galushkin,2003a)。把这 56 条剖面的重建结果综合成图 4.26 中显示的 8 条热剖面。使用 Makhous 等(1997a)和 Makhous 和 Galushkin(2003a)介绍的盆地模拟的 Galo 系统进行了这些重建。重建结果与现有事实一致,即撒哈拉盆地南部和西部的现今热流值特别大,尤其比盆地东部和北部大(Logon 和 Duddy,1998)。现今地温梯度在阿赫内特盆地较高,为 55℃/km,在提米蒙和莫伊代尔盆地为 30~50℃/km,而在雷甘盆地为 31~45℃/km(图 4.9)。这一很高的热流要归因于早古生代沉积物中有机质的超前成熟。分析假定,雷甘盆地和提米蒙盆地南半部的岩石圈同时受现今拉伸和热活化的作用,类似于撒哈拉东南部伊利兹盆地的情况。

盆地分析与模拟 143

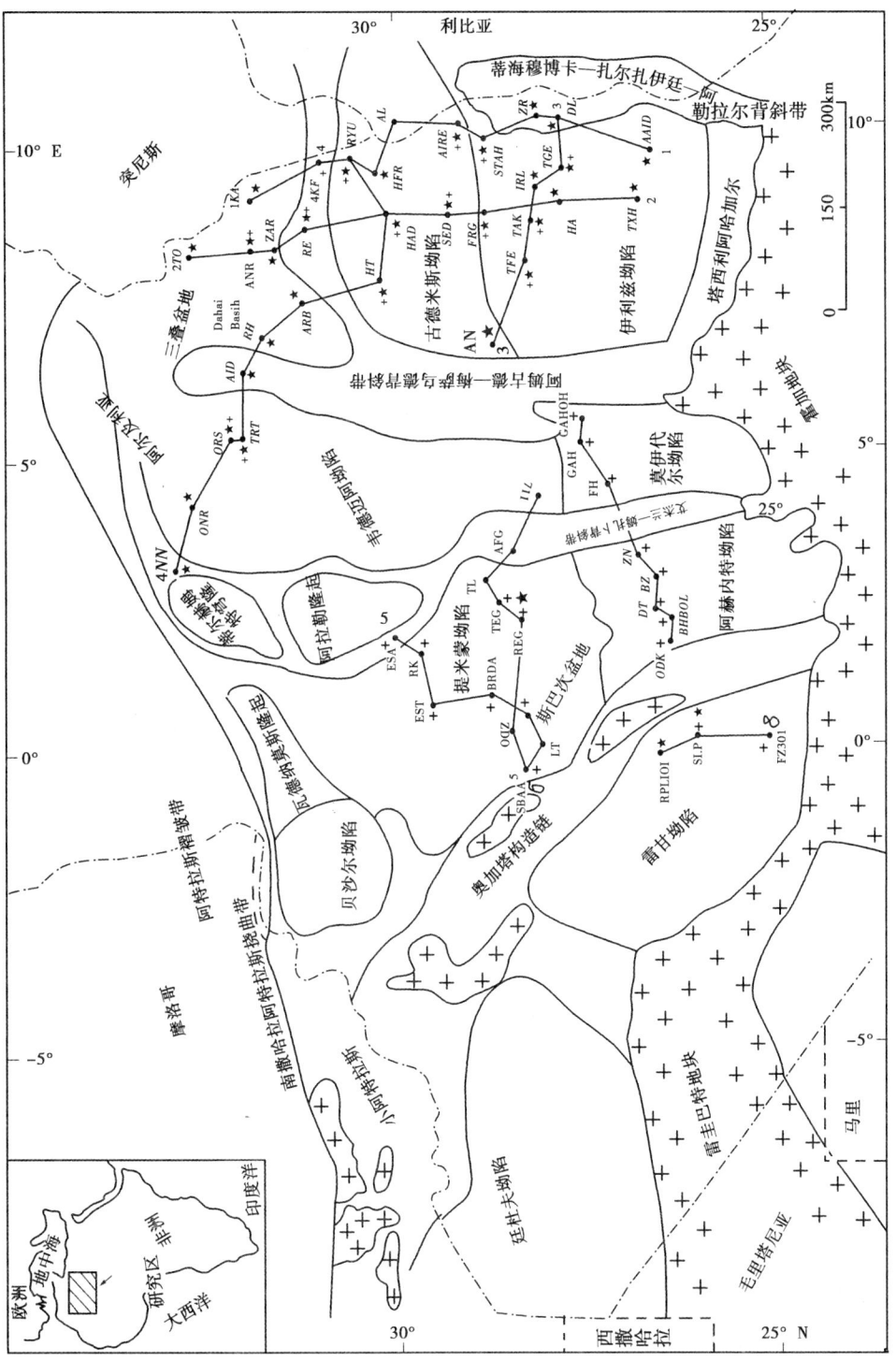

图4.26 撒哈拉主要地质单元示意图

图上标明完成数值重建所用的8条油井剖面和56条深层剖面的位置符号 "+" 表示具有测量的镜质组反射率（R_o）资料的井；
符号 "*" 表示具有测量的深层温度（T）资料的井；符号 "◇" 标明无测量的T和R_o资料的井

在撒哈拉北部和东部观察到的有机质成熟度特殊的阶状剖面,对于该盆地南部和西部也是典型的。这里,像在盆地的北部和东部一样,尽管海西期的剥蚀幅度很大,但在镜质组剖面中观测到的 R_o 变化却很小。仅在三叠纪、早侏罗世和局部新生代期间的侵入活动和伴生的热液活动传热能够解释撒哈拉盆地的阶状成熟度剖面。特别是,与提米蒙盆地的其他相邻部分不同,斯巴次盆地中有机质相对低的成熟度明显是由于侏罗纪岩石圈略微增厚和发生了不太强烈的、可能较深的热液侵入活动造成的。

撒哈拉盆地南部和西部。二叠纪—三叠纪—侏罗纪的热活化在提米蒙、阿赫内特盆地和莫伊代尔盆地北部最强烈,热流为 $70\sim80mW/m^2$,岩石圈厚度为 $40\sim50km$。热活化在斯巴次盆地和雷甘盆地更缓和,热流为 $63\sim67mW/m^2$,地壳厚度为 $55\sim60km$。这些值可与撒哈拉盆地东部相比,那里在三叠纪的活化强度从北向南显著地降低。阿赫内特和雷甘盆地及提米蒙盆地中部的热流系统可与伊利兹盆地相比,其现今岩石圈减薄到 $25km$,并且发生了近代火山活动。除了伊利兹盆地中部和东部之外,还假定在雷甘盆地和提米蒙盆地南半部的模拟中,新生代岩石圈发生了中等的拉伸作用,最大的幅度约为 1.16。

4.2.3.1 埋藏史和热史

前面在开始涉及撒哈拉盆地的个别章节中提出了整个撒哈拉地台的地质和地球动力学框架,包括这部分研究的该盆地南部和西部。读者涉及该项目的一般背景信息。

图 4.27—图 4.29 显示了 REG-1 井(提米蒙盆地 6 号剖面)和 RPL-101 井(雷甘盆地 8 号剖面)证实的典型沉积剖面。完成了图 4.26 中沿着 4 条剖面的 24 口井剖面的相似重建。借助于一维非稳定热传导方程,重建了埋藏史和热史(Makhous 等,1997a)。图 4.28(d)显示了 REG-1 井岩石圈的初始温度分布。

还显示了 Wyllie(1979)的岩石圈中现今温度分布和岩石圈地幔岩石的固相曲线。用这条固相线与岩石圈等地温线的交点确定岩石圈厚度(图 4.28(d))。据 Wyllie(1979)的含 0.2% 水的橄榄岩的固相线与该区地下高度饱和 CO_2 和 H_2O 的地幔极其符合。热传导方程解的上边界条件相当于时间 t 在盆地表面($Z=0$)的温度(图 4.27(a))。在盆地演化期间,在与计算域 Z_{low} 的下边界重合点保持稳定温度 $T=T_{low}$。在撒哈拉盆地南部和东部的模拟中,这两个参数处在 $Z_{low}=110\sim120km$ 和 $T_{low}=1175\pm30℃$ 的相当窄的范围内。在 2.2.4 和 Makhous 等(1997a)及 Makhous 和 Galushkin(2003a)的研究中,除了描述下伏构造之外还有 Z_{low},T_{low} 和初始温度分布的确定方法。

对热史的重建考虑了以下的过程:①孔隙岩石沉积和胶结的可变速率;②剥蚀和沉积间断;③热物理特征随岩石的岩性、深度和温度的变化;④水、基质和地幔传热对温度的相依性。为了估算有机质的成熟度,根据温度是时间的函数计算了沉积剖面中的温度。在成熟度估算中应用了具有 20 个 Arrhenius 反应的镜质组成熟度的动力学模型(Sweeney 和 Burnham,1990)。Galo 程序的特点之一是除了在下伏岩石圈和软流圈之外,它还通过沉积剖面传热的联合分析完成热重建(图 4.27(d)和图 4.29(c)),考虑了地壳和地幔岩石熔化或固化产生的潜热。在盆地模拟程序中,还分析了岩石圈拉伸和加热期间的热状态及岩石密度的变化、侵入和热液活动(Makhous 等,1997a;Galushkin,1997b;Makhous 和 Galushkin,2003a)。

该模型的输入参数包括现今沉积横剖面、剥蚀幅度和速率的估算值、岩石的岩性和岩石物理特征、岩石圈(基底)构造及其岩石参数、古温度标志(镜质组反射率)、古气候和年平均地面

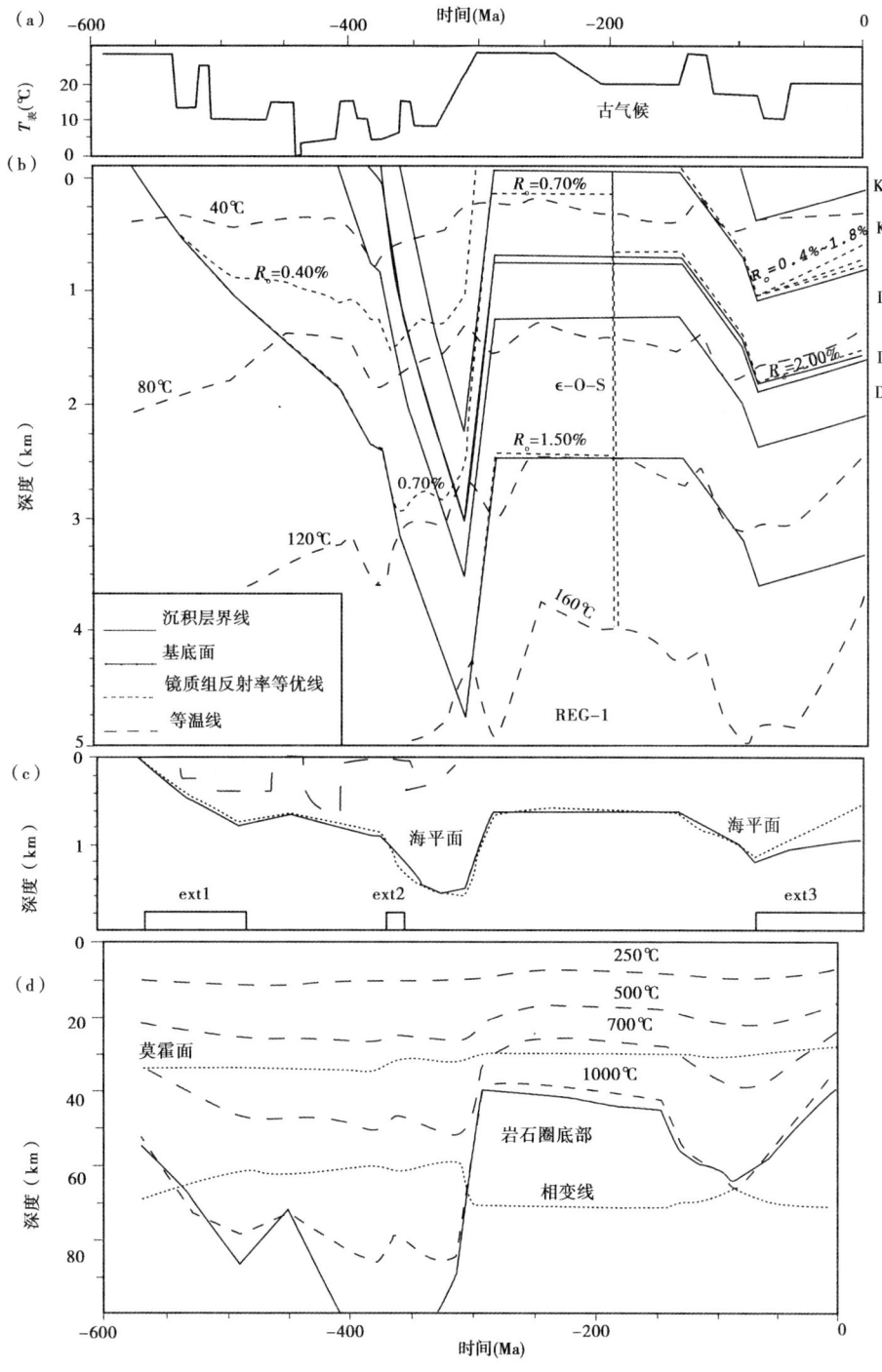

图 4.27　提米蒙盆地 REG-1 井的岩石圈和沉积剖面的埋藏史及热史

(a)从古地理资料估算的地面温度;(b)据盆地模拟得出的埋藏史、热史和成熟史;(c)应用消除沉积物和水的负载(回剥构造沉降,实线)和考虑基底岩石的密度变化(热构造沉降,点线)的方法计算的基底构造沉降,两条曲线的重合支持了岩石圈中构造和热事件的解释顺序,虚线是未考虑盆地岩石圈在新生代拉伸情况下的热构造沉降位置;(d)岩石圈的热演化,岩石圈底部,用现今等地温线与 Wyllie(1979)提出的图 4.28d 中橄榄岩的固相线的交点确定的。相变线是 Forsyth 和 Press(1971)描述的地幔中辉石橄榄岩—石榴石橄榄岩成分过渡的位置

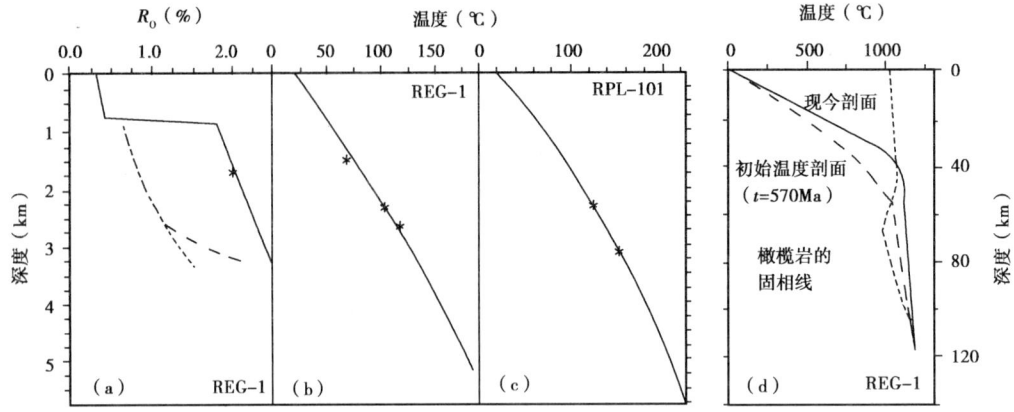

图 4.28 提米蒙盆地 REG-1 井(a,b,d)和雷甘盆地 RPL-101 井(c)现今剖面的成熟度和温度剖面
(a)计算的(线)和测量的(星号)镜质组反射率现今值;实线—用侵入和伴生的热液对流传热产生的埋藏和传热计算的 R_o(见文中说明),虚线—用侵入活动传热产生的埋藏和传热计算的 R_o,未考虑假定的热液传热;点线—不包括侵入和热液体影响(局部成熟度)。(b)计算的(实线)和测量的(星号)现今温度随深度变化的值。(c)与(b)的 RPL-101 井相同。(d)计算的岩石圈中现今温度随深度变化的值(Wyllie,1979)

温度、古海洋深度、现今地面热流、深度—温度分布剖面和有关盆地发育中古构造和现今构造的背景。图 4.27(a),(b),图 4.28(a—c)和图 4.30 显示了这些原始数据的一部分。重建假定满足模型有效性的 3 个主要标准:①温度测量值(如果它们存在)必须接近用模型计算的值(图 4.28(b),(c));②所研究的沉积剖面中的镜质组反射率测量值(图 4.28(a),图 4.30);③通过消除表面负载计算的基底构造沉降变化(图 4.27(c),图 4.29(b)中的实线)必须接近用图 4.27(c),图 4.29(b)中点线确定的基底和现今密度分布变化得出的沉降变化(Makhous 等,1997a;Makhous 和 Galushkin,2003a)。

古生代和中生代。基底的构造沉降分析表明,在早寒武世盆地开始发育阶段,撒哈拉整个南部和西部地区的典型特征是轻微升高的地面热流为 60~70mW/m²,岩石圈厚度为 55~60km(参见图 4.27(d)和图 4.29(c))。根据沉积史和一定范围内海洋深度的变化确定了构造沉降的进一步变化。根据古地理条件和沉积史的重建得出这些后来的变化。REG-1 井剖面的重建提出了一种不寻常的情况,由于当时海洋深度变化的影响,志留纪沉积柱重量的变化完全受到补偿。最初的模型假定盆地岩石圈对负载的均衡响应,但是为了达到点线与实线构造曲线的重合,这里需要拉张作用(Makhous 等,1997a;Makhous 和 Galushkin,2003a,b)。这样的拉张导致志留纪地壳厚度减少 3~4km(比较图 4.27 和图 4.29 中的莫霍面曲线)。分析能够用早石炭世总幅度不大于 1.2 的盆地岩石圈的缓慢拉张模拟泥盆纪和早石炭世期间发生的具有 3~4km 沉积物聚集的强烈基底沉降,还用莫霍面曲线的位置模拟了这种情况(图 4.27 和图 4.29)。

几乎完全缺失上石炭统、二叠系和三叠系是该研究区内沉积剖面的特征(图 4.27(b)、图 4.29(a)、图 4.31(a)和图 4.32)。仅在斯巴次盆地(斯巴井和 ODZ 井)保存了 50~150m 最小现今厚度的侏罗系(图 4.32(a))。提米蒙和韦德迈阿盆地内的白垩系最厚,常常超过 1000m(图 4.31(a)和图 4.32(a))。在该地区以南的雷甘、阿赫内特和莫伊代尔盆地,白垩系的厚度相当低,并且在阿赫内特盆地内缺失(图 4.32(b))。沉积物的这一区域分布需要晚石炭世—早二叠世期间具有相当强的剥蚀作用,而且研究区内大部分后来的长期间断一起持续到白垩

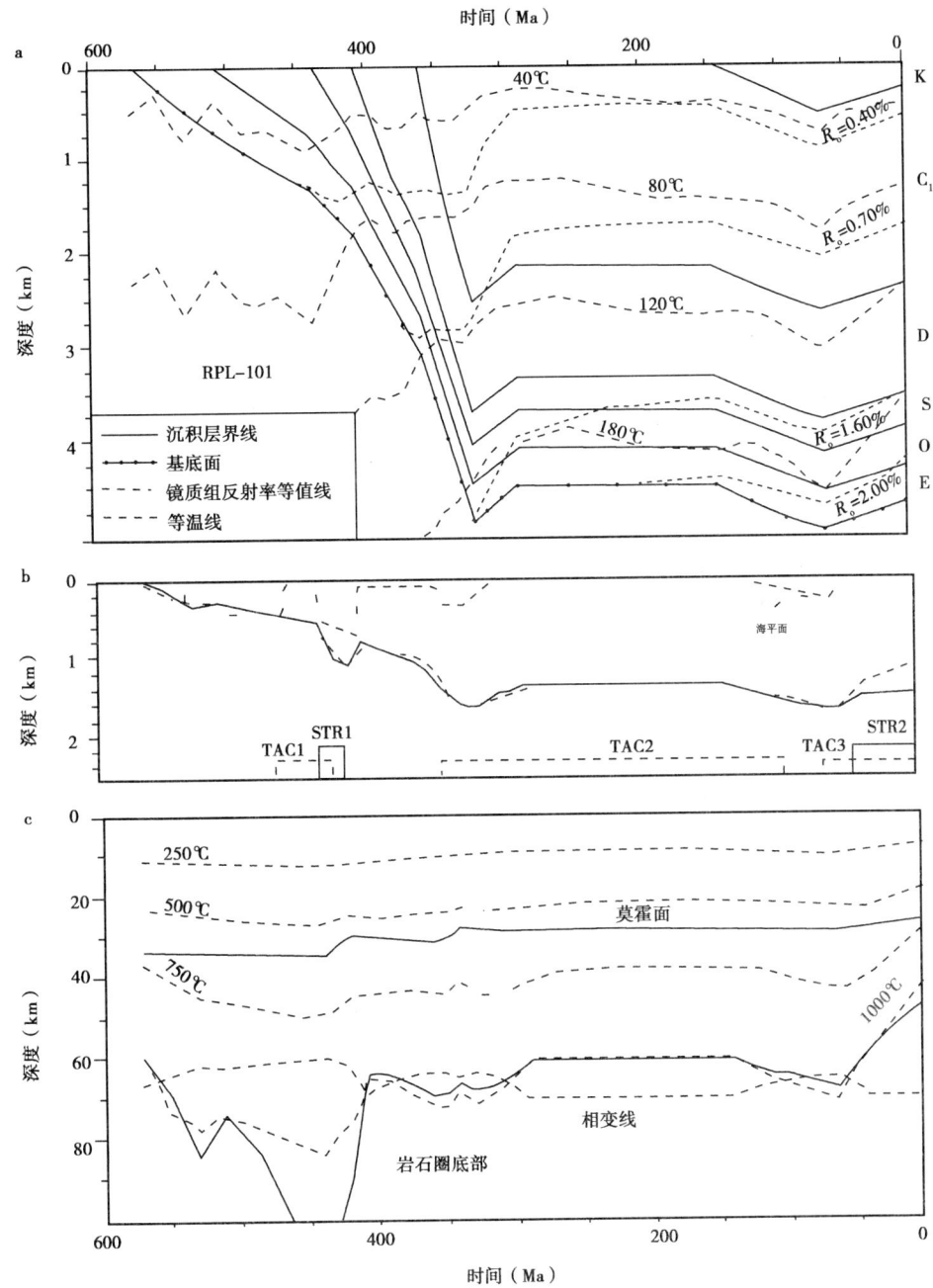

图 4.29 雷甘盆地 RPL-101 井沉积剖面和岩石圈热流系统的数值模拟
(a)埋藏史、热史和成熟史;(b)基底面的构造沉降;(c)岩石圈的热演化

纪(图 4.27(b)、图 4.29(a)和图 4.31)。在阿赫内特盆地的确定部分,它甚至持续到现在。

图 4.30 中单位为"m"的数字代表通过地质分析估计和后来用模型控制的剥蚀的幅度。在斯巴次盆地和提米蒙盆地的剥蚀幅度为 1200~2000m,并且在上述地区以南减少到 300~

800m。通过对比沿地质剖面沉积的地层厚度和后来用模型控制,估算了这些剥蚀的幅度。对于 5 号剖面,从图 4.31 剥蚀之前的剖面(32.2Ma)与剥蚀之后的厚度(25.5Ma)的对比能够观察到海西期剥蚀的幅度。还显示了相应时期沉积岩的温度和成熟度的变化。

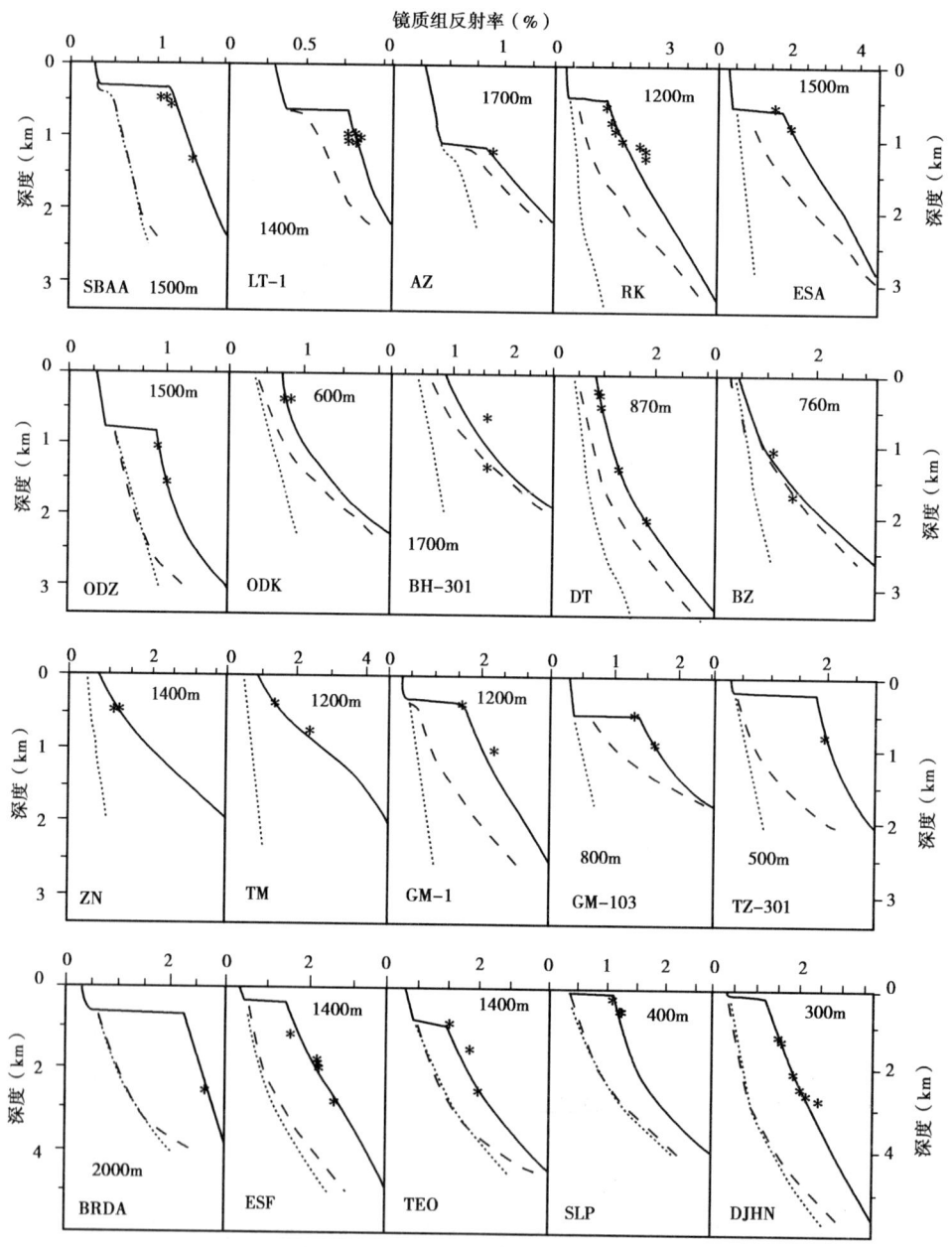

图 4.30　撒哈拉盆地南部和西部计算的 20 口井的 R_o 剖面

星号:测量的 R_o 数据

实线:用由侵入和伴生热液的对流传热引起的埋藏和传热计算的 R_o(见文中说明)

虚线:用侵入活动传热产生的埋藏和传热计算的 R_o,未考虑假定的热液传热

点线:不包括侵入和热液体影响(局部成熟度)

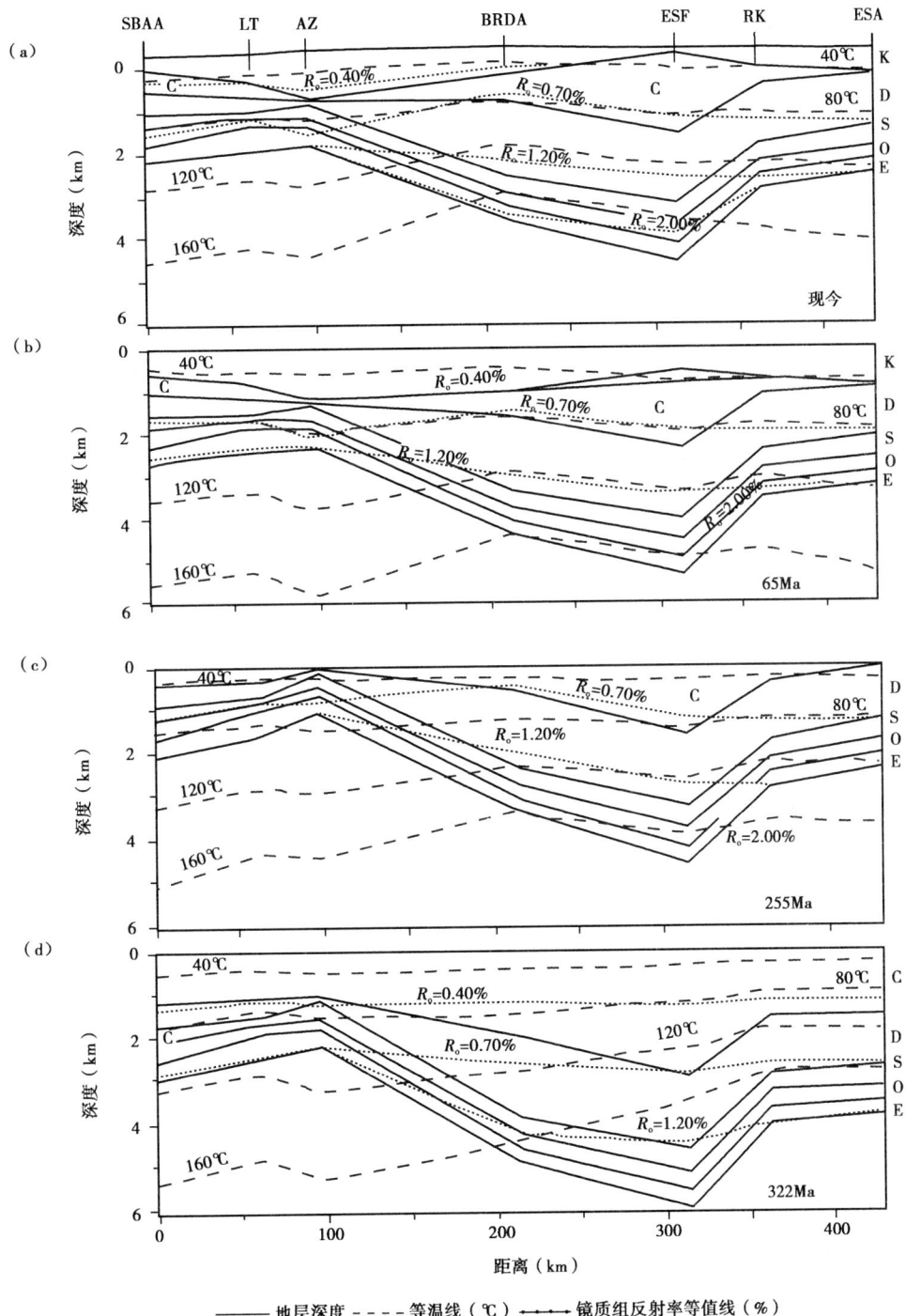

图 4.31 图 4.26 中 5 号剖面在盆地发育不同时期的埋藏史和热史

该剖面是使用该图上部显示的井的剖面数据和这些井之间的线性外推(剖面)得出的。
点线表示区域背景成熟度,计算中未考虑侵入和热液作用对沉积物中有机质成熟度的局部影响

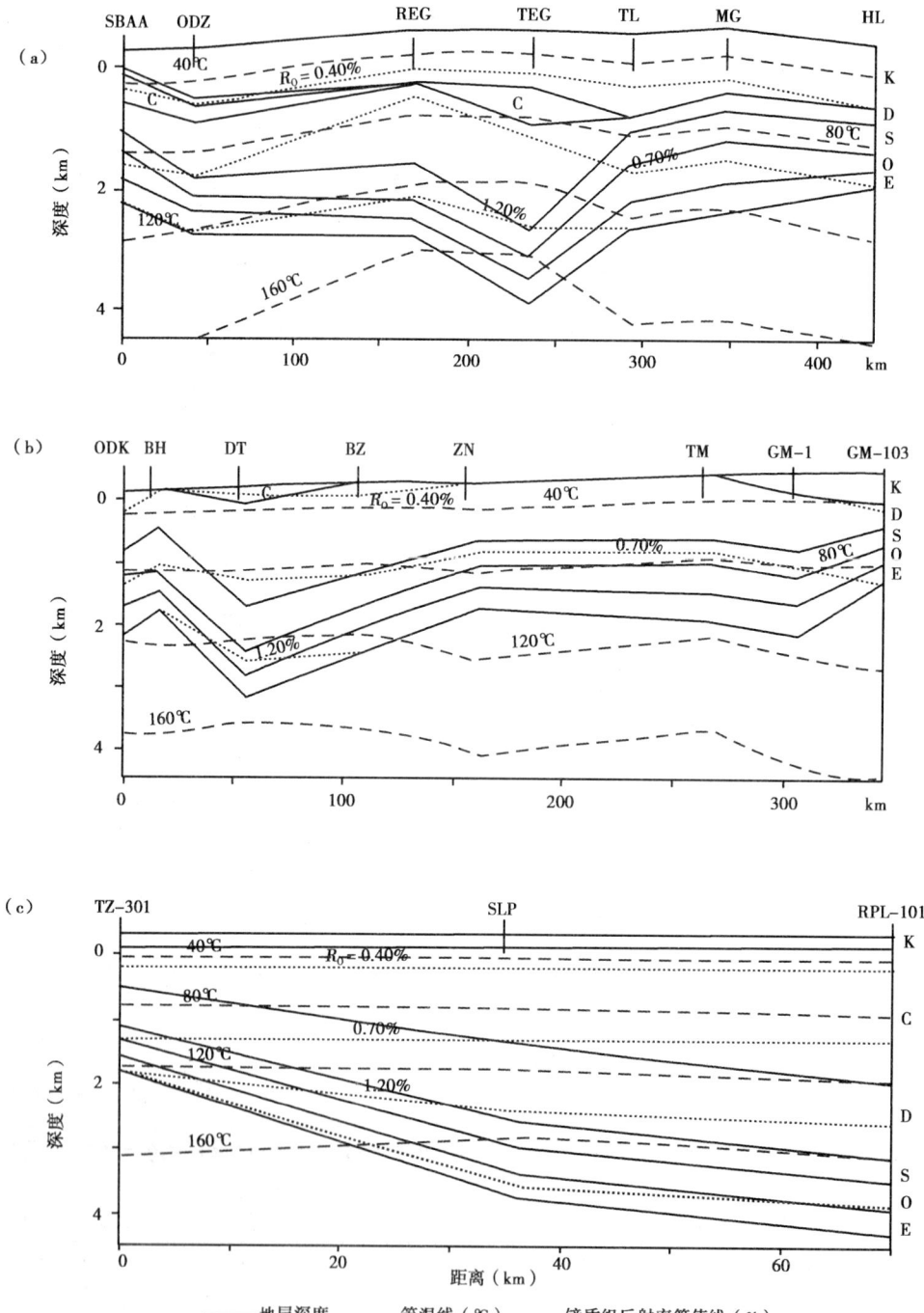

图 4.32 穿过图 4.26 中显示的 6(a)、7(b) 和 8(c) 号剖面中沉积盖层的现今模拟二维剖面

在地壳均衡模型框架内的构造沉降变化分析假定,在海西期剥蚀期间发生的盆地表面的主要隆起可能起因于区域构造面的隆起,而后者是在强烈热活化期间由下伏岩石圈中岩

石的热膨胀引起的。200~250m 的基底面隆起可能是由于岩石圈中辉石橄榄岩/石榴石橄榄岩过渡界线的沉降引起的,如图 4.27(d),图 4.29(c),图 4.33 和图 4.34 中用点线表示并标明了相变线(Makhous,等,1997a)。用 Galo 程序通过提高温度为 1100℃ 的热底辟顶部模拟了岩石圈的热活化过程。在这种情况下,把热活化期间每个时步在 $1100℃ < T < T_{low}$ 温度范围内的温度分布从底辟顶部的温度(1100℃)到计算域底部的 T_{low} 呈线性增加(图 4.27(d)和图 4.29(c))。为了使基底岩石密度剖面确定的构造沉降虚线与基底面负载剖面确定的实线之间的偏差减到最小,选定了该底辟顶部上升的速率和幅度(图 4.27 和图 4.29(b))。该地区在早侏罗世发生火山、侵入和热液活动的大量证据表明,热活化从二叠纪开始,一直持续到三叠纪和侏罗纪。

根据模拟运算结果认为,研究区内提米蒙盆地 REG-1 井剖面上石炭统、泥盆系、志留系和奥陶系的最大海西期剥蚀量大约为 2300m(图 4.27)。构造沉降变化表明,用 330—290Ma 平均速率约为 2.17km/Ma 的地幔底辟隆起所造成的岩石圈加热作用,能够解释盆地表面的相应隆起(图 4.27(d))。该底辟几乎保持稳定,仅在 290—144Ma 期间有一些冷却。在该热事件期间,盆地岩石圈顶部从 40km 轻微下沉到 47km(图 4.27(d)),并且这一时段的地面热流接近 75~80mW/m²。根据模拟结果,在提米蒙和阿赫内特盆地,70~80mW/m² 的高热流和仅 0~50km 厚的岩石圈是典型的二叠纪—侏罗纪热活化特征。与此相反,斯巴次盆地(斯巴井和 ODZ 井)在此时的热流并未超过 67mW/m²,而且岩石圈的厚度超过 55km。在上述地区以南的雷甘盆地,经过晚石炭世的剥蚀作用仅仅剥蚀掉 400~500m 的石炭系,而且热活化没有提米蒙盆地那么强烈。其特征是具有 63~67mW/m² 的地面热流和 55~60km 的岩石圈厚度。像雷甘盆地在三叠纪的中等热活化与撒哈拉盆地东部的数据一致,后者的海西期活化作用从盆地北部到南部极大地减小了强度(Makhous 和 Galushkin,2003a)。

晚石炭世—二叠纪盆地岩石圈的热活化造成了所有撒哈拉盆地的剥蚀。因此,所研究盆地的岩石圈在晚二叠世—早三叠世比遭受剥蚀之前的阶段要热(图 4.27(d)和图 4.29(c))。如上所述,提米蒙盆地的热活化相当强烈,但是仍然比撒哈拉北部的最大剥蚀区要弱,尤其是在宰赫尔盆地北部(Makhous 和 Galushkin,2003a)。在后面的地区中,海西期的剥蚀量达到 3500m,其岩石圈厚度为 25~35km,地面热流超过 100mW/m²。这些值接近于在大陆裂谷区观测到的那些值。

海西期之后撒哈拉南部和西部的历史与所研究的剖面极其相似:二叠纪—侏罗纪的热活化使岩石圈非常热,之后在白垩纪经历了相对较弱的短期冷却作用,然后重新在晚白垩世开始热活化并且一直持续到现今(图 4.27(b),(d)和图 4.29(a),(c))。白垩纪冷却作用的强度向北轻微增加。在白垩纪,盆地最大沉降量在提米蒙盆地达到 1200m,在雷甘盆地为 300~500m,并且在阿赫内特盆地未遭受沉降(ODK,BH-301,DT 和 BZ 井)。认为这些差异的存在与晚白垩世岩石圈的冷却作用有关。在研究的所有盆地中,早白垩世和部分晚白垩世的岩石圈温度是从二叠纪到现今整个时段内最低的。相应的,晚白垩世盆地岩石圈的最大厚度从 7 号剖面的 40~50km 增加到 60~80km,并且局部在 6 号和 8 号剖面甚至更大。

新生代至现今。 模拟将晚白垩世—新生代的热活化作为所有撒哈拉盆地发育中的一个共同属性。除了在霍加地块之外,这一活化作用还与撒哈拉盆地南部和西部 100~400m 的中等剥蚀量、大部分撒哈拉范围内的现今高热流、撒哈拉盆地南部深井中的高温和近代火山活动相吻合。

在图 4.27,图 4.29,图 4.31(a),图 4.32 和图 4.33 中显示了现今的模拟结果。模拟结果表明撒哈拉盆地南部和西部的岩石圈在新生代具有相当高的热流系统,计算的岩石圈厚度小于 60km。估算提米蒙盆地中心部位的地面热流达到 $80mW/m^2$(BRDA,REG 和 TEG 井),而在其东西两翼上为 $65~70mW/m^2$。相应的,估算的岩石圈厚度从该盆地中心部位的最小值 40~45km 增加到其余地区的 45~55km,包括斯巴次盆地(图 4.33)。然而,必须记住因为撒哈拉岩石圈的现今热状态是极其不稳定的,正如图 4.27(d) 和图 4.29(c) 说明的那样,上述估算的热流值和岩石圈厚度在很大程度上是不稳定的。根据模拟,假定阿赫内特和雷甘盆地现今剖面具有 $75~80mW/m^2$ 的高热流及 38~46km 岩石圈厚度(图 4.32(b),(c) 和图 4.33(c),(d))。后两个盆地和提米蒙盆地中心部位的热液系统与撒哈拉东南部伊利兹盆地现今热岩石圈相比,前者比估算的岩石圈厚度为 25km 的伊利兹东部的热流系统要冷(图 4.34(a—c))。模拟结果还证实北纬 29°以北的提米蒙盆地的岩石圈比处在相同纬度的古德米斯盆地要热得多(图 4.33(a),(b) 和图 4.34(a),(b))。

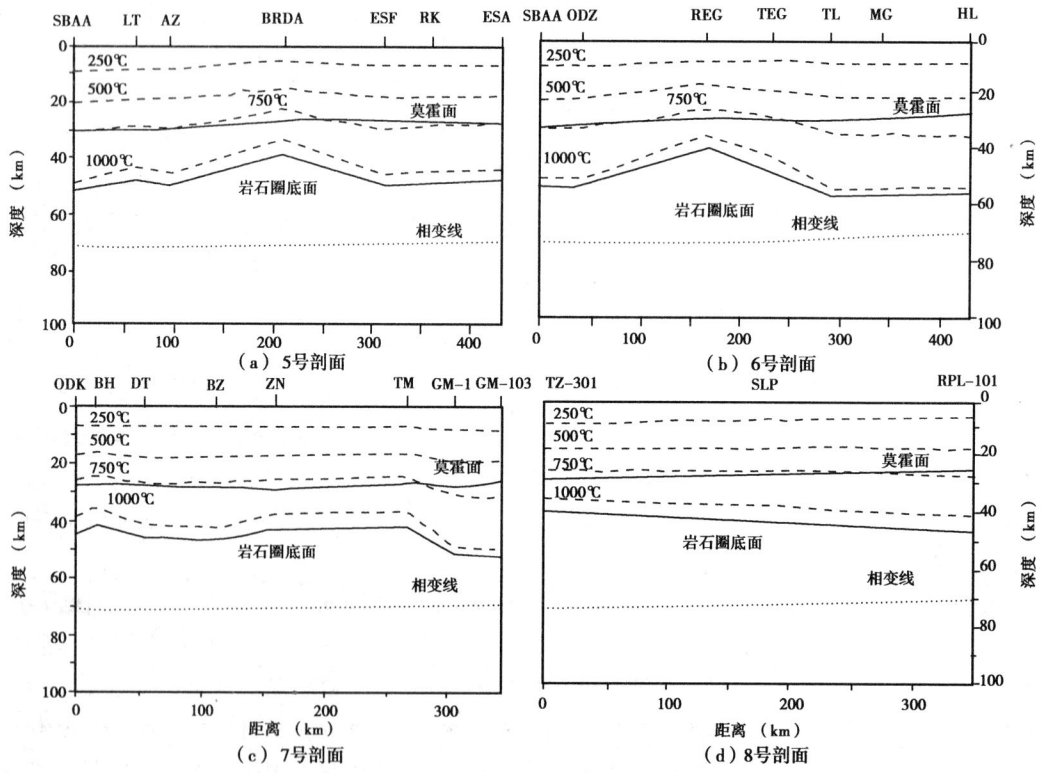

图 4.33 穿过撒哈拉盆地西部和南部 5—8 号剖面(图 4.26 中显示)岩石圈的现今模拟二维热剖面
该剖面是使用该图上部显示的井的剖面数据和这些剖面之间的线性外推(井)得出的

提米蒙盆地和雷甘盆地的南半部岩石圈经历了中等程度的拉伸作用,在新生代的拉伸幅度不大于 1.15,与伊利兹盆地东南部的情况相同。图 4.28(b) 和(c)中测量的深层

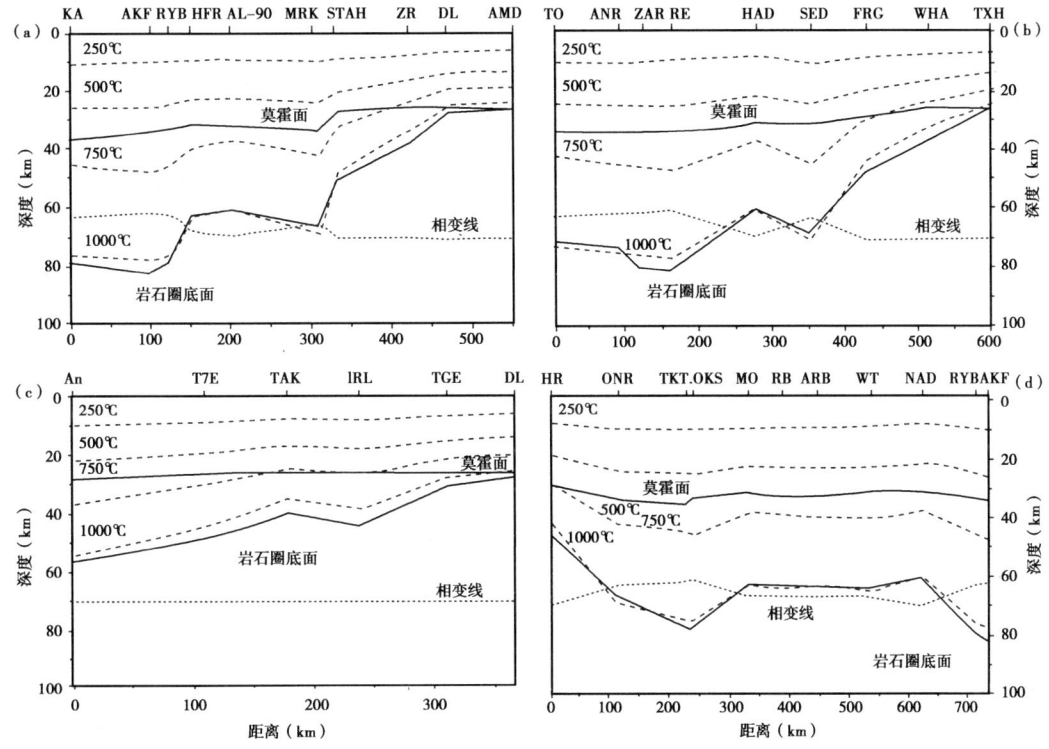

图 4.34 穿过撒哈拉盆地北部和东部 1—4 号剖面(图 4.26 中显示)岩石圈的现今模拟二维热剖面
该剖面是使用该图上部显示的井的剖面数据和这些剖面之间的线性外推(井)得出的

温度表明所研究盆地的新生代热流系统相当高。同时,为了使计算的与测量的沉积盖层温度一致,选定了新生代热活化的强度。热活化造成了岩石圈岩石的加热、岩石密度降低和基底面上升,例如图 4.27(c)和图 4.29(b)中虚线所显示的那样。对于图 4.27—图 4.29 中的 REG-1 和 RPL-101 井,仅在考虑热活化发生时,由基底柱岩石密度的变化确定的虚线构造曲线位于相应的实线构造曲线之上,实线是用地面负载确定的,即沉积物加水(参见图 4.27(c)和图 4.29(b)中的虚线)。然而,当假定模型中岩石圈对负载的局部均衡响应时,盆地岩石圈相当小的拉伸导致地壳厚度减少,使虚线构造曲线与实线重合(图 4.27(c)和图 4.29(b))。如上所述,模拟结果表明,雷甘盆地和提米蒙盆地南半部在新生代的最大总拉伸幅度为 1.15,如此低的拉伸速率在盆地地形及其热状态下几乎是难以觉察的(图 4.27(d)和图 4.29(c))。

4.2.3.2 有机质成熟史及侵入—热液活动

为了评价盆地演化中任何时候的有机质成熟度,使用作为时间函数计算的沉积盖层的温度。根据 Sweeney 和 Burnham(1990)的动力学模型和 Makhous 等(1997a)和在第 3 章中介绍的相应算法用镜质组反射率(%)估算了成熟度。REG-1 和 RPL-101 井的沉积剖面说明了盆地演化期间有机质成熟度的变化(图 4.27(b)、图 4.29(a))。这里的有机质成熟度以点线表示的镜质组反射率等值线。以上讨论的沉积盆地的热史和构造演化史控制着

图 4.27(b)、图 4.29(a)、图 4.31、图 4.32 中 VR 等值线以及图 4.28a 和图 4.30 的 R_o 剖面深度。同撒哈拉盆地北部和东部一样,有机质成熟度随深度呈急剧的阶状增加,对于盆地南部和西部的 R_o 测量值的所有剖面都是典型的(图 4.28(a)和图 4.30)。在图 4.31 和图 4.32 中用点线显示的 R_o 等值线代表在未考虑盆地热液和侵入活动情况下计算的区域背景成熟度。在图 4.28(a)和图 4.30 中用点线代表这些 R_o 背景值。由于热液—侵入活动的影响在局部是可变的,而且井之间的变化很大,所以在图 4.31 和图 4.32 中为了便利,使用了背景 R_o 等值线(图 4.30)。

同撒哈拉盆地东部和北部一样,海西期剥蚀作用也仅解释了撒哈拉盆地南部和西部成熟度剖面中一小部分突变。在图 4.30 中,显示了撒哈拉南部和西部所有研究的盆地中总共 20 条计算的现今 R_o 剖面以及测量的镜质组反射率值。这里的点线表示未考虑早侏罗世热液—侵入活动影响情况下计算的 R_o 剖面。这就是上述所谓的区域背景成熟度。当同时考虑热液—侵入活动和埋藏时,得到了这些图中的相同 R_o 剖面。虚线表示不考虑热液影响但是考虑侵入活动传导热影响和埋藏作用下计算的 R_o 剖面。实线与点线之间的差异说明由侵入和相关热液的对流传热引起的传导热作用,它们都由侵入到上部基底和沉积盖层中的岩浆产生。在晚三叠世和年轻地层中的这三种类型剖面重叠。对于图 4.30 中显示的每一口井,虚线剖面中的起伏反映了海西期剥蚀对现今成熟度剖面的影响。在这里能够看到,图 4.30 中的剥蚀幅度与相应的总 R_o 突变无关,尽管出现显著幅度的海西期剥蚀,仅说明该图小部分总 R_o 突变性的剥蚀引起虚线 R_o 曲线中的"突变性"。Makhous 和 Galushkin 讨论了海西期剥蚀对 R_o 剖面的这种微弱的影响(2003a,b),显示出事实上强有力的证据,即由于后来中生代的沉积作用(主要是白垩纪)使海西期剥蚀作用对 R_o 剖面的影响被明显减弱直到现在。这种情况影响了这里研究的所有剖面(除了少数可能的剖面例外),海西期剥蚀后未发生沉积作用或者微不足道(阿赫内特盆地中的 ODK, BH-301, DT, BZ 和 ZN 井)。

因此,海西期剥蚀仅仅能够说明在撒哈拉盆地南部和西部的镜质组剖面中观察到的 R_o 突变的次要原因。用这次活动产生的侵入和热液传热能够说明大部分这种突变(Makhous 和 Galushkin,2003a,b)。撒哈拉盆地西部和南部早侏罗世期间热液和火山活动的真凭实据支持了撒哈拉盆地北部和东部出现的相同情况。在这里,由早三叠世岩浆侵入—热液活动引发的相似的加热作用对有机质和矿物质的成熟和形成阶状 R_o 剖面起到了主要作用(Makhous 等,1997b;Makhous 和 Galushkin,2003a,b)(参见 4.2.2)。用岩浆表现形式与相关的加热作用及页岩中出现的高温黏土矿物转变的相关性可以更好地证实这一事实:伊利石($2M_1$)和绿泥石(II_b)多型加上叶蜡石新矿化作用以及浊沸石型沸石和迪开间蒙托石的形成(表 4.4)。可以把这些矿物转变解释为泥质矿物经受直接热液蚀变的热记录。它们在盆地南部和西部古生代页岩中的广泛出现表明研究剖面伴有热液作用的异常加热范围为 200~350℃间:伊利石($2M_1$)为 280~320℃,绿泥石 II_b 为 200~320℃,叶蜡石为 200~350℃,浊沸石为 200~280℃,它们是变质成岩作用的全部产物(Walker,1993;Dunoyer de Segonzac,1969)。特别是在提米蒙和贝沙尔盆地的志留系页岩中发现了叶蜡石,但是在斯巴次盆地的所有地方未检测到。这种异常加热作用很好地把侵入—热液作用就位与后来的异常成熟作用联系起来。

表4.4 撒哈拉石油探井样品分析中黏土矿物的相关热特性*

盆地	井	现今深度(m)	年代	伊利石多型	绿泥石多型	最高古地温(℃)	现今地热增温级(m/℃)
伊利兹	Tg-109	408.5	C_{-vis}	$2M_1+1M(2M_1=1M)$	I_b+II_b		23.4
	TgW-1	1224.9	D	$2M_1$	—		22.0
	Tg-201	1323.8	D	—	II_b + 钠沸石		21.7
	Tg-7	2124.0	S	$2M_1+1M$ ($2M_1>>1M$)			21.7
	TgE-1	2358.2	O	$2M_1+1M(2M_1>>1M)$			21.5
	Zt-1	2284.5	S	$2M_1+1M(2M_1=1M)$			26.0
	lft-2	2194.0	S	$1M+2M_1(1M>2M_1)$			22.2
	DJW-1	2266.4	S	$1M+2M_1(1M=2M_1)$			28.4
	EAL-1	455.3	C_{vis}	$2M_1+1M$			
	ZR-1	1719.35	D_1—S	$2M_1+1M(2M_1>1M)$			22.2
古德米斯	RNSE-1	2624.1	T	1M			33.3
	EK-1	2421.5	S		I_b		32.0
	WT-1	4741.6	S		I_b+II_b ($I_b=II_b$)		38.5
	MRK-1	2943.4	D_1	1M			32.2
韦德迈阿	TKT-1	3781.3	D_1	1M			44
	HR-7	2245.6	T	1M			36.7
	MGD-1	3092.0	D	1M			35.7
	OEM-1	4392.2	ϵ	1M			43
	OCT-1	3195.2	O	$1M+2M_1$ ($1M>>2M_1$)			42.6
	GBC-1	3261.2	O	$1M+2M_1(1M>>2M_1)$			40.5
	GS-5	3246.65	O_1	1M			38.5
	SAF-1	2681.4	O_2	1M			32.5
	OS-1	2055.0	S	1M			31.2
	HAL-1	2135.8	ϵ	$1M+2M_1(1M\geq 2M_1)$			25.6
	MK-1	1682.7	O	$1M+2M_1(1M\geq 2M_1)$			25.6

续表

盆地	井	现今深度(m)	年代	伊利石多型	绿泥石多型	最高古地温(℃)	现今地热增温级(m/℃)
阿赫内特	Mg-101	135.45	D_1	$1M + 2M_1 (1M > 2M_1)$		175	22
	MH-102	1142.1	ϵ	$1M + 2M_1 (1M = 2M_1)$		185	21
	TH-201	182.3	D_1		$I_b + II_b$ ($I_b \gg II_b$)	175	22
	TC-1	2344.5	D_1		$II_b + I_b$ ($II_b \gg I_b$)	190	19
	BH-301	1398.1	O_2	$1M + 2M_1 (1M > 2M_1)$		180	22
	HMN-1	1447.1	D_1		$I_b + II_b$ ($I_b > II_b$)	170	20
提米蒙	TEG-1	4097.9	O_1	$2M_1 + 1M(2M_1 > 1M)$		175	24.4
	BRDA-1	3029.45	D_1		$II_b +$ 浊沸石	210	22
	ECF	4162.0	O_3	$2M_1$		195	23
阿拉勒隆起	ESA-1	1340	D_1		$I_b +$ 迪开间蒙皂石	150	26.2
阿珍隆起	TAD-1	1551.0	O_1	$1M$		160	25.5

* 在这一研究框架下,黏土矿物是用 X 射线衍射方法测定的,而伊利石和绿泥石多型是用 350kV 加速张力的电子显像仪测定的。

当海西期间断面之上地层中缺少镜质组数据时,不能重建侵入和热液作用的准确时间。在图 4.28(a)和图 4.30 的剖面上用星号表示的镜质组数据表明这次活动的年代不会早于二叠纪。所研究盆地中辉绿岩的 K—Ar 年龄测定(Conrad,1972)得出了这一时间的更接近的估算值。根据以上数据,在图 4.28(a)和图 4.30 的重建中,侵入到基底浅层和沉积剖面中的岩浆活动发生在 200—190Ma。如果这一时间在二叠—白垩纪沉积间断范围内无论何处都是合适的,那么最终的 R_o 剖面将不发生变化。在模拟中,通过用侵入有效期限内每个时步的侵入位置深度范围内的侵入温度(700~1000℃)替换计算的温度,模拟了侵入造成的加热作用的传导热。在图 4.28(a)和图 4.30 显示的例子中,100~400m 厚的岩床侵入到基底面以下 500~5000m 的深度。通过对比图 4.28(a)和图 4.30 中的点线(未考虑侵入和热液作用下计算的)、虚线(在考虑埋藏热和侵入活动但是无热液传热情况下计算的)和实线(在考虑埋藏热和侵入传导热及热液的对流传热情况下计算的)能够观察到侵入活动和相关热液传热对成熟度剖面的热影响。用侵入活动的传导热效应而没有热液传热能够解释 ZN 和 TM 井中的 R_o 分布。这里假定温度为 1000℃ 的 300m 厚的侵入体大约在 200Ma 侵入到基底面以下 2~2.5km 的深度。

然而,图 4.28(a)和图 4.30 中其他井的实线 R_o 剖面与点线的对比需要热液传热,以便使

计算的与观测到的 R_o 剖面一致。在先前的研究中讨论了用 Galo 系统模拟的热液传热对 R_o 剖面的热效应(Makhous 和 Galushkin,2003a)。在这里要强调的是：模拟并未量化热液的热交换过程，而是仅仅模拟了它对有机质成熟度的热影响，它主要是由热液作用区内的温度梯度增加引起的。正如在图 4.28(a) 和图 4.30 中能够观察到的那样，能够把发生侵入活动情况下的热液效应充分地解释成熟度剖面中的阶状特征。

4.2.3.3 侵入—热液活动，局部和区域地壳均衡，岩石圈变薄以及热流异常

先前分析了与使用方法和模拟结果解释有关的一些问题(Makhous 和 Galushkin,2003a)，认为有必要简要地回顾一下。首先要指出的是进行上述重建是可能的，但这不是根据现有盆地构造和地质发展史的资料重建盆地发育的唯一形式。已经用 Makhous 和 Galushkin(2003a) 的观点指出：同用于分析阶状剖面的成因中侵入—热液作用一样，对地温参数的估算也是相当粗糙的，仅仅用它们说明侵入—热液作用是最可能造成上述阶状剖面的原因。在对应方程的计算中，更详细地分析了这些侵入影响将需要极小的深度和时步。为此必须获得更详细的镜质组数据。尽管如此，上述方法足以说明侵入—热液作用对形成镜质组剖面的重要影响。尤其在斯巴次盆地进行的这种分析表明：与邻近的井相比(例如 BRDA 和 REG 井)，斯巴、LZAZ 和 ODZ 井中有机质的现今成熟度相对较低，认为这是由该地区的侵入—热液作用差异产生的，在某种程度上是由于该地区的岩石圈相对较厚。的确，尽管它们的热史有差异，上述井中的背景成熟度并未出现明显的不同(参见图 4.28(a) 和图 4.30 中的点线曲线)。因此，斯巴次盆地在侏罗纪的侵入—热液影响要比相邻地区的低，可能与该次盆地的边缘较高有关，可以解释在相对热的斯巴次盆地出现油田的情况。

由于在该地区仅有少数深油井仍然比撒哈拉北部和东部的含油气远景差，所以模拟盆地南部和西部的一个特殊问题是缺少大深度的温度测量数据。与有许多剖面能提供深层温度、地质、地球化学和地球物理资料的撒哈拉北部和东部地区(Makhous 等,1997b；Makhous 和 Galushkin,2003)的 14 号剖面对比(图 4.26)，在撒哈拉南部和西部,5—8 号剖面中仅两条剖面的测量温度的深度在 2km 以下，即提米蒙盆地的 REG – 1 井和雷甘盆地的 RPL – 1 井(图 4.26、图 4.27 和图 4.28)。我们使用这些剖面控制 5、6 和 8 号剖面的重建。而在 7 号剖面中无测量的温度。然而，通过对相邻井的重建结果进行对比分析，能够获得远离关键井的剖面的合理模拟结果。

模拟中的另一个重要因素涉及盆地之下岩石圈对构造沉降分析中使用的负载的局部均衡响应(Makhous 等,1997a；Makhous 和 Gatushkin,2003a)。取地壳均衡补偿深度(地壳均衡面)与计算域的下界一致。由于地幔岩石在这一深度的流变性减弱，该界线的相当大深度(在本节模型中为 110~120km)要求在小时距内必须容纳任何小的应力差和恢复稳定状态。预期不仅在热活化或拉张作用引起盆地岩石圈的强度减弱期间与局部均衡的偏差很小，而且在盆地发育期间当沉积物和水域的水平范围超过盆地岩石圈的有效弹性厚度的 3~5 倍时也一样。在这种情况下，即使当存在一些区域水平构造挤压作用时，如果岩石圈强度的相应增加不足以支撑巨大的沉积物负载时，与局部地壳均衡的偏差也可以很小。撒哈拉南部和西部地区在森诺期、渐新世晚期和中新世晚期出现了这样的区域挤压阶段。5~10Ma 持续期的拉张阶段把它们彼此分开。在模型的一些不现实的变型中，上述挤压阶段以地壳均衡的完全紊乱和在这些阶段内构造面的深度不发生变

化为特征。在这些情况下,图4.27(c)和图4.29(b)中平滑的实线构造线被阶状构造线所替代。然而,由于构造沉降幅度的初始值和最终值(现今)将不会变化,认为新生代热活化和拉张作用必须保持有效。

在年轻的造山带或者基底增生棱柱沉降带的动力活动区中,能够导致板块边缘碰撞产生逆掩的相邻地块、推覆体等。岩石圈边界遭受动力挤压也能够形成基底面的隆起,如同沿着岛弧的增生棱柱前缘坡或者阿尔卑斯—喜马拉雅造山带所出现的情况一样,阿特拉斯山脉是其一部分。然而,所有这些过程都是不均衡的,而且它们以超过100mgal的自由空气重力异常为特征。在这样的地区,盆地模拟必须包括特殊的动力校正以考虑到构造沉降作用。在撒哈拉地区,通过沿着研究区内一些剖面的不超过±10mgal的自由空气重力异常确认了该地区的地壳均衡作用(Miscus和Jalloulich,1999)。

图4.33、图4.34中穿过撒哈拉盆地的二维热剖面显示出岩石圈在三叠纪和现今的区域性变薄现象。三叠纪期间撒哈拉盆地东北部和现今盆地的南部和西部的岩石圈厚度变化为25~45km。以下原因证实了三叠纪和现今的高热流系统:①在所有的南部和西部盆地中具有高的现今地温梯度和热流;②广泛分布的基性岩浆活动,主要在三叠纪—侏罗纪以及近代火山活动(主要是第四纪);③在盆地西部的泥盆系和志留系页岩中普遍存在高温$2M_1$多型的叶蜡石、伊利石,II_b多型的绿泥石和在该地区大多数古生代页岩中变质程度很高的一些沸石(表4.4)。这意味着存在地幔岩石圈能够完全或者至少在大范围内被热的软流圈地幔所替代的区域。这反映了岩石熔化作用对建立软流圈地幔的力学性质的重要性。当大部分岩石熔化时,地幔的黏度降低。这有力地支持了撒哈拉盆地南部和西部地区的上部岩石圈地幔经受了严重的改变和很大程度上熔化的结论。

引起北非盆地特别是撒哈拉盆地的岩石圈变薄的机理看来类似于Fleitout和Yuen(1984)所描述的。伴有对流热和软流圈中的熔化迁移,由地幔热柱引起的扰动能够使岩石圈变薄。撒哈拉地台中与泛非造山运动有关的大型南北向隆起构造带是相对稳定的构造,在地幔中有深根。它们代表单个盆地之间的界线。

从加那利群岛延伸到利比亚的高热流穹隆包括摩洛哥北部、撒哈拉盆地南部(廷杜夫、贝沙尔、提米蒙、阿赫内特、莫伊代尔和伊利兹)、突尼斯和地中海南部(Nyblade等,1996;Lucazeau等,1990;Takherist和Lesquer,1989;Lucazeau和Dhia,1989)。北非热流系统的这种异常表现出相应季节岩石圈之下热地幔的广泛而长期的异常。二叠纪—侏罗纪的地幔异常可能与冈瓦那古陆分裂和大西洋海底开始扩张有关。然而,并不了解现今地幔异常的确切原因,认为这种地幔异常是由非洲板块的西北块围绕两个岩石圈板块的接触点(即靠近直布罗陀海峡的非洲和欧—亚板块)逆时针旋转造成的,大西洋向西扩张产生的压力及深地幔流驱动非洲板块向北的力和来自霍加热点的扩张流的某一种力所驱动。这种解释仍然是假说,需要进一步证实。

非洲—特提斯海阿拉伯边缘上的岩浆活动在过去250Ma期间具有明显的波动,以响应与大陆分裂有关时期的非洲板块内拉张应力与地幔热柱的主要阶段(Wilson和Guiraud,1998)。大约200Ma广泛分布的拉斑玄武岩岩浆活动(大西洋中央大陆分裂的原因)是西非克拉通之下的佛得角地幔热柱的上涌造成的(Wilson和Guiraud,1998)。

4.2.3.4 热史与油气生成的关系

撒哈拉盆地热演化史和埋藏史的重建提供了最高古温度、热活化和冷却作用的时间及机理,古温度梯度和剥蚀及侵入—热液活动的相对作用方面的信息。根据这些资料能够重建烃源岩中油气生成的过程。

引起该地区加热的主要因素是岩石圈变薄和广泛分布的侵入—热液活动引起的基底热流升高。除了在新生代之外,晚三叠世—早侏罗世后的因素造成了古生代页岩烃源岩中矿物成岩作用和有机质的先期成熟。除了这些页岩中叶蜡石、$2M_1$ 云母、II_b 多型绿泥石和诸如浊沸石的一些沸石的产状之外,这种成熟的证据是有机质中的 R_o 值达到 1.5% ~ 2.7%(图 4.31)和焦结构。这些岩石的埋藏视深度不足以说明观测到的有机质和矿物质的转换。特别是,观察到的大多数黏土矿物显示出侵入—热液环境。在热史研究中,认为烃类的生成过程如下。

(1)泥盆纪和石炭纪:中等地温梯度是由单一埋藏作用伴有早泥盆世幅度为 1.05 ~ 1.2 的轻微岩石圈拉张引起的。这使该地区奥陶系和志留系页岩中有机质开始成熟,并使深层的古生代剖面早期生油。

(2)晚石炭世—二叠纪:隆起和中等剥蚀涉及与油气生成停止同时出现的冷却阶段。这次剥蚀之后该地区的大部分一直到白垩纪处于长期的沉积间断。

(3)晚三叠世—早侏罗世:涉及岩石圈变薄并伴有辉绿岩侵入和热液活动的主要热活化。这似乎是遍及该地区的二叠纪热活化的持续。这个三叠纪—侏罗纪活化的特征是整个研究区内具有 70 ~ 80 mW/m^2 的高热流和 40 ~ 50km 的薄岩石圈。斯巴地区和雷甘盆地是例外,具有约 65 mW/m^2 的热流和大于 55km 的岩石圈厚度。在一些较深的埋藏地区,古生界页岩中的有机质被加热到生气窗,并且推测在生油之前生成的气或裂解成气遭到破坏。斯巴次盆地可能仍然是具有超过 55km 岩石圈厚度的构造高点,并且经历了少数的和/或较深的侵入。这需要油气生成接近油窗(油和湿气)。斯巴次盆地相对中等的热状态可能与其构造位置有关,因为它是相邻较深坳陷的"侧翼"。在 Berianne—Rharbi 构造与提勒盖姆特(Tilrhemt)盆地的边界上也发育了这种较高的构造(即使是山脉)与深槽毗连。这些都能够解释成由于局部较厚的岩石圈及相对中等的热流系统的较低成熟度造成的。

(4)晚侏罗纪—早白垩世:盆地经历了短期而微弱的冷却作用,并伴有变化剧烈的沉降和沉积作用(在提米蒙盆地最大沉积厚度达到1200m(图 4.27(b)和图 4.31),在雷甘盆地为 300 ~ 500m(图 4.32(c)),而在阿赫内特盆地沉降极少或未沉降)。这个埋藏阶段并没有造成实质性成熟和油气生成。

(5)晚白垩纪到现今:恢复的热活化较小地改变了中生代晚期—新生代的油气生成史。总之,在研究的所有南部和西部盆地中志留系和泥盆系(弗拉斯期)页岩中的有机质成熟到干气窗。斯巴次盆地和提米蒙盆地东西翼是例外,具有 65 ~ 70 mW/m^2 的相对较低的热流和 45 ~ 55km 较厚的岩石圈。这种情况也适用于雷甘盆地中心部位(RPL,RPR,RAN 井)和提米蒙盆地东翼及阿赫内特盆地。特别是,提米蒙和阿赫内特盆地显示出构造与热演化差异的信号。然而,圈定可能的液态烃区域将需要较密的探井井网,以保证获得进行可靠的埋藏史—热史和地化模拟需要的更详细资料。

有两个主要的加热和油气生成阶段影响着研究区。第一个阶段出现在晚石炭世,这是由于岩石圈厚度发生变化之后在不同地区的埋藏和热活化作用的结果。第二个阶段主要由晚三叠世—早侏罗世的强烈活化作用并伴有侵入—热液加热作用造成的。最后的加热阶段包括在盆地较深部位生成干气和在较浅部位先前生成的油发生裂解并生成油—湿气,特别是在该盆地的翼部。

Logan 和 Duddy(1998)借助于磷灰石裂变径迹分析(AFTA)和锆石裂变径迹分析(ZFTA)研究了阿赫内特和雷甘盆地的热史。他们得出结论:晚三叠世—早侏罗世期间的侵入—热液活动可能是引起阶状 R_o 剖面的主要加热事件。因此这个侵入阶段对于该地区的油气生成起到了极其重要的作用。

4.2.3.5 小结

(1)撒哈拉盆地南部和西部显示出高热流(70~80mW/m²)和仅为40~50km厚的岩石圈,这是提米蒙和阿赫内特盆地与莫伊代尔盆地北部二叠纪—侏罗纪热活化的典型特征。一个例外是斯巴次盆地,其热流没有超过67mW/m²(岩石圈超过55km厚)。在雷甘盆地,海西期热活化像在斯巴次盆地一样适中,岩石圈厚度为55~60km。

(2)与撒哈拉盆地北部和东部的情况相似,撒哈拉盆地南部和西部的海西期剥蚀作用也仅能说明在镜质组剖面上观测到的一小部分突变。在三叠纪、早侏罗世和局部在新生代期间发生的侵入活动及其引起的热液传热作用能够满意地解释撒哈拉盆地成熟度剖面的阶状特征。在相对较冷的斯巴次盆地中保存了良好的油藏并具有较低的成熟度,起因于下伏相对较厚的岩石圈和/或在侏罗纪期间比相邻盆地受到强度较低、可能较深的热液—侵入影响。

(3)南部和西部盆地从二叠纪持续到侏罗纪的岩石圈热活化相当强烈,但是它仍然低于东北部地区,在宰赫尔北部海西期剥蚀达到3500m,岩石圈厚度减少到25~35km,并且地面热流超过100mW/m²。这样的值接近在大陆裂谷区域观测到的值。

(4)雷甘和提米蒙盆地的岩石圈现今同时经历了拉伸和热活化作用。撒哈拉盆地南部和西部的岩石圈在新生代的特征是具有相当高的热流系统和厚度不超过60km。估算的地面热流在提米蒙盆地中心部位达到80mW/m²,而到东西两翼减少为65~70mW/m²。相应的,预测的岩石圈厚度从盆地中心部位的最低值38~45km增加到盆地其余部分的45~55km,包括斯巴次盆地。阿赫内特和雷甘盆地及提米蒙盆地中部的热流系统可以与撒哈拉东部地区伊利兹盆地的岩石圈的现今热状态类似,一个例外是其东部的现今岩石圈减薄到25km并且发育了近代火山活动(对比图4.33和图4.34)。

(5)雷甘盆地和提米蒙盆地南半部的岩石圈从新生代到现今经历了拉张作用,其最大幅度为1.15。这与撒哈拉东部地区的伊利兹盆地中部和东部类似,那里的岩石圈在新生代遭受拉张作用的最大幅度为1.16。

(6)总体上撒哈拉地台之下的岩石圈发生了急剧变薄,特别在南部和西部盆地之下更是如此。撒哈拉盆地中的高地温背景(包括相对冷却的盆地,例如撒哈拉东部和北部地区的三叠盆地、古德米斯盆地和韦德迈阿盆地北部)是岩石圈变薄的证据。这种异常高的热流系统在提米蒙、贝沙尔、廷杜夫、雷甘、阿赫内特、莫伊代尔和伊利兹盆地特别明显。

4.2.4 撒哈拉北非盆地含油气远景评价

用 Galo 盆地模拟系统评价了撒哈拉几个盆地中的油气生成和运移潜能。详细地调查了位于撒哈拉地台北部和东部的3个盆地——韦德迈阿、古德米斯和伊利兹盆地。还研究了该地台南部和西部的阿赫内特、莫伊代尔、提米蒙、雷甘及其他盆地。

本节的主要目的是描述应用 Galo 盆地模拟程序模拟具有不同构造和沉积发育史地区的油气生成状况。选择北非以证实该系统的使用条件：①该地区是世界上最重要的油气产区之一，含油气岩层是在不同的条件下形成的，显示出与演化的特殊性质密切相关的不同特性；②海西期造山运动将该地区的地质演化分为两个不同的阶段，这期运动产生了严重的隆起和剥蚀作用以及热活化的中止；③认为撒哈拉盆地中可能的烃源岩层，特别是志留纪笔石页岩层，是世界上最丰富的烃源岩之一；④尽管北非盆地也有大量的地球化学资料，但是这些资料是不同的并且难于处理，需要把这些资料与盆地发育史进行系统的综合。

在本研究中使用了大量的地球化学资料，包括热解、色谱和光学分析以及可溶有机质萃取的结果。用一个开放的岩石评价系统获得了不同加热速率下的热解测量值。已经在 8 个盆地的 10 个地区（塔克浩科特（TKT）、阿克法多（Akfadou,AKF）、梅勒克森（Mereksen,MRK）、博尔马（El-Bourma,ELB）、凯斯克萨（KA）、斯巴（SBAA）、韦德萨雷（Oued Saret,OS）、瓦迪盖兰（Oued Kerrane,ODK）、拜勒希兰（Fort Lalleland,FLD）和阿盖穆尔（Aguemour,（GM））完成了这种模拟（图 4.35）。已经对三叠系广泛分布的盆地（韦德迈阿、古德米斯、三叠和伊利兹北部）进行了极为详细的研究。把从其他盆地获得的研究结果用到区域格架的数据综合之中，这里就不详细说明了。除了有效生油岩的分布之外，油与烃源岩之间的关系是根据饱和的 C_{10} 和芳香族 C_8 烃类、C_4—C_7 烃类、汽油组分、烃类 C_5—C_8 的油组分和油源岩的热解产物（对生物降解油可忽略可溶有机质）的分布建立的，还进行了 5 种油和沥青馏分（己烷、己烷—苯、苯、苯—甲醇、沥青质）的碳同位素组成（$\delta^{13}C$）的相关分析（Makhous,2001）。

研究了撒哈拉北部和东部的 3 个地区（图 4.35）：韦德迈阿盆地北部的塔克浩科特地区，那里古生代与中生代的构造和沉积发育史不同，而且海西期的剥蚀幅度最大；古德米斯盆地的阿克法多地区，那里经历了中等的海西期隆起和剥蚀作用；未遭受海西期剥蚀的伊利兹盆地的梅勒克森构造。

烃源岩包括塔克浩科特地区的奥陶系和志留系页岩以及阿克法多与梅勒克森地区的中晚泥盆世页岩。这些烃源岩具有相似的有机质丰度和类型。韦德迈阿盆地和伊利兹盆地都是成熟的勘探区，而古德米斯盆地由于钻井的高成本和技术问题所以勘探程度很低。拜尔坎（Berkane）盆地在过去十年间进行了大规模勘探，尽管现有的地质和地球化学资料表明具有极大的含油气远景，古生界和三叠系的深度很深，但任何在该领域的努力都是值得关注的。南部和西部盆地（提米蒙、阿赫内特、莫伊代尔、廷杜夫、雷甘；参见图 4.35）的研究程度还很低，尽管如此，为了说明含油气性对现有资料进行了综合。

在先前章节和 Makhous（2001）的著作中已经详细介绍了盆地规模的地质、地球动力学、构造和热流系统的发育史。已经完成了南部和西部盆地的地球化学资料和模拟资料，并且得出了简要的区域综合报告和结论。

从整个撒哈拉盆地的分析岩样中选择了大约 320 块典型页岩烃源岩样品进行详细的研究。从显示出具油气生成潜能的主要烃源岩层段获得了岩心样品，即哥特兰系、吉维特阶、弗拉斯阶、法门阶、斯特隆阶和杜内阶（表 4.5）。这些层段代表了这些盆地内的主要烃源岩。在描述烃源岩地层时给出了有关数据，研究了代表主要油田的油作为个别油源岩一部分，并且把这些数据应用到区域综合的框架之中。

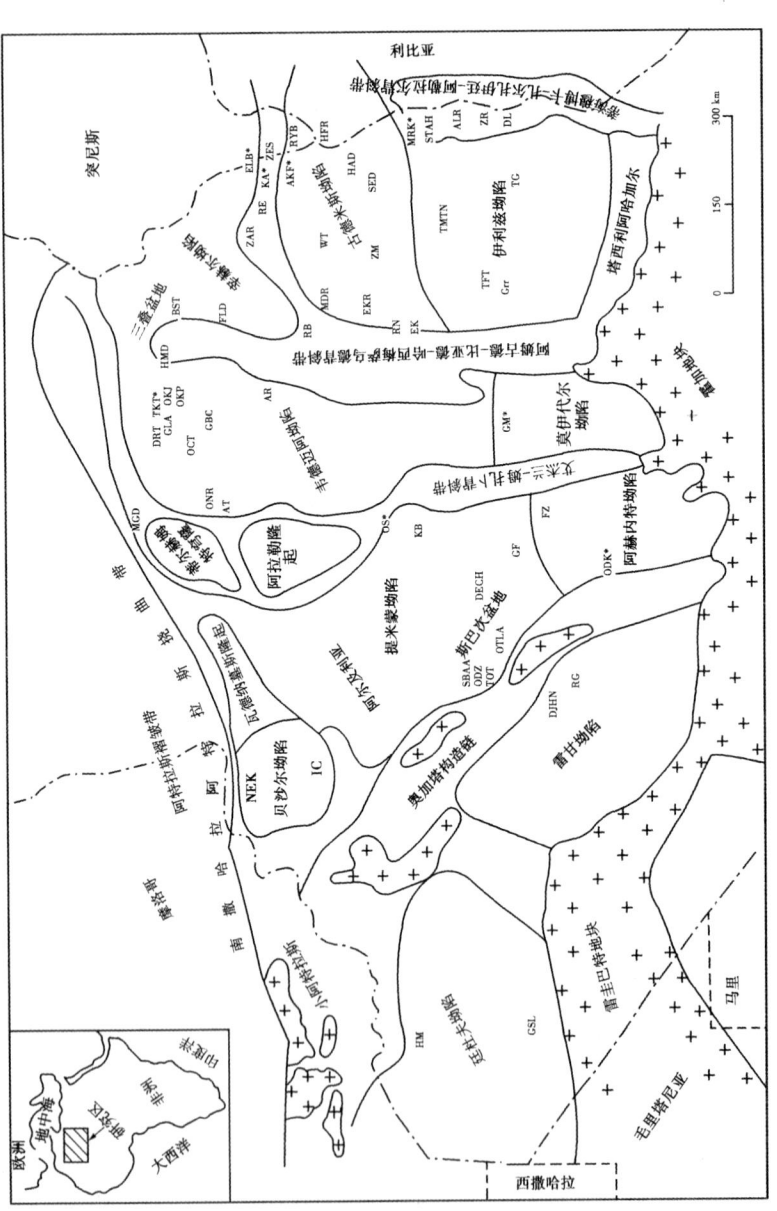

图4.35 撒哈拉主要的盆地和研究区位置图

"+"—进行全部计算机模拟(埋藏史、热史和油气生成史)的油田用传统的地球化学方法研究的油田用斜体表示 AKF—阿克达法多, ALR—阿尔腊尔(Alrar); AR—阿格拉卜(El Agreb); AT—阿依特海尔(Ait Kheir); BKH—布克列切巴(Bout Khecba); BST—Bst; DECH—代克(Dech); DJHN—杰贝海兰(Djebel Heiran); DRT—德拉泰姆拉(Draa Tamra); DL—埃杰莱(Edjeleh); EK—埃克塔埃阿(Ektaia); EKR—埃尔蒂尔(el-Khtir); ELB—博尔马(El Borma); FLD—拜朝希兰(Fort Lalleland); FZ—富盖拉祖尔(Fogaret ez-Zoua); GBC—古尔布沙尔(Gour Bouchareb); GLA—盖拉拉(Guellala); GM—阿盖穆尔(Aguemour); GSL—Gsl; GTT—Gtt; HAD—海德(Haid); HFR—HFr; HMD—哈西梅萨乌德(Hassi Messaoud); HR—哈西鲁梅勒(Hassi R'Mel); IC—卢查(Ioucha); KA—凯斯克萨(Keskessa); KB—克列切巴(Krechba); MGD—默加丁(Megadine); MDR—梅斯达尔(Messdar); MRK—梅勒克森(Mereksen); NEK—涅基尔(Nekhila); OCX—瓦迪舒维凯特尔(Oued Chouicat); ODK—瓦迪盖(Odk); ODZ—Odz; OKJ—本卡拉(Benkahla); OKP—贝尔卡维(Berkaoui); ONR—ONR; OS—韦德萨雷(Oued Saret); OTLA—奥特拉(Otla); RB—鲁布依尔巴咯勒(Rhourde el-Baguel); RE—比尔巴雷贝阿(Bir Rebaa); RG—雷甘(Reggane); RYB—鲁尔德努斯(Rhourd Nouss); SBAA—斯巴(Sbaa); SED—塞多卡尼(Sedoukane); STAH—斯塔(Stah); TFT—廷富耶—塔班库尔(Tin Fouyé-Tabankort); TG—提甘图林(Tiguentourine); TKT—塔克洛科特(Tikhoukht); TMTN—提迈拉廷(Timedratine); TOT—托阿特(Toat); WT—瓦迪特(Wadi-The); ZAR—扎尔(Zar); ZES—扎姆莱特埃尔诺斯(Zemlet el Nousse); ZM—扎姆莱特梅德尔巴(Zemlet Mederba); ZR—扎尔扎伊廷(Zarzaitin)

表 4.5 与研究的样品和地球化学分析有关的地层分布*

盆地	地区	井	地层单元												研究层段深度(m)	地化分析/采样数量			
			O		S	D_1	D_2		D_3			C_1		C_2	T_2		TOC	Pyrolysis	TAI	R_o
			Tre	Lin	GT	Ems	Giv	Frs	Fam	Str	To	Vis	Nam	Lad					
韦德迈阿	塔克诺科特	TKT-1				■									3725~3988	11	11	10	3
	古尔布沙尔	GBC-1	■												3994~4100	4	4	2	1
	默加丁	MGD-1				■									3204~3255	7	7	7	4
	布克列切巴	BKH-1				■									3040~3132	11	11	4	1
	瓦迪舒维凯特	OCT-1		■											3226~3243	5	5	5	1
	鲁尔德努斯	RN(SE)-1					■								1610~1685	4	4		
	哈西鲁梅勒	HRS-1													1730~1800	2	2		
	韦德萨雷特	OS-1			■										3074~3151	5	5	4	1
															3200~3207	3	3	3	
															2545~2805	2	2	2	1
															2197~2246	8	8	4	2
															1338~2060	14	14	5	2
															2060~2380	8	8	4	3
	鲁尔德维各布	RYB-1										■			2797	1	1	1	
	塞多卡尼	SED(E)-1											■		3106~3108	2	2	1	1
	Hfr	HFR-1													3623~3762	17	17	2	1
	比尔雷贝阿	RE-1													2470~2503	5	5	4	3
	阿克法多	AKF-1							■						3270~3324	10	10	4	1
	哈西-凯斯克萨	KA-1bis							■						3103~3202	3	3	2	1
	扎姆莱特埃尔诺斯	ZES-1													3346~3461	6	6	3	
	扎尔	ZAR-1													3189~3239	2	2		
古德米斯	瓦迪特	WT-1													3291~3490	6	6	2	1
						■									3060~3072	3	3		
											■				2816~2818	1	1	1	
										■					2994.5	1	1	1	
															3760.1	1	1		
															4115.4	1	1		1

续表

盆地	地区	井	地层单元													研究层段深度 (m)	地化分析/采样数量			
			O	S	D_1		D_2	D_3			C_1		C_2	T_2		TOC	Pyrolysis	TAI	R_o
			Tre	Lin	GT	Ems	Giv	Frs	Fam	Str	To	Vis	Nam	Lad					
伊利兹	Gtt	GTT-1													1160~1169	2	2	1	—
	提迈拉廷	TMTN-1													2208~2221	4	4	3	2
	提甘图林	TG-201													902~904	2	2	—	—
	梅勒克森	MRK-3													1010~1046	4	4	2	1
															2342~2507	2	2	—	2
															2513~2524	4	4	2	—
贝沙尔—瓦迪	卢查	IC-1													284~292	3	3	2	—
纳穆斯	涅海拉	NEK-2													1206~1309	4	4	2	4
	代克	DECH-1													1260~1269	5	5	4	—
															1295~1538	3	3	1	—
															2140.55	1	1	—	—
	斯巴	SBAA-1													1315~1318	3	3	2	—
															1410~1413	2	2	—	1
	SBAA-3														1289~1340	3	3	1	—
															1340~1356	3	3	—	—
提米蒙（斯巴）	Odz	ODZ-1													788~795	4	4	2	—
		ODZ-1bis													954~1045	3	3	2	1
	克列切巴	KB-2													1481~1481.9	2	2	1	—
															872~1170	6	6	5	4
															2650~2788	2	2	2	1
	奥特拉	OTLA-1													3360~3783	2	2	1	—
	托阿特	TOT-1													1586~1916	5	5	2	1
															802~1365	3	3	—	—
															1419.55	1	1	—	—
阿赫内特	富盖拉祖瓦	FZ-102													280~413	10	10	3	2
		FZ-104													560~682	4	4	4	—
莫伊代尔	阿盖穆尔	GM-1													398~401	2	2	2	—
															945~947	2	2	2	—
雷甘	雷甘	RG-3													1690~1742	4	4	1	1
															2156~2170	2	2	1	—

*O—奥陶系；S—志留系；D_1、D_2 和 D_3 分别为下、中、上泥盆统；C_1 和 C_2—下、上石炭统；T_2—中三叠统；Tre—特马豆克阶；Lin—兰维尔阶；Gt—吉维特阶；Ems—埃姆斯阶；Giv—吉维特阶；Frs—弗拉斯阶；Fam—法门阶；Str—斯特隆阶；To—杜内阶；Vis—维宪阶；Nam—纳缪尔阶；Lad—拉丁阶。

在该项研究中着重分析了大量的地球化学资料,包括热解、色谱和光学分析(R_0,TAI)的结果以及可溶有机质萃取物(OME)。这些资料加强了模拟方法并保证了对含油气远景的合理估计。热解实验被用于油气生成和相关干酪根组分变化的研究。使用开放系统热解实验确定动力学参数和定量描述通过基于构造史、热史和地球化学史建立的计算机模型得出的有机质成熟作用。为了评价油气生成、运移和聚集潜力,将前面章节描述的热史模型与从不同地质条件的盆地中获得的地球化学资料进行了综合。

4.2.4.1 韦德迈阿盆地

构造沉降和热史。Makhous 等(1997a,b)提供了韦德迈阿盆地北部的埋藏史和热史模型。使用两种方法计算构造沉降的相对变化,确定了岩石圈中热事件和拉伸事件的次序(参见图2.2)。把这一次序简要描述如下。从600—480Ma 期间的构造沉降幅度的轻微变化表明此时热流仅有缓慢的变化。这反映了基底岩石圈从初始热流约为 $52mW/m^2$ 的热状态发生缓慢的冷却作用。从400—350Ma 发生的基底沉降伴随着大约2500m 厚的砂泥岩沉积,并且涉及持续期为95Ma、幅度为1.2的拉伸作用(Makhous 等,1997b)。缓慢的拉伸速率导致了莫霍面深度的变化,而不是等温线深度的变化(参见图2.3)。

大约490Ma 的等温线下降是由于一直持续到早白垩世的气候变冷所致。后来在490—350Ma 出现的等温线上升是由于从基底的低温度梯度(高热导率)向沉积盖层中的高温度梯度(低热导率)的过渡造成的。

泥盆纪沉积作用之后是贯穿整个白垩纪的沉积间断。其后的海西期造山运动造成了该盆地北部的隆起和剥蚀,包括塔克浩科特地区。估计剥蚀了大约2200m 的泥盆纪和志留纪的沉积物。韦德迈阿盆地北部岩石圈的热活化开始于晚白垩世(280Ma)(Makhous 等,1997a,b)(参见图2.2和图2.3)。热底辟在10Ma 时以大约5.5km/Ma 的平均速率上升。该底辟在35Ma 期间保持不动,其深度小于30km。地面热流达到 $90mW/m^2$,该值接近于在现今大陆裂谷中观测到的值(Smirnov,1980)。在韦德迈阿盆地存在相对厚的三叠纪火山岩是二叠纪—三叠纪中高地温梯度的有力证据。

基底在中三叠世发生的沉降是异常加热基底出现快速冷却造成的结果(Makhous 等,1997)。具有高热导率的盐和酐的快速沉积主要是由在侏罗纪和白垩纪中等温线的下降造成的。早白垩世发生沉积的同时伴随着岩石圈的拉伸作用(拉伸幅度约为1.2),拉伸作用一直持续到森诺曼期结束(Makhous 等,1997b)。这个二次拉伸阶段说明基底的顶部在贝里阿斯期(145Ma)开始的岩石圈最后热活化期间发生了沉降。最后的热活化伴有在阿普第期和阿尔必期大约20Ma 的热底辟顶部的隆起,隆起的平均速率为1km/Ma。该底辟顶部从阿尔必期到现今保持在大约60km 的固定深度。最后的热事件解释了现今沉积剖面中的极高地温梯度,它包括厚层蒸发岩和下志留统中相对显著的成熟度($R_0 = 0.70\% \sim 0.80\%$)。除了低热导率沉积物的沉积之外,下白垩统等温线的上升与这一热事件有关;然而,在阿尔必期和森诺曼期沉积的800m 盐层导致了等温线的短期下降。新生代的缓慢沉积作用仅仅造成了等温线深度和热流的最小偏差。这个相对高的热流值(大约 $60mW/m^2$)与韦德迈阿盆地北部含盐沉积物中现今热梯度的高值一致。计算的现今温度与在井中3739m、3785m 和3989m 深度测量的温度相关(Makhous 等,1997a,b)。

烃源岩。韦德迈阿盆地的主要烃源岩是志留系(哥特兰纪)和泥盆系(艾姆斯阶、吉维特期—弗拉斯阶、法门阶)页岩和少量奥陶系页岩(el-Gassi 和 Azzel 组)。古生界(奥陶系、志留系和下泥盆统)页岩的区域分布是它们的最初分布及其遭受海西期剥蚀的范围的函数。最大的初始厚度在该盆地的南部、西南部和西部地区。现今的厚度范围从盆地南部的 600~700m 到西部的 280~660m 及中部的 220~460m。塔克浩科特剖面有大约 400m 厚的页岩。

奥陶系页岩主要含有腐泥型或者混合型有机质,平均总有机碳为 0.9%。在塔克浩科特地区的热模型中,奥陶系剖面的底部在白垩纪结束时达到生油的主要阶段(R_o = 0.7%;TTI = 90)(表4.6)。该盆地南部早在古生代结束时就达到了生油的主要阶段。现在,在盆地北部(塔克浩科特地区),奥陶系底部的有机质就生油而论是成熟的(R_o = 0.73% ~ 0.77%;TTI = 130~160;表4.6)。在盆地南部,奥陶系烃源岩处于生气窗之内。

表 4.6 塔克浩科特地区韦德迈阿盆地主要烃源岩层的计算特征

地层	深度(m)	T(℃)	R_o(%)	TTI
早石炭世(大约 360Ma)				
奥陶纪页岩	2438~2635	84~90	0.490~0.526	4~6
下志留统页岩	2359~2438	82.5~84	0.480~0.490	3~4
中生代末期(大约 65Ma)				
奥陶系页岩	3743~3922	107.3~102.7	0.670~0.700	70~90
下志留统页岩	3672~3743	101~102.7	0.660~0.670	65~70
现今				
奥陶系页岩	3924~4100	103.2~108	0.735~0.767	131~159
下志留统页岩	3854~3924	101.2~103.2	0.723~0.735	128~131

R_o 是用 Sweeney 和 Burnham(1990)的镜质组动力学模型计算的镜质组反射率;TTI 为时间—温度指数(Lopatin,1971;Waples,1980)。

志留系和下泥盆统页岩含有腐泥型、混合型和腐殖型有机质,其 TOC 范围是 1.0% ~ 10.0%。盆地中部和东北部的下志留统中放射性页岩最多含有 16% TOC。模拟显示:下志留统和下泥盆统的页岩在白垩纪初开始生油(R_o = 0.65%;TTI = 7);早在阿尔必期就出现了生油高峰期(R_o = 0.70%;TTI = 75)(图 4.36)。现在塔克浩科特地区的志留系页岩是成熟的(R_o = 0.71% ~ 0.73%;TTI = 100~130),而在南部是过成熟的(R_o = 1.25% ~ 1.70%),并且生油高峰期出现在古生代。

韦德迈阿盆地西南部和西北部的中泥盆统、上泥盆统和白垩系剖面以高 TOC 页岩(0.5% ~ 2.5%)和成熟—过成熟的干酪根(R_o = 0.7% ~ 1.5%)为特征。认为白垩系页岩是潜在的良好生气源岩仅仅是因为它们的中等有机质含量及其在盆地内的有限分布。

三叠纪、侏罗纪和白垩纪的沉积物具有低有机质含量(通常 TOC = 0.1% ~ 0.3%)和低成熟度水平(R_o = 0.40% ~ 0.50%),因此它们具有不好的含油气远景。

塔克浩科特地区(韦德迈阿盆地)的成熟史与油气生成:
奥陶纪烃源岩(EI - Gassi 组)。在表 4.6 中列出了奥陶系页岩的模拟结果。奥陶系页岩的平均氢指数(HI)值为 295mg HC/g TOC,平均 TOC 为 0.78%。HI/OI(氧指数)关系表明奥陶系烃源岩的干酪根是初产率为 710mg HC/g TOC 的 I 型干酪根(Espitalié 等,1988)和初产率为 630mg HC/g TOC 的 II 型干酪根的混合物。模型中使用从奥陶系剖面计算出的古温度,得到 I 型干酪根的总烃产率为 84mg HC/g TOC 及 II 型干酪根的总烃产率为 493mg HC/g TOC。剩余产率为 626mg HC/g TOC(II 型)和 137(I 型)mg HC/g TOC。推断观测到的 295mg HC/g

TOC 剩余产率代表混合干酪根类型(大约 68% Ⅱ 型和 32% Ⅰ 型)。

计算结果表明,奥陶系烃源岩到白垩纪末的烃产率为 40~45mg HC/g TOC,到现今的产率为 60mg HC/g TOC。在第一个古生代成熟阶段中的烃产率代表最终产率的 12%。

志留纪烃源岩。用程序重建油气生成的活化能谱使用了塔克浩科特地区哥特兰系页岩烃源岩的例子。确定的初始油气潜能为 HI_0 = 630mg HC/g TOC,这是典型的开阔海型干酪根(Ⅱ型)(Espitalié 等,1988;Ungerer 等,1990)。烃源岩剩余潜能大约为初始潜能的 45%,意味着在 350Ma 到现今生成了大约 55%(图 4.36)。根据计算,烃产率为 96% 的液态烃和的 4% 气,小于 0.2% 的液态烃受到了二次裂化。

图 4.36 显示了计算的烃生成史。在二叠纪剥蚀作用发生之前,白垩纪期间的生烃速率约占总生烃速率的 6%。在生烃速率曲线 360—286Ma 之间的局部小峰值(图 4.6)相应于生烃的第一阶段。相对低的生烃速率与中等温度(82~85℃)有关。当烃源岩温度超过 100℃ 时,在坎佩尼期(120—90Ma)出现了生烃的第二阶段和最后阶段。此阶段的油气生成率比白垩纪高一个数量级(图 4.36)。

油气生成的活化能谱表明两次反应(第一次反应的活化能为 50kcal/mol 和第二次的活化能为 52),是油气生成的主要来源,并且分别约占产率的 86% 和 13%。

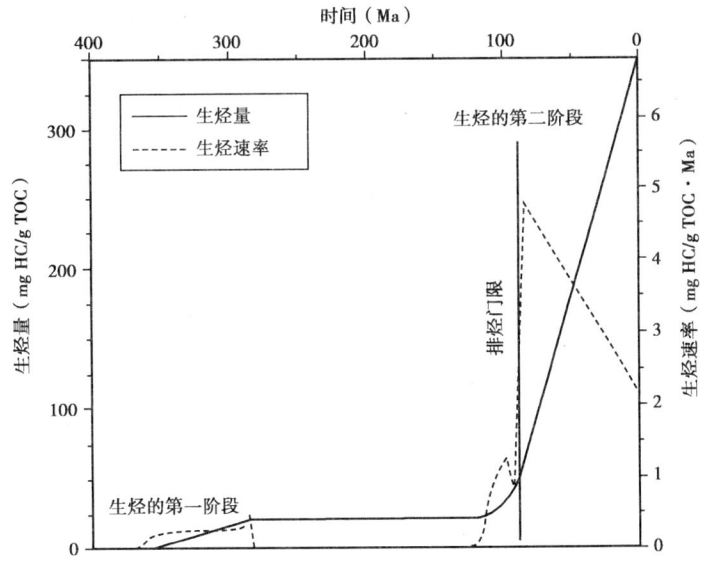

图 4.36 韦德迈阿盆地志留系页岩烃源岩在地史中的生烃速率(实线)、生烃量(虚线)和排烃门限
计算中使用了图 3.10 中显示的志留系的时间—温度史和活化能谱的计算结果,
在盆地发育史中有两个生烃阶段:石炭纪剥蚀之前和白垩纪—新生代

假定烃源岩达到 20% 的自由孔隙饱和液态烃时开始排烃。对于有机质丰度最高的哥特兰系烃源岩(TOC = 11.8%),当油气生成高达 35mg HC/g TOC 和烃源岩温度达到 90~100℃ 时,在科尼亚克初期达到 20% 孔隙饱和(大约 88Ma;图 4.36)。具有 TOC = 14.4% 的页岩在不到 3Ma 时达到排烃门限。

新生代沉降伴随着先前存在的圈闭被完全或部分破坏的同时形成新的构造。油气从破坏的圈闭中运移出来并聚集在三叠系和侏罗系的盖层圈闭之中。因此,该盆地中的储集层或者是三叠系(贝尔卡维、本卡拉、盖拉拉),或者是古生界(哈西梅萨乌德、阿格拉卜)(图4.35)。古生界烃源岩在侏罗纪和白垩纪期间的进一步沉降导致了油气生成,随后是油气运移和聚集在盆地北部的圈闭之中。三叠系和古生界的储集层都被古生界烃源岩中生成的油气所充填。古生界烃源岩在侏罗纪—白垩纪期间生成的大多数油气随后经过侧向或在大范围经过垂向运移,最终被圈闭在三叠系的储集层之中。

沿着阿姆古德—比亚德—哈西梅萨乌德轴的运移路径是远离沉降带向南到更高的隆起带。在古德米斯盆地以东也发生了泥盆系页岩生成的油气向更高的隆起带运移的情况。

4.2.4.2 古德米斯和伊利兹盆地

构造沉降和热史。影响古德米斯盆地的第一个主要构造事件是海西期造山运动。在白垩纪结束时该造山运动开始之前,已经沉积了2800~3900m厚的古生代沉积物。海西期造山运动造成了隆起和后来上古生界大约900m沉积层的剥蚀(图4.37)。侏罗纪—白垩纪古德米斯盆地是反转构造运动的中心,这次运动引起了盆地北部、西北部和西部地区的沉降;(Makhous等,1995)。在此时期沉积的蒸发岩覆盖了远远超出坳陷边界的拉伸地区,在梅斯达尔、埃尔蒂尔、拜勒希兰和凯斯克萨地区的厚度超过了900~1000m。相形之下,在三叠纪—侏罗纪发生的沉降最小,而且在古生代遭受最大沉降的地区(鲁尔德努斯、埃克塔埃阿和盆地南部地区)缺失蒸发岩。在瓦迪特、海德和比尔雷贝阿地区,包括碎屑沉积物和蒸发岩在内的全部三叠系—侏罗系的最大总厚度为1900m。

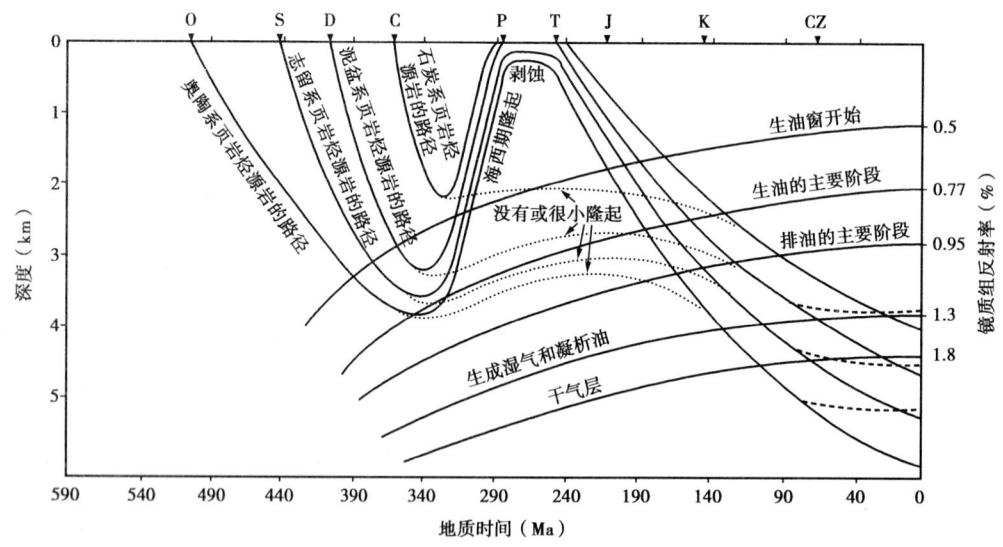

图4.37 撒哈拉盆地主要烃源岩的埋藏史、生烃史和排烃史综合示意图
实线代表随剥蚀作用而发生的主要变化;虚线代表剥蚀不产生变化,长虚线代表某些地区在晚白垩世开始和中生代期间烃源岩沉降的稳定性,说明了在烃源岩沉降期间达到的成熟度是不可逆的和R_o值在隆起期间未发生变化

在白垩纪,盆地南部、西部和西北部地区的沉降速率减少,并且形成了古德米斯盆地的最终构形。古德米斯盆地是在白垩纪发生闭合的中生代大地构造。

根据基底面的构造沉降分析得出了阿克法多地区构造事件的先后顺序。这一顺序基本上重复了在塔克浩科特地区确定的构造事件顺序:奥陶纪—泥盆纪的拉伸,二叠纪期间的热活化和早白垩世的基底拉伸,同时有从白垩纪开始持续到现今的岩石圈的热活化作用。在沉积剖面的下部层段观测到了有机质的高成熟度水平:在 3.0~3.9km 深度的 R_o=1.00%~1.19%。

阿克法多地区沉积剖面的特征是比塔克浩科特地区具有较高的温度。在早泥盆世沉积物中达到了大约 120℃ 温度。模型计算早白垩世末(大约 330Ma)和海西期隆起及剥蚀之前状况,得出的奥陶纪、志留纪和早泥盆世页岩的温度和成熟度水平与最早的油气生成阶段一致(表 4.7)。接近白垩纪末(大约 289Ma),奥陶系、志留系和可能的泥盆系页岩烃源岩的腐泥型和腐殖型有机质足够成熟生成液态烃和气态烃。在该盆地其他地区的志留系和泥盆系页岩也具有生成液态烃和气态烃的极大可能性。在该地区相对中等的海西期隆起和后来遭受的剥蚀轻微地减缓了有机质的成熟作用。根据模拟结果,最终的温度降低范围是从奥陶系底部的 10℃ 到白垩系底部的 16℃。

接近中生代沉降结束时(大约 69Ma),奥陶系、志留系和泥盆系页岩中的有机质经历了进一步的成熟作用,并且达到的温度范围是 114~144℃ 和 R_o 值为 0.8%~1.2%(表 4.7)。奥陶系和志留系页岩烃源岩在中生代达到了大部分油气潜能。中生代在最大沉降区,油气生成贯穿整个古生界剖面,包括白垩系页岩(Makhous,2001)。

表 4.7 计算的古德米斯盆地阿克法多地区主要烃源岩的特征

地层	深度(m)	T(℃)	R_o(%)	TTI
接近早石炭世(大约 330Ma)				
奥陶系页岩	3220~3440	113~118	0.723~0.756	42~54
志留系页岩	2780~3220	102~113	0.640~0.723	17~42
下泥盆统页岩	2116~2780	86~102	0.510~0.640	5~17
中、上泥盆统页岩	1280~2116	62~86	0.367~0.510	0.8~5
中生代末期(大约 65Ma)				
奥陶系页岩	4300~4500	139~144	1.111~1.170	920~1300
志留系页岩	3870~4300	128~139	0.920~1.111	425~920
下泥盆统页岩	3270~3870	114~128	0.770~0.920	165~425
中、上泥盆统页岩	2550~3270	96~114	0.650~0.770	42~165
现今				
奥陶系页岩	4650~4850	146~152	1.267~1.378	1923~2775
志留系页岩	4240~4650	136~146	1.082~1.267	866~1923
下泥盆统页岩	3650~4240	121~136	0.861~1.082	323~866
中、上泥盆统页岩	2950~3650	104~121	0.709~0.861	88~323

注:R_o 是镜质组反射率,是用 Sweeney 和 Burnham(1990)的镜质组动力学模型计算的;TTI 是时间—温度指数(Lopatin,1971;Waples,1980)。

在伊利兹盆地的全部沉积史中,梅勒克森地区的花岗闪长岩基底是幅度约为 200m 的一个地垒,但是在寒武纪—奥陶纪沉积物被快速地吸收掉。在三叠纪和侏罗纪,构造运动引起了地壳的水平拉伸,老断层重新活动并且产生了一些新断层。在该地垒之内和边界上的断层幅度随时间明显减少。发生这些过程的同时伴随着基底的沉降作用。认为梅勒克森地区是一个遭受剥蚀的老的同沉积构造,而且基底在白垩纪开始时发生了沉降。梅勒克森地区的可能烃源岩比古德米斯盆地的薄,某种程度上是由于减慢的沉积速率(图4.38和图4.39)。接近白垩纪末,古生界底部岩石的深度大约为3200m。沉积作用间断仅仅是海西期造山运动的影响。该地区通常比古德米斯盆地的地热梯度高(Makhous等,1995)。

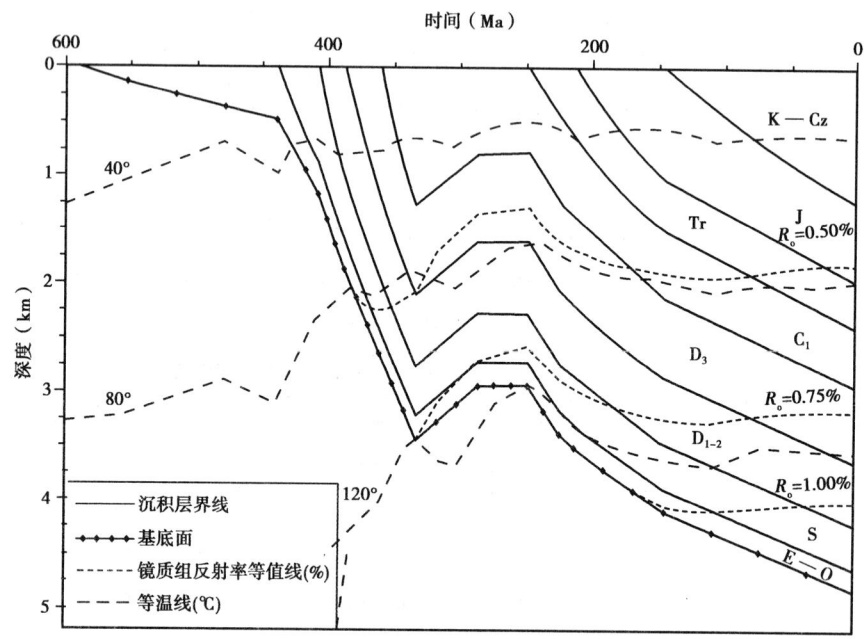

图4.38 古德米斯盆地阿克法多地区沉积剖面的埋藏史、热史和成熟史
与图2.2和Makhous等(1997a)的韦德迈阿盆地相比,沉积体积大,尽管导致了海西期隆起的程度中等,却使志留系岩石中有机质的成熟度高

使用构造沉降随时间变化的分析得出该盆地的埋藏史和热模型,其结果与根据镜质组反射率测量值估算的现今温度梯度和成熟度一致。与基底面的构造沉降变化有关的构造事件的次序,包括在早白垩世开始并持续到现今的次要的基底拉伸和热活化的时期。基底的这一热活化有助于解释在现今剖面中观测到的105~108℃相对较高的温度,它是在梅勒克森井中2776m深度测量的,与在2779m深度的中泥盆统底部的107℃计算值一致(表4.8和图4.39)。在梅勒克森地区测量的2.5~3.1km深度的泥盆系页岩有机质成熟的较高程度(R_o=0.7%~1.2%)超过了数值模拟结果(大约2.9km深度的R_o=0.8%)(表4.8)。这种有机质较高程度的成熟可能原因是水渗入到盆地地层露头并且对地下水流产生热效应;然而,这一问题还有待于进行更深入的水文研究。

在二叠纪开始时缓慢的、持续的沉积作用导致了梅勒克森地区等温线深度和R_o等值线深度的极小变化(图4.39)。在表4.8中列出了计算的石炭纪结束时(大约为288Ma)奥陶系、志留系和泥盆系岩石的温度和有机质成熟度。这些计算结果表明:在二叠纪开始时,奥陶系和志留系页岩中的有机质处于生油窗的较低部位(图4.39)。

表 4.8　计算的伊利兹盆地梅勒克森地区主要烃源岩特征

地层	深度(m)	T(℃)	R_o(%)	TTI
接近石炭系(大约288Ma)				
奥陶系页岩	2493~3177	97~112	0.600~0.707	14~47
志留系页岩	2213~2493	90~97	0.535~0.600	7.7~14
下泥盆统页岩	2060~2213	86~90	0.511~0.535	5.6~7.7
中、上泥盆统页岩	1741~2060	78~86	0.455~0.511	2.9~5.6
中生代末期(大约65Ma)				
奥陶系页岩	3179~3832	115~129	0.814~1.020	266~710
志留系页岩	2918~3179	108~115	0.750~0.814	160~266
下泥盆统页岩	2777~2918	105~108	0.730~0.750	125~160
中、上泥盆统页岩	2485~2777	98~105	0.670~0.730	75~125
现今				
奥陶系页岩	3179~3832	116~130	0.862~1.087	391~1209
志留系页岩	2918~3179	109~116	0.790~0.862	229~391
下泥盆统页岩	2777~2918	106~109	0.760~0.790	191~229
中、上泥盆统页岩	2485~2777	99~106	0.712~0.760	109~191

注：R_o 是镜质组反射率，是用 Sweeney 和 Burnham(1990)的镜质组动力学模型计算的；TTI 是时间—温度指数(Lopatin,1971;Waples,1980)。

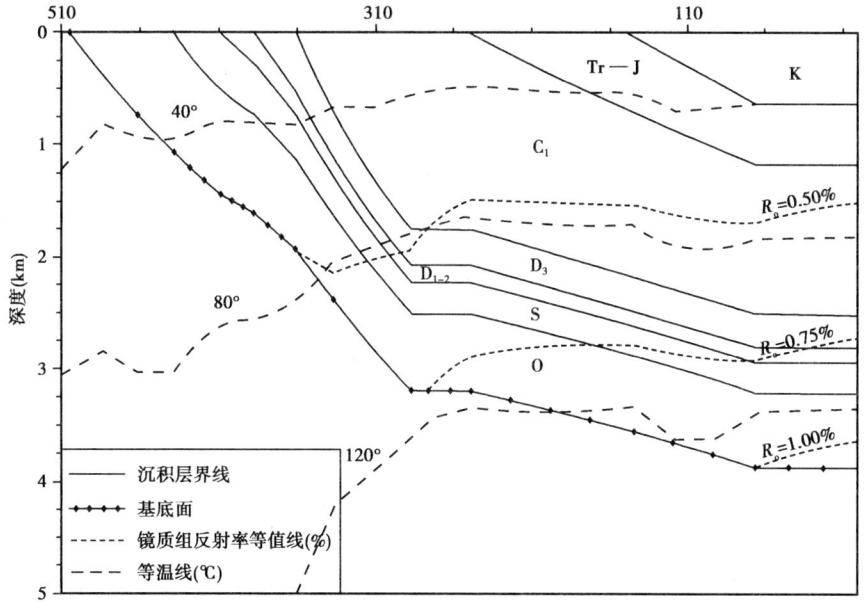

图 4.39　伊利兹盆地梅勒克森地区沉积剖面的埋藏史、热史和成熟史，在无海西期隆起的地区达到了相对较高的成熟度

继续沉降有助于温度上升和有机质进一步成熟。在中生代结束时，奥陶系、志留系和泥盆系页岩的温度和成熟度指标为 100~130℃，R_o = 0.70%~1.00%，TTI = 70~700(表 4.8)。这表明，在中生代结束时，在奥陶系和一些志留系的页岩中没有可能生成液态烃，而法门阶页岩却处在高峰生烃条件之下。

奥陶系、志留系和泥盆系中的现今温度、R_o 值和 TTI 值(表 4.8)表明，现今 3800m 深的下奥陶统页岩正在生成干气,而顶部的奥陶系页岩正在生成湿气和凝析油。志留系、下泥盆统和中泥盆统的页岩的液态烃生成在很大程度上必须排烃。

古德米斯盆地的成熟史与油气生成。与韦德迈阿盆地北部塔克浩科特地区相比,古德米斯盆地阿克法多地区的沉积物经历了较高的热流系统,并且在地质剖面中减少了剥蚀幅度和缺少蒸发岩。古德米斯盆地和三叠盆地南部的奥陶系页岩(el-Gassi 和 Azzel 组)的 TOC 范围是 0.5%~1%。在伊利兹盆地的北部,奥陶系页岩的平均 TOC 含量为 1.3%。现今,无定形的奥陶系有机质处于生油的主要阶段。

古德米斯和伊利兹盆地的志留系(哥特兰系)页岩的 TOC 为 0.5%~2.0%。干酪根是无定形的而且目前未保留生油潜能。具有较高 TOC 的地区通常相当于原始沉积中心和中等水平的成熟度。许多地区的志留系页岩具有较低的 TOC 和过成熟的有机质。在古德米斯盆地中心部位包括阿克法多地区在内,志留系烃源岩的成熟史仅仅受到海西期剥蚀的极小影响。古温度计算结果表明:早在早白垩世这些烃源岩就生成油。因为在该盆地中心部位的海西期隆起幅度最小,所以油气生成的合适条件并未受到中断(图 4.38)。地球化学资料表明这些现在过成熟的志留系页岩烃源岩最初具有极大的生油潜能。用这些资料估算的古德米斯盆地油气生成的初始潜能要比只根据现今过成熟有机质的平均含量估算的值高得多,后者为低值。

古德米斯盆地拥有的厚层泥盆系页岩,含有偏油的无定形有机质和 TOC 为 0.5%~5.0%。上泥盆统页岩中的有机质是成熟到过成熟($R_o=0.7\%\sim1.6\%$),而下泥盆统页岩中的有机质常常是过成熟($R_o=0.8\%\sim2.0\%$),所以认为这些页岩是极好的液态烃源岩。

古德米斯盆地中心部位的中、上泥盆统页岩烃源岩目前处于温度为 100~110℃ 的油或者气—凝析油窗之内(表 4.7、图 4.38)。图 4.40 显示了模型计算的阿克法多地区晚泥盆世和中泥盆世页岩的生烃量和生烃速率。已经生成大约 90% 的初始生烃潜能。当地层温度达到 110℃ 时,生烃速率在晚白垩世有一个清晰的确定峰值(图 4.38、图 4.40)。从 80Ma 到现今生烃速率的降低是因为大多数生烃受到具有低活化能的反应(50 和 52kcal/mol)的控制。具有 4%~5% 平均 TOC 的晚泥盆世和中泥盆世页岩烃源岩在阿普第期末(115Ma)达到排烃门限。生气率能够说明小于 5% 的总烃生成率。为了对比,给出了 II 型干酪根标准谱的模拟结果,其初始生烃速率 $HI_o=630$mg HC/g TOC(Espitalié 等,1988)。在地层的埋藏史期间大约实现了这种潜能的 70%。在 70Ma 达到了排烃门限。

梅勒克森地区的晚泥盆世烃源岩在坎佩尼期(接近 80Ma)达到了液态烃的排烃门限。古生代仅有一些奥陶系和局部的志留系页岩能够实现它们的生烃潜能,而在中生代,油气生成的过程贯穿古生界页岩,包括在最大沉降区内的白垩系页岩(图 4.37)。

古德米斯和伊利兹盆地的白垩系页岩含有偏气的腐泥型干酪根,TOC 范围是 1%~4%。由于该地区的白垩系页岩的厚度相当大(在中心部位为 500~1500m),认为它们是可能的良好生油岩。现今镜质组反射率的范围是 0.50%~0.71%($TTI=7\sim110$;表 4.7 和表 4.8)。

伊利兹盆地的成熟史与油气生成。伊利兹盆地泥盆系页岩的性质与古德米斯盆地的相似,但是要薄些。根据模拟结果,梅勒克森地区的中、上泥盆统烃源岩在二叠纪开始生成液态烃(图 4.39)。平均 TOC=45%,平均测量的 $S_2=7.5$mg HC/g 岩石,剩余的生烃潜能 $HI=167$mg HC/g TOC,该值与模拟得到的值差 6%。这些烃源岩在地质史中的总烃排出量接近初始生烃量的 75%(630mg HC/g TOC;图 4.41)。

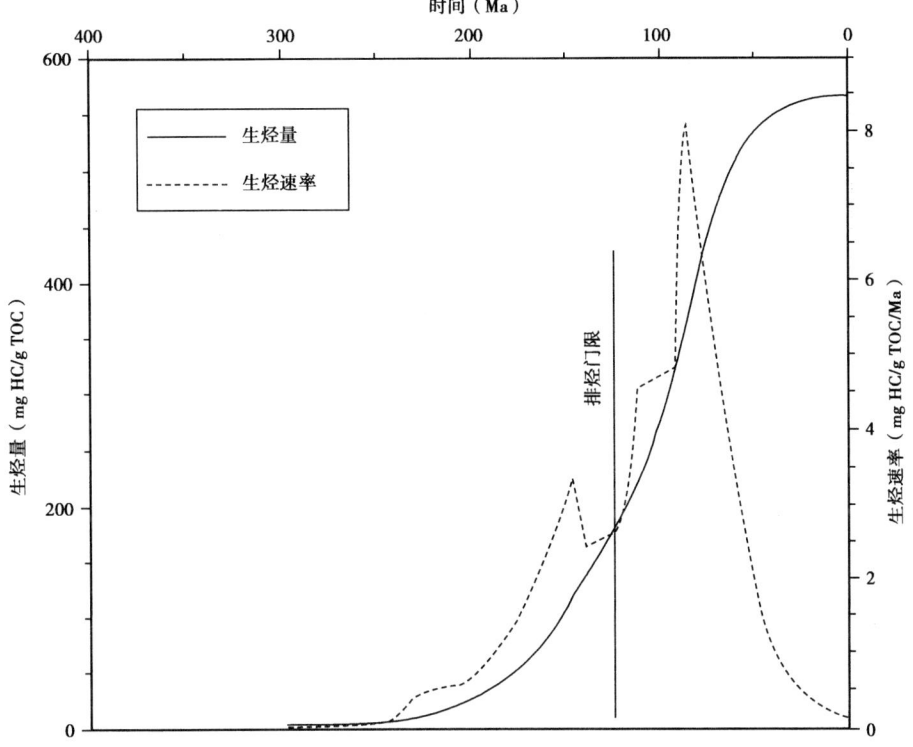

图 4.40　古德米斯盆地阿克法多地区中、上泥盆统烃源岩在地质史中的生烃量（实线）、生烃速率（虚线）和排烃门限

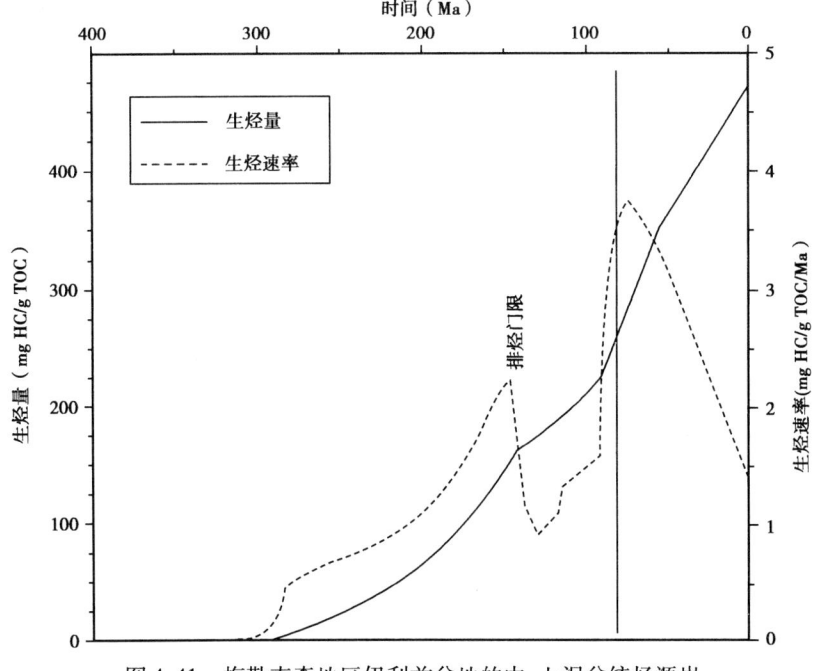

图 4.41　梅勒克森地区伊利兹盆地的中、上泥盆统烃源岩在地质史中的生烃量（实线）、生烃速率（虚线）和排烃门限

在三叠盆地,泥盆系页岩的 TOC 低,所以不是烃源岩。泥盆系页岩的初始和现今的 TOC 含量及其在伊利兹和古德米斯盆地的分布状况与志留系页岩的差别极大。古德米斯和伊利兹盆地的晚泥盆世页岩含有 TOC 的量最大(2%~8%),明显高于相应的志留系页岩(通常为 2%)。然而晚泥盆世页岩的有机碳含量向撒哈拉地台以西方向减少。与志留系页岩相比,这些变化可能是由于泥盆纪碎屑物质的数量和方向发生变化所致。

向南的霍加地块是早志留世碎屑物质的主要来源,而向东的蒂海穆博卡—扎尔扎伊廷—阿腊尔(Alrar)背斜带是晚志留世和早泥盆世碎屑物质的主要来源。在阿登造山运动期,在古德米斯和伊利兹盆地形成局部隆起。这些隆起在中、晚泥盆世向盆地提供了碎屑物质。

4.2.4.3 南部和西部盆地

模拟了阿赫内特、莫伊代尔、提米蒙、廷杜夫、雷甘和其他盆地的热史。在南部提米蒙盆地中的斯巴次盆地,志留系页岩的初始 TOC 含量(9%)远远超过现今值(3%)。这一地区以相对中等水平的有机质成熟度(R_o=0.9%~1.0%)和生成大量油为特征。泥盆系页岩,特别是中泥盆统页岩,具有的生烃潜能类似于志留系页岩,志留系页岩烃源岩(阿赫内特、莫伊代尔和提米蒙盆地北部)具有相对较高的 TOC 含量(2%);然而,成熟度高(R_o=1.2%~1.6%),而且这些页岩可能生成气。

中泥盆统页岩的 TOC 测量值为 2%~8%,上泥盆统页岩的 TOC 测量值为 1%~5%,但是在伊利兹盆地向西具有最大的减少量为 1.5%~5.0%,在莫伊代尔盆地为 1.0%~3.5%,而在提米蒙盆地为 1.0%~1.8%。与志留系页岩相比,这些变化似乎与碎屑的搬运方向和物源区有关。由于具有不同的沉积史、埋藏史和构造发育史,这些盆地的泥盆系烃源岩中有机质的成熟度(R_o=1%~4%)高于三叠地区的等效烃源岩(韦德迈阿、古德米斯和三叠盆地)。因此,除了具有较低的成熟度的斯巴次盆地之外,现在预期在撒哈拉南部和西部生成气。

4.2.4.4 小结

模拟结果表明,在许多盆地中,特别是古德米斯盆地、韦德迈阿盆地南部和斯巴次盆地,现今过成熟干酪根的初始总有机碳值(超过油气生成的极大值)超出了现今剩余总有机碳的平均含量(古德米斯和伊利兹盆地的上泥盆统页岩为 5%,古德米斯盆地北部的志留系页岩为 2.5%,而斯巴次盆地的志留系页岩为 2.5%~3%)。这些地区生成了大量的烃。在韦德迈阿盆地北部和古德米斯盆地,尽管志留系烃源岩大部分处于生气窗之内,但是被加热的不够充分高。就此而论,还可以提及古德米斯盆地的泥盆系烃源岩。这种外观上的不一致可部分地归因于海西期隆起使大量的古生代沉积物遭受剥蚀。在古德米斯盆地,海西期隆起的幅度和剥蚀范围比韦德迈阿盆地更低,而且现今温度与有机质成熟度之间的外观不一致的程度更小(Makhous,2001)。然而,如前所述,观测到的这种外观不一致的主要原因是热史的差异,尤其与岩石圈厚度的变化和侵入—热液加热作用有关。伊利兹盆地的情况也相同,如果在理论上任何大的温度降低成立的话,在这些地区内缓和的海西期隆起不能继续发育;由于岩石圈变薄和强烈的近代侵入—热液加热作用,产生的更热的热流系统加快了有机质的成熟作用。综合效果是测量的成熟度高于预期的现今温度对成熟度的影响。因此,估计初始总有机碳的区域平均值需要评价所研究盆地的实际热史,包括每个特殊地区的海西期隆起幅度和古生代沉积物遭受剥蚀的范围及其对干酪根成熟度的影响。由于具有过成熟有机质的地区显示出较低的总有机碳含量,从而排空了干酪根的主要潜能,所以确定原始沉积中心具有极其重要的意义。

三叠系分布区(韦德迈阿、古德米斯、三叠盆地和伊利兹盆地北部)结合有效生油岩产状的古生代沉积物的现今温度与古温度的分布分析表明,基本上在该地区南部和西南部形成古生代油气生成的有利条件。然而,韦德迈阿盆地北部和东北部及古德米斯盆地北部和西部的一些油气藏随后遭到了海西期造山运动的破坏。在伊利兹盆地,奥陶纪和泥盆纪的构造是古生代生成油气的最可能的圈闭,而在古德米斯和韦德迈阿盆地,在晚白垩世之前形成的构造对石油聚集最有利。当烃源岩的埋藏深度达到 3.3~3.5km 或更深时,在晚白垩世或更晚形成的圈闭中发现气藏(Makhous,2001)。

在伊利兹盆地南部和西部,发生的最深坳陷比海西期隆起要早。在撒哈拉北部和东部所研究的盆地的限度内,大多数情况下的高地温梯度与像阿姆古德—比亚德背斜带那样的基底隆起带有关(Makhous,2001),最值得注意的是邻近三叠地区南部和西部盆地的霍加地块和奥加塔构造链。在韦德迈阿盆地北部、三叠和古德米斯盆地,相对低的地温是典型特征,在那里沉积了厚层的中生代蒸发岩。

古生代主要在该地区南部和西南部形成油气生成和聚集的有利条件。至于中部和北部地区,已经优先在中生代生成油气。有远景的圈闭或者有利构造是靠近沉降带的那些,那里的志留系和泥盆系烃源岩未遭受隆起作用,因此,除了未遭受剥蚀作用之外,热作用也未停止。特别是古德米斯和伊利兹盆地,由于在古生代和中生代期间是活动的,所以形成了有利的地区。在白垩纪末,撒哈拉东部开始生成气。

4.3 西西伯利亚盆地(乌连戈伊气田)热史和成熟史的模拟:盆地模拟中专门考虑的问题

我们认为现今温度和镜质组反射率剖面是校准数值盆地模拟的主要因素。因此,了解这些剖面是如何产生的极其重要。盆地模拟一般考虑诸如岩石固结、岩石物理特性随深度的变化、热流变化和古气候等因素。然而,盆地评价表明:目前对影响温度和 R_o 剖面的其他作用研究还不充分。在先前章节中介绍了撒哈拉盆地的一条非标准的镜质组反射率剖面成因的详细研究实例。在本节继续这些研究。西西伯利亚盆地乌连戈伊气田的模拟允许对一些"非标准的"作用进行数值估计。第一,预期由于地层含游离气、凝析气和凝析油引起热导率的变化能使温度大幅度增加 5~10℃。第二,随着最近 3.4Ma 永冻层的形成和融化产生的气候变化能够降低沉积剖面上部 1.5km 的现代岩石温度 10~17℃,降低其底部温度 10℃。由于上述过程是短时期的,它们对有机质成熟度的影响极小。尽管如此,它们在现今温度剖面形成中的作用迫使在盆地模拟中必须考虑这方面的内容。第三,模拟结果表明,具有分散有机质的岩石的热导率变化能够增加沉积岩的温度 3~5℃,并使镜质组反射率提高 0.02%。最后,镜质组反射率随深度急剧增加,在乌连戈伊气田和许多其他大陆裂谷盆地的深层沉积单元中是典型的,可能被解释为热液作用的结果。这些过程对地下温度和有机质成熟度的影响程度,除了现代剖面相对于古代裂谷系的位置之外,主要取决于岩石性质和有机质含量。本项研究结果将有助于评估这些参数的相对影响。

沉积盆地模拟能够使我们追踪沉积岩的热演化史,模拟有机质的成熟史和推断油气生成的时间。如上所述,模拟过程包括在埋藏、热活化和盆地岩石圈拉伸及其他的过程中,沉积岩和基底岩石中的传热、地面上沉积物的剥蚀和沉积、沉积物的压实作用的数值分析。更详细的资料参见 Tissot 等(1987),Nakayama 和 Lerche(1987),Welte 和 Yalcin(1988),Espitalié 等(1988),Galushkin(1990),Ungerer 等(1990),Lopatin 等(1996),Makhous 等(1997a),Makhous 和 Galushkin(2003a,b)等。

虽然沉积盆地的模拟受到数学地质的影响,对任何已知盆地的特殊考虑总与特殊过程的地点有关,而在文献中常常没有足够的资料证明这些情况。在本节中,认为一条实际沉积剖面的热导率和热流系统的改变是由一些过程造成的,诸如游离烃储层的形成,岩石基质中存在分散有机质,以及在最近 3.4Ma 永冻层的形成和融化。选用西西伯利亚盆地乌连戈伊气田的地史模拟作为实例(图 4.42)。

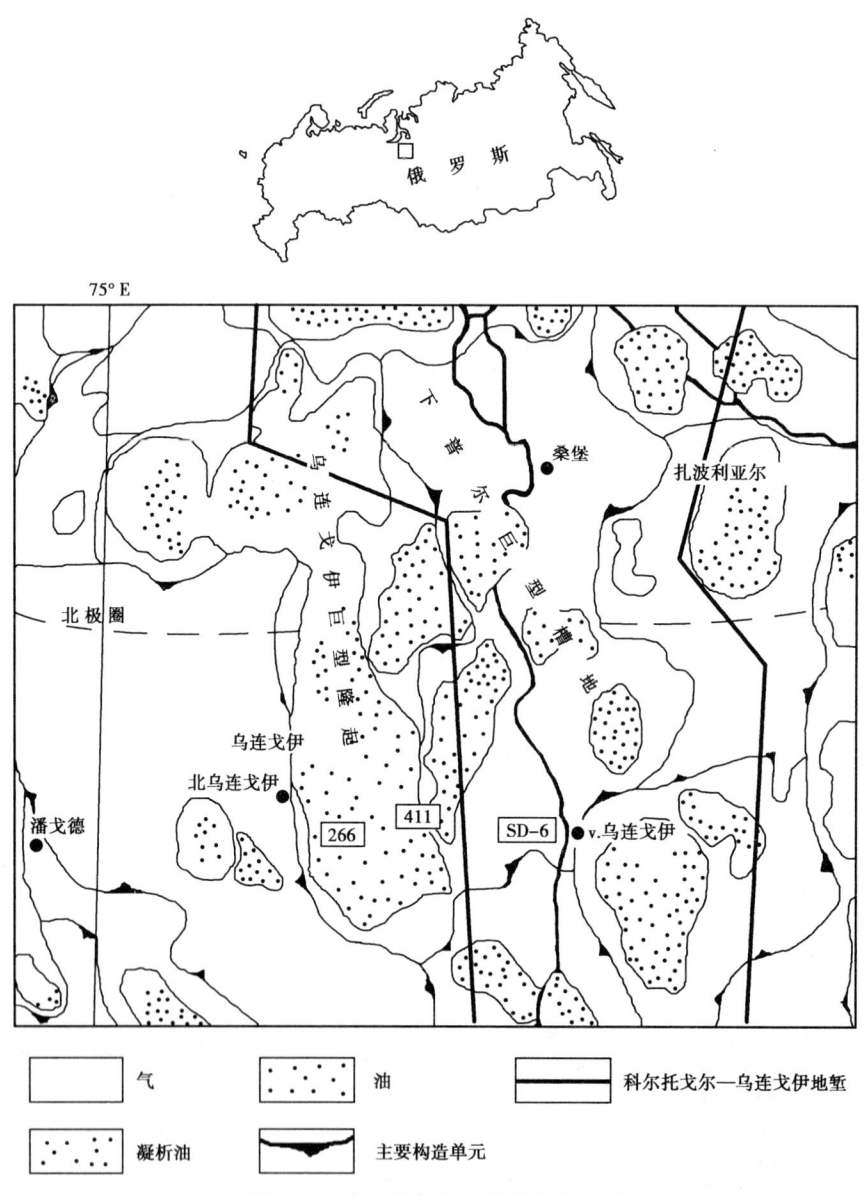

图 4.42　乌连戈伊气田的综合构造图
显示了模拟井和科尔托戈尔(Koltogor)—乌连戈伊地堑的位置

气态烃替换孔隙水导致了热导率降低和沉积物温度的增加。在许多论文中根据因存在气态烃或液态烃充填的透镜体使区域地面热流失真的情况讨论了这种过程(Kontorovich 等,1975;Cheremenskiy,1977;Duchkov 等,1988)。对深度—温度剖面失真的认识还不够,但是 Zwach 等(1994)进行了讨论。他们说明砂岩剖面中游离甲烷替换的孔隙水总量降低了近地表岩石的热导率系数为3,降低10km埋深的固结岩石的热导率不足10%。乌连戈伊气田266和411井的沉积柱(图4.43)为评价这种影响提供了良好的机会。266井位于含油气构造中心和森诺曼阶气—水等值线之内,而411井位于森诺曼阶气藏外侧的乌连戈伊凸起的东部。用两条相邻剖面不同的游离烃量进行计算,能够评价油气聚集对温度剖面和有机质成熟度的影响。

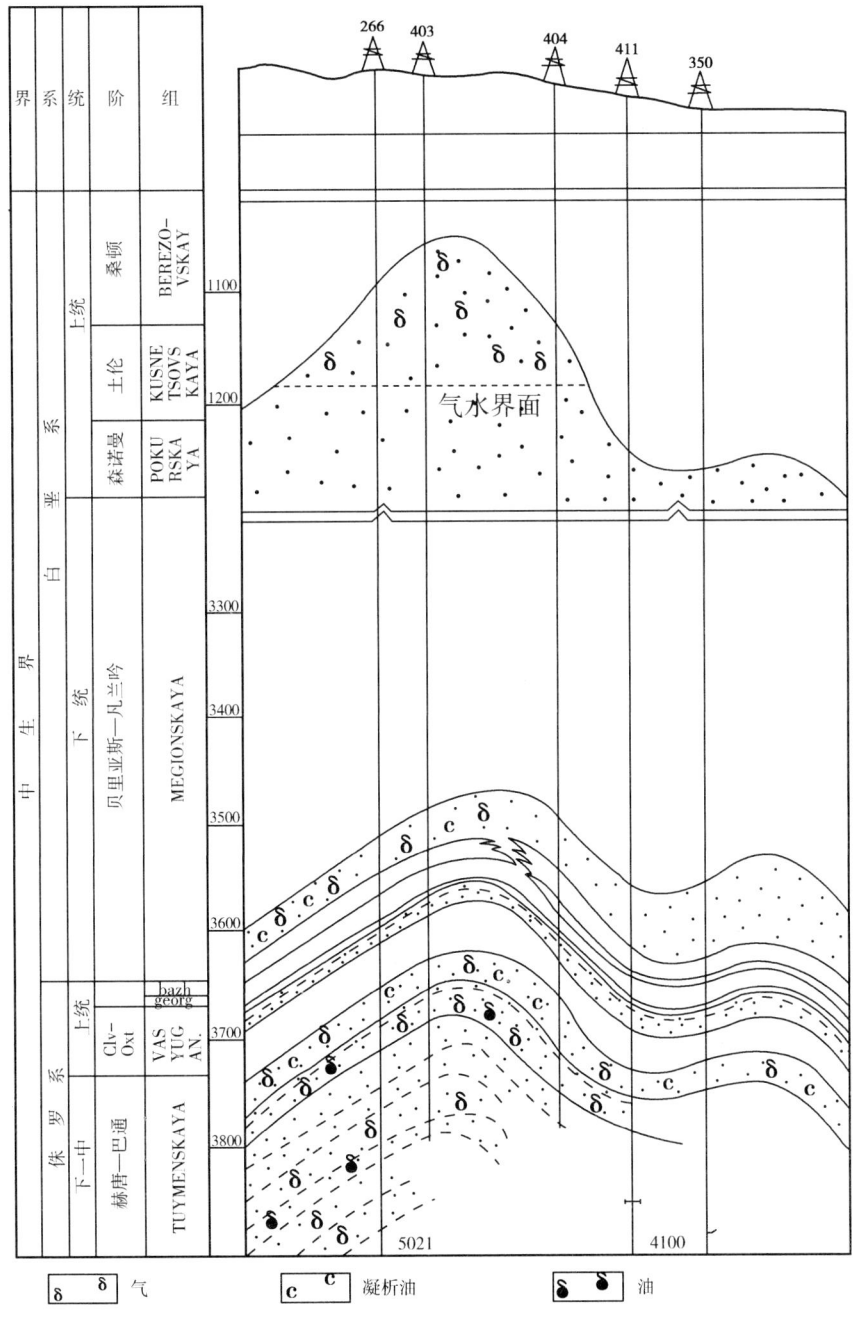

图4.43 乌连戈伊气田东—西向剖面图

266井位于该气田的中心,而411井位于乌连戈伊巨型隆起的东翼

永冻层的形成和融化是高纬度地区盆地中的典型作用。为了评价永冻层的影响,使用了改进版本的盆地模拟软件包。模拟结果表明,上新世—全新世期间的气候变化能够导致沉积剖面上部 1.5~2km 内温度降低 10~17℃,剖面底部降低 7~10℃。永冻层对现今温度剖面引起的这种变化是值得注意的,而且在盆地模拟中,特别是当使用现今温度剖面(与镜质组剖面一起)作为热构造的校准参数时,不能忽略这种变化。

在岩石基质中存在有机质能够减少岩石的热导率(Doligez 等,1989)。通过对比温度和镜质组剖面估计了已知剖面中的这种影响,并且计算了存在或不存在有机质情况下的影响。需要说明:由于存在有机质引起有效热导率的减少仅造成温度升高 3~5℃。

这里还讨论了镜质组反射率—深度趋势的急剧变化的可能原因。在许多大陆裂谷盆地的较深剖面中(例如北海维京地堑和莱茵地堑),这样的变化是典型的(Clauser 和 Vitlinger,1990;Iliffe 等,1991;Person 和 Garven,1992)。在西西伯利亚盆地乌连戈伊和相邻的气田的下侏罗统和三叠系中也观测到这种现象(Lopatin 和 Emetz,1987)。镜质组梯度的这种引人注目的变化经常是由侵入热和伴随的热液流造成的(参见 2.6 和 4.2)(Galushkin,1997b;Makhous 和 Galushkin,2003a,b)。本节将正式讨论这一问题,目的是证实在盆地形成的裂谷阶段热液活动是乌连戈伊地区三叠系—侏罗系沉积物镜质组反射率突然增加的最可能的原因。

4.3.1 盆地热史和埋藏史的重建

图 4.44(b)和(c)显示了乌连戈伊气田两个井场(411 井和 266 井)的埋藏史和热史重建结果。这两张图是根据使用 Galo 计算机模拟程序得出的一维非稳定热传导方程的数值解绘制的。在第 2 章和第 3 章及 Makhous 等(1997a)著作中说明了该程序的基本结构和算法。热史重建考虑了以下的过程:①孔隙岩石具有可变的沉积和压实速率;②剥蚀作用和沉积间断;③热物理性质随岩石的岩性、深度和温度的变化;④水和基质热导率对温度的相关性(Nakayama 和 Lerche,1987;Welte 和 Yalcin,1988;Espitalié 等,1988;Ungerer,1990)。把沉积剖面中作为时间函数计算的温度用于估计有机质的成熟度。镜质组成熟度的动力学模型(Sweeney 和 Burnham,1990)是估算成熟度的方法。Galo 程序的特性是除了下伏的岩石圈和软流圈之外,如何根据沉积剖面中传热的联合分析重建热史(图 4.45(c))。该程序还考虑了地壳和地幔岩石的熔化和固化产生的潜热。与更新模型的传统方法一起,还将根据观测的和计算的温度与镜质组反射率的现今剖面对比、基底面发生构造沉降的幅度变化的分析(图 4.45b)用于详细说明模型的初始参数,尤其是构造—热事件(Makhous 等,1997)。用盆地模拟计算机系统还分析了岩石圈加热和拉伸、侵入和热液作用期间的热状态和岩石密度的变化。

图 4.44(b),(c)和图 4.45(c)显示了重建的结果。Kontorovich 等(1975)解释了科尔托戈尔—乌连戈伊地堑—裂谷中该地区的地质环境。尽管目前对该地堑系成因的认识还不够深入,新钻的秋明超深井钻穿了三叠系和二叠系并达到了具有凝灰岩夹层和辉绿岩岩墙的玄武岩复合体。这口井的信息增进了对晚二叠世—早三叠世的大陆裂谷的认识(Gorbachev 等,1996)。在构造沉降分析的基础上,411 井沉积剖面的初始热流约为 $80mW/m^2$。这一高热流值与这口井的位置靠近古裂谷轴的特点相吻合(图 4.42)。在距裂谷轴更远的 266 井中,初始热流小于 $10mW/m^2$。根据 Galushkin(1997a)讨论的三叠纪到现今的气候模拟资料估算了地面温度(图 4.44a)。在模拟期间,在 140km 深度的计算域底部保持了接近 1300℃ 的稳定温度。在 2.2 节和 Makhous 等(1997)讨论了这些界线参数和热方程的计算原则。

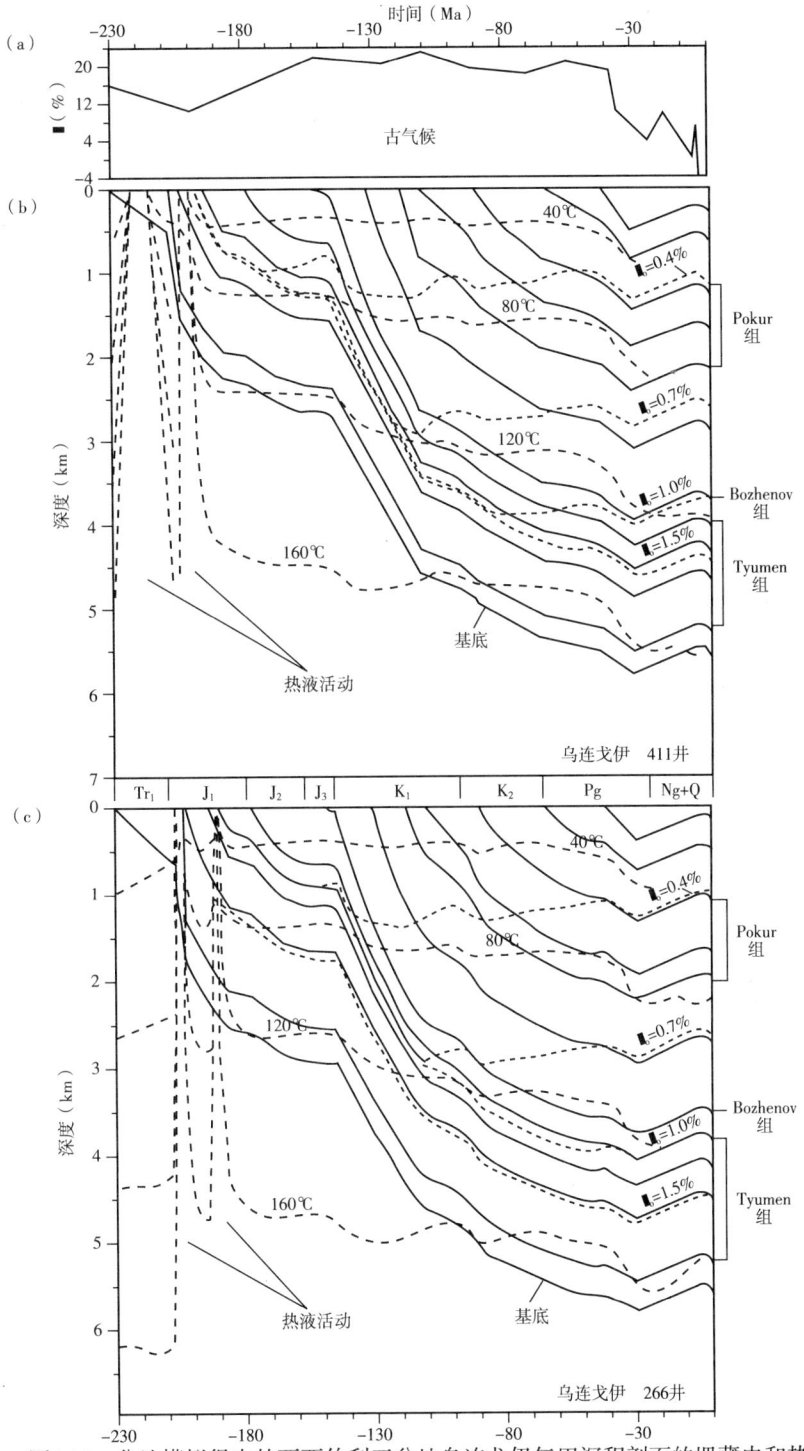

图4.44 盆地模拟得出的西西伯利亚盆地乌连戈伊气田沉积剖面的埋藏史和热史
(a)用该地区古地理重建得出的古气候史；(b)靠近411井的沉积剖面的埋藏史、热史和成熟史；
(c)靠近266井的沉积剖面的埋藏史、热史和成熟史图(b)、(c)实线—沉积层的界线；长虚线—等温线（℃）；短虚线—镜质组反射率（%）等值线
图左边显示出三叠纪和早侏罗世热液作用的深度和时间间隔

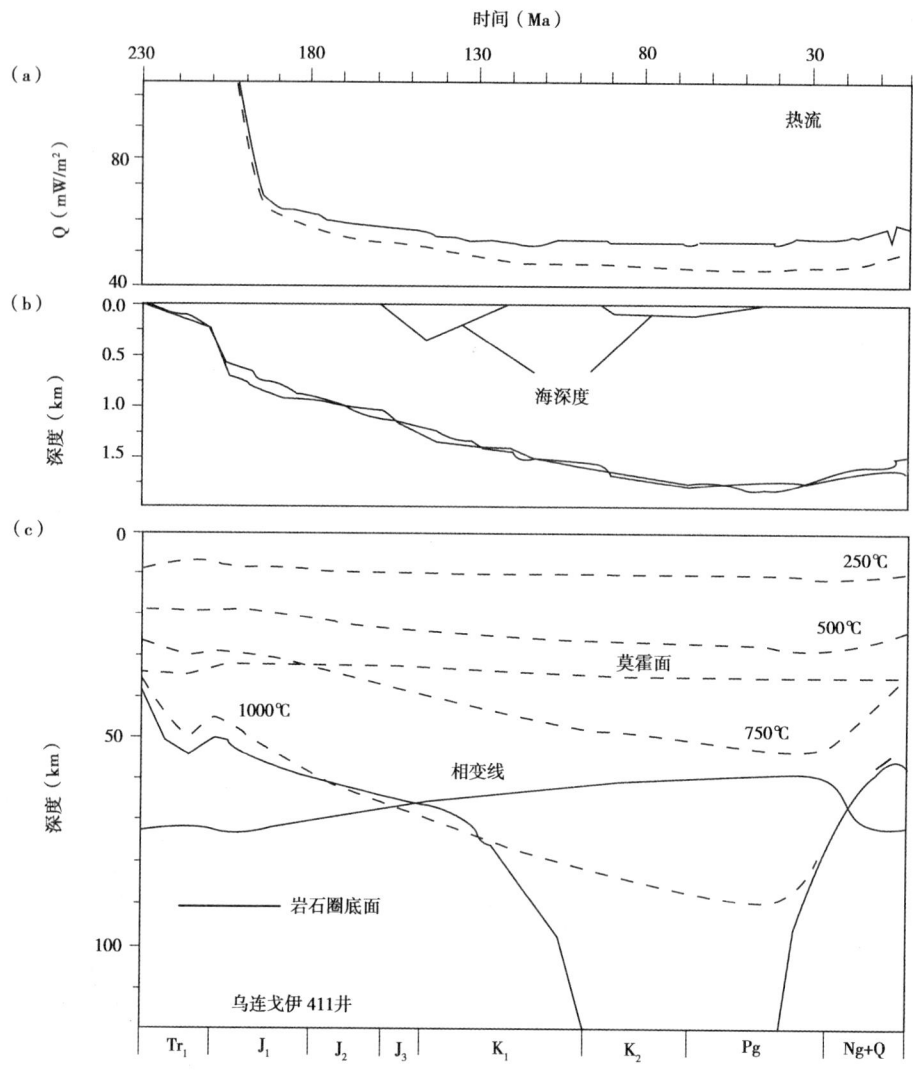

图 4.45　乌连戈伊气田岩石圈的热史

(a)计算的西西伯利亚盆地演化期间乌连戈伊气田的热流变化,通过基底面(虚线)与沉积物表面(实线)之间的热流差主要是由于沉积物生成的放射性热造成的;

(b)应用消除沉积物和水负载方法(实线)与考虑基底岩石的密度变化方法(虚线)得出的局部地壳均衡计算的基底面构造沉降曲线;

(c)西西伯利亚盆地乌连戈伊气田的岩石圈热流系统的数值模拟结果,实线是岩石圈的底部,是用现今等地温线与橄榄岩固相线相交确定的(参见 Makhous 等,1997a)。长虚线是等温线,莫霍面是地壳的底部,地壳厚度在侏罗纪开始的基底拉伸期间略有减少,相变线是地幔中辉石橄榄岩—石榴石橄榄岩组分过渡的位置

在表 4.9 中列出了 411 井现今沉积剖面的岩性和沉积物沉积的地质时期。把盆地发育史分成了 24 个主要阶段,并且包括了侏罗纪、白垩纪 Tyumen、Bazhenov 和 Pokur 组烃源岩的沉积和古近纪—新近纪的剥蚀。该剖面中的沉积岩为具有较低有机质的页岩、砂岩和粉砂岩的不

同组合(表4.9)。266井的沉积剖面类似于411井。这两口井地层厚度的差异不超过100m(对比图4.44(b)与(c))。表4.10列出了我们在模拟中使用的岩石物理参数值。在Makhous等的著作中(1997a),除了确定岩性单元基质的热物理参数之外,还讨论了使用这些参数计算孔隙度、热导率、热容量、密度和生热率的问题。

表4.9 乌连戈伊气田411井的西西伯利亚盆地演化的主要阶段

N	演化阶段	时间(Ma)	深度(m)	岩石的体积分数				
				cl	sd	sl	vl	co
1	沉积	0~2	0~70	0.500	0.500	0.000	0.000	0.000
2	间断	2~6	70	—	—	—	—	—
3	剥蚀	6~30	300	—	—	—	—	—
4	沉积	30~42.1	70~300	0.500	0.500	0.000	0.000	0.000
5	沉积	42.1~50	300~440	0.050	0.950	0.000	0.000	0.000
6	沉积	50~56.5	440~539	0.500	0.500	0.000	0.000	0.000
7	沉积	56.5~65	539~633	0.150	0.850	0.000	0.000	0.000
8	沉积	65~88.5	633~1177	0.900	0.050	0.050	0.000	0.000
9	沉积	88.5~90.4	1177~1243	0.900	0.050	0.050	0.000	0.000
10	沉积	90.4~97	1243~1468	0.300	0.284	0.400	0.000	0.016
11	沉积	97~112	1468~1695	0.600	0.184	0.200	0.000	0.016
12	沉积	112~119	1695~2198	0.600	0.184	0.200	0.000	0.016
13	沉积	119~124.5	2198~2478	0.500	0.190	0.300	0.000	0.010
14	沉积	124.5~131.8	2478~2885	0.500	0.190	0.300	0.000	0.010
15	沉积	131.8~145.6	2885~3694	0.600	0.200	0.200	0.000	0.000
16	沉积	145.6~152	3694~3726	0.745	0.000	0.000	0.000	0.255
17	间断	152~157	3726~3726	—	—	—	—	—
18	沉积	157~166	3726~3810	0.700	0.150	0.150	0.000	0.000
19	沉积	166~178	3810~4020	0.700	0.095	0.150	0.000	0.055
20	沉积	178~187	4020~4070	0.700	0.095	0.150	0.000	0.055
21	沉积	187~194.5	4070~4299	0.700	0.095	0.150	0.000	0.055
22	沉积	194.5~203.5	4299~4635	0.700	0.095	0.150	0.000	0.055
23	沉积	203.5~208	4635~5280	0.700	0.095	0.150	0.000	0.055
24	沉积	208~230	5280~5550	0.200	0.400	0.200	0.200	0.000

注:N—事件数量;"时间"—每个事件的开始和结束时间;"深度"—沉积层的顶底深度和剥蚀厚度(Kontorovich等,1975);cl—泥岩;sd—砂岩;sl—粉砂岩;vl—凝灰岩;co—有机质(煤)。

表4.10　乌连戈伊气田411井盆地模拟中使用的沉积岩的岩石物理参数

N	$\phi(0)$	$B(m)$	$K_m(W/(m\cdot ℃))$	$\alpha(K^{-1})$	$C_{vm}(MJ/(m^3\cdot K))$	$\rho_m(kg/m^3)$	$A(mW/m^3)$
1	0.600	1620	2.960	0.0017	2.575	2670	1.47
2	—	—	—	—	—	—	—
3	—	—	—	—	—	—	—
4	0.600	1700	2.960	0.0017	2.575	2670	1.47
5	0.429	2520	4.044	0.0029	2.860	2650	0.90
6	0.600	1760	2.960	0.0017	2.575	2670	1.47
7	0.478	2140	3.772	0.0026	2.797	2660	1.03
8	0.687	1800	2.219	0.0007	2.315	2690	1.98
9	0.687	1810	2.219	0.0007	2.315	2690	1.98
10	0.576	2010	3.014	0.0018	2.587	2650	1.35
11	0.638	1880	2.554	0.0012	2.440	2660	1.65
12	0.638	1900	2.554	0.0012	2.440	2660	1.65
13	0.622	1960	2.717	0.0014	2.493	2670	1.57
14	0.622	1980	2.717	0.0014	2.493	2670	1.57
15	0.639	1970	2.646	0.0013	2.470	2680	1.67
16	0.639	1680	1.390	0.0004	1.939	2370	1.56
17	—	—	—	—	—	—	—
18	0.656	1930	2.495	0.0011	2.420	2690	1.77
19	0.653	1880	2.198	0.0009	2.314	2620	1.73
20	0.653	1880	2.198	0.0009	2.314	2620	1.73
21	0.653	1880	2.198	0.0009	2.314	2620	1.73
22	0.653	1890	2.198	0.0009	2.314	2620	1.73
23	0.653	1900	2.198	0.0009	2.314	2620	1.73
24	0.539	2520	3.019	0.0017	2.642	2670	1.02

注：N—事件数量；$\phi(0)(z)$—近地表地层的平均岩石孔隙度（在0~200m深度）；$B = \phi(z) = \phi(0)\cdot\exp(-Z/B)$定律中的深度参数；$K_m$—在温度$T=20℃$时岩石基质的热导率；$\alpha$—基质热导率的温度系数；$C_{vm}$—基质岩石的单位体积热容量；$\rho_m$—基质岩石的密度；$A$—每个体积单位生成的热量。表4.10中的值是用表4.9中列出的岩性单元的值的平均值方法计算的（Deming和Chapman，1989）。

根据使用消除水和沉积物负载方法（图4.45(b)中的实线）与从基底岩石的温度和压力差导出沉降幅度的方法（图4.45(b)中的虚线）计算出的构造沉降幅度的对比，对构造沉降幅度的分析假定了构造事件的次序(参见 2.3 节),这定性地证实了该区域的先前研究成果(Kontorovich 等,1975)。

第一个假定是与裂谷形成有关的岩石圈强烈的热活化作用不是瞬时的,正如使用 McKenzie(1978)经典模型得出的结果一样。这样的热活化可能在三叠纪继续进行,并且持续到早侏罗世(图 4.45(b),(c))。这一裂谷作用同期和之后的热活化以高热流值为特征(在 411 井为 $70 \sim 80 mW/m^2$,在 266 井为 $55 \sim 70 mW/m^2$)。此外,这一热活化伴随着热液作用,并且包括在早侏罗世持续了大约 6Ma 的一个基底拉伸阶段,在此阶段盆地岩石圈的总拉伸幅度 $\beta \approx 1.10$。岩石圈厚度的减少(最大为 40km)起因于这一拉伸事件(图 4.45(c)的"莫霍面")。

模型中假定渐新世—中新世盆地岩石圈的第二次热活化以沉积剖面中温度和热流更缓和的增加为特征(图 4.45(a),(c)),有效的地面热流约为 $55 mW/m^2$)。这个第二幕伴随着西西伯利亚盆地大面积出现的基底隆起和相应的沉积物遭受剥蚀。剥蚀量从北纬 62°向北增加(图 4.44(b),(c))(Kontorovich 等,1975)。

4.3.2 油气聚集引起的温度剖面变化

根据气体影响的结果考虑了盆地模拟中的特殊影响。当沉积剖面中存在大量的游离油气聚集时,预期会对温度剖面产生显著的影响(图 4.43)。孔隙水被气态烃替代导致沉积岩的热导率降低,从而引起了温度上升。在许多论文中已经讨论了在沉积剖面中存在气态和液态烃的透镜状油气藏时地面区域热流的失真情况(Kontorovich 等,1975;Duchkov 等,1988)。对温度剖面失真问题的认识程度更低。理论上,Zwach 等(1994)研究了这一问题,而且 Poelchao 等(1999)的论文介绍了更详细的情况。这些学者指出,在压实的砂岩中甲烷替换的孔隙水总量降低了热导率,在近地表层中降低的系数为 3,而在深度大于 10km 的岩层中系数小于 10%。乌连戈伊气田很适合于评价这种影响。它是世界上最大的气田,$1000 \sim 4000m$ 深度具有广泛的产层。大多数厚层的气藏是森诺曼阶砂岩,而大约 25% 气层是纽康姆阶和贝里亚斯阶砂岩($2200 \sim 3800m$)。这些较老气藏的气是湿气,并且与凝析气藏和凝析气/油藏有关。储层砂岩的厚度范围从 $10 \sim 60m$。在 $20 \sim 25$ 年前集中勘探和生产之前,使用了地层柱的高度。表 4.11 的 ΔZ_{HC} 值显示了具有游离烃的小层的有效厚度,并且代表了许多叠加油气藏的作用。例如,在 411 井剖面 $2478 \sim 2885m$ 深度的巴列姆阶的 $\Delta Z_{HC} = 187m$ 包括了厚度为 $5 \sim 40m$ 的 6 个凝析气藏(BU_8^0,BU_8—BU_{12}),而阿普第阶仅有一个凝析气层(AU_9;Kontorovich 等,1975;Kulachmetov,1978)。如上所述,266 井位于该气田的中心,而 411 井靠近气田的边缘。因此,266 井油气藏总高度大大地超过了 411 井相同剖面中油气藏总高度,所以预期来自中心部位油气藏的热影响要高于边缘部位。

表 4.11 乌连戈伊气田气藏、凝析气藏和凝析油藏的白垩系地层厚度*

时间(Ma)	深度(m)	ΔZ_{HC}(m)	烃类型	F_{cond}**
411 井				
$131.8 \sim 145.6$	$2885 \sim 3694$	107	凝析气	$0.953 \sim 0.970$
$124.5 \sim 131.8$	$2478 \sim 2885$	187	凝析气	$0.812 \sim 0.886$
$112 \sim 118$	$1695 \sim 2198$	0		1.000
$97 \sim 112$	$1468 \sim 1695$	0		1.000
$90.4 \sim 97$	$1243 \sim 1468$	0		1.000

续表

时间(Ma)	深度(m)	ΔZ_{HC}(m)	烃类型	F_{cond}**
266 号井				
131.8~145.6	2831~3630	78	凝析气+游离气	0.957~0.969
124.5~131.8	2460~2831	228	凝析气	0.763~0.814
112~118	1800~2100	30	凝析气	0.943~0.946
97~112	1508~1800	35	凝析气	0.916~0.920
90.4~97	1183~1508	110	游离气	0.711~0.738

* 根据 Kontorovich 等(1975)和考虑乌连戈伊气田南部校正的下白垩统生产层(Kulachmetov,1978)以及最近的钻井资料。深度—现今剖面中地层的深度;ΔZ_{HC}—沉积层内含液态烃的小层厚度;年代—地层的沉积时间间隔;烃类型—聚集的烃的类型;F_{cond}—岩石因含烃而实际降低的热导率(参见文中说明)。

** 表中 F_{cond} 的左列值是用砂层测量的孔隙度计算的。F_{cond} 的右列值是用地层的平均孔隙度计算的,平均孔隙度是根据具有表 4.10 中参数 $\phi(0)$ 和 β 的地层的平均岩性计算的(参见文中说明)。

进行游离烃聚集对沉积剖面热流系统的影响的数值分析需要一种方法,例如,对分散有机质的影响,建立适合于大量含游离烃小层的随机分布的有限差分的深度网格极其困难,因此,直接计算具有小层随深度准确分布的这种影响是不切实际的。为了研究这一问题,假定了一种平均近似。用下面公式确定含孔隙水的沉积岩的热导率(参见 2.2)(Doligez,1987):

$$K_s(z) = K_m^{(1-\phi(z))} K_w^{\phi(z)} \tag{4.6}$$

式中,K_m 是基质的热导率(表 4.10);K_w 是水的热导率;$\phi(z)$ 是在深度 z 的孔隙度。因此,用下面公式确定每个含游离烃小层比饱和水小层降低的岩石热导率:

$$\gamma = (K_{HC}/K_w)^{\phi(z)} \tag{4.7}$$

甲烷热导率 K_{HC} 能够随着温度 T 和压力 P 的变化而发生极大地改变。使用表 4.12 中甲烷热导率的 $P—T$ 相关性计算公式(4.7)中的系数 T。图 4.46(b)中实线和虚线的对比显示出在沉积物热流系统形成过程中这种相关性具有极其重要的作用。该图中,长虚线剖面(空气曲线)是甲烷气具有稳定的热导率(K_{HC} =0.024W/(m·K))条件下计算的,它等于标准大气条件下的空气热导率。

表 4.12 不同压力和温度下的甲烷热导率(Vagraftic,1956)

压力(bar)	热导率(W/(m·K))	
	$T=0$	$T=100$℃
1	0.031	0.046
100	0.042	0.050
200	0.063	0.062
300	0.073	0.071
400	0.079	0.076
500	0.081	0.078

在实例中,根据表 4.12 中沉积岩具有 $K_{HC} = F(T,P)$ 相关性的 $P—T$ 条件估算出这条剖面的偏差,并在图 4.46(b)中用实线显示,它能够达到 5~7℃。该模型中的两条剖面都相当于通过基底面的相同热流值。然而,当计算的两条温度剖面都接近于观测的温度值时,"空气"剖面的这种热流将低于"实线"剖面(仅仅低 0.8~1.2mW/m²)。

盆地分析与模拟 185

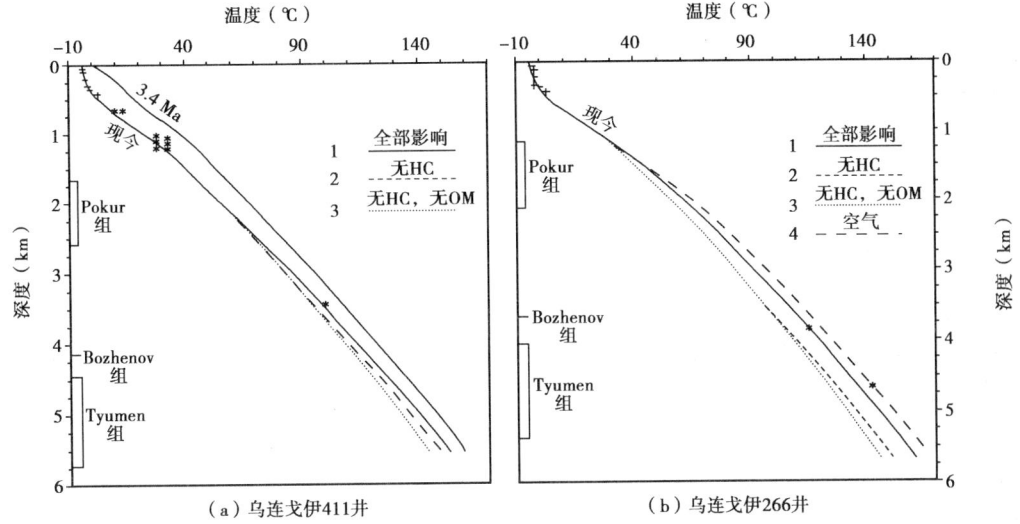

图 4.46 计算出的乌连戈伊气田靠近 411 和 266 井的沉积剖面的温度剖面

(a) 3.4Ma 线显示出 3.4Ma 以前的温度分布状况(在上新世—全新世气候变化之前);现今线代表现今温度剖面。第 2 条线显示未考虑游离烃聚集的热效应情况下计算出的同一剖面(参见文中说明)。第 3 条线显示在没有因分散有机质(OM)使热效应降低情况下计算出的第 2 条线的剖面。在乌连戈伊气田中(星号)和永冻层内(十字)测量的温度(Ershov,1989;Balobaev,1991;Kontorovich 等,1975)

(b) 现今线代表现今温度剖面。第 2 条线显示未考虑游离烃聚集的热效应情况下计算出的同一剖面(参见文中说明)。第 3 条线显示在没有因分散有机质(OM)使热效应降低情况下计算出的第 2 条线的剖面。在乌连戈伊气田中(星号)和永冻层内(十字)测量的温度(Ershov,1989;Balobaev,1991;Kontorovich 等,1975)。第 4 条线显示用空气热导率计算的甲烷气效应(参见文中说明)

对于凝析气藏,$K_{HC}=0.147W/(m·K)$,它等于原油和煤油的热导率(Vagraftic 等,1978)。计算正常 $P—T$ 条件下($P=0.1MPa,T=20℃$)与地层所在深度的 $P—T$ 条件下($P=18\sim 35MPa,T=45\sim 90℃$)的气和凝析油产量表明:气的体积在该深度下超过凝析油 10~25 倍或更多,因此,凝析油溶解成气态并且所有凝析气藏中都是气态物质,除了 411 井剖面中的纽康姆阶气藏之外,几乎接近总油气藏高度的一半(107m)是凝析油(表 4.11)。

确定了含游离烃的每个 i 小层的 γ 值之后,把厚度为 ΔZ_f 的地层的热导率减少的有效系数 F_{cond} 定义为一系列平行地层的平均热导率(Carslaw 和 Jaeger,1999):

$$\frac{\Delta Z_f}{F_{cond}} = \frac{(\Delta Z_f - \sum \Delta Z_{fi})}{1} + \sum \frac{\Delta Z_{fi}}{a_i} \tag{4.8}$$

式中,ΔZ_{fi} 是在已知地层内全部含游离烃的小层中第 i 个小层的厚度。例如,411 井纽康姆阶($2885<z<3694m$)包括了 3 个油气藏(BU_{13}、BU_{14} 和 BU_{15}),它们的厚度分别为 29m、25m 和 53m。在勘探初期,这些气藏及其气—水界面的深度接近 3000~3050m(Kontorovich 等,1975)。在这一深度,测量的砂岩孔隙度为 18%,而计算的值为 12.2%。在最后 30Ma 的平均温度和压力大约为 100℃ 和 600bar(图 4.44(b) 和图 4.46(a))。在这些油气藏中,凝析油层和凝析气层的有效厚度分别为 53m 和近 54m。因此,根据公式(4.8)确定了热导率降低的有效系数 F_{cond}:

$$809/F_{cond} = (702/1) + 53·(K_w/K_{condensate})^{0.18} + 54·(K_w/K_{gas})^{0.18}$$

使用水和凝析油热导率的这些值:$K_w=60W/(m·K)$ 和 $K_{condensate}=0.147W/(m·K)$,以及

相应甲烷气的值 $K_{gas} \approx 0.080W/(m \cdot K)$,得出了表4.11中热导率降低的有效系数 F_{cond} = 0.953(在渗透率12.2%条件下计算的 F_{cond} = 0.970)。表4.11中的 F_{cond} 值是用该方法计算的。然后用盆地模拟的常规程序,即考虑孔隙度、岩性和水及基质热导率的温度相关性,并且与时间系数 δ_f 相乘确定已知地层中岩石的热导率(Makhous 等,1997a;Galushkin,1997),定义为:

$$\delta_f = F_{cond} \cdot \frac{t_0 - t}{t_0 - t_1} \quad t_0 \leq t \leq t_1 \quad \beta_f = F_{cond} \quad t_1 < t \leq 0 \quad (4.9)$$

式中,t_0 是游离烃开始聚集的地质年代;t_1 是这一过程结束的时间;$t = 0$ 是现在的时间。

在公式(4.9)中假定烃聚集的过程从 $30(t_0)$ 到 $5(t_1)$ Ma 持续了25Ma,而且生成过程随时间变化呈线性关系。西西伯利亚盆地北半部的烃聚集过程伴随着隆起和沉积物的剥蚀作用(图4.44a,b)。

根据油气藏的厚度(表4.11),266井比411井的热效应大许多,411井在3~6km深度的 ΔT 能达到5~10℃(图4.46(b)中第1条线与第2条线的对比)。图4.46(a)和(b)中第1条线的气藏热效应是使用砂岩储集岩中测量的孔隙度计算的。

表4.11中用未标记符号的数列出了 F_{cond} 对应值。这些孔隙度值超出用表4.10中参数 $\phi(0)$ 和 B 以及表4.9中对应深度的岩性计算的孔隙度值0.02~0.10(2%~10%)。在计算 F_{cond} 时使用的表4.10的孔隙度在表4.11中用星号标记。该实例中,使用不同孔隙度模型得到的温度差未超过1~3℃。

模型假定油气生成大约在5Ma之前完成,因此它对有机质成熟度的影响相当短。所以,游离烃聚集仅仅对有机质成熟度具有次要的影响,并且导致不多于0.01%的镜质组反射率的增加。分析结果表明,在油气藏形成比10Ma更早(t_0 = 40Ma 和 t_1 = 15Ma)的情况下这一估算值不变化;而且,当油气藏在85Ma开始形成并且在60Ma结束时因气体效应导致的镜质组反射率增加几乎能达到0.10%(图4.47b中的曲线4)。但是,这是对剖面中油气藏形成的时间和有机质成熟度的过高估计。

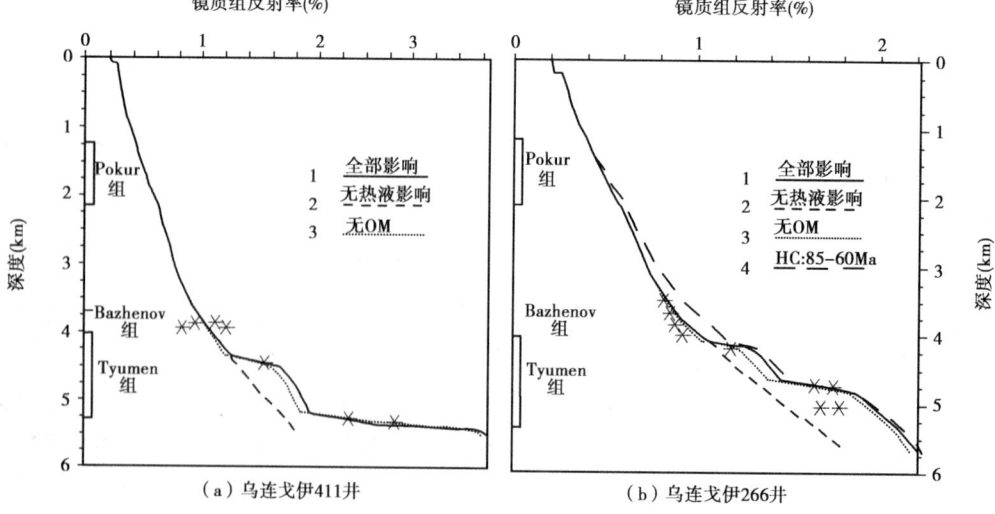

图4.47 现今乌连戈伊气田剖面中(a)411井和(b)266井计算的(第1条线)和测量的(星号)镜质组反射率 第2条线代表未考虑热液加热作用的计算结果(参见文中说明);第3条线代表忽略沉积物中分散有机质(OM)引起热导率降低过程的计算结果;在(b)中第4条线代表油气藏形成在85Ma开始和60Ma结束时的变化(参见文中说明)

4.3.3 上新世—全新世气候变化产生的热剖面改变

使用盆地模拟中计算的3.5Ma的温度剖面,作为西西伯利亚上新世—全新世气候的急剧变动引起的沉积热流系统的数值模型变化的初始温度分布。在这样的模拟中必须考虑永冻层形成和融化的重复过程。使用Galushkin(1997a)详细讨论过的盆地模拟中修正的变量进行了这种计算。在下面将总结主要的结果。模拟表明:上新世—全新世的气候变化影响了整个沉积盖层和基底顶部的温度分布。它使沉积剖面上部1.5~2km的温度降低10~17℃,并使该剖面底部温度降低接近10℃(图4.46(a)中实线0和3.4Ma的对比)。由于这种效应在现今温度剖面的形成中起到了主要作用,模型校准包括计算的与测量的现今温度剖面之间的对比,所以在盆地模拟中不能忽略这种效应。计算表明:可以忽略由于最后3.4Ma期间永冻层作用影响温度降低对有机质成熟度产生的影响。这种作用的原因类似于气体效应,认为过程持续期短(大约3.5Ma)。

4.3.4 沉积物中分散有机质的热效应

Pokur组岩石(乌连戈伊气田)的$C_{org} \approx 1\%$(重量),平均$C_{org} \approx 1.6\%$(体积)。下白垩统阿普第阶—贝里亚斯阶的$C_{org} \approx 0.5\%$(重量)(约1.0%(体积)),而上侏罗统Bazhenov组的$C_{org} \approx 10\%$(重量)(25.5%(体积)),下、中侏罗统Tyumen组的$C_{org} \approx 3\%$(重量)(约5.5%(体积))。根据对沉积剖面的地质和地球物理描述的分析估计了有机碳的这些值(Kontorovich等,1975;Lopatin等,1997)(也参见表4.9.)。根据岩石中孔隙度和岩性的变化,有机质替代部分基质降低了岩石的热导率、热容量和密度(Ungerer等,1990):

$$\rho_s(z) = \rho_m[1 - \phi(z) - V_{org}] + \rho_w\phi(z) + \rho_{org}V_{org} \quad (4.10)$$

$$C_{vs}(z) = C_{vm}[1 - \phi(z)] + C_{vw}\phi(z) + C_{vorg} \cdot V_{org} \quad (4.11)$$

$$K_s(z) = K_m^{(1-\phi(z)-V_{org})} K_w^{\phi(z)} \cdot K_{org}^{V_{org}} \quad (4.12)$$

式中,ρ_m,C_{vm}和K_m分别为基质的密度、单位体积热容量和热导率;ρ_w,C_{vm},K_w和ρ_{org},C_{vorg},K_{org}分别是水和有机质的密度、单位体积热容和热导率;V_{org}是岩石中有机质的体积分数;ϕ是孔隙度;z是深度。表4.10列出了模拟中使用的沉积剖面中基质、水和有机质的热物理参数。为了估计这种效应,假定用于分散有机质的参数等于煤的参数(Ungerer等,1990):

$$\rho_{org} = 1400 kg/m^3 \quad C_{vorg} = 1 MJ/(m^3 \cdot K) \quad K_{org} = 0.42 W/(m \cdot K)$$

在假定分散有机质的热特征等于煤的热特征的条件下,估算了由于其他类型有机质(非煤)含有更大比例的矿物基质并因此产生比煤颗粒高的热导率的基质热效应。

在体积分数V_{org}中的有机质含量降低了岩石热导率的系数为$(K_{org}/K_m)V_{org}$。因此,如果岩石密度为$2.2g/cm^3$,基质热导率为$2.65W/(m \cdot K)$,$C_{org} = 0.01g/g$岩石和$C_{org} = 0.03g/g$相应的降低热导率大约为3%和8%。热导率降低导致岩石温度升高。计算结果表明,实例中考虑的岩石温度升高不超过3~5℃(图4.46(a),(b)中第2条线与第3条线的对比)。这种效应的主要作用是由于厚层Tyumen组中的有机质。由于沉积岩中存在有机质引起的成熟度增加在下侏罗统岩石中也是最高的,其增加的量可以达到0.10%~0.12%(对比图4.47(a),(b)中曲线1与曲线3)。出现这种弱效应的主要原因是有机质最丰富的Bozhenov组的厚度小于100m,而其他较厚地层组的$C_{org} = 1\% \sim 3\%$。

4.3.5 热液活动:形成高镜质组反射率梯度的可能原因之一

类似于图4.46(a)和(b)中镜质组反射率梯度随深度的急剧变化是大陆裂谷型盆地中沉

积剖面的典型特征（北海的维京地堑和莱茵地堑）(Clauser 和 Villinger,1990；Iliffe 等,1991；Person 和 Garven,1992)。在西西伯利亚盆地乌连戈伊和相邻地区的三叠系及下侏罗统中也观察到这些变化(Lopatin 和 Emets,1987)。在盆地演化的裂谷阶段或热再活化期间的高热流是出现这些变化的最可能原因。Iliffe 等(1991)证实了维京地堑的这种情况。高热梯度通常伴随着沉积剖面和基底上部地下水的热液作用。在莱茵地堑，Person 和 Garven(1992)已经说明尽管区域地下水流受到地势起伏产生的压力的驱动，还是造成了下降流与上升流地区岩石成熟度的极大差异。通过基底拉伸期间形成的大量裂缝渗透到热的基底岩石之中的地下水，本质上能够减少烃源岩达到油或干气形成的主要条件所需要的时间。

由于需要渗透率、孔隙度和其他岩石物理参数在空间和时间分布方面的信息，计算有热液传热情况下的温度分布是一个相当困难的数学问题(Bethke,1989；Clauser 和 Villinger,1990；Iliffe 等,1991；Person 和 Garven,1992)。为了避免这些困难，并不考虑热液的热交换过程，而是仅仅分析它对有机质成熟度的影响，这种影响主要是由于热液作用地区的温度梯度增加造成的。用程序从数值上模拟了这一过程，用如下的线性"热液"分布替代现有的温度分布 $T(z,t)$：

$$T_{\text{hydr}}(z,t) = T(z_2) - \Delta T \cdot [(z_2 - z)/(z_2 - z_1)]$$

在地下水活动的深度范围 $z_1 \leq z \leq z_2$，该过程的每个时步进行这种替代。假定事先已知热液作用的界线 z_1 和 z_2 以及 ΔT 值，因为现代镜质组剖面是模型选择的单一标准，所以该问题的解是不明确的。例如，在 411 井的实例中，用热液作用的两个阶段能够解释两条阶状增加的镜质组剖面(图 4.47(a)中 5200~5350m 和 4400~4600m 深度)：①在晚三叠世的 16Ma 在沉积剖面中和基底下降到 6.3km 的深度（距沉积物表面）；②在早侏罗世的 6Ma 下降到 4.1km（图 4.44(b)）。这两个阶段都假定 $\Delta T \approx 30℃$。位于古裂谷系边缘的 266 井的热液影响较弱。图 4.47(b)中镜质组反射率的两个阶状增加可能是由于下降到 3.7~3.8km 深度的热液作用的两个阶段引起的，在 4Ma 下侏罗统中具有 $\Delta T = 30 \sim 35℃$ 温度差的每个阶段穿过热液的深度范围。图 4.47(a)和(b)中第 2 条线是在未考虑热液作用情况下计算的镜质组剖面。这些图中第 1 条与第 2 条线的对比能够估算成熟度剖面中热液作用的影响。

然而，这些模型是不明确的。它们显示出对观测的镜质组剖面的一种可能解释。例如，相当薄的(50~300m)岩浆岩床侵入到基底上部将对有机质成熟具有相似的影响，但是将引起热液作用持续期的明显减少，这需要在模拟中拟合计算的与观测的镜质组剖面（参见 2.6 节）(Galushkin,1997)。还注意到剥蚀不可能是造成镜质组反射率出现阶状增加的原因。的确，在这种情况下需要的幅度将过高（大约 2~4km）(4.2 节)(Makhous 等,1997a)，并且它与研究区内的地质证据不一致。图 4.47(a)和(b)中说明了因剥蚀引起的镜质组反射率变化的合适范围，在该剖面最上部 200m 内出现的小阶状镜质组反射率曲线是由于剥蚀了 300m 新近系造成的（表 4.9，图 4.44）。

4.3.6 小结

实际盆地的模拟通常包括很少的研究过程，但是它们可能对盆地的温度史和成熟史具有一些影响。在西西伯利亚盆地，温度和成熟度剖面的变化是由于游离烃的形成、上新世—全新世的气候变化、沉积岩中存在有机质和在盆地发育的裂谷阶段出现的侵入和热液作用造成的。使用温度和镜质组反射率的现今剖面作为模拟的校准参数，因此，对于研究能够改变上述剖面的作用是重要的。在考虑这些剖面的过程中,主要的游离气、凝析气和凝析油的形成导致温度的实质性增加(最高为10℃)。模拟结果还表明:在北部盆地持续了3.4Ma使永冻层形成和融化的气候变化,能够降低沉积剖面上部1.5km现代岩石的温度10~17℃,并且在其底部降低达到10℃。由于它们的持续期很短,这两个过程对有机质成熟度的影响极小。根据期望值,烃源岩地层中具分散有机质 C_{org} = 1% ~ 3% 的岩石热导率变化仅仅增加沉积岩的温度 3 ~ 5℃,最多增加成熟度0.02%。最后,模拟结果显示:用热液作用能够解释乌连戈伊气田和许多其他大陆裂谷盆地的深层沉积单元典型的镜质组反射率随深度的急剧变化。所研究的过程对温度和成熟度剖面的影响将随着岩性、有机质含量、游离烃聚集的时间和空间标度及其他特征而变化。模拟结果将有助于估计这些参数的相对影响。

4.4 东欧地台西巴斯基尔地区里菲(Riphean)盆地的演化史和成熟史

研究区是东欧地台具有极低热流值的椭圆形地区的一部分,范围从西巴斯基尔穿过塔吉尔—马格尼托哥尔斯克(Tagil - Magnitogorsk)(T—M)带直到托博尔河(Tobol)(图4.48)。大多数现有模型用具有低放射生成热的铁镁质和超铁镁质巨大岩体解释了T—M带中低热流的成因。所以,在Khutorskoy等(1993)的论文中,用30km宽和40km厚的超铁镁质岩体的冷却作用解释了南乌拉尔地区超铁镁质岩区的低热流。

Kukkonen等(1997)为了对比T—M带中观测的与计算的热流值,扩展直到45~55km深度的铁镁质和超铁镁质岩体。Salnikov和Ogarinov(1977)以及Khachay等(1997)还认为铁镁质和超铁镁质岩石的低生热率是这一地区出现低热流的主要原因。然而,上述引用的模型与根据沿着URSEIS-95剖面的地震资料和重力异常(Dorinmg等,1997)以及靠近SG-4井(乌拉尔超深井,图4.48)的岩石圈的地震和地质研究结果(Gorbachov和Oxeimoid,1992;Druzhinin等,2002)分析推测的密度—深度分布关系相矛盾。所有现有资料限定T—M带中铁镁质和超铁镁质岩体的厚度值大约为10km。假定剖面中的低放射生成热是T—M带中热异常的主要原因,也与周围地区的热流数据矛盾。的确,西巴斯基尔盆地下部是东欧地台的正常大陆岩石圈(表4.13)(Kukkonen,1997;Doring等,1997),但是它们也以低热流为特征(Golovanova,1993),如果沉积盖层中放射生成热被地面热流排出,它能够与T—M带的热流对比。

该地区具有颇佳的地质研究程度和30多口井的温度测量值使我们能够应用Galo系统进行盆地模拟(Makhous等,1997a;Galushkin等,1999),重建沿着图4.48显示的西巴斯基尔的两条剖面的热史和现今热流状态。另一方面,使用乌拉尔T—M带的地球物理研究成果和SG-4井及该带中其他井的测试测量值(Salnikov和Ogarinov,1977;Bulashevich等,1997),进行与该地区的现有地震和重力研究成果一致的模拟。将T—M带与西巴斯基尔盆地的热流系统进行了对比,并且得出结论:低热流系统是从巴斯基尔西边界到东乌拉尔的整个地区的典型特征。

该地区热流系统的早期研究(Khutorskoy等,1993)是基于热流测量值或者沉积剖面上部1~2km的平均热梯度。然而,测量资料和模拟结果显示出:由于上新世—全新世的气候变化,在研究区内沉积盖层上部1~3km的热流 q 和温度梯度 dt/dz 发生极大的变化(Velichko,1987)。我们的模拟根据在深度超过1km的30多口井测量的温度,并且在充分考虑

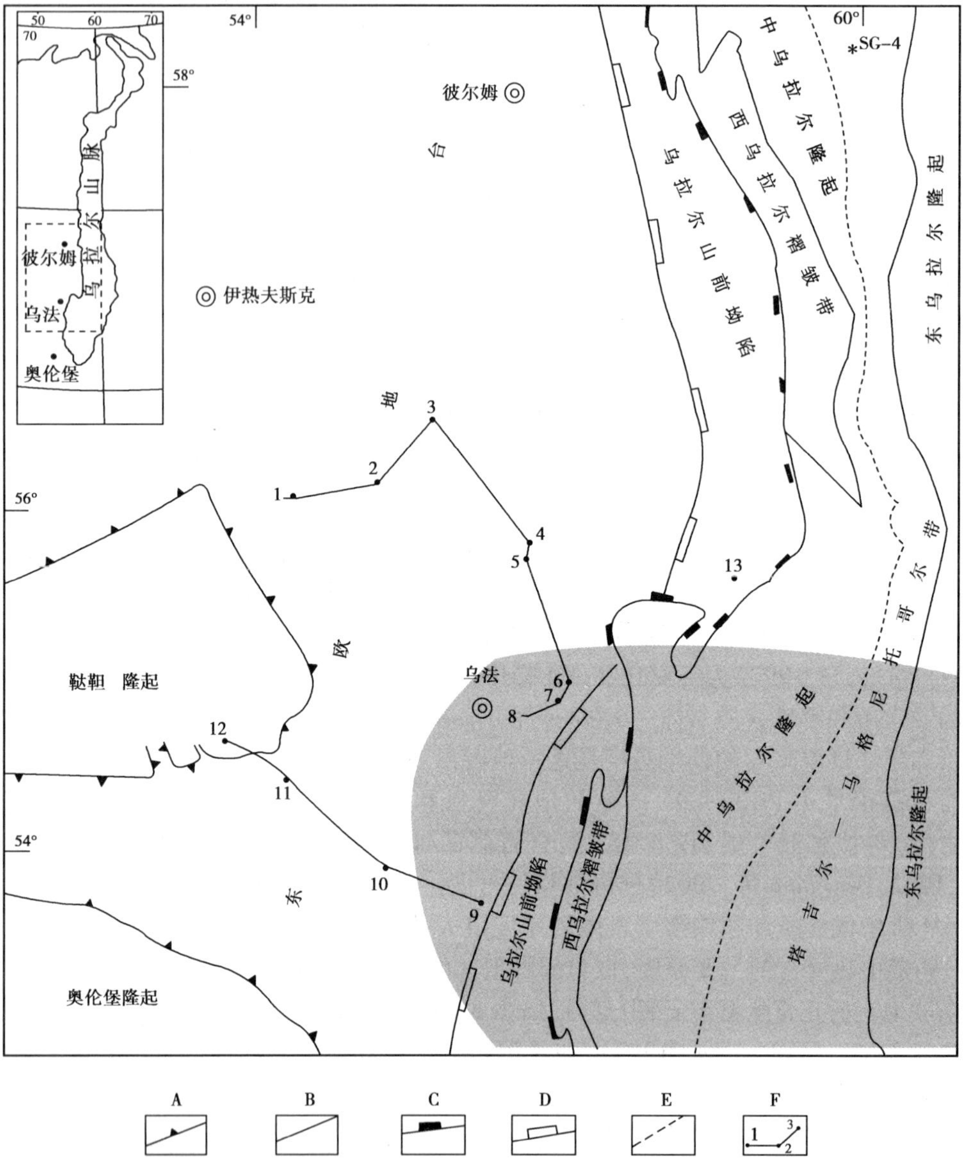

图 4.48　南乌拉尔地区位置和主要地质构造示意图，显示了西巴
斯基尔的模拟井和剖面（Ruzhenzev,1976；Belokon 等,1996；Maslov 等,1997）

A—西巴斯基尔的主要地质构造；B—西乌拉尔褶皱带与东乌拉尔隆起的界线；C 和 D—乌拉尔山前坳陷的东、西界线；E—主要的乌拉尔断层；F—1980 本研究中使用的剖面和井阴影区显示出大致的低热流区域，据（Smirnov,1980）数字对应于下列井：1—阿尔兰（Arlanskaya）；2—科尔塔辛（Koltasinskaya）；3—尤戈马什（Yugomashskaya）；4—北库什库尔（Severo-Kushkulskaya）；5—库什库尔（Kushkulskaya）；6—南塔夫提马洛夫-1（Yuzhno-Taftimanovskaya-1）；7—南塔夫提马洛夫-2（Yuzhno-Taftimanovskaya-2）；8—卡巴科夫（Kobakovskaya）；9—阿赫梅罗夫（Akhmerova）；10—基普恰克（Kipchackskaya）；11—阿什雷库尔（Aslykulskaya）；12—莫罗佐夫（Morozovskaya）；13—莱兹（Leyzskaya）；剖面 1 穿过 1—8 号井，剖面 2 穿过 9—12 号井

气候因素的情况下完成的。Galo 系统的对应模块(Galushkin 等,1997)允许在盆地模拟系统的框架下考虑气候因素,用最后 65Ma 的详细古气候曲线分析该地区的实际岩石剖面(Velichko,1999)。

表 4.13 大陆岩石圈结构和岩石热物理参数(Baer,1981)

地层	花岗岩	玄武岩		地幔
地层底面深度(km)	5.0	15.0	35.0	>35
密度(kg/m³)	2750	2750	2900	3300
热导率(W/(m·K))	2.72	2.72	1.88	$K=f(T)$ *
放射性同位素产生的热量(μW/m³)	1.26	0.71	0.21	0.004

* 相关性 $f(T)$ 取自 4.2.2 节中的公式(A1),(A2)(Schatz 和 Simmons,1972)。

除了在乌德穆尔特(Udmurtia)、彼尔姆和奥伦堡邻近地区之外,还在阿尔兰、卡巴科夫和研究区的其他地区检测到许多油气显示(Belokon,等,1996;Masagudov 等,1997)。根据有限岩心样品的地球化学研究成果进行了古生代岩石的油气潜能评价(Aliev 等,1977;Belokon 等,1996;Masagudov 等,1997)。这些研究成果包括荧光和沥青质分析以及一些烃类和碳同位素组分的检测。完全没有热解资料。此外,在巴斯基尔的里菲—文德系剖面钻的 11 口井中仅有 4 口井达到 5km 的深度(阿赫梅罗夫、科尔塔辛、卡巴科夫和基普恰克;图 4.48)。通常用浅层资料的外推方法估计深层的地质和地球化学特征。因此,根据盆地构造和演化的地质、地球化学和地球物理资料进行的盆地热史和成熟史的重建必须深入分析研究程度不高的盆地热演化史和含油气远景。

使用 Galo 模拟系统重建了西巴斯基尔地区里菲盆地沿着图 4.48 中显示的 3 条剖面的热史和成熟史(Makhous 等,1997a;Galushkin 等,1999)。模拟结果表明:里菲—文德系岩石的有机质成熟度递增,直到东部研究区 12~16km 深度的里菲系岩石生成的液态烃完全被破坏为止(图 4.49、图 4.50)。由于整个研究区内前古生代岩石中的有机质含量低(TOC<0.6%)(Belokon 等,1996;Masagudov 等,1997),尽管有机质的成熟度相当高,还是限制了西巴斯基尔地区元古宇的油气潜能(图 4.49、图 4.50)。然而,西巴斯基尔地区里菲—文德系岩石具有极大的厚度,是指示油气新发现的有利因素(Belokon 等,1996;Masagudov 等,1997)。

在热成熟模拟中,为了评价该地区元古宇剖面生成油气的时间和位置,使用了一级和二级反应动力学计算Ⅱ型干酪根的成熟度,西巴斯基尔地区里菲—文德系可能烃源岩的初始生烃率为 HI_0 = 377mg HC/g TOC。模拟显示:前寒武系沉积物中有机质的温度和成熟度随着基底向乌拉尔山前坳陷加深而明显地增加。在研究区西部,基底面的深度未超过 2.5km,沉积岩温度低于 70℃,而且里菲系岩石中生烃的可能仅为 0.5% 或更少。在研究区东部,盆地基底的埋深超过 14km,而且最深沉积岩的温度超过 150~180℃。因此使上里菲统剖面中的有机质过成熟,二次裂解破坏了最初生成的部分液态烃。根据对中、上里菲统和上文德统沉积物中有机质成熟度的评价,认为这些岩石含油。使用成熟度的动力学光谱计算的有效镜质组反射率,得出了里菲系和年代更新岩石中有机质成熟度的合理估算值。相反,使用时间—温度指数

(TTI)或者Ⅲ型干酪根成熟度的动力学光谱计算的镜质组反射率,得出了大范围沉积物年代中错误的成熟度估算值。

4.4.1 地质背景

西巴斯基尔地区包括几个里菲纪沉积盆地并且与乌拉尔褶皱带的复杂构造区毗连(图4.48)。该褶皱带是泥盆纪—三叠纪在古海洋盆地原地形成的褶皱推覆体构造,它是由于东欧地台与东乌拉尔微大陆和西伯利亚—哈萨克斯坦加里东大陆碰撞形成的(Ruzhenzev,1976)。在该地区从西向东可以观察到下列地质构造(图4.48):东欧地台、乌拉尔山前坳陷、西乌拉尔褶皱带、中乌拉尔隆起、T—M带、东乌拉尔隆起和坳陷、外乌拉尔隆起和哈萨克斯坦褶皱带。本研究中仅涉及上述列举的3个构造:东欧地台、乌拉尔山前坳陷和T—M带。最后的构造包括古生代的大洋和弧后复合体,其西部边界是大型的乌拉尔断裂带。这一断裂带分隔了T—M带的弧后单元与西乌拉尔褶皱带和东欧地台中乌拉尔隆起的里菲期和文德期变质岩基底之上的露头。在中、南乌拉尔地区的地震剖面上清晰地显示出西倾的大型乌拉尔断裂带(Juchlin等,1995)。中、南乌拉尔地区的构造活动性从晚二叠纪世开始减弱(Maslov等,1997)。

根据地质资料(Belokon等,1996),西巴斯基尔地区的里菲—文德纪盆地最初发育成类似于里菲—文德纪坳拉槽的克拉通内盆地。它们仅在早奥陶世乌拉尔古海洋扩张后演化成克拉通内的半构造,并且在奥陶纪被改造成东欧地台的边缘盆地(Maslov等,1997)。一些下里菲统裂谷轴的位置可能相当于乌拉尔山前坳陷内里菲—文德系沉积复合体的最大厚度(图4.48)。因此,下、中里菲统发生沉积作用的背景类似于大陆裂谷作用的背景,并且伴有盆地岩石圈的加热和扩张作用。在下、中里菲统沉积物中出现的年代为1030~1450Ma的辉长—辉绿岩(Belokon等,1997)表明那时该地区可能的热再活化作用。在早里菲世中、晚期沉积了浅海相陆源和碳酸盐沉积物。里菲—文德期的沉积范围从浅海到大陆环境(Masagutov等,1997)。

在乌拉尔和相邻地区缺失寒武纪沉积物。包括奥陶纪和早寒武世在内的全部时期以剥蚀或者沉积间断为特征(图4.49(b),(f)),这是由于该地区恰好在奥陶纪—早泥盆世乌拉尔的古海洋扩张开始或者期间发生的一些隆起作用造成的(Maslov等,997)。小的剥蚀幅度(小于300m)表明当时古海洋扩张对西巴斯基尔岩石圈产生较弱的热效应,这可能与该地区和古扩张中心之间相当大的距离和/或此时海洋扩张的有限幅度有关(Didenko等,2001)。

该地区发育的下个阶段与中、晚泥盆世和白垩纪的古海洋扩张结束一致,并且伴随着大洋或者向东沿着马格尼托哥尔斯克火山岛弧的弧后地壳的俯冲作用(Echler等,1997;Juchlin等,1995;Didenko等,2001)。在这一时期沉积的全部都是浅海相石灰岩(Aliev等,1977)。当东欧地台的边缘与沿着大型乌拉尔断裂带分布的岛弧地块接触时,这里在二叠纪末仅仅出现大量陆源岩石的混合体。东欧地台与东乌拉尔微型陆块和西伯利亚—哈萨克斯坦的加里东期大陆的碰撞形成了长度超过3000km的乌拉尔褶皱带(Ruzhenzev,1976;Didenko等,2001)。现今蛇绿岩和岛弧岩石地块恰好位于大型乌拉尔断裂带以东(图4.48)。在碰撞之后,西巴斯基尔盆地以少量剥蚀(100~300m)或者沉积间断为特征(表4.14;图4.49(b),(f))。

表 4.14 阿赫梅罗夫井附近(西巴斯基尔)沉积盆地的主要演化阶段

N	演化阶段	地质时间(Ma)	深度(m)	岩性 cl:sn:ls:an	地面古地温(℃)
1	间断	0~100	0	—	5~24
2	剥蚀	100~253	400	—	12~24
3	沉积	253~258	0~110	10:90:00:00	10~12
4	沉积	258~352	110~1330	00:00:73:27	5~16
5	沉积	352~387	1330~1640	03:10:87:00	16
6	剥蚀	387~590	300	—	15~16
7	沉积	590~660	1640~3240	17:83:00:00	15
8	剥蚀	660~680	300	—	15
9	沉积	680~1050	3240~3640	22:55:23:00	13~15
10	沉积	1050~1160	2640~5040	30:40:30:00	12~13
11	剥蚀	1160~1350	600	—	11~12
12	沉积	1350~1650	5040~14500	20:20:60:00	10~11

注:"深度"列显示现今沉积层的顶、底深度或者剥蚀幅度;an—硬石膏,cl—泥岩和页岩,lm—石灰岩,sl—粉砂岩,sn—砂岩。

4.4.2 该地区的二维稳态热模型

本节提出二维模拟的目的是证实在研究南乌拉尔地区岩石圈的热状态所选择的一维方法的有效性。模拟了沿着剖面2(图4.48)向东穿过T—M带的岩石圈热流系统。剖面位置靠近Doring等(1997)分析的URSEIS-95剖面,并且在Kukkonen等首次研究的特罗伊茨克剖面(1997)(图4.48)以北50km处。把模拟的岩石圈分成具有不同热导率和生热值的几个部分(图4.50(c))。在引用图的说明中标出了热物理参数。它们是根据Kukkonen等(1997)的研究成果得出的,该成果详细地分析了南乌拉尔的岩石热导率和热生成问题。但是图4.50中的层深度界线取自沿着URSEIS-95剖面的岩石圈的重力模型。沉积层的深度与剖面2中的莫罗佐夫、阿什雷库尔、基普恰克和阿赫梅罗夫井的实际沉积剖面一致。这里的基底层厚度比表4.13中的标准岩石圈模型的厚度减少。对应的扩张系数 β 从莫罗佐夫剖面的1.05到阿赫梅罗夫地区的1.25。根据Schatz和Simmons(1972),地幔岩石的热导率随深度的变化从 $T=0$ 时的 $K=5W/(m \cdot K)$ 减少到 $T=300~700℃$ 时的 $2.72W/(m \cdot K)$,并且在 $T>700℃$ 时由于放射产生的热导率几乎呈线性增加。

图4.50(a)中实线和图4.50(b)中虚线显示的温度分布是由稳态率方程的数值解获得的:

$$\frac{\partial}{\partial x}K(x,z)\frac{\partial T}{\partial x} + \frac{\partial}{\partial z}K(x,z)\frac{\partial T}{\partial z} + A(x,z) = 0 \qquad (4.13)$$

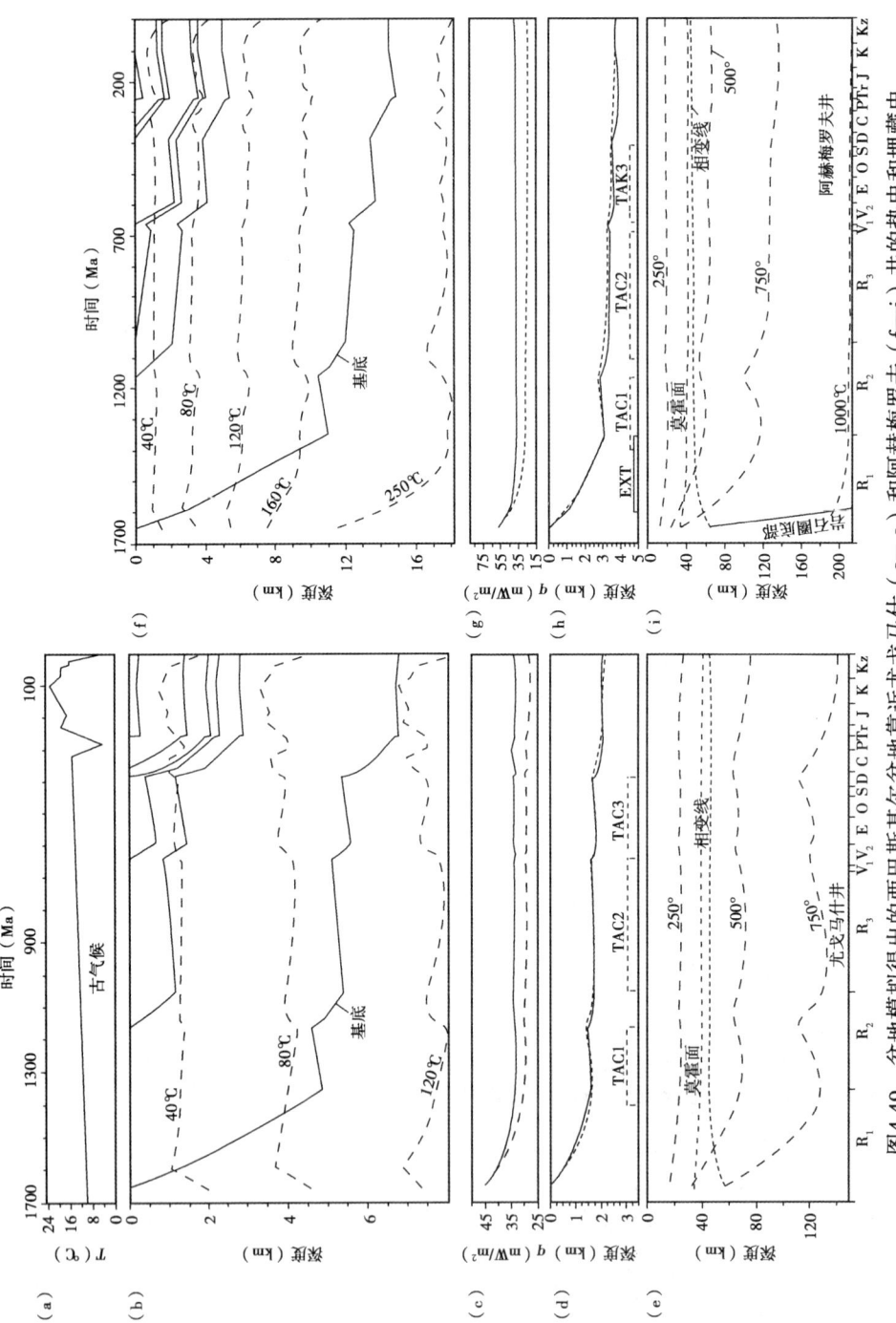

图4.49 盆地模拟得出的西巴斯基尔斯盆地靠近尤戈马什 (a—e) 和阿赫梅罗夫 (f—i) 井的热史和埋藏史

(a) 总结该地区最后5Ma的古气候史(Frakes, 1979; Velichko, 1987); (b) 和 (f) 沉积剖面的热史和埋藏史; (c) 和 (g) 计算出的盆地演化期间的热流变化,通过基底面(虚线)和沉积物表面(实线)的热流差是主要是由于沉积物中生成的放射热造成的; (d) 和 (h) 用局部地壳均衡方法计算的基底面的构造沉降,即消除沉积物和水负载(实线)和考虑基底密度剖面中的时间变化(虚线,参见文中说明)。TAC₁是基地岩圈的底部的第次热再活化,EXT是扩张的时期(参见文中说明); (e) 和 (i) 盆地岩石圈的热流系统演化,长虚线是等温线;莫霍面界线是地壳的底部,相变线是地幔中"辉石橄榄岩—石榴石橄榄岩"组分过渡的位置 (Forsyth和Press, 1971)

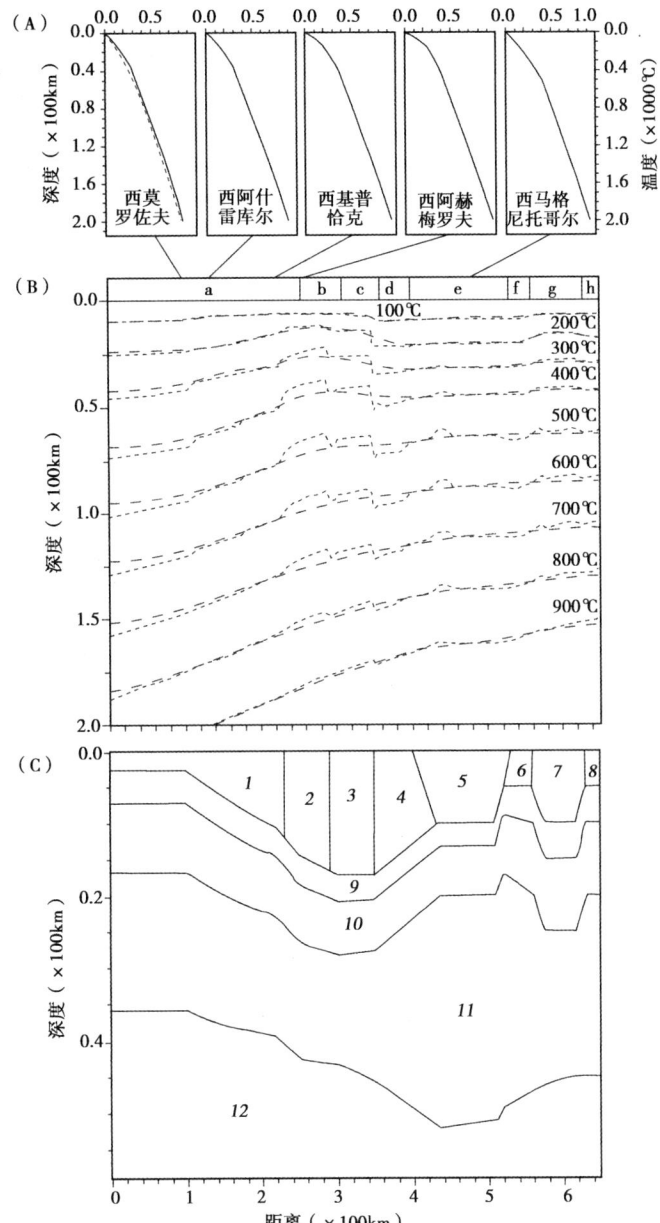

图 4.50 沿西莫罗佐夫到西马格尼托哥尔剖面的热流系统稳态模拟的一维和二维方法对比
(A)用二维(实线)和一维(虚线)计算出的靠近这些井的 5 条随深度变化的温度分布曲线,在剖面上用直线标出这些井的位置;(B)用二维(长虚线)和一维(点线)方法计算出的等温线深度,图 4.50b 上部的字母相当于沉积剖面的不同构造单元:a—东欧地台,b—乌拉尔山前坳陷,c—西乌拉尔褶皱带,d—中乌拉尔隆起,e—T—M 带,f 和 g—东乌拉尔隆起和坳陷,h—外乌拉尔隆起;(C)模拟中岩石圈具有不同热导率和生热量岩石的定义域:沉积层(1—8),地壳的上部花岗岩层(9),下部花岗岩层(10),"玄武岩"层(11)和地幔(12)。按照定义域和热导率(K)及生热量(A)的值把岩石圈细分为:在定义域 1 中 $K=2W/(m·K)$,$A=0.6mW/m^3$;在定义域 2 中为 2 和 0.98;在定义域 3 中为 2 和 0.4;在定义域 4 中为 2.9 和 0.25;在定义域 5 中为 2.6 和 0.3;在定义域 6 中为 2.6 和 1.2;在定义域 7 中为 2.2 和 0.43;在定义域 8 中为 2.2 和 1.0;在定义域 9 中为 2.72 和 1.25;在定义域 10 中为 2.72 和 0.71;在定义域 11 中为 1.88 和 0.21;在定义域 12 中 $K=K(T)$(4.2.2 节公式(A1)和(A2))和 0.004

边界条件为 $\frac{\partial T}{\partial x} = 0$

在温度计算范围的右边($x=0$)和左边($x=x_m=650km$)界限,在$z=0$处,$T=5°C$,并且在该范围的下界限($z=z_m=200km$)处$T=T_m(x)$,其中$T_m(x)$从靠近莫罗佐夫井的大约870°C开始呈线性增加到马格尼托哥尔模拟井附近的1040°C。$T_m(x)$向东的这种增加与Makhous等(1997a)、Galushkin等(1999)著作中提出的一维模拟结果一致。以水平坐标x为参数的公式(4.13)的一维变量解给出了迭代方法的初始温度分布。用迭代法,即使用考虑Δx、Δz步中和公式(4.13)中参数变化的交替方向的保守的非约束有限差分格式计算公式(4.13)。使用快速驱动法(Press等,1986)求解最终三斜系代数方程。用计算机软件包Galo-2实现求解算法。用水平方向常数块($\Delta x \approx 4.5km$的150步)和垂直方向以几何级数增加的块尺寸(Δz范围从地面10m到200km深度的18km的100步)模拟了650km长的横剖面。

一维解(图4.50(b)的点线)与二维变量(图4.50(b)的长虚线)的对比表明:一维与二维方法的偏差只有在西乌拉尔褶皱带和中乌拉尔隆起带中的乌拉尔山前坳陷相当大。补充分析显示在引用地区的岩石热放射性差达到$0.4 \sim 0.8 \mu W/m^3$,能够解释上述偏差的主要部分。图4.50(a)和(b)还显示出在所考虑的整个深度范围内($0 \le z \le 200$),即使位于乌拉尔山前坳陷西部边缘的阿赫梅罗夫井,一维随深度变化的温度分布与二维的差别也只是5%。除了在T—M带中部之外,总体上阿什雷库尔和基普恰克地区的这种差别也可以忽略。T—M带在剖面上相当大的水平尺寸能够解释该带出现的这种情况。

4.4.3 计算的巴斯基尔盆地埋藏史和热史

前一节提出的二维模拟结果证实了一维方法在沿剖面1和2以及T—M带中部的岩石圈热状态分析中的应用效果。在使用计算的与测量的温度对比方法进行的热分析中,由于考虑了沉积物随深度变化的物理属性和岩性,用数值模拟压实沉积物中的传热并且考虑了气候因素,一维非稳定模拟比上述的二维方法更可取。

4.4.3.1 模拟原理

在第2章和第3章详细地介绍了应用于盆地分析中热分析的Galo软件包的算法和原理,而这里仅涉及它的主要特征。在压实的范围内,消除岩石边界和热物理属性随深度及时间的变化,用一维非稳定热传导方程的数值解完成了盆地模拟。对于温度计算,相应于那时该地区古气候的温度取z域表面的温度。在该域的底部保持稳定的温度。模型中的温度范围为$900 \sim 1000°C$。在Makhous等(1997a)的著作中和2.2节已经分析了求解热传导方程所涉及的温度确定以及初始和边界条件和有限差分格式的重建。值得注意的是,在模拟中dz步在计算域的表面并未超过$20m$,并且在其底部($z=200km$)增加到$1 \sim 2km$。

与其他模拟系统类似(Ungerer等,1990;Welte等,1997),Galo系统考虑了沉积盆地形成的几个典型过程:多孔沉积物以不同速率沉积和固结,剥蚀及沉积间断(非沉积),岩石的热物理性质随岩性、深度和温度发生的改变,温度与水和基质的热导率的相关性等(参见第2章)。此外,Galo系统还允许在西巴斯基尔盆地的重建中考虑一些特殊性质。首先,用该系统模拟了沉积剖面和下伏岩石圈及最大深度到$200 \sim 220km$的软流圈中的传热,并且考虑了在里菲纪盆地演化的高温阶段熔融作用产生的潜热效应。第二,模拟包括盆地演化期间基底构造沉降的分析,以便评价在盆地演化期间能够发生的构造—热事件的次序和幅度(参见2.3节,4.2

节)(Makhous 等,1997a;Makhous 和 Galushkin,2003a,b)。因此,计算了盆地发育每一时步的最大深度到 200~220km(模拟中的均衡补偿深度)的岩石圈地层柱中密度分布随深度变化的状况,包括热活化和基底拉伸时期。用两种独立的方法使用这些分布计算基底构造沉降的变化:第一种方法是消除水和沉积物负载(回剥方法;图 4.49(d)和(h)中的实线),第二种方法是根据基底密度分布随深度和时间的变化(图 4.49(d)和(h)中虚线)。在局部地壳均衡模型的框架下,上述两条构造沉降曲线的对比提供了对盆地演化期间可能发生的构造—热事件的次序和幅度的估计(参见 2.2 节和 4.2 节)。此外,应用 Galo 软件包的一个特殊模块校正永冻层能够形成或破坏的上新世—全新世气候变化期间的盆地热史(2.5 节)(Galushkin,1997a)。

4.4.3.2 原始数据

根据深度小于 5km 的井筒资料(Salnikov 等,1990;Masagutov 等,1997)和较大深度的地震资料(Frolovich,1988)建立了在模拟中使用的该盆地的岩性剖面。总体上,西巴斯基尔盆地的沉积岩主要是页岩、砂岩和石灰岩以及少量的盐岩和硬石膏(表 4.14)。使用 Makhous 等(1997a)的算法和该地区主要岩石单元的世界平均数据计算了岩石的物理特性(表 4.14),包括基质密度、热导率、生热量和压实参数(表 4.15)。

表 4.15 阿赫梅罗夫地区沉积岩的岩石物理参数(西巴斯基尔)

N	$\phi(0)$	$B(km)$	$K_m(W/(m \cdot ℃))$	$Al(℃^{-1})$	$C_v(MJ/(m^3 \cdot K))$	$\rho_m(g/cm^3)$	$A(\mu W/m^3)$
1	—	—	—	—	—	—	—
2	—	—	—	—	—	—	—
3	0.454	2.07	3.91	0.0027	2.826	2.65	0.963
4	0.554	1.67	3.50	0.0016	2.529	2.63	0.481
5	0.590	1.92	3.04	0.0007	2.726	2.70	0.691
6	—	—	—	—	—	—	—
7	0.487	2.49	3.72	0.0025	2.780	2.66	1.051
8	—	—	—	—	—	—	—
9	0.551	2.21	3.32	0.0018	2.713	2.67	1.068
10	0.586	2.14	3.07	0.0014	2.650	-2.68	1.151
11	—	—	—	—	—	—	—
12	0.600	2.21	2.97	0.0010	2.662	2.70	0.963

注:N—盆地演化阶段数(相当于表 1 中的 N);$\phi(0)$—深度为 0~200m 的近地表层中的平均岩石孔隙度;B—按($\phi(z) = \phi(0)\exp(-z/B)$)定律孔隙度随深度变化的比例;$K_m$—温度 $T=0$ 时岩石基质的热导率;Al—基质热导率的温度系数:$K(T) = K_m/(1 + Al \cdot T)$;$C_v$—基质岩石的单位体积热导率;$\rho_m$—基质岩石的密度;$A$—单位体积的生热量。该表中的值是根据表 4.14 中岩相的相对含量计算的。

模拟中,用岩石的岩性、孔隙度和温度的深度变化确定了随深度和时间变化的热导率。温度变化是由于基质和水的热导率对岩石温度的相关性造成的(表 4.15;Makhous 等,1997a)。图 4.51(a)是根据阿赫梅罗夫井的现今沉积剖面计算的热导率随深度变化的一个实例,可以观察到具有最大含砂量的晚文德期岩石(表 4.14)具有最大的热导率。在深度小于 6km 情况下随着孔隙度向地表增加沉积物的热导率减少,而超过 6km 深度的热导率很少减少的现象是由于基质的温度相关性造成的(表 4.15)。用东欧地台和乌拉尔山前坳陷中沉积岩的测量值确定了计算的界限(石灰岩 $K = 0.9 \sim 4.68 W/(m \cdot K)$,砂岩 $K = 1.63 \sim 6.81 W/(m \cdot K)$,厚层泥岩 $K = 0.66 \sim 2.80 W/(m \cdot K)$)之间的热导率范围。令人遗憾的是,由于缺少岩性和孔隙度资料,没有机会使用 Golovanova(1993)提出的大量的热导率测量值。

图 4.51(b)说明了阿赫梅罗夫井现今沉积剖面中因为岩性和孔隙度变化引起的单位体积生热量随深度的变化。泥质百分含量最高的中里菲统岩石具有最高的生热率。模拟中使用的单位体积生热率是根据表 4.14 和表 4.15 中主要岩石单元的数据得出的,其范围处于东欧地台和乌拉尔山前坳陷内沉积岩中测量值确定的界限之内:石灰岩 $A = 0.62 \sim 0.77 \text{mkW/m}^3$(Salnikov,1984)和 $0.56 \pm 0.52 \text{mkW/m}^3$(Kukkonen 等,1997);泥岩 $1.50 \sim 1.83 \text{mkW/m}^3$(Salnikov,1984);石膏、硬石膏 0.3mkW/m^3(Salnikov,1984)和 $0.08 \pm 0.05 \text{mkW/m}^3$(Kukkonen,1997);砂岩 $1.00 \pm 0.34 \text{mkW/m}^3$(Kukkonen,1997)。阿赫梅罗夫剖面里菲系岩石的平均生热率(在图 4.51b 中为 0.99mkW/m^3)与 Salnikov(1984)的估算值(1.27mkW/m^3)大约相差 30%。阿赫梅罗夫井整个剖面的平均值为 0.95mkW/m^3(图 4.51(b)),并且分别与 Salinkov(1984)和 Kukkonen 等(1997)的 1.12mkW/m^3 和 0.98mkW/m^3 的估算值吻合得极好。

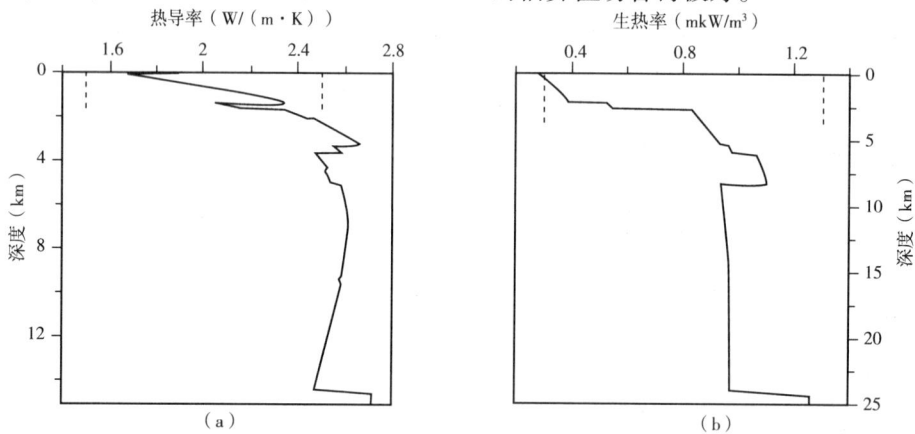

图 4.51 计算的阿赫梅罗夫井沉积剖面中热导率(a)和生成的放射热(b)随深度变化的曲线,
该地区岩石测量值的变化范围在点线之间(参见文中说明)

根据地震和重力资料(Kazantseva 等,1986;Echler 等,1997;Avtoneev 等,1988),假定模型中西巴斯基尔盆地的沉积盖层之下有一个标准的大陆基底(表 4.13)(Beal,1981)。表 4.13 列出的花岗岩层参数的依据是按照该地区基岩热导率(K)和生热率(A)的估算值:花岗岩的 $K = 2.3 \sim 3.3 \text{W/(m·K)}$,$A = 0.4 \sim 1.4 \text{mkW/m}^3$(Kukkonen 等,1997)和 $K = 1.53 \sim 3.80 \text{W/(m·K)}$ 和 $A = 1.1 \sim 1.5 \text{mkW/m}^3$(Salinkov,1984;Salinkov 和 Golovanova,1990),而"玄武质"岩石的生热率 $A = 0.17 \sim 0.50 \text{mkW/m}^3$(Salnikov,1984;Salinkov 和 Golovanova,1990)。根据表 4.13,基底生成的放射热(在其拉伸之前)大约为 18.3mW/m^2,因此大约 17.6mW/m^2 是地壳生热率,而 0.69mW/m^2 大体是 $35 \sim 200 \text{km}$ 深度范围内地幔岩石的生热率。所有这些值还符合 Salinkov(1984)和 Kukkonen 等(1997)提出的巴斯基尔地区基底的放射热流估算值。

由于与先前该地区的热模型相反,热流和平均温度梯度随深度而急剧变化,所以我们的方法并不用热流和平均温度梯度资料控制模拟(图 4.52)。在 Salnikov 和 Ogarinov(1977),Salnikov 和 Popov(1982),Salnikov(1984),Salnikov 和 Golovanova(1993)和 Golovanova(1993)著作中列出该地区 30 口井中深度超过 1km 的温度值可以作为控制热史重建的重要因素。由于井筒的静止时间和水文因素,所有这些温度都相当可靠。使用 Velichko(1987)和 Frakes(1979)的资料描述南乌拉尔地区从白垩纪直到新生代的古气候,而用 Velichko(1999)的新生代资料对最后 5Ma 进行详细的完善。由于缺少重要的数据,假定元古宙的年平均温度从 10℃线性增加到 16℃(图 4.49(a))。

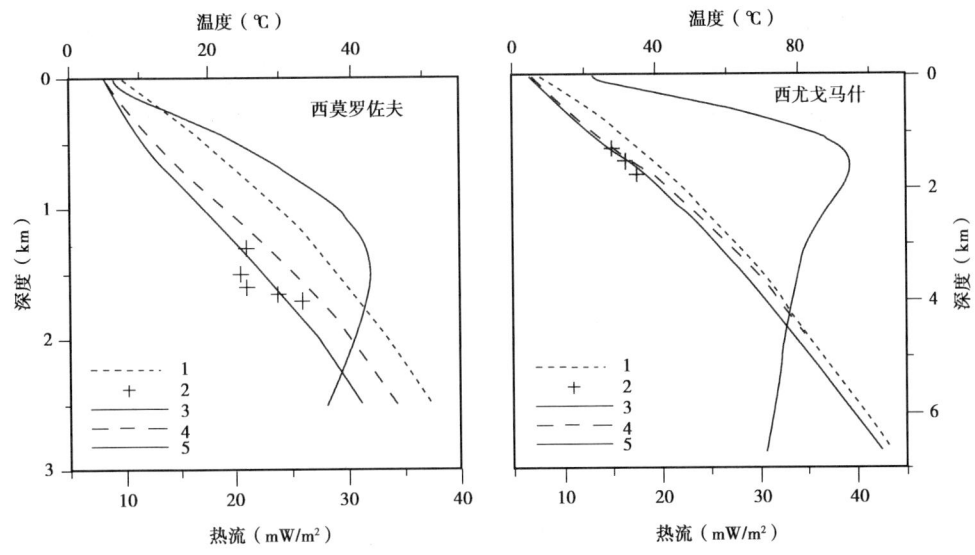

图 4.52 计算的莫罗佐夫和尤戈马什井的温度和热流剖面
1—4.4Ma前的温度剖面(永冻层模拟的初始剖面);2—该地区现今剖面中的测量温度;3—现今温度;4—考虑最后100000年的气候因素计算的现今温度;5—计算的现今热流剖面

4.4.3.3 盆地热史

图 4.49 中说明了西巴斯基尔里菲盆地重建的埋藏史和热史。举两个例子,第一个是研究区西部具有中等的里菲期沉降(图 4.48 中 1—3,11,12 号井),第二个是东部地区具有重要的里菲期沉积作用(图 4.48 中 4—10 号井)。在东部地区,基底构造沉降的变化(图 4.49(h))假定早里菲期和部分中里菲期的岩石圈冷却作用是由于相对较高的初始热流($q_w = 60 \sim 70 mW/m^2$)和幅度 $\beta = 1.10 \sim 1.30$ 的基底拉伸造成的。因此,不考虑沉积了超过 10km 的沉积物,在早里菲期地壳底部的少量沉降(图 4.49(i)中的莫霍面线)是由于幅度 $\beta = 1.20$ 的地壳拉伸造成的。在研究区的西部(图 4.48 中 1—3,11,12 号井),模拟假定里菲期典型的大陆裂谷翼部的构造背景具有中等的初始热流值 $q_0 = 40 \sim 50 mW/m^2$ (图 4.49(c),(d),(e)),岩石圈没有极大的拉伸。在该模型中,用岩石圈的现今温度深度剖面与含少量水(<0.2%)的橄榄岩实线的交叉确定了岩石圈的厚度(Wyllie,1979)。在早里菲期,这一厚度在研究区东部仅达到 30~70km (图 4.49(i)),但是在西部地区却超过了 200km (图 4.49(e))。基底构造沉降的进一步变化符合早里菲期岩石圈的中等热再活化,它们造成了东部地区最大厚度的下里菲统遭受了 400~1200m 的剥蚀(图 4.49(b),(f))。模拟假定,当局部沉积物遭受 200~500m 的剥蚀时,在晚里菲—文德期和寒武纪—泥盆纪发生了两个相对较弱的热再活化作用(图 4.49(b),(d),(f),(h))。在乌拉尔古海洋闭合时,该地区沉积了浅海相石灰岩和砂岩(1500~2500m)(表 4.14;图 4.49(b),(f))(Aliev 等,1977;Belokon 等,1996;Maslov 等,1997)。在随后到现今的时期内,岩石圈缓慢地冷却并且在新生代达到准稳定的热流系统(图 4.49(e),(i))。

因此,根据模拟结果,西巴斯基尔岩石圈的特征是全部演化时期具有相对低的温度状态。在早里菲期的冷却作用之后,极弱的热再活化作用未造成岩石圈极大的加热作用。特别是它导致了辉石向石榴石橄榄岩相变深度的有限变化(图 4.49(e),(i)),并且相应的由这一相变引起基底面发生少量位移(小于 300m)。表面热流降低,从早里菲期的较高值(东部地区为 60

~70mW/m², 西部地区为40~50mW/m²)到现今的32~40mW/m²(图4.49(c)、(g))。在现今剖面中约为5~7mW/m²的沉积物放射热生成率可以解释造成图4.49(c)、(g)中通过沉积物与基底面之间的热流差异的主要原因。这些图在最后2~3Ma内热流的少量增加是由于年平均温度极大降低所引起的(图4.49(a))。

尽管具有相对低的温度状态,与裂谷作用同期沉积的大于10km的里菲期沉积物使东部地区沉积层底部的现今温度最大增加到180~190℃。西部地区的基底发生了小的裂谷作用同期沉降,这些温度并不超过120℃(图4.49(b)、图4.53)。模拟假定岩石圈的现今热流系统向西乌拉尔褶皱带有少量增加(图4.53)。

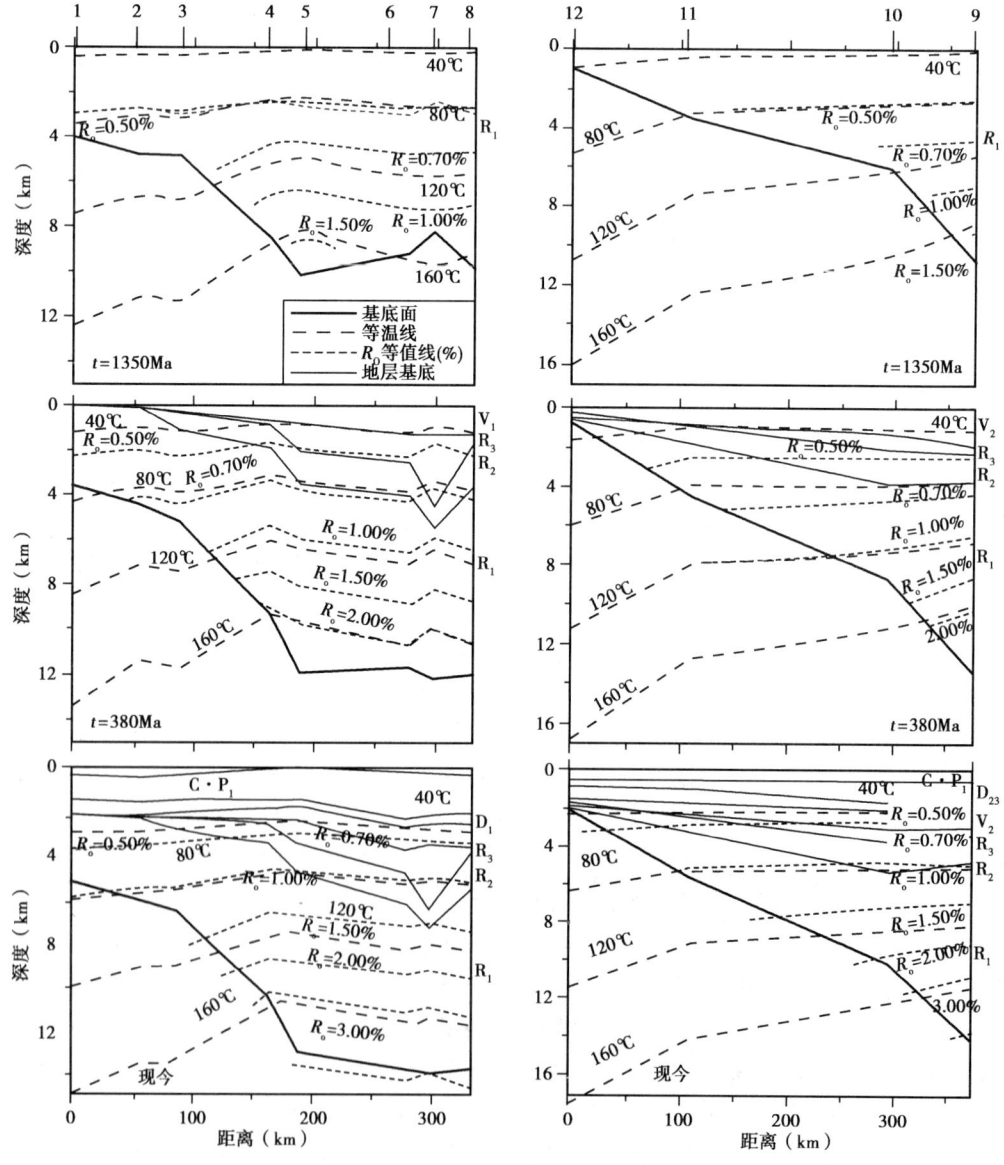

图4.53 沿图4.48中剖面1和2的西巴斯基尔沉积盆地的埋藏史、热史和成熟史的二维数值重建,图最上边的数字表示井的位置,井号相当于图4.48中的井号

图 4.53 说明了沿图 4.48 中两条剖面计算的沉积层的埋藏史和热史。为便于讨论，认为除了等温线之外显示镜质组反射率等值线也是有益的，它是沉积物中有机质的成熟度与完整热史的控制因素。虽然在里菲和文德期沉积物中缺少镜质组，利用镜质组反射率计算作为评价有机质成熟度的一种常用方法。用 Sweeney 和 Burnham(1990) 的镜质组动力学光谱和用模拟计算的地层热史计算出镜质组反射率。Makhous 等(1997a) 和 Galushkin(1997) 曾对该算法进行过详细的描述。模拟结果显示在早里菲世的最深沉积物能够达到 150~160℃ 的温度，并且出现在液态烃生成的主带之内($0.70 \leqslant R_o \leqslant 1.30\%$；图 4.53)。尽管总体上该盆地具有相对低的温度状态，在里菲期裂谷作用同期沉积的超过 10km 的石灰岩、页岩和砂岩地层造成了东部地区沉积层底部现今温度最大增加到 180~190℃(图 4.49(b) 和图 4.53)。模拟结果显示现今剖面中深度超过 10km 的沉积物能够生成干气($R_o \geqslant 1.50\%$)。西部地区的基底发生了很小幅度的裂谷作用同期沉降，里菲系沉积物的温度不超过 120℃(图 4.49(b))，在莫罗佐夫地区甚至下降到 60℃(图 4.53)。根据模拟结果，文德系、上里菲统甚至中里菲统沉积物的特征是整个地区内有机质的成熟度相对较低。该地区地球化学分析的少数结果证实了这一结论(Belokon 等，1996；Masagutov 等，1997)。

4.4.3.4 盆地的现今热流系统及气候因素

图 4.49、图 4.53 中的模拟结果使用了 Frakes(1979) 描述的东欧地台气候史，它概括了最后 5Ma 的气候史(图 4.49(a))。然而，为了正确地对比该地区测量的与计算的温度，必须考虑现今气候变化。当永冻层形成和融化重复发生时，使用 Velichko(1999) 详细分析最后 5Ma 新生代气候变化的资料，并且在上新世—全新世盆地热演化的数值模拟中联合使用了 Galo 软件包的一个专用补充模块。沉积剖面中存在冰使热导率 K 和热容量 C_V 的深度变化极其复杂化(参见 2.5 节中的公式(2.17)—(2.20))。在这个实例中详细地考虑了 2.5 节中关于西西伯利亚盆地的热传导方程中热物理参数的数值描述、求解算法和差分格式。这里，仅注意到接近永冻层底部的体积热容量 C_V(参见公式(2.20))的永冻层模拟问题的主要特征。为了确保数值结果的精度，在最小 3~4 个深度步长 Δz 内必须包括主要潜热效应发生的深度范围。此外，计算的时步 Δt 的冰冻峰移动必须小于相应的深度步长 Δz。因此，模拟中深度步长达到 800，而且 Δz 的范围从近地表的 0.5m 到沉积柱底部的 70m。时步的变化从 50 年到 0.1 年。

这里使用的算法与西西伯利亚盆地讨论中使用的算法(2.5 和 4.3 节)唯一区别是未冻结孔隙水 $W(T)$。公式(2.17)—(2.20) 中 $W(T)$ 函数确定冻结岩石中孔隙冰和孔隙水的冻结和溶化所产生的热效应。特别是根据未冻结水的含量 $W(T)$，公式(2.20) 的末项能够增加冻结岩石的似热容量 $C_V 1~2$ 个数量级。由于乌连戈伊气田上部 1~2km 沉积层的岩石中裂缝极其发育，在西西伯利亚使用了适合粗砂岩的单函数。在该模型中，根据岩性描述细粒和粗粒岩石的特性(例如，参见表 4.14)，$W(T)$ 的范围介于这两个函数之间。因此，模型中 $W(T)$ 函数形态随深度的变化取决于岩石中细粒和粗粒碎屑的含量。尽管在计算现今温度中由于碎屑效应的校正不超过 1.5℃，由于碎屑含量不同，用 $W(T)$ 计算最后冰期永冻层的最大深度差可以达到 80m。

图 4.52 和图 4.54 显示了永冻层的模拟结果。图 4.52 中的曲线 1 是用通用盆地模拟方法计算的 4.4Ma 前具有图 4.49a 的古气候曲线的初始温度剖面。图 4.52 中的曲线 3 是在考虑最后 4.4Ma 期间详细气候变化条件下计算的现今温度分布，在图 4.54(a) 中显示了一部分。根据模拟结果，在沉积剖面上部 2~4km 内因气候因素造成的温度降低能够达到 10℃(图 4.52)。图 4.52 中曲线 4 显示的现今温度分布是用最后 100000 年气候因素计算的。曲线 4 与 3 的对比说明了现

今温度剖面形成的影响。它在超过 1.5~2km 深度可以达到 5℃。热流差不太重要,而且由于 100000 年前的气候史,估算最后冰期的永冻层最大深度大约增加 30m(375m 替代 346m)。

图 4.52 中的曲线 5 显示了计算的现今热流随深度的变化。它们对讨论过的该地区所有井都是典型的。由于气候因素,热流在上部 1~1.2km 快速地增加,在 1.5~1.8km 深度达到最大值,然后逐渐降低到基底面的值。井中的测量值确认了热流的这种特性。这些讨论说明:模拟中必须审慎地使用深度小于 2~2.5km 的热流或者温度梯度的测量值,即使在永冻层融化的地区也是如此。图 4.54(b) 还显示了计算的最后 500000 年内永冻层和甲烷气水合物稳定界线深度的变化。计算结果表明:永冻层在最后冰期可以达到 375m 的深度。其后发生的气候变暖造成了永冻层的快速融化(图 4.54(a),(b))。

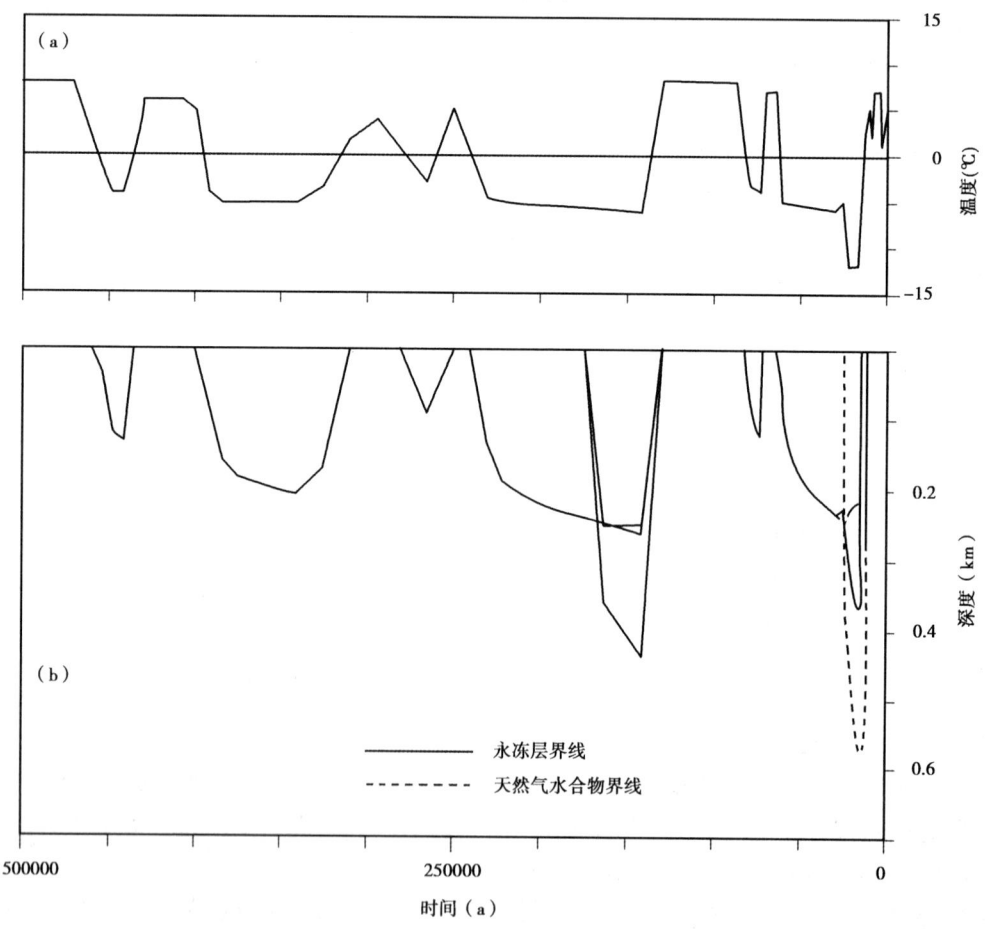

图 4.54 该地区最后 500000 年的古气候史:(a)据 Velichko(1987,1999) 和(b)计算的尤戈马什井剖面在最后 500000 年期间永冻层底部和稳定的天然气水合物界线的深度变化

4.4.3.5 该区地幔的现今热流系统

图 4.55(a),(c) 中的曲线 1 是用图 4.49(a) 中气候曲线计算出的现今地面热流曲线。图中用星号表示测量的热流值。由于在热流量评价中使用的温度测量值的深度变化很大,所以这些值非常发散。然而,它总体上与计算值吻合。计算证实了 Salinkov 计算的地面热流值朝着乌拉

尔褶皱带的西边界呈轻微增加的趋势(Salinkov,1984;Salinkov 和 Golovanova,1990)。然而,通过基底面的热流(图 4.55(a),(c)中曲线 2)显示出相反的趋势:它向东从 28~32mW/m² 轻微减少到 24~26mW/m²。在这些图中观察到曲线 1 与曲线 2 之间的差异主要是由于类似于图 4.49(c),(g)的沉积物中放射生成热的影响。还能够看到:从基底热流(认为盆地岩石圈的拉伸幅度为 $\beta = 1.05~1.3$)减去地壳放射性生成的热流得到的地幔热流仅仅为 11.3~12.7mW/m²,其中大约 0.6mW/m² 是地幔岩石的放射生成热作用。因此,估算的地幔热流明显小于普通的大陆地盾的热流 17~25mW/m²(Smirnov,1980)。这与 Salinkov(1984)的热流分析结果极其吻合。

模拟还显示在莫霍面温度从西巴斯基尔的 280~340℃ 增加到东巴斯基尔的 360~410℃,同时在 200km 的深度温度从西部的 870~920℃ 增加到东部的 940~1000℃(图 4.55(b),(d))。

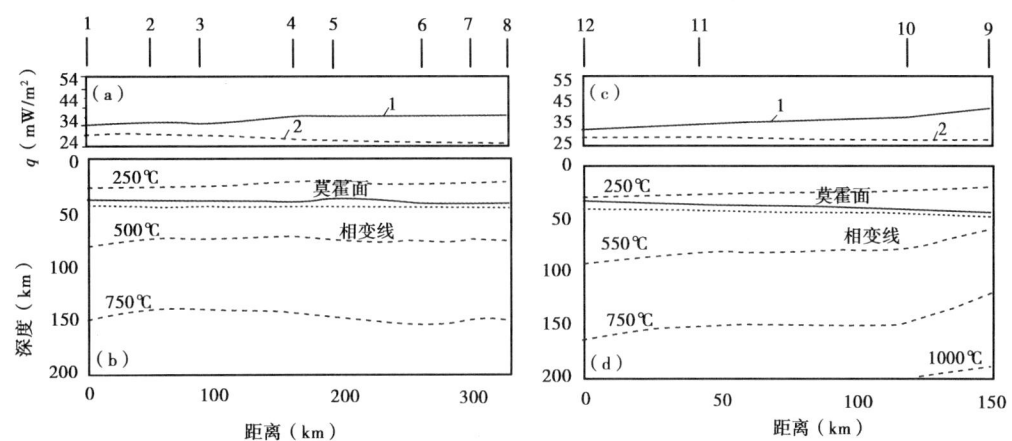

图 4.55 沿剖面 1 和 2 计算的西巴斯基尔的现今热流(a,c)和岩石圈的热流系统(b,d)
井号相当于图 4.48 中的井号,在(a),(c)中,1,2 为用图 4.49(a)中概括的最后 4Ma
的气候曲线计算的通过沉积物和基底面的热流(参见文中说明)

4.4.3.6 T—M 带岩石圈现今热流系统与西巴斯基尔盆地的比较

具有热流 $q = 26~35mW/m^2$ 的 T—M 带被认为是南乌拉尔的异常寒冷地区(Khutorsitoy 等,1993;Kukkonen 等,1997)。提出的大多数模型与 T—M 带中具有低放射生成热的铁镁质和超铁镁质岩石的有效体积中的低热流成因有关。所以,用约 30km 宽、40km 厚的超铁镁质岩体的冷却作用解释了南乌拉尔地区超铁镁质带的热流分布状况(Kukkonen 等,1997)。为了达到与在 T—M 带中观测的和计算的热流资料一致,一些作者把铁镁质和超铁镁质岩体的深度延伸到 45~55km。Khachay 等(1997)认为岩石的低生热量是 T—M 带中出现低热流的主要原因。但是所有引用的这些模型,都与根据 URSEIS-95 剖面的地震资料和重力异常分析及 SG-4 号井附近的岩石圈的地震及地质研究结果(Druzhinin 等,2002)推断得出的随深度变化的密度分布相矛盾。这些资料限定该带中铁镁质和超铁镁质层的厚度为 10km。该层在增厚 10~15km 的下部地壳和莫霍面深度为 55km 的大陆岩石圈之下(图 4.56(b),Druzhinin 等,2002)。

模型中,在 260Ma 之前的 10Ma 期间在大陆基底已经沉积了 10km 厚的岛弧复合体地层,其岩石热导率为 $k = 2.60W/(m·K)$,放射性同位素产生的热量为 $A = 0.28mkW/m^3$(Bulashevich 等,1992;Bulashevich 等,1997)。这一沉积作用大致模拟了二叠纪占优势的岛弧复合体。由于这一事件之后经过了漫长的时期,其沉积速率对该地区计算的现今热状态的影响极小。假定在岛弧复合体之下的基底是像表 4.13 描述的大陆岩石圈,它的拉伸幅度为 $\beta = 1.25$。因此,该岩石圈包括 12km 厚的上部地壳(上层 4km,下层 8km)。假定 T—M 带大陆岩石圈之下弱的下部地壳在二叠纪—三叠纪的板块碰撞期间增厚,直到现今的 33km 厚度(比表 4.13 值厚 1.5 倍以上),这与重力和地震资料一致(Gorbachov 和 Oxeimoid,1992;Echler 等,1997)。除了上部地壳的上层 4km 之外,大陆岩石圈的岩石热物理特征采用表 4.13 的值。这里,放射性同位素产生的热量达到 $0.90 mkW/m^3$,它在研究区内大陆基底的上层是典型的。

图 4.56(a),(b)曲线 1 显示了计算的 T—M 带中现今温度分布随深度变化的曲线。

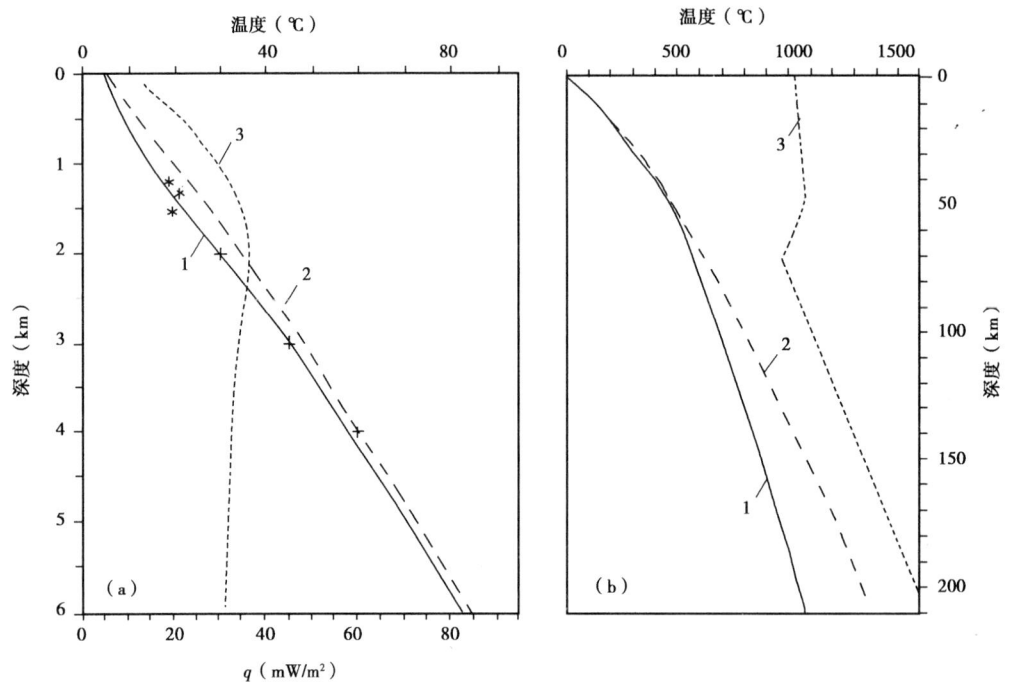

图 4.56　计算的 T—M 带火山岩体和岩石圈的温度分布曲线

(a)计算的沉积剖面中随深度变化的现今温度(1)和热流(3)分布,曲线 2 为 4Ma 之前的温度剖面,符号为现今剖面中的测量温度(参见文中说明);

(b)模型计算的岩石圈的现今温度剖面:1 为符合 Doring 等(1997)的岩石圈重力模型,2 为符合 Kukkonen 等(1997)的岩石圈模型,3 为据 Wyllie(1979)的不超过 0.2% 水的橄榄岩固相线

图 4.56(a)用星号显示计算的马格尼托哥尔斯克 839、2056 和 2066 井的 12~15km 的温度分布随深度变化的曲线。图 4.56(a)用取自 SG-4 井测量剖面的十字(图 4.48)表示在 2、3 和 4km 深度测量的另外 3 个温度值。可以认为这些温度值接近均衡,而且由于在 2km 深度的温度值与相邻井同一深度的测量值相同,所以它是可行的。

实线显示用模型计算的沉积弧后复合体(图 4.56(a))和 T—M 带内所有岩石圈的现今温度分布(图 4.56(b))。图 4.56(a)曲线 1 与曲线 2 的偏差是由于上新世—全新世的气候变化造成的。因此,现今热流从接近地面的 $14.1 mW/m^2$ 到大约 2100m 深度达到最大值 $36.6 mW/m^2$,然后缓慢地减少到 10km 深度的 $30.4 mW/m^2$(图 4.56(a)中曲线 3)。模型显示在 200km 的深度温度大约为 1050℃,地幔热流 $q \approx 12.6 mW/m^2$(从通过基底面的热流中减去地壳中放射热的影响获得的)。这些值接近于(并且略高于)西巴斯基尔盆地的值。

因此,根据模型,T—M带的温度和地幔热流与西巴斯基尔地区没有大的差别,地幔温度甚至略比西巴斯基尔盆地高些。计算的T—M带热状态与岩石圈的重力模型有良好的一致性,表明大约10km厚的弧后复合体之下是二叠纪—三叠纪板块碰撞期间轻微减薄的上部陆壳和增厚的下部陆壳。

4.4.3.7 研究区内大陆岩石圈的流变性

本节将分析关于南乌拉尔T—M带和西巴斯基尔的现今低温状态的大陆岩石圈流变性问题。大陆岩石圈抗脆性变形的强度据Bassi和Bonnin(1988),他们把Byerlee定律(Byerlee,1968)用于表4.13中静摩擦和岩石密度随深度的变化。那么,脆性强度一定按照以下定律随深度呈线性增加:

$$\sigma_{xx} - \sigma_{zz} = 12.0 \cdot z + 20 \tag{4.14}$$

在平均密度 $\rho \approx 2600 kg/m^3 (0 \leq z \leq S_{sed})$ 的陆壳沉积层之内:

$$\sigma_{xx} - \sigma_{zz} = 12 \cdot S_{sed} + 12.8 \cdot (z - S_{sed}) + 20 \tag{4.15}$$

在密度 $\rho \approx 2750 kg/m^3 (S_{sed} \leq z \leq S_{sed} + S_{gran})$ 的花岗岩层之内:

$$\sigma_{xx} - \sigma_{zz} = 12 \cdot S_{sed} + 12.8 \cdot (S_{sed} + S_{gran}) + 23.2 \cdot (z - S_{sed} - S_{gran}) + 20 \tag{4.16}$$

在密度 $\rho \approx 2900 kg/m^3 (S_{sed} + S_{gran} \leq z \leq S_{MOHO})$ 的"玄武质"岩层内;而且

$$\sigma_{xx} - \sigma_{zz} = 12 \cdot S_{sed} + 12.8 \cdot (S_{sed} + S_{gran}) + 23.2 \cdot (S_{MOHO} - S_{sed} - S_{gran}) + 26.4 \cdot (z - S_{MOHO}) + 20 \tag{4.17}$$

在地幔中 $\rho \approx 3300 kg/m^3 (z \geq S_{MOHO})$。在公式(4.14)—(4.17)中,$\sigma_{xx} - \sigma_{zz}$ 是主应力差,S_{sed},S_{gran},S_{MOHO} 分别是沉积层、上部地壳(花岗岩层)的厚度和地壳下边界的深度,z 是深度,并且20MPa是表面岩石强度的设定值(Byerlee,1968)。脆性变形的公式(4.14)—(4.17)假定孔隙压力为上部陆壳中的流体静压力,而且在下部陆壳和地幔之中等于零(Brace和Kohlsted,1980;Thibaud等,1999)。

用幂律(Kirby,1983)描述地壳和地幔的抗塑性(蠕变)变形的强度:

$$\sigma_{xx} - \sigma_{zz} = (\dot{\varepsilon}/A)^{1/n} \cdot \exp[E/n \cdot R \cdot T] \tag{4.18}$$

式中,$\dot{\varepsilon}$ 是变形速率,1/s;($\sigma_{xx} - \sigma_{zz}$)的单位为MPa;$E$ 是塑性变形的活化能,J/mol;$R = 8.31441 J/(mol \cdot K)$ 是通用气体常数;T 是绝对温度;A 是物质常数,MPa^{-n}/s;n 是无量纲参数。E,A 和 n 取决于物质的类型。模型中,湿石英的流变性(Jaoul等,1984)参数 $A = 0.00291 MPa^{-n}/s$,$E = 151 kJ/mol$ 和 $n = 1.8$(Jaoul等,1984;Ord和Hobbs,1989)描述了大陆上部地壳的特性。在200~700℃的温度范围内,这种流变性非常接近于参数为 $A = 0.0002 MPa^{-n}/s$,$E = 137 kJ/mol$ 和 $n = 1.9$ 的湿花岗岩(Meissner和Kusznir,1987;Ord和Hobbs,1989)。假定下部陆壳的流变性相当于具下列参数的干斜长石:$A = 3.27 \times 10^{-4} MPa^{-n}/s$,$E = 239 kJ/mol$ 和 $n = 3.2$(Ranalli和Murphy,1987;Takeshita和Yamaji,1990;Shelton和Tullis,1981)。当温度 $T > 500℃$ 时,这种流变性接近于干石英(Jaoul等,1984),其参数 $A = 3.44 \cdot 10^{-6} MPa^{-n}/s$,$E = 184 kJ/mol$ 和 $n = 2.8$。最后,在模型中用具有干的纯橄榄岩参数($A = 2.88 \times 10^4 MPa^{-n}/s$,$E = 535 kJ/mol$ 和 $n = 3.6$)的变形定律(4.18)描述了地幔物质的流变性。它们取自Chopra和Paterson(1981,1984),其中变形实验的温度控制或许是最可靠的(Ord和Hobbs,1989)。

然后,通过选择应力差极小值推断出岩石强度随深度变化的分布,这些应力差是用公式(4.14)—(4.18)在已知深度计算出的(Ord和Hobbs,1989)。图4.57(a—c)显示了计算的西巴斯基尔地区屈服强度随深度变化的分布,这是在阿什雷库尔和阿赫梅罗夫两个地区的现今剖面例子。完成了应变速率 $\dot{\varepsilon} = 10^{-16}$ 1/s 情况下的计算,预期这种情况在稳定大陆地区是典型的(Takeshita 和 Yamaji,1990),或许除了临近发生裂谷作用或乌拉尔造山运动的相对短的时期内,这代表了该地区地质发育史的大部分特征。为了对比,在这些图中用点线显示出许多学者讨论过的所有陆壳具有湿石英流变性的剖面(Kirby,1983;Ord 和 Hobbs,1989;Ranalli,2000)。图4.57显示了西巴斯基尔地区岩石圈的现今热状态,即使在低温情况下,90~110km深度以下的地幔岩石圈的强度明显减弱。

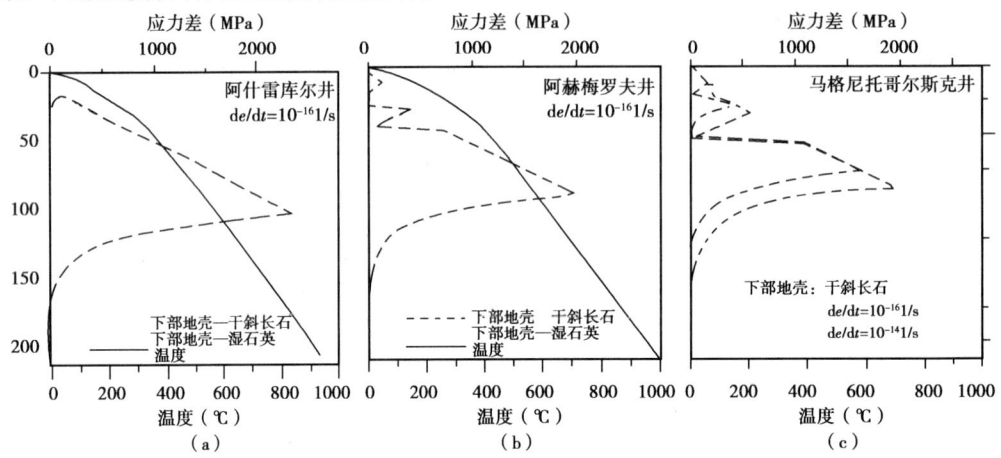

图4.57　用公式(4.14)—(4.18)计算出的岩石圈屈服强度 $\sigma_{xx} - \sigma_{zz}$ 随深度 z 变化的曲线

(a)阿什雷库尔井和(b)阿赫梅罗夫井附近的现今剖面,应变速率 $\dot{\varepsilon} = 10^{-16}$ 1/s,并使用了不同的流变定律(参见文中说明),以及(c)马格尼托哥尔斯克井附近的现今剖面,用图4.56b中的温度曲线1,应变速率 $\dot{\varepsilon} = 10^{-16}$ 1/s(实线)和 $\dot{\varepsilon} = 10^{-14}$ 1/s(虚线),在文中讨论了流变定律

即使在该地区西部剖面中,整个地壳塑性带的湿石英流变性占据了所有的下部地壳(图4.57)。图4.57中应力剖面显示出由于厚层沉积盖层的沉积使地壳强度明显减弱(与图4.57(b)和(a)相比)。这种效应主要与沉积盖层之下的地壳内岩石温度的增加有关。在某种程度上,这一事实解释了厚的沉积盆地容易形成构造的再活化作用(东巴伦支盆地、西西伯利亚盆地等)。在发生重大的沉积作用时,在花岗岩层底部也出现塑性层(图4.57(b))。无论如何,图4.57中的模拟结果表明:超出该区域200km之外,岩石圈的流变厚度小于它的热厚度。在岩石圈恢复地壳均衡状态期间,现有断层的再活化增加了上述差异(Ranalli,2000)。

4.4.3.8　盆地热史和埋藏史模拟中的特殊问题

为了评价在西巴斯基尔地区岩石圈的地质史中出现的热再活化和拉伸事件的持续期及幅度,模拟中应用了构造沉降分析,分析结果显示了研究区的局部地壳均衡作用(在应力状态下,岩石圈的局部地壳均衡响应)。该模拟评价了岩石圈的热厚度(图4.49(e),(i)),它是用岩石圈的热曲线与地幔岩石的固相线相交确定的。然而,地壳均衡状态与岩石圈的流变厚度有关。众所周知,当沉积物和水负载的典型水平尺寸极大地超出有效弹性岩石圈(EEL)的厚度时,能够达到这种状态。因此,厚度的减少促进了这种局部地壳均衡作用。很早就认为EEL的下边界足够深,与600~750℃等温线一致(Turcotte 和 Schubert,1982)。那么,研究区内EEL

的现今厚度可以相当于120~150km(图4.49)。对EEL的这种判断部分地适合于海洋岩石圈,但是不适合于大陆岩石圈。新近分析表明:古代的大陆岩石圈比早期认识的要弱得多(Karter和Tsenn,1987;Kruse和McNutt,1988;Lobkovskiy和Kerchman,1992;Burov和Diament,1995)。研究了西巴斯基尔地区现今低温岩石圈的这一问题。图4.57中的流变性剖面证实即使该地区现今温度低的大陆岩石圈也可能相当弱,而且在先前的演化阶段必然岩石圈较热。这一事实与沿着穿过南乌拉尔地区的1000km剖面显示EEL为50km厚度的布格重力场分析结果一致(Kruse和McNutt,1988)。同时,值得注意的是弹性板块的变形,正如在图4.57及Kruse和McNutt(1988)的论文中见到的那样,他们(1988)确定的50km和0km的EEL厚度(后者相当于局部地壳均衡)相互接近。

当然,在区域挤压作用期间出现了与局部地壳均衡的不符合。但是它们的持续期相当短(10~15Ma)。在挤压作用之后将恢复区域均衡的状态(至少)。所以,乌拉尔古海洋闭合从中泥盆世持续到三叠纪,在此期间西巴斯基尔地区沉积了1500~2500m厚的浅海相石灰岩和砂岩地层。该事件发生期间在所有研究区内出现了300~800m的基底构造沉降(图4.49(d),(h))。可能这一基底沉降作用部分是由该地区岩石圈对二叠纪乌拉尔造山运动的负载非地壳均衡响应所引起。此后,在三叠纪—早白垩世遭受了200~300m的剥蚀,可以用岩石圈为达到均衡补偿而出现松弛作用来解释这一现象。当基底面的运动变得极弱时,在早白垩世末—晚白垩世初能够达到这一均衡(图4.49(b),(d),(f),(h))。研究区内相对低的自由空气重力异常(Artemjev等,1994)也很好地证实了其状态接近于该区域现今岩石圈的地壳均衡状态。

基底面构造沉降变化的分析表明,在西巴斯基尔岩石圈的发育史中出现过数次热再活化和拉伸事件(图4.49),但对该事件的持续期和幅度的讨论不够充分,更多细节参见Makhous等(1997a)及Makhous和Galushkin(2003a,b)的论文。当然,单独用构造分析方法并不能得出对这些参数令人满意的评价。的确,尽管事件的次序相同,但是在模型中增加初始和最终的热流值能够达到与相同构造曲线的一致。然而,在模拟过程中使用井筒测量温度值控制的联合构造方法能够减少不确定性,同时,使用盆地演化模拟能够显示合理的变量。

模拟的另一个问题可能涉及Galo系统的一维方法。先前用该地区的一个现今热状态例子详细地讨论了这一问题,完成了沿剖面2(图4.48)连续向东穿过南乌拉尔地区T—M带的岩石圈热流系统的二维模拟。研究地区的一维与二维解的对比显示出仅仅乌拉尔山前坳陷内的二维解是重要的。因此,即使对位于乌拉尔山前坳陷西部边缘的阿赫梅罗夫井,在$0 \leqslant z \leqslant 200m$的全部深度范围内,一维与二维的温度差也不超过5%(图4.50a)。除了T—M带中心部位之外,完全可以忽略阿什雷库尔和基普恰克地区的这种差异。用剖面上T—M带非常大的水平尺寸可以解释后面的差异。

最后,应该注意上述该地区的热史变化不是唯一的。进行深入的地质和地球物理研究能够对此校正。图4.56(b)中曲线1和2说明了仅用热方法求解这一问题的主要困难。曲线1是陆壳处在T—M带的岛弧复合体之下时用该模型获得的解。曲线2是相同的热问题解,但是地壳具有铁镁质和超铁镁质基底。这两个解都与相同的测量温度一致,然而在地幔中互不相同。正如前面介绍的那样,当涉及重力和地震资料时第一个解更可取。

4.4.4 盆地成熟史

使用作为地质时间函数的沉积岩温度来评价有机质的成熟度。然而,在计算里菲系和文德系岩石中有机质成熟度时存在选择方法的问题,使用了Sweeney和Burnham(1990)的镜质组成熟度的动力学模型,它被认为是评价里菲系和文德系岩石中有机质成熟度的主要方法。尽管在前寒武纪岩石中缺少镜质组,由于镜质组反射率值与有机质成熟度之间相关性极好,它们在古生代和新生代岩石中经过改造,所以镜质组反射率计算仍然是理论上评价成熟度水平的最有利方法。

　　正如在3.1节中说明的那样,有几种描述镜质组成熟度的动力学模型。图4.58显示了用不同的动力学模型计算出的不同盆地的镜质组反射率变化,并且图4.59说明该计算方法在西巴斯基尔盆地中的应用。对比结果显示:用Sweeney和Burnham(1990)的动力学光谱与Ⅳ型干酪根的动力学光谱(Espitalié等,1988)计算出的镜质组反射率值,在成熟的全部时期内彼此接近。正相反,用Ⅲ型干酪根的动力学光谱(表3.4中的$R_o(3)$)和使用时间—温度指数(表3.4中的$R_o(4)$)计算的值,与$R_o(1)$和$R_o(2)$的值明显不同,表明过高地估算了岩石中有机质的成熟度(图4.58、图4.59)。3.1节中的表3.4确认了方法之间的这种误差。令人遗憾的是,文献资料仅仅说明了里菲系油显示的大致位置(Belokon等,1996)。在表3.4中仅列出了油显示的深度范围。

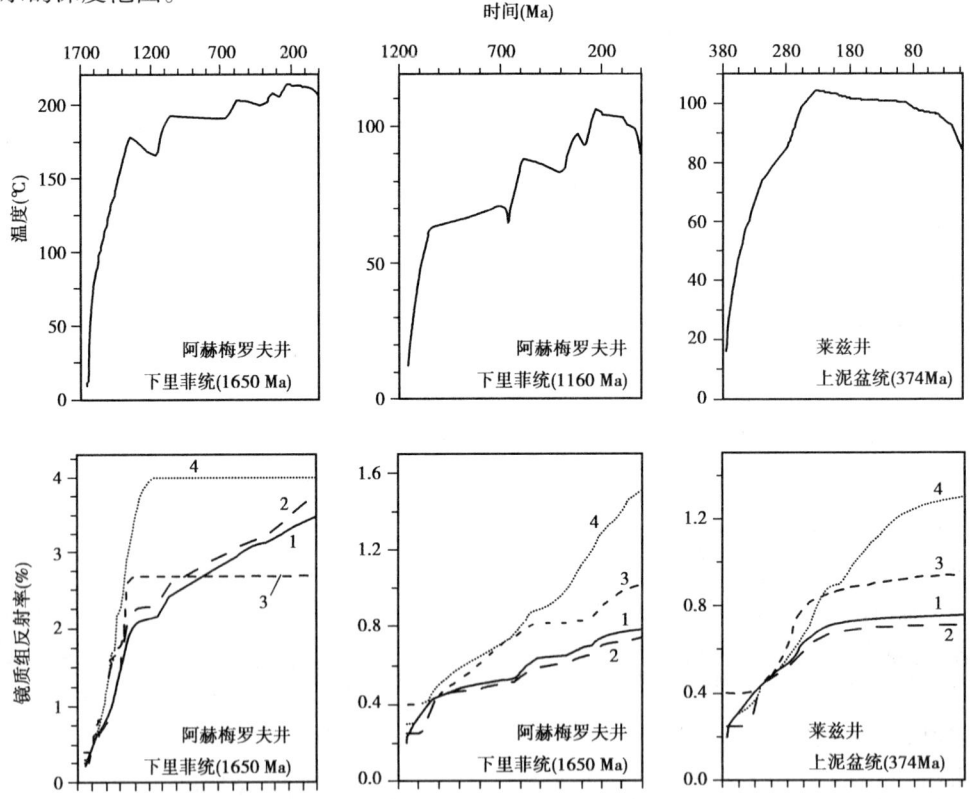

图4.58　西巴斯基尔盆地阿赫梅罗夫和莱兹气田下、中里菲统
和泥盆系埋藏史中的温度和有效镜质组反射率曲线

1—用Sweeney和Burnham(1990)的动力学光谱计算的结果;
2—用Ⅳ型干酪根的动力学光谱计算的结果(Espitalié等,1988);
3—用Ⅲ型干酪根的动力学光谱计算的结果(Tissort和Espitalié,1975);
4—根据Waples(1980)和Dykstra(1987)的R_o—TTI关系导出的镜质组反射率曲线

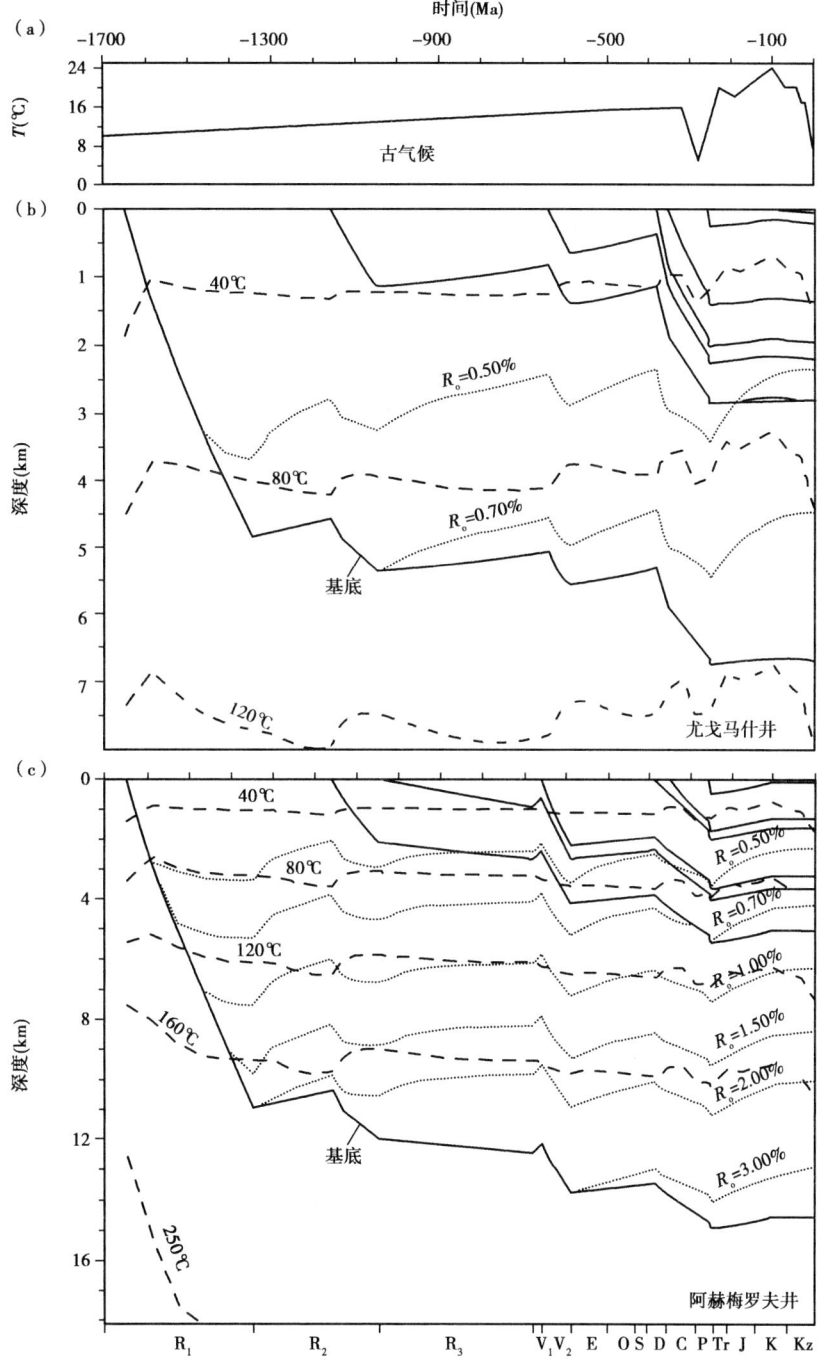

图 4.59 西巴斯基尔盆地的埋藏史、热史和成熟史
(a) 该地区的古气候史;
(b),(c) 尤戈马什(b) 和阿赫梅罗夫(c) 地区的重建,实线为沉积层底部,长虚线为等温线,
点线为有效镜质组反射率等值线

然而，表3.4中的两种情况表明$R_o(1)$和$R_o(2)$值与阿尔兰和基普恰克地区现今的早、中里菲世剖面中油显示的深度相符合。然而，用Ⅲ型干酪根动力学光谱计算的R_o值及时间—温度指数过高估计了岩石中有机质的成熟度水平。当然，上述油显示资料不足以证明用Sweeney和Burnham(1990)的动力学光谱估算的前寒武系岩石中成熟度值的有效性。这一资料加上从图4.58推断的证据得出结论：由Sweeney和Burnham(1990)动力学光谱产生的$R_o(1)$最适合于成熟度估算。必须注意：由于在这些地层中没有镜质组，这里显示的巴斯基尔盆地里菲系和文德系岩石中有机质成熟度使用了"有效的"镜质组反射率。然而，这个例子对于说明别处计算R_o的长期变化和这种方法评价前寒武系中有机质成熟度时要考虑的问题极其有价值。

尽管该盆地岩石圈具有低的热状态，研究区东部下里菲统基底与裂谷作用同期发生的强烈沉降（阿赫梅罗夫、卡巴科夫、南塔夫提马诺夫（Yuzhno-Taftimanovskaya）地区）导致现今剖面中$R_o<3\%\sim4\%$的里菲系的有机质早熟（图4.53、图4.60）。研究区西部与裂谷作用同期发生的中等程度沉降的特征是有效镜质组反射率不超过0.90%（图4.53、图4.60）。

4.4.5 盆地中可能烃源岩的含油气远景

应用干酪根一次和二次裂解成油、气和焦的原理，完成了西巴斯基尔盆地可能烃源岩的埋藏史中含油气远景的动力学模拟。地球化学分析表明里菲系、文德系和泥盆系沉积岩中的有机质大致以纯的Ⅱ型干酪根为主，其总的初始生烃量为377mg HC/g TOC（Masagudov等，1997；Belokon等，1996）。在第3章的表3.5和图3.5中显示了这类干酪根的动力学光谱。该光谱的特征是：极低的反应活化能相当于最大的生烃速率（$E_i=51\text{kcal/mol}=213.5\text{kJ/mol}$），而相对中等的活化能相当于油的二次裂解（$E_i=54\text{kcal/mol}=2261\text{kJ/mol}$）。

根据动力学光谱，二次裂解导致油以相等比例被分解成气和焦。

在图4.60中能够看到一些地层的动力学模拟结果，它们具有图4.58和表4.16中显示的温度史和成熟史。

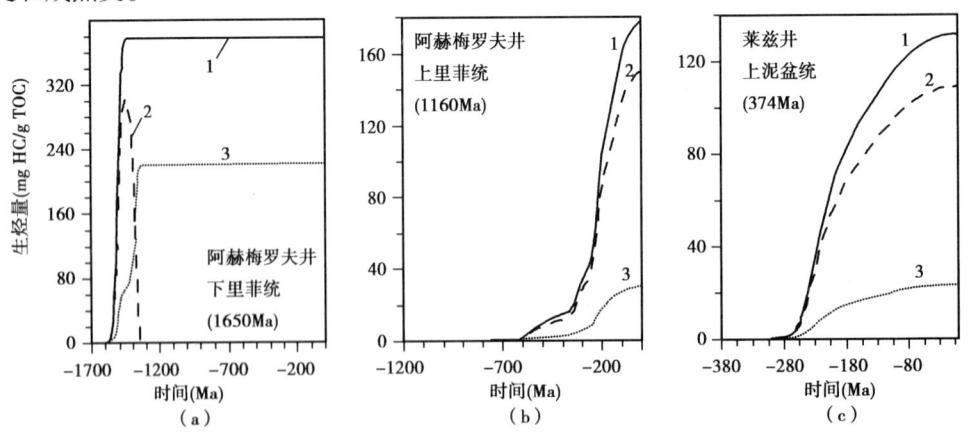

图4.60 西巴斯基尔盆地可能烃源岩地层在埋藏期间形成的油气潜量

（图4.58中显示了该地层的温度史和成熟史）

1—总生烃量；2—液态烃生成量；3—气态烃生成量

模拟结果表明：实现油气远景与岩石的成熟度水平一致，在埋藏史中直到现今达到了这种状况。里菲系底部的有机质受到了严重的转换作用（图4.53、图4.59(c)），而且在中里菲世由于二次裂解使生成的液态烃完全遭到破坏(图4.58、图4.60)。上里菲统底部的有机质显示出更合适的成熟度。这里仅在泥盆纪开始达到重要的油气潜能(图4.60(b))。在莱兹地区,一套深沉降的下泥盆统层序产生了有效的油气潜能(图4.58、图4.60(c)、表4.16)。在讨论的例子中,能够看到从下、中里菲统的偏气源岩向上里菲统和年代更新地层的偏油源岩的转变。

研究区内相同年代岩石从西向东成熟度增加的趋势与达到油气潜能的程度相吻合(图4.53、表4.16)。在西部地区,盆地沉降未超过7km,即使是下里菲统烃源岩仍然保持了偏油特性。但是在乌拉尔山前坳陷附近的地区,盆地基底的深度超过10km,这些烃源岩完全达到了油气生成的潜能。仅仅东部地区在下里菲统顶部甚至上泥盆统和更新的烃源岩(莱兹和南塔夫提马诺夫地区)是偏油的(表4.16)。Ⅱ型干酪根最大的生油率(表4.16)相当于有效镜质组反射率R_o=1.0%~1.2%,这接近于古生代和中生代岩层中的R_o对应值(Tissot等,1987;Espitalié等,1988;Ungerer等,1990)。表4.16中南塔夫提马诺夫地区的资料表明:在130~140℃温度时这类干酪根的二次裂解相当可观,在埋藏的岩石中达到R_o<1.40%~1.50%的高成熟度。按照模拟结果,文德系达到油气潜能的程度比里菲系的低(比初始生烃速率377mg HC/gTOC少40mgHC/gTOC)。然而,莱兹地区的情况有所不同,其文德系达到的油气潜能超过200mgHC/g TOC(表4.16)。

4.4.6 与西巴斯基尔盆地油气生成史评价有关的问题

因此,模拟结果表明:在西巴斯基尔的东部地区(库什库尔、莱兹、基普恰克、阿赫梅罗夫、塔夫提马诺夫和卡巴罗夫地区;图4.48)下里菲统底部的可能烃源岩达到了其油气潜量,然而这里仅能预期气藏(图4.53、图4.59、图4.60、表4.16)。但是在西部地区(阿尔兰、科尔塔辛、尤戈马什、莫罗佐夫和阿什雷库尔地区),即使现在这些岩石也是偏油的(图4.53、图4.59、表4.16)。在莱兹和塔夫提马诺夫地区,晚文德世和晚泥盆世的沉积物可能是偏油的(R_o>0.70%;表4.16)。因此,西巴斯基尔地区古生代岩石中实现油气潜能的模拟指出具有相当高的油气潜能。

该地区现有储层性质的分析也显示出令人满意的潜能:在整个元古宇剖面中观测到具有良好储层性质的砂质—粉砂质岩石,并且它们与足以形成可靠盖层的致密页岩或泥灰岩及碳酸盐岩层互层(Belokon等,1996;Masagutov等,1997)。里菲系和文德系沉积物中流出大量的水证实了储集层的存在(Belokon等,1996)。

然而,研究区内元古宇烃源岩形成工业性油气藏存在严重的问题。问题涉及这些岩石中极低的有机质含量。在下里菲统的Kaltasinskaya组中,其范围从0.01%~1%,而且平均值不超过0.6%。相似的或较低的TOC是中、上里菲统岩石的典型特征(Olchovskaya和Kulskaya组;Belokon等,1996)。上文德统的TOC范围从0.12%~0.32%,而且仅在Staro-Petrovskaya组的一些层内达到0.70%~0.76%(Belokon等,1996;Masagudov等,1997)。模拟中考虑到有机质从较高的初始值变化到较低的现今值期间TOC的减少。例如,下里菲统底部烃源岩中TOC=1.45%的初始值减少(根据模拟结果)到排烃门限时的0.75%,估计大约在500Ma之前,而且在现今剖面中的含量为0.6%。在另一个例子中,南塔夫提马诺夫地区上里菲统底部烃源岩层中的TOC(参见表4.16)从0.55%的初始值减少到现今剖面中的0.30%。

表4.16中最后一列列出了液态烃初次运移开始的时间(t_{exp})。液态烃初次运移的门限是一个约定值(Espitalié等,1988;Quigley和MacKenzie,1988;Ungerer,1990)。在排烃门限之前烃源岩20%的孔隙体积被生成的液态烃充填的条件下计算出时间t_{exp}(Ungerer,1990)。尽管TOC值低,东部地区下里菲统烃源岩已经达到了估算的门限,其主要原因是这些岩石中干酪

根的转化系数较高,在岩石埋藏和压实期间孔隙度降低程度较大,部分原因是 TOC 初始值比现今值高。重建的埋藏史和热史表明:研究区东部下里菲统底部的可能烃源岩在早里菲世已经达到了生油窗($R_o \geqslant 0.70\%$)(表 4.16 中的 t_1),并且在早或中里菲世开始排出液态烃(表 4.16 中的 t_{exp})。中里菲世进入到生气窗($R_o \geqslant 1.30\%$;表 4.16 中的 t_2)而且生成的油完全被裂解成气或焦。在研究区以西,相同年代的烃源岩进入油窗的时间要相当晚而且还未达到初次运移的排驱门限。中里菲统岩石可能在晚里菲世已经达到这一门限(表 4.16)。

表 4.16 计算的西巴斯基尔盆地现今剖面中可能烃源岩层底部有机质的温度、成熟度($R_o\%$)和达到的油气潜量

t (Ma)	Z (m)	T (℃)	R_o (%)	H_t	H_o	H_g	t_1	t_{exp}	t_2
				(mg HC/g TOC)			(Ma)		
阿尔兰井(1)									
1650	5.120	82.5	0.730	82.6	68.3	14.2	190	—	—
1350	1.950	42.3	0.443	0.034	0.028	0.006	—	—	—
科尔塔辛井(2)									
1650	6.000	95.6	0.855	291	242	48.3	900	85	—
1350	2.180	46.7	0.481	0.118	0.097	0.021	—	—	—
660	2.180	46.7	0.475	0.099	0.081	0.018	—	—	—
尤戈马什井(3)									
1650	6.700	104.5	0.928	348	291	57	1020	333	—
1160	2.800	57.8	0.533	0.742	0.61	0.132	—	—	—
660	2.200	49.3	0.484	0.128	0.105	0.023	—	—	—
北库什库尔(4)									
1650	10.700	164	2.319	377	0	221	1490	1450	1325
1160	3.470	73.3	0.667	23.8	19.7	4.1	—	—	—
1050	2.570	58.8	0.563	1.59	1.31	0.28	—	—	—
660	2.370	55.7	0.540	0.91	0.75	0.16	—	—	—
374	1.870	46.3	0.481	0.118	0.097	0.021	—	—	—
库什库尔井(5)									
1650	11.870	170.9	2.651	377	0	221	1515	1390	1480
1160	3.400	69.3	0.670	25.1	20.7	4.4	—	—	—
1050	1.926	46.9	0.510	0.318	0.261	0.056	—	—	—
南塔夫提马诺夫-1井(6)									
1650	13.900	189.9	3.092	377	0	221	1490	1455	1310
1350	6.240	106.1	0.998	366	303	63	330	250	—
1160	6.240	106.1	0.967	360	299	61	325	230	—
1050	4.840	86.1	0.759	142	119	23	210	—	—
660	3.740	70.2	0.651	15.6	12.9	2.7	—	—	—

续表

t (Ma)	Z (m)	T (℃)	R_o (%)	H_t	H_o	H_g	t_1	t_{exp}	t_2
				(mgHC/gTOC)			(Ma)		
南塔夫提马诺夫-2井(7)									
1650	14.200	195.9	3.256	377	0.	221	1470	1427	1070
1350	7.465	123.6	1.296	377	289	76	730	590	—
1160	7.465	123.6	1.260	377	297	72	724	306	—
660	3.465	70.1	0.648	14.5	11.9	2.6	0	—	—
卡巴科夫井(8)									
1650	14.100	191.5	3.097	377	0	221	1505	1470	1355
1160	5.805	99.1	0.868	306	262	43.4	285	—	—
1050	4.175	77.7	0.689	38.2	31.4	6.8	—	—	—
660	3.575	69.0	0.632	8.19	6.74	1.45	—	—	—
374	2.475	53.0	0.513	0.37	0.304	0.066	—	—	—
阿赫梅罗夫井(9)									
1650	14.500	201.9	3.468	377	0	221	1595	1498	1410
1160	5.040	87.7	0.778	177	149	29.8	254	—	—
1050	3.640	67.3	0.637	9.8	8.1	1.7	—	—	—
660	3.240	61.4	0.598	3.28	2.7	0.58	—	—	—
374	1.640	36.8	0.430	0.018	0.015	0.003	—	—	—
基普恰克井(10)									
1650	10.500	146.7	1.825	377	2.2	220	1370	1142	400
1160	5.670	93.2	0.824	248	233	14.3	250	—	—
1050	4.040	73.6	0.673	27.8	23	4.8	—	—	—
660	3.340	65.2	0.624	6.3	5.2	1.1	—	—	—
374	2.340	50.8	0.511	0.339	0.279	0060	—	—	—
阿什雷库尔井(11)									
1650	6.000	94.2	0.828	254	214	39.6	330	—	—
1350	3.560	66.2	0.662	5.87	4.82	1.04	—	—	—
1160	3.560	66.2	0.612	4.52	3.72	0.80	—	—	—
1050	2.750	56.8	0.537	0.85	0.70	0.15	—	—	—
660	2.750	56.8	0.534	0.76	0.63	0.13	—	—	—
莫罗佐夫井(12)									
1650	2.500	49.2	0.497	0.196	0.161	0.035	—	—	—
1160	2.350	47.3	0.486	0.137	0.113	0.024	—	—	—
1050	2.230	45.7	0.473	0.094	0.077	0.017	—	—	—
660	2.070	44.0	0.461	0.063	0.052	0.011	—	—	—

续表

t (Ma)	Z (m)	T (℃)	R_o (%)	H_t	H_o	H_g	t_1	t_{exp}	t_2
				(mg HC/g TOC)			(Ma)		
莱兹井(13)									
1650	16.500	263.1	4.676	377	0	221	1520	1448	1380
1350	9.830	180.9	2.897	377	0	221	926	797	710
1160	9.830	180.9	2.793	377	0	221	924	749	708
660	3.830	88.1	0.803	218	182.2	35.8	238	—	—
374	3.830	88.1	0.788	194	161.7	32.3	235	—	—
352	3.060	75.7	0.697	44.1	36.3	7.8	0.	—	—
258	0.	5.	0.296	1.10^{-6}	$<1.10^{-6}$	$<1.10^{-6}$	—	—	—

注：t—地层年龄；Z—地层深度；T—计算的地层现今温度；R_o—用 Sweeney 和 Burnham(1990)的动力学模型计算的有机质的有效镜质组反射率；H_t—生烃总量；H_o—生成的液态烃；H_g—生成的气态烃；t_1，t_2—岩石进入油窗($R_o > 0.70\%$)和气窗($R_o > 1.30\%$)的时间；t_{exp}—初次运移时间(排驱门限)。在计算生烃速率时假定Ⅱ型干酪根具有油气初始生成率377mg HC/g TOC 是表3.4提供的。在计算 H_t，H_o，H_g 时未考虑液态烃和气态烃的排驱和运移。井名之后圆括号内的井号相当于图4.48中的井号。

4.4.7 小结

应用 Galo 系统进行西巴斯基尔地区里菲盆地埋藏史和热史的数值重建，结果表明该地区在演化的大部分时期内都具有相对较低的温度状态(图4.49和图4.53)。在早里菲世的冷却作用之后，极弱的热再活化作用并未使岩石圈受到很大程度的加热。地面热流从早里菲世的较高值(东部地区为 $60 \sim 70 mW/m^2$，而西部地区为 $40 \sim 50 mW/m^2$)减少到现今的 $32 \sim 40 mW/m^2$(图4.49)。尽管总体上盆地具有相对低的温度状态，在里菲纪沉积了超过 10km 的石灰岩、页岩和砂岩组成的裂谷同期沉积物，因此在该地区东部现今沉积盖层的底部产生了极高的温度($180 \sim 190℃$)(图4.49b和图4.53)。模拟结果表明：在该地区东部的现今剖面中超过 10km 深度的沉积物能够生成干气，而该地区的所有文德系、上里菲统甚至中里菲统尽管经历了极长的埋藏时间，仍然处在未成熟带或者液态烃带的上部(图4.53)。

计算的通过沉积物表面的现今热流与观测数据一致，从该区西边界附近的 $32 \sim 34 mW/m^2$ 轻微增加到乌拉尔褶皱带边界附近的 $42 mW/m^2$，而通过基底的热流在相同方向从 $28 \sim 32 mW/m^2$ 轻微减少到 $24 \sim 26 mW/m^2$。地幔热流总共只有 $11.3 \sim 12.7 mW/m^2$，明显低于俄罗斯地台的平均热流($16 \sim 18 mW/m^2$)，并且可与前寒武纪地盾的低热流比较(Smirnov, 1980)。这种情况在整个南乌拉尔地区都是典型的，而且可以假定它或许与古海洋(或者弧后)板块向 $300 \sim 500km$ 深度的地幔缓慢下沉产生的地幔热流有关，然后这一热流能够促进上地幔的冷却。当然，这一问题还有待于进行地球物理和地质的深入研究。

在研究区内，计算的 200km 深度的温度从西部的 $870 \sim 920℃$ 轻微增加到东部的 $960 \sim 1000℃$，到 T—M 带为 $1050℃$。与先前研究的结果相反，模拟认为 T—M 带整个岩石圈的热生成量不是特别低，这里的地幔热状态甚至比西巴斯基尔地区略高(约100℃)。在计算 T—M 带热状态中使用的岩石圈模型与重力分析结果极其吻合。最后研究表明：在该地区大陆岩石圈之下存在着 10km 厚的弧后复合体，在板块碰撞期间上部地壳轻微减薄而下部地壳增厚。

　　模拟结果显示:南乌拉尔的低热流带成因与岩石圈岩石的低放射热生成量无关,只是由于地幔的低热流造成的。这一热流反映了超过200km深度发生的作用。在接近二叠纪乌拉尔古海洋封闭后的时期内,下沉大洋板块必须达到与周围地幔的热平衡。但是,诸如在300~500km深度具有成分过渡的大洋板块的某些部分缓慢倾斜的其他过程能够引起地幔中向下流动减慢,从而刺激上层的冷却作用。这一问题也需要进行深入的地球物理和地质研究。

　　最后,有机质的低含量似乎是巴斯基尔地区元古宇沉积物中目前尚未发现油气藏的主要原因。然而,由于这些沉积物厚度极大及分布范围广泛,未来在该地区的里菲系和文德系有望发现油气藏。

5 被动大陆边缘和弧后中心的盆地分析——地球动力学、热史和成熟史

今天被动大陆边缘盆地是进行深入细致油气勘探和开采的场所,并且未来也具有很大潜力。许多弧后盆地的特点在于沉积盖层厚而且是进行深入细致油气勘探的目标。本章分析这些盆地岩石圈的热演化。在研究被动大陆边缘和弧后中心盆地岩石圈的热演化和 OM 成熟的同时,强调了特征要素(例如大陆边缘岩石圈过渡带的构造和演化、热流分布、海底地形演化和重力异常计算、海底表面热流计算的具体特征)。

在此考虑了许多典型构造的例子,例如被动大陆边缘盆地(南美洲巴西和太平洋南部澳大利亚区段)、弧后盆地(东太平洋菲律宾海盆和西北太平洋白令海盆)、复杂成因的裂谷盆地(这些盆地起源于扩张洋脊和相邻大陆板块的碰撞)以及大陆古俯冲带边缘盆地(南极洲西部别林斯高晋海和东太平洋洋隆上的阿鲁克(Aluk)洋脊盆地)。可以认为许多弧后盆地是弧后古扩张盆地(Hilde 和 Lee,1984)。这些盆地的热条件可能受各种过程的影响,例如扩散的裂谷作用或扩张轴突变,对其数值分析需要特殊的方法。

用西北太平洋、白令海盆(科曼多尔(Commander)海槽、阿留申洋脊等)和东太平洋菲律宾海盆作为边缘海盆地岩石圈热流系统和成熟史的例子。

在本章末讨论了海洋区域内天然气水合物中的油气问题。研究的其他论题包括天然气水合物的成因和特征及其稳定性的压力—温度($P-T$)条件、海底模拟反射层(BSR)、游离气层和天然气稳定层顶部、具有 BSR 的地区中气体体积的估计。

本章详细描述了求解热传导方程的差分算法,以便分析裂谷盆地(包括被动大陆边缘和边缘海盆地)岩石圈热流系统的计算机软件程序包。后面的盆地经受了一些因素的影响,例如海洋和大陆岩石圈不同年龄地块之间的侧向热交换,以及扩张条件下的热交换和扩张轴突变。在被动大陆边缘和弧后中心盆地的计算系统中还包括与岩石圈热和密度不均匀性有关的岩石圈表面的重力异常与均衡起伏变化的分析。将其用于分析表面热流扰动的程序,这些扰动是由于起伏不规则变化和岩石非均质性造成的。

5.1 被动大陆边缘和弧后中心内海洋和大陆岩石圈热演化的分析方法

5.1.1 温度、底面起伏和重力异常计算

本章研究沉积盆地发育不同阶段岩石圈热演化的模拟技术使我们能够分析一些过程,例如大陆和海洋的裂谷作用、被动大陆边缘热流系统演化、扩张轴突变、弧后扩张盆地的形成等。该分析是通过求解不稳定二维热传导方程进行的,该方程包括用于描述岩石圈和软流圈内可能的物质位移的对流项:

$$\frac{\partial}{\partial t}(\rho \cdot C_p \cdot T) + \frac{\partial}{\partial x}(\rho \cdot C_p \cdot T \cdot V_x) + \frac{\partial}{\partial z}(\rho \cdot C_p \cdot T \cdot V_z) = \frac{\partial}{\partial x}\left(K \cdot \frac{\partial}{\partial x}T\right) + \frac{\partial}{\partial z}\left(K \cdot \frac{\partial}{\partial z}T\right) \quad (5.1)$$

式中,ρ 为密度;C_p 为热容;K 为热导率;A 为热生成量;T 为岩石圈岩石温度;V_x 和 V_z 为地壳和地幔物质的位移速率的 x 和 z 分量。

方程(5.1)中的所有参数是坐标(x、z)和时间(t)的函数。像在 2.2.3 节(公式(2.8))中讨论的那样,在用热焓法解方程(5.1)过程中考虑了地幔物质融化的潜热,地幔物质融化在岩石圈热流系统形成中起重要作用。在本章中考虑问题的边界条件是:上($z=0$)、下($z=100\sim200\text{km}$)边界的温度是不变的;在距裂谷轴($x=XM$——该定义域的右边界)的足够距离或在扩张轴($x=0$——对称条件)处,$\partial T/\partial x = 0$;用大陆裂谷作用或海洋扩张期间沿着 $x=0$ 区域的轴的高地温梯度分布描述温度剖面。用隐式有限差分法解方程(5.1),该隐式有限差分法与 Peacemont 和 Ratchford(1955)采用的方法相似,并且在此把该方法用于可变的热物理参数和时间及深度的步长。在方程(5.1)的对流项近似中使用了先进的方法:

X 轴:

$$\left[-\frac{(\rho \cdot c_p \cdot V_x)_{i-1,k}^{n+1}}{\Delta x_i} - \frac{2 \cdot K_{i,i-1}^{(k)}}{\Delta x_i(\Delta x_i + \Delta x_{i+1})} \right] \cdot T_{i-1,k}^{n+1} +$$

$$+ \left[\frac{(\rho \cdot c_p)_{i,k}^{n+1}}{\Delta t_{n+1}} + \frac{(\rho \cdot c_p \cdot V_x)_{i,k}^{n+1}}{\Delta x_i} + \frac{2 \cdot K_{i,i-1}^{(k)}}{\Delta x_i(\Delta x_i + \Delta x_{i+1})} + \frac{2 \cdot K_{i,i+1}^{(k)}}{\Delta x_{i+1}(\Delta x_i + \Delta x_{i+1})} \right] \cdot T_{i,k}^{n+1} +$$

$$+ \left[\frac{2 \cdot K_{i,i+1}^{(k)}}{\Delta x_{i+1}(\Delta x_i + \Delta x_{i+1})} \right] \cdot T_{i+1,k}^{n+1} = \left[\frac{2 \cdot K_{k,k-1}^{(i)}}{\Delta z_k(\Delta z_k + \Delta z_{k+1})} \right] \cdot T_{i,k-1}^{n} +$$

$$+ \left[\frac{(\rho \cdot c_p)_{i,k}^{n}}{\Delta t_{n+1}} + \frac{(\rho \cdot c_p \cdot V_z)_{i,k}^{n}}{\Delta z_{k+1}} - \frac{2 \cdot K_{k,k-1}^{(i)}}{\Delta z_k(\Delta z_k + \Delta z_{k+1})} - \frac{2 \cdot K_{k,k+1}^{(i)}}{\Delta z_{k+1}(\Delta z_k + \Delta z_{k+1})} \right] \cdot T_{i,k}^{n} +$$

$$+ \left[-\frac{(\rho \cdot c_p \cdot V_z)_{i,k+1}^{n}}{\Delta z_{k+1}} + \frac{2 \cdot K_{k,k+1}^{(i)}}{\Delta z_{k+1}(\Delta z_k + \Delta z_{k+1})} \right] \cdot T_{i,k+1}^{n} + A_{i,k}^{n+1}. \quad ①$$

其中 $2 \leq i \leq JM-1 \quad 1 \leq k \leq KM$

Z 轴:

$$\left[-\frac{2 \cdot K_{k,k-1}^{(i)}}{\Delta z_k(\Delta z_k + \Delta z_{k+1})} \right] \cdot T_{i,k-1}^{n+2} +$$

$$+ \left[\frac{(\rho \cdot c_p)_{i,k}^{n+2}}{\Delta t_{n+2}} - \frac{(\rho \cdot c_p \cdot V_z)_{i,k}^{n+2}}{\Delta z_{k+1}} + \frac{2 \cdot K_{k,k-1}^{(i)}}{\Delta z_k(\Delta z_k + \Delta z_{k+1})} + \frac{2 \cdot K_{k,k+1}^{(i)}}{\Delta z_{k+1}(\Delta z_k + \Delta z_{k+1})} \right] \cdot T_{i,k}^{n+2} +$$

$$+ \left[\frac{(\rho \cdot c_p \cdot V_z)_{i,k+1}^{n+2}}{\Delta z_{k+1}} - \frac{2 \cdot K_{k,k+1}^{(i)}}{\Delta z_{k+1}(\Delta z_k + \Delta z_{k+1})} \right] \cdot T_{i,k+1}^{n+2} = \left[\frac{(\rho \cdot c_p \cdot V_x)_{i-1,k}^{n+1}}{\Delta x_i} - \frac{2 \cdot K_{i,i-1}^{(k)}}{\Delta x_i(\Delta x_i + \Delta x_{i+1})} \right] \cdot T_{i-1,k}^{n+1} +$$

$$+ \left[\frac{(\rho \cdot c_p)_{i,k}^{n+1}}{\Delta t_{n+2}} - \frac{(\rho \cdot c_p \cdot V_x)_{i,k}^{n+1}}{\Delta x_i} - \frac{2 \cdot K_{i,i-1}^{k}}{\Delta x_i(\Delta x_i + \Delta x_{i+1})} - \frac{2 \cdot K_{i,i+1}^{(k)}}{\Delta x_{i+1}(\Delta x_i + \Delta x_{i+1})} \right] \cdot T_{i,k}^{n+1} +$$

$$+ \left[\frac{2 \cdot K_{i,i+1}^{(k)}}{\Delta x_{i+1}(\Delta x_i + \Delta x_{i+1})} \right] \cdot T_{i+1,k}^{n+1} + A_{i,k}^{n+2}. \quad ②$$

其中 $2 \leq k \leq KM-1 \quad 1 \leq i \leq JM$

$$K_{k,k+1}^{(i)} = \frac{\Delta z_k + \Delta z_{k+1}}{\frac{\Delta z_k}{K_{i,k}} + \frac{\Delta z_{k+1}}{K_{i,k+1}}} \quad K_{k,k-1}^{(i)} = \frac{\Delta z_k + \Delta z_{k-1}}{\frac{\Delta z_k}{K_{i,k}} + \frac{\Delta z_{k-1}}{K_{i,k-1}}} \quad K_{i,i+1}^{(k)} = \frac{\Delta x_i + \Delta x_{i+1}}{\frac{\Delta x_i}{K_{i,k}} + \frac{\Delta x_{i+1}}{K_{i+1,k}}} \quad K_{i,i-1}^{(k)} = \frac{\Delta x_i + \Delta x_{i-1}}{\frac{\Delta x_i}{K_{i,k}} + \frac{\Delta x_{i-1}}{K_{i-1,k}}} \quad ③$$

因此,用交替方向法求解方程(5.1)。用拟合法求解三对角线方程组:求 X 方向网格节点

$T_{i-1,k}^{n+1}$、$T_{i,k}^{n+1}$、$T_{i+1,k}^{n+1}$中的温度和 Z 方向节点 $T_{i,k+1}^{n+2}$、$T_{i,k-1}^{n+2}$中的温度。该三对角线方程组还包括如下边界条件：在 $X=0(J=1)$ 轴上，该定义域的侧边界 $X=XM(J=JM)$，在表面 $Z=0(K=1)$ 和温度计算的定义域底面 $Z=ZM(K=KM)$。求解这一方程得到下个时步$(n+1)$和$(n+2)$的温度场。

通过把差分方法与冷却均质半空间中温度场的分析解进行比较，检验了差分方法的准确性（Carlslaw 和 Jaeger,1959）：

$$T(z,t) = T_s \cdot \phi\left(\frac{z}{2\cdot\sqrt{\kappa\cdot t}}\right) q(z,t) = \frac{K\cdot T_s}{\sqrt{\pi\cdot\kappa\cdot t}}\cdot\exp\left(-\frac{z^2}{4\cdot\kappa\cdot t}\right) \qquad (5.3)$$

式中，$\phi(y) = \frac{2}{\sqrt{\pi}}\cdot\int_0^y \exp(-x^2)\cdot dx$ 是误差函数，T_s 是在很大深度的岩石温度。

将结果与均质岩石圈的接触断块之间的传热分析解进行比较，检验了准确性，在 $X>0$ 和 $X<0$ 区域内，均质岩石圈具有不同的初始温度（Turcotte 和 Schubert,1982）：

$$T(x,z,t) = \frac{1}{2}\cdot\left\{\left[1-\phi\left(\frac{x}{2\cdot\sqrt{\kappa\cdot(t-t_0)}}\right)\right]\cdot\phi\left(\frac{z}{2\cdot\sqrt{\kappa\cdot t}}\right) + \left[1+\phi\left(\frac{x}{2\cdot\sqrt{\kappa\cdot(t-t_0)}}\right)\right]\cdot\phi\left(\frac{z}{2\cdot\sqrt{\kappa\cdot(t-t_0)}}\right)\right\}$$

(5.4)

$X\leqslant 0$ 时，$T(x,z,t=0) = \phi\left(\frac{z}{2\cdot\sqrt{k\cdot t_0}}\right)$；$X>0$ 时，$T(x,z,t=0)=1$；$Z=0$ 时，$T=0$；$X\to\infty$ 时，$T\to 1$。

此外，通过比较在不同步长 Δt、Δx 和 Δz 得到的解检验了差分方法的准确性。分析显示，可能选择 Δx 和 Δz，并且在数值解中将重现分析温度，其准确性不低于所有空间和时间间隔的准确性，即 $0\leqslant z\leqslant 200\text{km}$，$-1000\leqslant x\leqslant 1000\text{km}$，$0\leqslant t\leqslant 200\text{Ma}$。

除了温度分布之外，程序还计算了岩石圈的表面起伏（基底面起伏），$H(x,t)$（Sclater 等,1981）：

$$H(x,t) - H(XM,t) = \frac{\int_0^{ZM}[\rho(XM,z,t) - \rho(x,z,t)]\cdot dz}{\rho_a - \rho_w} + \qquad (5.5)$$

$$[Z_{\text{sed}}(XM,t) - Z_{\text{sed}}(x,t)]\cdot\frac{\rho_{\text{sed}} - \rho_w}{\rho_a - \rho_w}$$

式中，ρ_a 为软流圈岩石密度；ρ_{sed} 为沉积岩石的平均密度；ρ_w 为水密度；$\rho(x,z,t)$ 为 x、z 和 t 随机点的岩石圈岩石的密度；$\rho(XM,z,t)$ 为定义域 $x=XM$ 右边界岩石圈岩石的密度；$Z_{\text{sed}}(XM,t)$，$Z_{\text{sed}}(x,t)$ 分别为 $x=XM$ 和 x 处的沉积厚度；ZM 为均衡补偿面的深度，这与温度计算中定义域下边界一致。

如前所示，公式(2.16)考虑了岩石圈岩石密度随温度和压力的变化，式中 ρ_0 是 3 个变量 x、z 和 t 的函数，并且随着岩石圈中相变边界在扩张时出现位移而变化（参见2.3节）。

连同表面起伏，还把计算的水平重力场异常 $\Delta g_f(x,t)$ 作为被动边缘盆地分析中的控制因素。在该计算中假定了岩石圈的局部地壳均衡状态，该岩石圈具有与温度计算（$ZM=100\sim$

200km)的定义域下边界一致的地壳均衡底面。用具有垂直边的基本四角形体生成的重力场的标准算法计算了深部岩石圈的重力异常。计算 $\Delta g_f(x,t)$ 的程序的主要优点是使用与温度场计算中相同的有限差分网格。该程序能够计算岩石圈内随机密度分布(包括因为岩石温度变化、地幔内相变和其他情况引起的密度变化)以及随基底面起伏和任何重力场观测面的重力场异常。

5.1.2 海底表面热流计算的特征

背景和表面热流是研究边缘海中沉积盆地地球动力学条件必不可少的特征。在对比理论模拟结果与观测数据时应该考虑能够影响这些热流的因素。在海底地形起伏明显和/或沉积层和声波基底几何形态复杂的地层中,必须进行地形校正,同时还要校正海洋与大陆地壳不同断块中的不规则热传导和辐射热。在具有简单几何形态的一些情况下,用解析或半解析方法能够解决这一问题(Lachenbruch,1968)。但是,在具有起伏地形和岩体的实际条件下,这一问题不容易解决。为了分析这些情况,开发了求解稳态热传导方程的计算程序包:

$$\frac{\partial}{\partial x}\left(K\frac{\partial}{\partial x}T\right) + \frac{\partial}{\partial z}\left(K\frac{\partial}{\partial z}T\right) + A = 0 \tag{5.6}$$

对于热导率 K 和辐射热生成体积 A 来说是随机边界形状和随机分布的定义域(这意味着这些参数是坐标 x 和 z 的随机函数),以上方程成立。如果以下不等式是有效的,能够用稳态方程(5.6)分析非稳态热场:

$$\tau = \frac{H^2}{K/\rho \cdot C_p} \ll \tau_0 \tag{5.7}$$

式中,τ 为所研究的近地表构造热扩散的典型时间;τ_0 为研究区域内整个岩石圈热状态变化的典型时间。

如果取热扩散率 $k = K/\rho \cdot C_p = 10^{-6} m^2/s$,对于 $1 \sim 10km$ 厚的上层岩石圈来说,典型时间 τ 为 $T \approx 3 \cdot (10^{-2} - 1) Ma$,对于 $H = 100km$ 的整个岩石圈来说,典型时间 τ 为 $T \approx 300Ma$。因此,如果在小于 $3 \sim 5Ma$ 期间未改变温度场的不稳定过程,对于 $3 \sim 10km$ 大小的不规则性来说,用稳态方程(5.6)评价近地表不规则性对地表热流的影响是有效的。求解方程(5.6)得到了定义域边界的给定温度和/或热流:

$$T = T_s \quad x,z \subset \Gamma_T \text{ 和 } q = -K \cdot dT/dn \quad x,z \subset \Gamma_q \tag{5.8}$$

式中,Γ_T 和 Γ_q 为闭域边界部分在闭域边界分别给定温度和热流。

因为计算域的随机性、明显变化的上边界反映了洋底或地表的实际起伏,用有限元法很难求解方程(5.6,5.8)。在此,应用有限元法也许是可靠的(Zienkiewicz,1971; Bathe 和 Wilson,1976)。这种方法是把计算域分成有限元的多种数学方法之一。在每个元素内,用一个简单多项式函数近似被求解的函数(在我们实例中的温度),该简单多项式函数通过边界处或元素内指定节点内的值确定寻求的函数。用在数学上等同于微分方程的函数,借助于该方法的变形把该域离散化成有限元(Zienkiewicz,1971; Bathe 和 Wilson,1976)。这一函数是:

$$F = \iint \left\{ \frac{1}{2} \left[K \cdot \left(\frac{\partial}{\partial x}T\right)^2 + K \cdot \left(\frac{\partial}{\partial z}T\right)^2 \right] - A \cdot T \right\} \cdot dx \cdot dz + \int_{\Gamma_q} q \cdot T \cdot dl \tag{5.9}$$

在三角形元素内函数 $T(x,z)$ 中使用了二次近似,因此考虑了每个三角形内的 6 个节点——3 个在顶点和 3 个在边中点。在三角形内的每个点,该函数描述了温度元素(Zienkiewicz,1971):

$$T = \sum_{k=1}^{6} N_k \cdot T_k = (2 \cdot L_1 - 1) \cdot L_1 \cdot T_1 + (2 \cdot L_2 - 1) \cdot L_2 \cdot T_2 + \quad (5.10)$$
$$(2 \cdot L_3 - 1) \cdot L_3 \cdot T_3 + 4 \cdot L_1 \cdot L_2 \cdot T_4 + 4 \cdot L_2 \cdot L_3 \cdot T_5 + 4 \cdot L_1 \cdot L_3 \cdot T_6$$

式中,$L_i = \dfrac{a_i + b_i \cdot x + c_i \cdot z}{2 \cdot \Delta}$,$\Delta = \dfrac{1}{2} \cdot \det \begin{vmatrix} 1 & x_1 & z_1 \\ 1 & x_2 & z_2 \\ 1 & x_3 & z_3 \end{vmatrix}$——三角形的面积,$a_1 = x_2 \cdot z_3 - x_3 \cdot z_2$,$b_1 = z_2 - z_3$,$c_1 = x_3 - x_2$。通过循环替换,从 a_1、b_1 和 c_1 中得到了其他系数 a_i、b_i、c_i。方程(5.10)中的函数 N_i 遵守以下关系:$N_i(x_k, z_k) = \delta_{ik}$,式中 x_k, z_k 是第 k 个节点的坐标并且 $i \neq k$ 时,$\delta_{ik} = 0$,对于 $i = k$ 时,$\delta_{ik} = 1$。为了确定元素节点的温度,把方程(5.9)代入方程(5.10)并且极小化函数 $\partial F / \partial T_k = 0$,得到了相对于这些温度的线性代数方程组:

$$\left(\sum_k h_{i \cdot j}^k \right) \cdot \{T_j\} + \sum_l (F_i^k) = 0 \quad (5.11)$$

式中,$1 \leq j \leq N$,N 为该方程组节点总数;T_j 为节点温度。

第 k 个元素的刚性矩阵是:

$$h_{i \cdot j}^k = \iint_S K \cdot \left(\dfrac{\partial N_i}{\partial x} \cdot \dfrac{\partial N_j}{\partial x} + \dfrac{\partial N_i}{\partial z} \cdot \dfrac{\partial N_j}{\partial z} \right) \cdot \mathrm{d}x \cdot \mathrm{d}z \quad (5.12)$$

公式(5.11)的自由元是:

$$F_i^k = -\iint_{S_k} A \cdot N_i \cdot \mathrm{d}x \cdot \mathrm{d}z + \int_{\Gamma_q} q \cdot N_i \cdot \mathrm{d}l \quad (5.13)$$

方程(5.11)不包括对应于具有给定温度的边界节点的方程。用高斯直接消元法求解线性代数方程(5.11)。利用计算的温度场,用 Fisher 法(Fisher,1976)确定有限元网格节点处的热流。通过把实际解与 Lachenburch(1986)、Carlslaw 和 Jaeger(1959)的解析解进行比较,检验了采用的方法。这种算法提供了一个机遇,即在不影响计算准确性情况下减少温度慢变化的节点数和增加温度快变化的节点数。

用稳态有限元法分析上部岩石圈一直到超过起伏幅度 3~10 倍深度内的温度分布状态,并且应用不稳定有限差分分析法研究较深岩石圈的热状态。在以下分析中使用了有限元法:白令海南部科曼多尔坳陷的热状态(Galushkin 等,1986)、沿着东欧岩石圈剖面的温度分布(Galushkin 等,1991a)、穿过带有盐底辟的锡斯—喀尔巴阡(Cis‑Karpatian)坳陷的剖面和一些菲律宾海次盆地(Smirnov 等,1991,1995)。

5.2 被动大陆边缘盆地的模拟

5.2.1 大陆边缘岩石圈过渡带的构造及其演化——以南美洲大西洋边缘桑托斯和巴西佩洛塔斯盆地为例

大西洋型被动大陆边缘的出现与新海盆扩张期间大陆裂谷作用和大陆边缘沉降有关,说明从大陆裂谷转变成正常海洋岩石圈开始的区域(这代表被动阶段,包括过渡带的冷却),从贝加尔湖、非洲内陆裂谷带、莱茵地堑、美国西部的盆岭构造区延伸,通过红海区域到极地,南和北大西洋的被动边缘并且到澳大利亚—南极洲和非洲区段内的印度洋的边缘。在这一阶段,过渡带的起伏是在几个被动过程的活动下形成的。第一个过程是重力场内大陆地壳边缘的扩张;这一过程仅在大陆破裂后边缘发育的早期开始起作用。第二个阶段包括岩石圈表面隆起区岩石的剥蚀以及沉降区内沉积物的沉积;这一过程是比较重要的。该过程引起了岩石圈周围环形区域的负载和均衡面的分布。第三个过程是被动的并且特别重要:该过程随着时间足够地延续(几千万到几亿年),并且随着岩石圈厚度增加往往在沉积负载作用下发生沉降,由于大洋和大陆地块的热交换,该过程包括异常热岩石圈的冷却。本章以南美洲大西洋边缘桑托斯和佩洛塔斯(巴西)盆地和大西洋边缘大陆的澳大利亚区段为例讨论这一过程。对于沉积、岩石圈地块之间的热交换、地面起伏、过渡带中重力场异常和被动大陆边缘盆地中有机质的成熟度进行了数值分析。

重力异常提供了有关大陆边缘深部构造的信息。通常,大西洋型大陆边缘上的重力异常显示出大陆架外边缘上的最大正值(约为 +50mgal)和大陆坡上的最小值(约为 -50mgal)。大陆边缘(像洋底其他构造单元一样)处于地壳均衡状态,这在力学上是通过挠曲地壳均衡实现的,并且意味着包括岩石圈的有限弯曲刚性 D 或岩石圈的有限有效弹性厚度 H_e(Karner 和 Watts,1982)。分析显示,美国东海岸相对老的大陆边缘的特征为 H_e 值最高(10~20km),而东澳大利亚珊瑚海、罗德豪(Lord Howe)隆起较年轻边缘具有 $H_e \approx 5km$ 的最低值(Karner 和 Watts,1982)。高达 2~3 倍有效弹性岩石圈厚度的均质构造水平尺寸的增加支撑着被动边缘局部类型的地壳均衡。如果所研究地区显示出下伏岩石圈内深部断层系,在较小尺度的构造中能观测到相似作用。

重力场异常 Δg_f 和地震数据分析显示,即使在相同成因的盆地中,岩石圈的垂直深度剖面也可能明显不同。例如,在桑托斯和佩洛塔斯盆地的两条剖面中看到了这种情况(图 5.1、图 5.2),对于这两个盆地来说,像在前一章中描述的那样,计算了重力场异常 Δg_f。如同图 5.1、图 5.2 中见到的那样,桑托斯盆地过渡带上的重力场异常 Δg_f(水平重力异常)未代表大陆架边缘部分大小相当的重力场异常最大值,而在佩洛塔斯盆地的相似过渡带上重力异常相当明显(图 5.2)。但是,桑托斯盆地重力场异常(不像佩洛塔斯盆地异常)显示出了陆坡及坡脚上的深部重力异常最小值。像在佩洛塔斯盆地一样,在陆坡及其坡脚下而不是在陆架边缘记录了桑托斯盆地内沉积盖层的最大厚度。桑托斯盆地重力数据分析与大陆架和盆地坡之下存在的断裂的过渡地壳一致。这表明上地幔致密体被合并到里奥—热洛(Rio-Gelotes)断层区的下部地壳中(图 5.1)。除了陆架外边缘上 90mgal 最大值(主要由于 Helmert 边缘效应引起)以外,桑托斯盆地以上水平重力场异常 Δg_f 适中。佩洛塔斯盆地的地震和重力数据(不像桑托斯盆地)为接近大陆—大洋边界的 3 号洋壳层的厚度增加提供了证据(图 5.1,图 5.2)。在模拟大陆边缘岩石圈热史及其对应沉积盆地中考虑了从大陆到海洋过渡带地壳构造的这些具体特征。这些特征可能对其沉积史和有机质成熟度方面起作用。

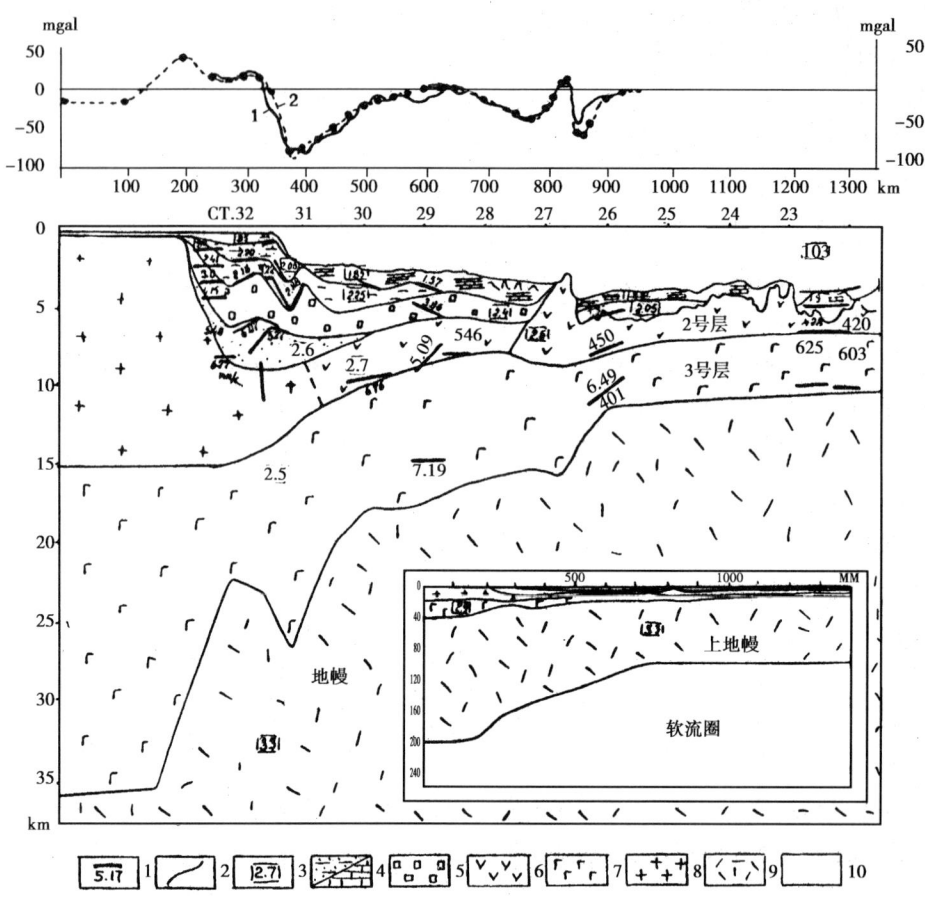

图 5.1 根据重力和地震数据得到的穿过巴西南部桑托斯盆地过渡带的深剖面

1—根据 Leydan 等(1971)的地震界线和地震速度(km/s);2—地层界线;3—密度(g/cm³);4—沉积层,石灰岩;5—盐;
6—洋壳(2号层);7—洋壳(3号层);8—陆壳花岗岩层;9—岩石圈的上地幔;10—软流圈

上图是根据 Leydan 等(1971)观测的异常(1)和计算的异常(2);下图是比例为 1:2.5 的同一条剖面;图例同图 5.1

5.2.2 被动大陆边缘盆地岩石圈的热演化——以南极洲—澳大利亚区段大陆边缘为例

通过在南极洲—澳大利亚区段 115°—138°E 内的大西洋型裂谷大陆边缘的例子讨论了大陆边缘岩石圈的热演化。确定这一边缘不同发育阶段的岩石圈热流系统的主要因素是:具有不同深部构造的断块之间的侧向热交换、大陆岩石圈裂谷作用之前加热和海洋岩石圈扩张速度的短暂变化。在文献中报道了澳大利亚—南极洲洋脊内扩张速度的一些数据(表5.1)。

表 5.1 110°—150°E 区域南极洲—澳大利亚洋脊扩张史中的扩张半速度(Veevers,1986)

时间(Ma)	96—49	49—45	45—38	38—20	20—10	10—0
$V_{1/2}$ (cm/a)	0.45	1.00	2.70	2.20	2.30	3.80

所研究的特殊边缘的历史如下:大陆最后破裂后(约 96Ma 以前),有一个以大约 0.45cm/a 的半速度慢速扩张的漫长阶段,在 95—53Ma 期间(从第 24 个到第 34 个线性磁性异常)形成了粗略切割的 175km 宽海洋岩石圈的剥离和平稳的磁场。在随后 4Ma,扩张速度增加了两

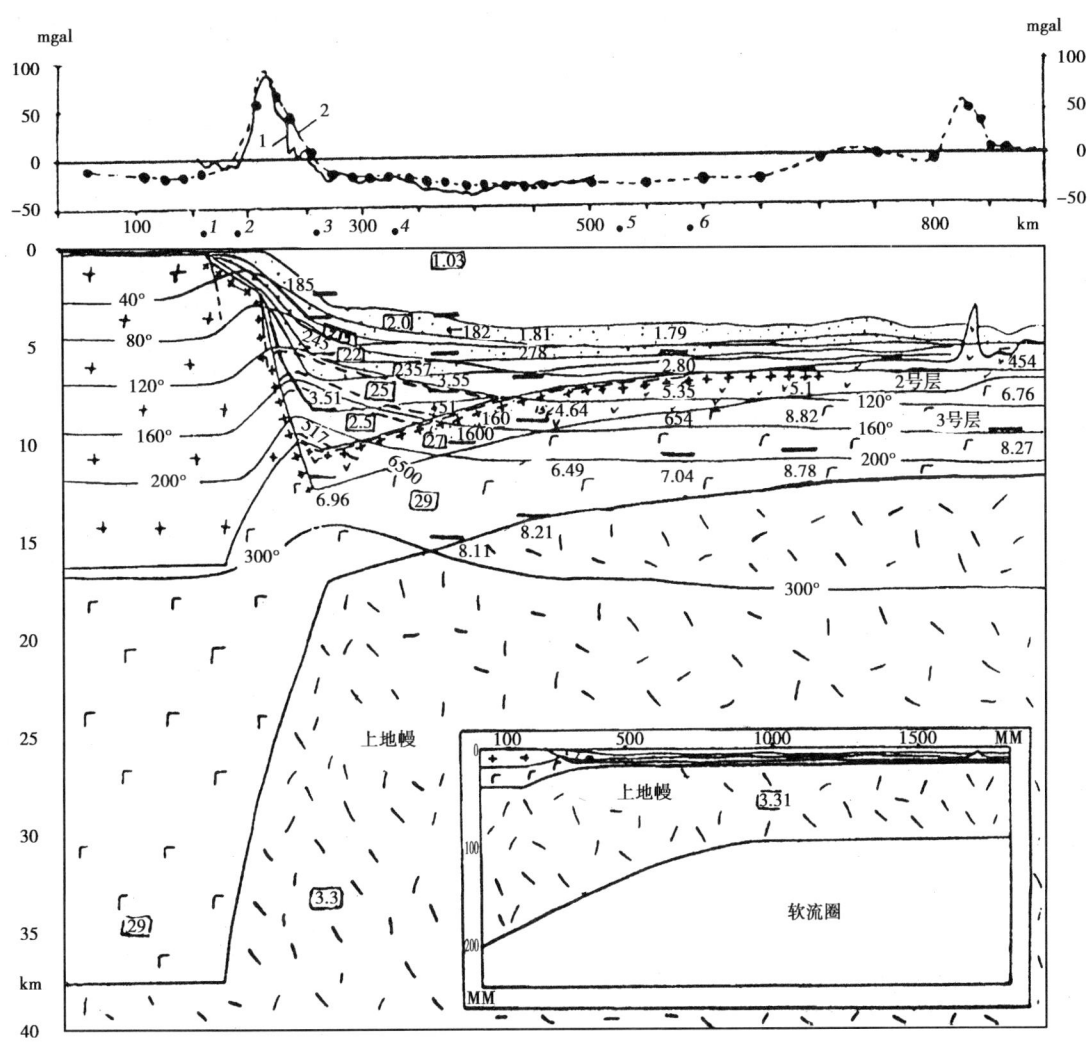

图 5.2 根据重力和地震数据得到的穿过巴西南部佩洛塔斯盆地过渡带岩石圈的深剖面

上图是根据 Leydan 等(1971)观测的异常(1)和计算的异常(2);下图是比例为 1:3 的同一条剖面;图例同图 5.1

倍,甚至更多(3倍);在从 38—10Ma 期间,这一扩张速度为 2.2~2.3cm/a,在过去的 10Ma 期间,扩张速度达到了 3.8cm/a(Veevers,1986)。用表 5.1 列出的扩张历史数据分析了过渡带形成期间岩石圈的地形和热流系统。用以上的扩张速度和大陆及海洋岩石圈的典型热物理特性分析了岩石圈的热状态变化。假定岩石圈的初始温度分布与扩张之前发育良好的大陆裂谷阶段相同,就此而论,距轴 300km 的裂谷地区显示出增强的热流(约 75mW/m^2),其特征是大陆岩石圈的厚度较小(50~55km),这与裂谷附近的穹隆的热流系统一致。在距轴大于 300km 的距离,岩石圈内初始温度分布是代表具有 50mW/m^2 地表热流的正常大陆架的初始温度分布。在扩张($t>0$)期间,大陆与海洋岩石圈边界移动到了扩张半速度($V_{1/2}$)右面。岩石的热容为 $C_p = 1.0467 \times 10^3 \text{J}/(\text{kg} \cdot \text{℃})$。在与 2.2.3 节方程(2.8)相似的热焓近似中计算出了在岩石圈—软流圈边界(包括浅的近轴扩张带深度)释放或吸附的融化潜热。在轴($X=0$)上,温度分

布对于具有 $500mW/m^2$ 热流(对于 $1\sim1.5Ma$ 海洋岩石圈来说是平均值)的轴扩张域是有代表性的。计算域的下边界在 $200km$ 的深度,其上面的温度保持在 $1400℃$。在计算域的右边界 $(x=XM)$,保持常规条件 $\partial T/\partial x=0$。计算域的最大水平长度 XM 最初为 $2000km$;接着,扩张中心每增大 $600km$ 新岩石圈,该长度增加 $1000km$。

用隐式有限差分法(方程(5.2))求解热传导方程(5.1),用单步向前法近似对流项。在几何级数上把沿 x 轴(Δx)的步长从扩张轴的 $2km$ 增大到计算域右边界的 $70km$,深度步长(Δz)从地表的 $2km$ 增大到域下边界的 $6km$。在随后计算域的新分配中(在新扩张的每 $500km$ 中),每次把最小步长 Δx 增大一倍。时间步长从 $0.06Ma$ 变化到 $0.2Ma$,这不干扰解的稳定性。通过与解析解(均匀半空间的冷却和具有不同温度的两个地块之间的热交换)比较和比较 Δx、Δz 及 Δt 不同值时得到的解,检验该解的准确性。

图 5.3(a)、(b)、(c)示出了在盆地岩石圈演化的 3 个特征时间($53Ma$、$38Ma$ 和 $0Ma$ 以前)的岩石圈表面的等热线、热起伏幅度和热流曲线。图 5.3(a)的曲线表征了慢速扩张最后阶段的情况。到那时,仅形成了 $175km$ 海洋岩石圈(AA 线的左面)。海台在该热起伏曲线上是明显可见的,等热线把其成因归于异常加热的近裂谷大陆岩石圈的冷却。随着岩石圈的继续冷却作用,与该海台有关的特征逐渐消失。总之,图 5.3 的数据显示,在所关注地区的盆地岩石圈热流系统表明存在两个主要过程①在洋脊轴部区域的扩张;②在海洋与大陆地块之间边界的热交换。目前大陆(AA 线右面)与大洋(AA 线左面)板块之间的过渡高温带大约 $700\sim1000km$ 宽(图 5.3(c))。在大陆—大洋边界的大洋一侧的等温线和岩石圈底面都显示出了向陆的陡倾斜。通过海洋岩石圈表面的热通量从轴脊的 $500mW/m^2$ 迅速下降到始新统地区内的 $50mW/m^2$(图 5.3(c))。当接近大洋—大陆接触带时,在受到海洋岩石圈加热效应影响的大陆一侧,等热线、热流线和热起伏线呈增加趋势。用模型预测的海底表面起伏与海底对年龄的半经验"根—比例"关系的比较(Parson 和 Sclater,1977)显示,因为大陆的冷却效应造成海洋岩石圈表面在 DSDP-269 井附近进一步沉降约 $1.5km$。在那一区域进行的地震研究(Davey,1985)提供了检验这一事实的可能性。举个例子来说,用深海钻井和地震测量数据估计了 DSDP-265、DSDP-266 和 DSDP-269 井区内基底表面的实际条件,并且把这些条件与计算结果进行比较。用模型计算了岩石圈的表面起伏,假定在 $200km$ 深度的岩石圈达到局部地壳均衡。像以前用公式表示那样,计算中,在经过地壳到地幔以及密度对温度和压力的依赖关系方面,出现了岩石密度变化的公差(方程(2.16))。目前,把大陆—大洋边界的位置确定在远离洋脊轴 $1500km$ 处(图 5.3(c)中的 AA 线)。在与实际起伏比较的过程中,值得注意的是,因为浅层地壳的厚层($35km$)大陆岩石圈表面相对于海洋岩石圈的边缘应该上升约 $7km$。因此,在图 5.3(a)、图 5.3(b)、图 5.3(c)中,为了确定热起伏效应给出了正常理论起伏,该起伏为 $6.5km$ 厚(等于海洋地壳的厚度)的常规大陆地壳岩石圈而确定的。

除了海洋岩石圈边缘的"更多"沉降(冷却效应)外,因为与海洋岩石圈接触使其加热,图 5.3 清楚地显示了大陆岩石圈边缘的热隆起($1.5\sim2.5km$)。事实上,冰川和沉积负载以及剥蚀作用往往使这一效应明显减小。因此,仅能以示意图的方式表示图 5.3 中岩石圈大陆一侧基底表面和海底的位置。

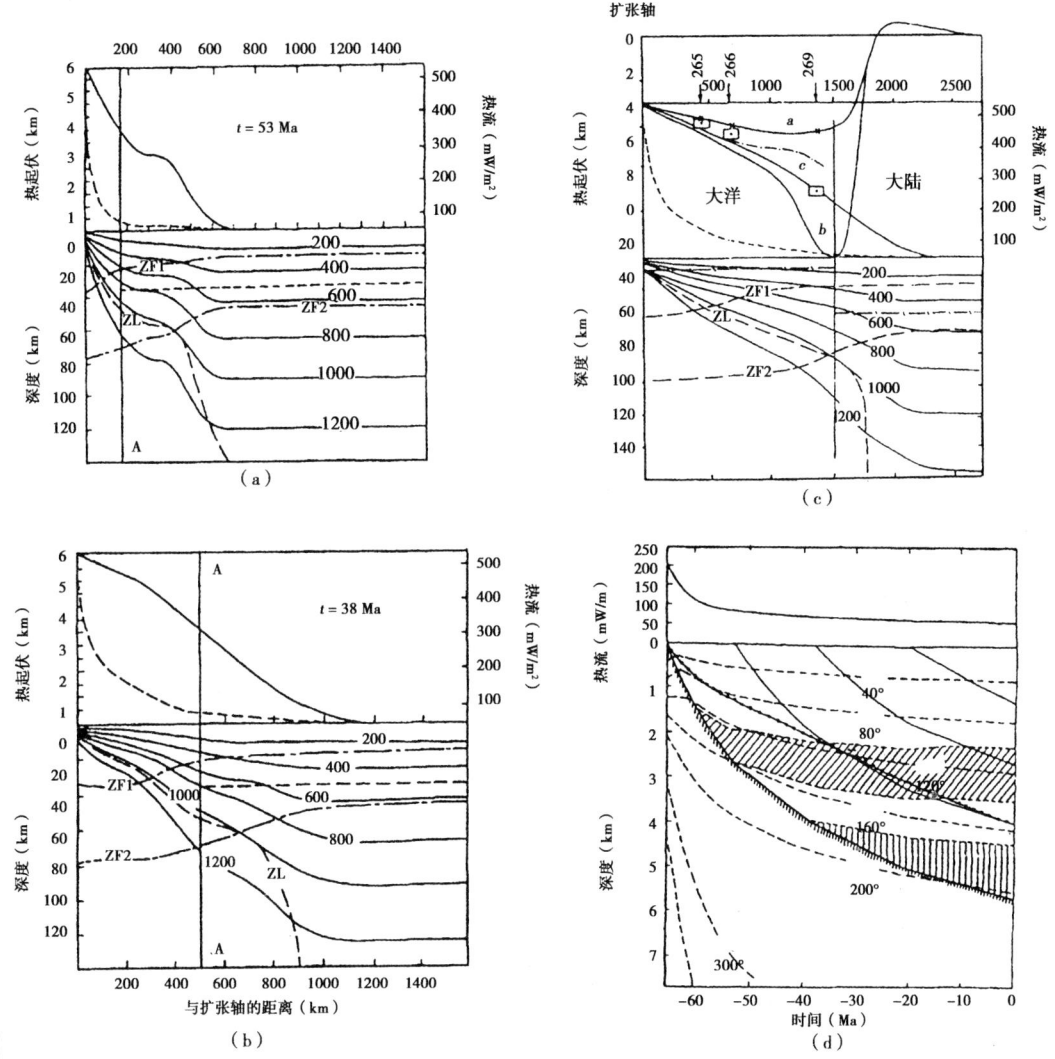

图 5.3 53Ma(a)、38Ma(b)、现今(自从扩张开始以来 39Ma、53Ma 和 92Ma)
以前南极洲—澳大利亚洋脊岩石圈的热状态

(a),(c)虚线为热流,实线为岩石圈表面热起伏;(b)实线为等温线,ZF1 和 ZF2 为相过渡边界,
短虚线为大陆岩石圈内的莫霍面边界,ZL 为岩石圈底的预测位置;(d)DSDP-269 井沉积
层的重建时间—温度史,顶部为热流曲线,实线示出了沉积层的底,虚线是等温线,阴影部
分是 $R_o = 0.50\% \sim 1.30\%$ ("生油窗")和 $R_o > 2.00\%$ ("干气生成窗")的深度

另一方面,根据报道的 DSDP-265、DSDP-266 和 DSDP-269 井区深井和地震剖面的现有数据,能够可视化海洋岩石圈基底表面和海底深度的位置。根据这些数据与我们的结果进行比较得出结论,应该考虑沉积负载对基底面沉降的影响。在大陆边缘范围内,发现这样一些情况是相当普遍的,即纵断层的出现使相互独立的大陆和海洋岩石圈

板块的相邻边缘发生垂直运动。假定这些影响确实发生在所关注的区域,这证明使用起伏分析的局部地壳均衡原则是正确的。如果这样的话,那么除了以上考虑的断块间热交换之外,仅通过大陆坡提供沉积物到海洋岩石圈表面,将确定岩石圈大陆边缘对海洋地块沉降的影响。

$$l_0 = l_1 - \frac{\rho_{ms} - \rho_w}{\rho_m - \rho_w} \cdot l_s \rho_{ms} = \frac{1}{l_s} \cdot \int_0^{l_s} \rho_s(z) \cdot dz \quad (5.14)$$

式中,l_0 为根据地震剖面或钻井数据确定的基底面深度;l_1 为在未考虑沉积负载情况下的相同深度;ρ_{ms} 为平均沉积密度;ρ_m 为地幔岩石密度;ρ_w 为水密度。

用正常压实海相黏土的公式计算平均沉积物密度:

$$\rho_{ms} = \rho_{fm} - (\rho_{fm} - \rho_m) \cdot \phi_0 \cdot (B/l_s) \cdot (1 - \exp(-l_s/B))$$

式中,ρ_{fm} 为骨架密度;ϕ_0 为表面孔隙度;B 为孔隙度比例系数;$\phi(z) = \phi_0 \exp(-z/B)$;$z$ 为深度。

对于海相黏土来说,$\rho_{fm} = 2.70 \text{g/cm}^3$,$P_0 = 0.6$,$B = 2 \text{km}$。在 DSDP-265 和 DSDP-266 井,沉积厚度分别为 0.44km 和 0.37km,相对应,无沉积负载的基底面深度为 0.15km 和 0.12km,比观测值高(图 5.3c 的上部)。因为严重切割的地形,报道的 DSDP-267 井数据不能用于比较。用于比较的最感兴趣的目标是 DSDP-269 井。在此,地震研究(Davey, 1985)不仅提供了估算沉积厚度而且提供了可能追踪弹性波速度(和密度)随深度变化的工具(Galushkin 和 Dubinin, 1990)。对在基底面沉降中沉积层的重量校正为 3.1km。换句话说,会发现基底底部沉降到了 6.9km 深度,相对于 2.9±0.13km 的轴脊上深度(包括无沉积层),这给出 $\Delta h = 4.0±0.15$km(根据地震剖面数据估算的 ρ_{ms},发现 Δh 值为 3.7:1:0.2km)。用 DSDP-269 井的线性磁异常图估算的海洋岩石圈的年龄为 65±5Ma。根据计算(图 5.3c),这一年龄与起伏差(与洋脊轴有关)$\Delta h = 3.95±0.12$km 一致。因此,DSDP-269 井基底面在理论上和观测的沉降值极其吻合。在 DSDP-265 和 DSDP-266 井区也发现理论上和观测的沉降值吻合得很好,估计这两个井区海底的年龄分别为 12Ma 和 22.5Ma(图 5.3c)。同时,海洋岩石圈的"正常"半经验表面起伏(Parson 和 Sclater, 1977)与我们的数据比较显示,对于 30~35Ma 海洋年龄来说,岩石圈沉降吻合得很好。对于较老的岩石圈来说,应该考虑相对冷的大陆岩石圈地块接触。在 DSDP-269 井,这一接触导致海洋基底构造沉降幅度增加了 1~1.5km。

5.2.3 被动大陆边缘盆地中有机质成熟的条件

被动大陆边缘沉积剖面的厚度和岩石组分显示出很大的变化,取决于距大陆和海洋岩石圈接触带的距离。相对应,在该剖面范围内有机质成熟度也不同。用图 5.3(a)、(b)、(c) 的热计算数据重建 DSDP-265、DSDP-266 和 DSDP-269 井的南极洲—澳大利亚盆地沉积剖面的沉降史和温度状态史。数值模拟显示,尽管原始的热流高,DSDP-265 和 DSDP-266 井沉积深度范围内的温度不超过 50℃,其中沉积的有机质仍然停留在低成熟阶段($R_o < 0.50\%$)。对于接近大陆坡的 DSDP-269 井的沉积盖层来说,这种情

况完全不同。在此,地震剖面仅提供了有关沉积盖层最终厚度(5.7km)的信息,未揭示沉积史。用简单模型评价沉积史,假定随时间推移在每个点的沉积盖层厚度与构造沉降深度成正比,该构造沉降深度是通过南极洲—澳大利亚区域岩石圈的热分析和65Ma以前在扩张轴上洋脊内起源(图5.3(a)、(b)、(c))的区域岩石圈表面的地形分析得到的。图5.3d给出了由模拟预测的该区域的构造沉降幅度(是地质时间的函数)。按常规把65Ma到现今的整个沉积时期分成4个阶段。在第一阶段(65—52Ma),未压实海相黏土的沉积形成了目前剖面下部地层5700~4000m深度。在第二和第三阶段(53—38Ma和38—29Ma),2.6km和2.2km未压实黏土沉积形成了目前剖面4.0~2.65km和2.65~1.25km深度的地层。在沉积史中,第一阶段的高沉积速率与小规模海盆(20~350km)一致。在第四阶段具有相当平缓边缘地形的、经过发育和延伸的海盆条件下,出现了最弱的沉积时期(在过去20Ma期间总共沉积了1.5km的未压实黏土)。

使用在第二和第三章中描述的程序系统计算了沉积地层中热条件的演化和有机质成熟度。假定原始热流为$250mW/m^2$并且具有4~5Ma年龄的海洋岩石圈的平均值,假定沉积层表面温度为零。应该注意,计算的从$250mW/m^2$(65Ma以前)降低到$50mW/m^2$(现今)的沉积物表面热流(图5.3(b)的上部)与用二维模型计算的结果极其吻合(图5.3(a)、(b)、(c))。在相对窄海盆和边缘大陆切割地形的条件下,第一阶段(65—52Ma以前;在269井中发现的)的强热流和大沉积速率对早期有机质成熟是有利的。因此,在1.5~1.6km深度的盆地发育的第一个10Ma内达到了与液态烃生成阶段对应的成熟度($R_o \approx 0.55\% \sim 0.70\%$),目前,这一成熟度代表2.2~3.5km深度的岩石。对于具有相同厚度沉积盖层的南极洲—澳大利亚区段的其他同年代盆地来说,预计了相似情况。同时,预计比始新世晚并具有大海盆条件下低沉积速率的这一边缘海沉积盖层显示出了低有机质转换程度。

描述了在1-SCS-6井的桑托斯盆地(南美被动边缘)的盆地重建相似模拟。假定液态烃生成窗的目前深度为3.1~4.5km,最大生成深度大约为4km(图5.4)。在Gibbons等研究(1983)中确定深度出现的液态烃痕量证实了模拟结果。如同计算预测的那样,即使在大部分深层(毫特里维阶砂岩)中,在这一特殊剖面内有机质也未达到生成干气的成熟阶段。模拟还提供了对所研究沉积剖面中有机质成熟的初始热—裂谷活化作用的较深入了解。对于在不考虑初始热活化情况下的模拟来说,计算显示,液态烃生成窗将转移到3.6~6km深度。

图5.5和图5.6显示了桑托斯盆地(南美大陆边缘)沉降史和温度史重建的例子。用该沉积盆地8条不同剖面的模拟结果沿着穿过盆地的地震剖面(参见图5.2)进行了重建,从带有正常大陆地壳开始在海洋岩石圈剖面中结束(Galushkin等,1991b)。第一条沉积剖面(位于正常大陆地壳内)包括(裂谷后发育的早期阶段)基底的两个最上面的剥蚀(表5.2和图5.6中的观测点1)。第二和第三条剖面位于大陆和大洋裂谷期间拉张作用造成减薄的大陆基底上。第三条剖面的特点是盆地的沉积厚度最大(大约8.5km)。但是,在正常洋壳上发育的第四至第八条剖面的沉积盖层厚度往往向

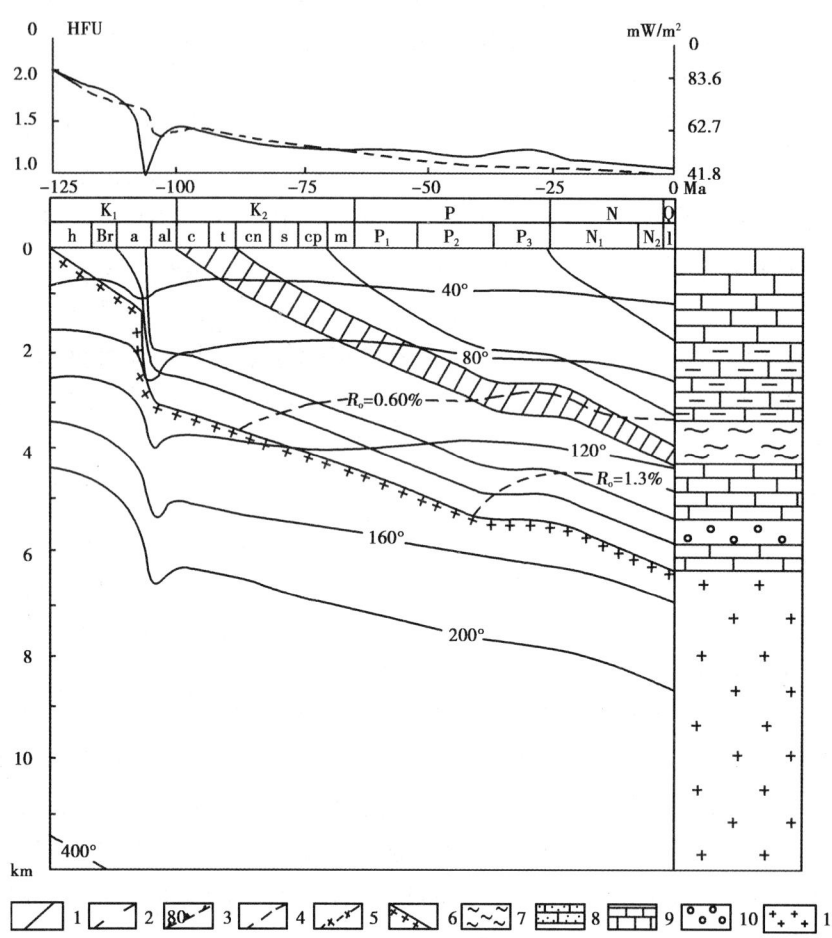

图 5.4 桑托斯盆地的热史

上图为通过沉积物表面(实线)和基底面(虚线)的热流曲线;下图为沉积盖层中油气生成带的温度分布和位置
1—沉积层边界;2—等热线;3,4—生油窗主力层的位置,$0.50 \leqslant R_o \leqslant 1.30\%$;5—干气生成窗主力层的起始位置;
6—基底面;7—泥岩;8—砂岩;9—石灰岩;10—蒸发岩(岩盐);11—地幔"花岗岩"层

海洋方面从 7.8km 减小到 1.8km。相对应,重建剖面中基底的拉张幅度和初始热流从 75mW/m²(第一条剖面)变化到 100~150mW/m²(第四至第八条剖面)。在图 5.6 中示出重建的时间 t = 93、65、25 和 0Ma 以前的盆地温度演化史。计算显示,随着盆地发育,温度超过 100℃ 的区域的水平规模往往从 93Ma 以前的 250km(或从盆地发育开始的 32Ma)增加到目前的 650km(图 5.6)。

相对应,该区域的最大横向尺寸(在该区域沉积物中有机质达到的成熟度与开始生成液态烃对应)趋于增加:从 93Ma 以前的 200km 到目前的 400km。对于第三条剖面(该剖面在研究区的所有剖面中最深),豪特里维泥质砂岩中的有机质达到了 3.6~4.0km 深度阿尔必阶中的相同成熟阶段,甚至在古近纪达到了对应于生成干气的阶段(图 5.5)。

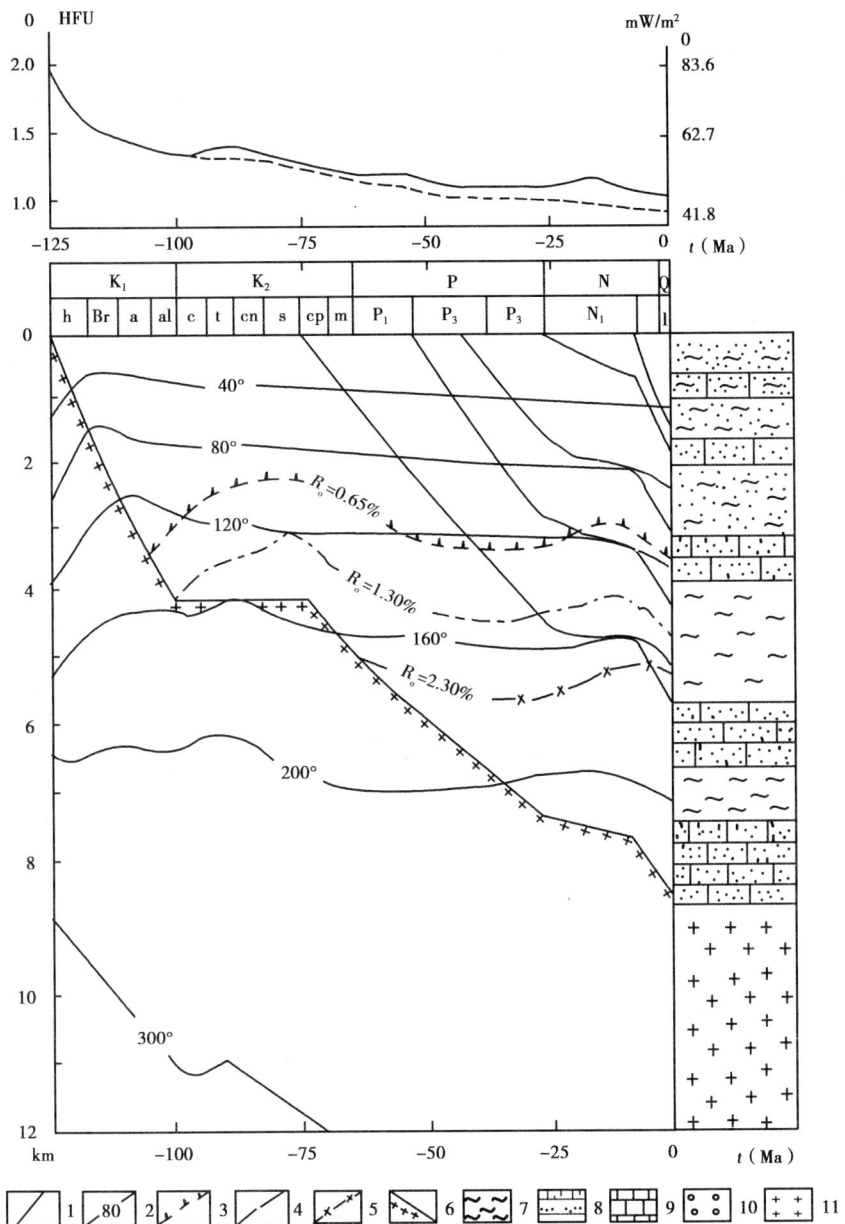

图 5.5 第三个观测区域的巴西南部佩洛塔斯盆地的热史

上图为通过沉积物表面(实线)和基底面(虚线)的热流曲线;下图为沉积盖层中油气生成带的温度分布和位置
1—沉积层边界;2—等热线;3、4—生油窗主力层的位置,$0.50 \leqslant R_o \leqslant 1.30\%$;5—干气生成窗主力层的起始位置;
6—基底面;7—泥岩;8—砂岩;9—石灰岩;10—蒸发岩(岩盐);11—地幔"花岗岩"层

但是,目前在整个盆地范围内,始新世和较晚沉积物中有机质还未达到与生烃开始对应的成熟阶段。这一特殊例子说明了大陆边缘盆地沉积物有机质成熟对被动边缘内盆地的有关地区位置的强依赖关系。

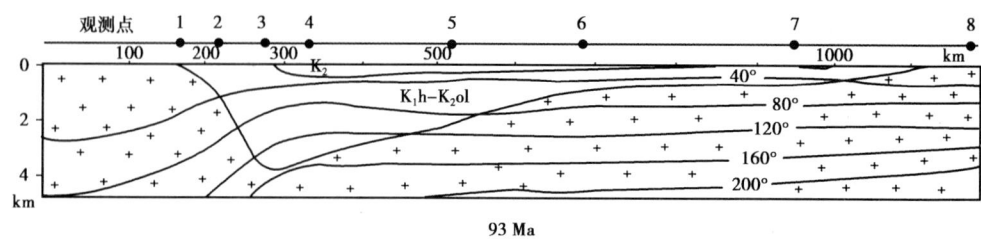
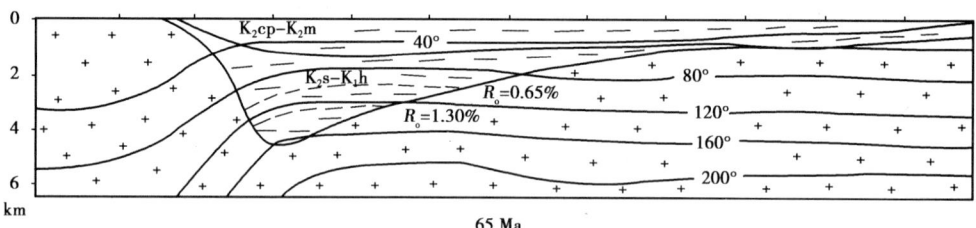
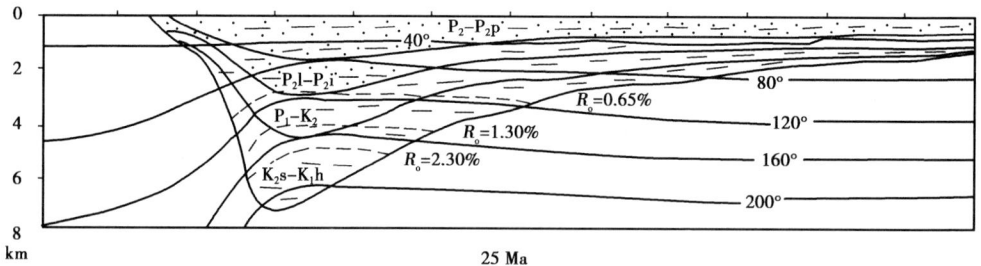
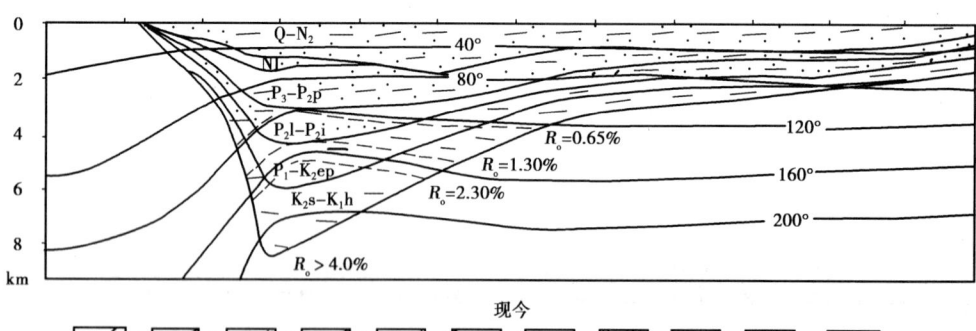

图 5.6 佩洛塔斯盆地的深层剖面和热史

上图为通过沉积物表面(实线)和基底面(虚线)的热流曲线;下图为沉积盖层中油气生成带的温度分布和位置
1—沉积层边界;2—等热线;3、4—生油窗主力层的位置,$0.50 \leqslant R_o \leqslant 1.30\%$;5—干气生成窗主力层的起始位置;
6—基底面;7—泥岩;8—砂岩;9—石灰岩;10—蒸发岩(岩盐);11—地幔"花岗岩"层

5.3 岩石圈热状态和复杂成因被动边缘盆地中有机质成熟条件的数值分析——以南极洲—太平洋区段别林斯高晋海区和东太平洋海隆的阿鲁克洋脊为例

通过南极洲—太平洋区段别林斯高晋(Bellingshausen)海区过渡的浅俯冲边缘岩石圈的

重力异常、海底起伏和热状态的综合分析,可以评价具有复杂演化历史的盆地沉积盖层中温度状态和成熟度条件。通过解热传导方程确定了岩石圈热条件、岩石圈表面热起伏变化和热流。计算结果显示,在20Ma冷却作用期间,阿鲁克洋脊轴带内岩石圈的厚度从6km增加到了42km。相同时期的热流从500mW/m² 减少到了100mW/m²。计算的海洋深度随着距古阿鲁克洋脊轴的距离增加,古阿鲁克洋脊在离该轴1300km处达到最大值。因为与年轻的岩石圈有关的热效应,随着离该轴的距离进一步增加,海底深度往往减小。这一特性与别林斯高晋海目前海底深度演化状况吻合极好。

理论重力异常与观测结果的比较表明了自从停止运动(也被基底表面构造起伏分析所证实)以来古海槽构造的均衡水平,还显示了因为所研究盆地沉积地层的厚度小,沉积层中的有机质未达到烃成熟水平,也许古海槽附近沉积层厚度可能超过2km的区域除外。

表5.2 巴西佩洛塔斯盆地8条地质剖面的埋藏史和热史重建的基本数据(Galushkin等,1991b)

剖面序号	基底类型	盆地演化阶段或沉积过程中的沉积岩岩性	剥蚀幅度或未压实沉积物的厚度(km)	目前的层深度(km)	剥蚀或沉积的持续时间(Ma)
1	大陆间断 Sh-0.7;sn-0.3 Sh-0.6;sn-0.4 Sh-0.3;sn-0.7	基底剥蚀 75-53 0.55 0.63 0.41	2 0.9~1.3 0.4~0.9 0.0~0.4	1.3 53~40 40~10 10~0	125—75
2	具9.5km和15.6km的花岗岩和"玄武质"岩层的减薄的大陆壳	sh-0.5;sn-0.25lm-0.25 Sh-1.0 Sh-0.8;sn-0.2 Sh-0.8;sn-0.2 Sh-0.8;sn-0.2 Sh-0.2;sn-0.8	0.73 间断 0.47 0.28 0.78 0.36 0.81	2.16~2.56 1.86~2.16 1.66~1.86 1.06~1.66 0.76~1.06 0~0.76	125—100 100—75 75—53 53—43 43—25 25—8 8—0
3	具5.4km和11.4km的花岗岩和"玄武质"岩层的减薄的大陆壳	Sh-0.5;sn-0.25lm-0.25 Sh-1.0 Sh-0.8;sn-0.2 Sh-0.8;sn-0.2 Sh-0.8;sn-0.2 Sh-0.2;sn-0.8	5.40 间断 2.3 1.6 1.71 0.48 1.63	5.70~8.50 4.3~5.7 3.2~4.3 1.9~3.2 1.5~1.9 0~1.5	125—100 100—75 75—53 53—43 43—25 25—8 8—0
4	大洋	sh-0.5;sn-0.25lm-0.25 Sh-1.0 Sh-0.8;sn-0.2 Sh-0.8;sn-0.2 Sh-0.8;sn-0.2 Sh-0.2;sn-0.8	4.04 2.41 1.72 1.77 0.60 1.27	5.74~7.84 4.24~5.74 3.04~4.24 1.70~3.04 1.20~1.70 0~1.20	125—100 100—53 53—43 43—25 25—8 8—0
5	大洋	sh-0.5;sn-0.25lm-0.25 Sh-1.0 Sh-0.8;sn-0.2 Sh-0.8;sn-0.2 Sh-0.2;sn-0.8	2.32 1.45 0.87 1.32 间断 1.90	4.3~5.5 3.4~4.3 2.8~3.4 1.8~2.8 0~1.8	120—100 100—53 53—43 43—25 25—8 8—0

续表

剖面序号	基底类型	盆地演化阶段或沉积过程中的沉积岩岩性	剥蚀幅度或未压实沉积物的厚度(km)	目前的层深度(km)	剥蚀或沉积的持续时间(Ma)
6	大洋	sh–0.5;sn–0.25lm–0.25	3.07	2.73~4.33	115—100
		Sh–1.0	0.97	2.13~2.73	100—53
		Sh–0.8;sn–0.2	0.79	1.58~2.13	53—43
		Sh–0.8;sn–0.2	0.93	0.88~1.58	43—25
		Sh–0.2;sn–0.8	0.92	0~0.88	25—0
7	大洋	sh–0.5;sn–0.25lm–0.25	0.97	2.2~2.75	110—100
		Sh–1.0	0.49	1.9~2.2	100—53
		Sh–0.8;sn–0.2	0.43	1.6~1.9	53—43
		Sh–0.8;sn–0.2	0.83	1.0~1.6	43—25
		Sh–0.2;sn–0.8	1.04	0~1.0	25—0
8	大洋	sh–1.0	0.64	1.4~1.8	100—53
		Sh–0.8;sn–0.2	0.43	1.1~1.4	53—43
		Sh–0.8;sn–0.2	0.68	0.6~1.1	43—25
		Sh–0.2;sn–0.8	0.64	0~0.6	25—0

注:sh—页岩;sn—砂岩;lm—石灰岩。

太平洋—南极洲盆地的模型。以南极洲—太平洋别林斯高晋海附近区段过渡浅俯冲边缘的盆地为例进行复杂成因被动边缘热状态模拟。岩石圈的演化包括扩张轴突变、两个扩张中心的热效应和在海洋岩石圈俯冲期间接近大陆边缘较老扩张中心的消亡。

在 Heron 和 Tucholke(1976)、Candle 等(1982)、Dubinin 和 Galushkin(1990)的研究中详细讨论了图拉(Tula)和英雄(Hero)断裂带内限定区域的演化一般模式(半岛异常)。在此,在两个扩张中心(包括东太平洋海隆(EPR)和阿鲁克洋脊)活动下形成了海洋岩石圈。根据磁异常形式,假定在大约50Ma以前,在阿鲁克洋脊轴1140km处的海洋岩石圈内,出现了 EPR 的新扩张中心。EPR 接着以7.6cm/a 半速度扩张阿鲁克洋脊(表5.3)。其开始扩张后,EPR 中心继续以30Ma期间的3cm/a 和下一个20Ma期间的 $V_{1/2}=9$cm/a 半速度扩张(图5.7)。

表5.3 阿鲁克洋脊和东太平洋海隆的扩张史(Heron 和 Tucholke,1976;Candle 等,1982;Dubinin 和 Galushkin,1990)

时间(Ma)	$t>50$	$20 \leqslant t \leqslant 50$	$0 \leqslant t \leqslant 20$
$V_{1/2}$阿鲁克洋脊(cm/a)	7.6	1.6	0.0
$V_{1/2}$EPR(cm/a)	0.0	3.0	9.0

阿鲁克中心以1.6cm/a 半速度继续扩张30Ma。在这一过程中,阿鲁克岩石圈沿着南极洲西海岸移动,并且阿鲁克本身接近俯冲带。年轻、温暖、重量轻的年龄为15~20Ma 的岩石圈上升到俯冲带并且因此遇到了移动进入地幔的阻力,大约在20Ma以前,阿鲁克就停止扩张(Dubinin 和 Galushkin,1990)。

热模型考虑到了 EPR 的新扩张中心,该扩张中心在50Ma之前出现在距阿鲁克洋脊轴 $X_A \approx 1140$km处的年龄为15Ma的岩石圈上。相对应,模拟初始条件为:

$$T = T_{ax}(z) = 1.3 \cdot \phi(0.2 \cdot z) \quad 0 \leqslant x \leqslant X_{ax} \text{和} X_A \leqslant x \leqslant X_M \quad (5.15)$$

$$T = T_M \cdot \phi(z/2(\kappa \cdot t)^{0.5}) \quad X_{ax} \leqslant x \leqslant X_A \quad (5.16)$$

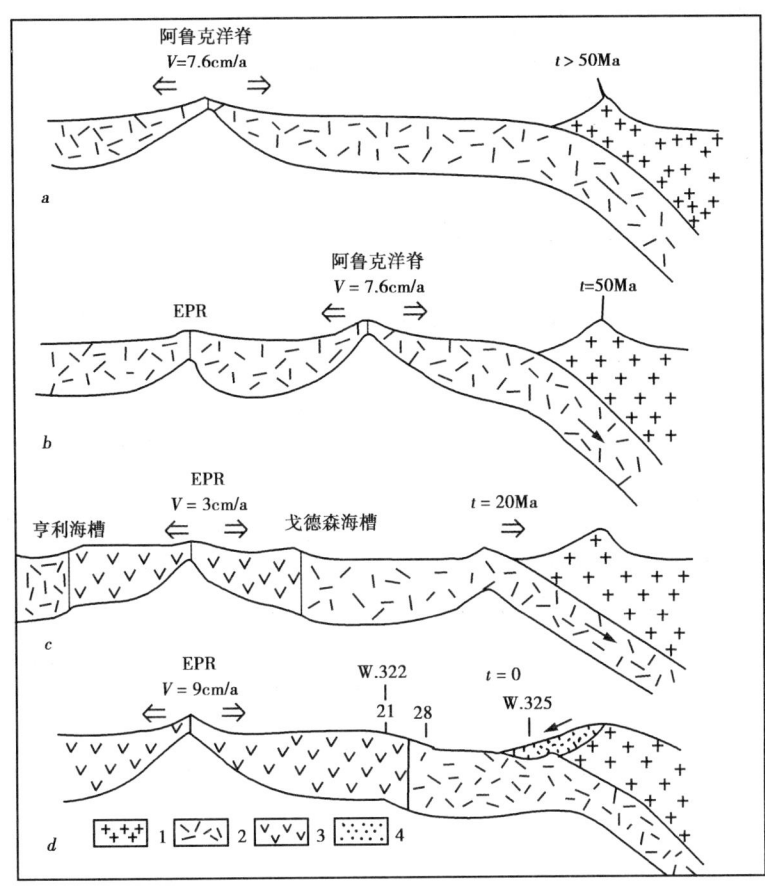

图 5.7 南极洲—太平洋区段别林斯高晋海区过渡
带内岩石圈的演化模型(Dubinin 和 Galushkin,1990)
a—南极洲边缘岩石圈的阿鲁克洋脊扩张和俯冲;b—在年龄为 15Ma 的岩石圈上形成新扩张中心(EPR);
c—阿鲁克扩张中心停止活动和在阿鲁克形成被动大陆边缘;d—盆地演化
1—南极洲西部的大陆岩石圈;2 和 3—阿鲁克和 EPR 洋脊的海洋岩石圈;4—沉积层

式中,$X_{ax} \approx 40km$,$X_M \approx 2000km$,$T_M = 1300℃$ 为计算域 $Z_M = 120km$ 基底的温度;$k = 0.0095cm^2/s$ 为岩石圈的热扩散系数;$t = x/V_{1/2}$ 为距洋脊轴 X 的岩石圈的年龄;$V_{1/2} = 7.6cm/a$ 为从 70Ma 到 50Ma 期间阿鲁克扩张的平均速度;z 为以 km 为单位的深度;$T_{ax} = 1.3\phi(0.2 \cdot z)$ 为在岩石圈厚度约 6km 和表面热流约 $700mW/m^2$ 的扩张轴区域内深度—温度(1000℃)剖面。

$X_{ax} \leqslant x \leqslant X_A$ 的关系(方程(5.16))大致描述了冷却半空间模型内阿鲁克岩石圈的热状态。这一公式描述了仅在新 EPR 扩张中心开始之前的阿鲁克岩石圈的热状态。该区域 $X > XA$ 内的条件 $T = T_{ax}(z)$ 提供了正确模拟新 EPR 岩石圈与老阿鲁克岩石圈之间热接触的机遇。用在方程(5.15)和(5.16)中表示的原始温度分布解具有在 $X = 0$ 处活跃扩张中心阿鲁克的海洋岩石圈的热传导方程(5.1)。根据表 5.3,阿鲁克洋脊的扩张速度随时间变化。求解热传导方程的边界条件是:

(1)当 $z = 0$ 时,$T = 0$;

(2) 当 $z = ZM = 120\text{km}$ 时，$T = T_\text{M} = 1300℃$；

(3) 当 $50 < t < 20\text{Ma}$（阿鲁克扩张时期）时，$X = 0$（阿鲁克洋脊的轴），——$T = T_\text{ax}(z)$；当 $0 \leqslant t \leqslant 20\text{Ma}$（阿鲁克冷却时期）时，$\partial T/\partial x = 0$；

(4) 当 $X = XM = 2000\text{km}$ 时，$\partial T/\partial x = 0$。

在分析中用差分方法(5.2)求解热传导方程(5.1)显示，对流项决定了解的稳定性。用于近似对流项的单步向前法为解的稳定性提供了时间步长 $\Delta t \approx \Delta z^2/k$。当扩张停止后阿鲁克岩石圈冷却时，时间步长 Δt 会增加一个数量级甚至得多。

图 5.8 示出了岩石圈的热状态、表面热起伏变化和通过传导方程导出的阿鲁克洋脊历史中的热流。该图说明了自从对应的 EPR 区段出现以来 50Ma 以后计算的起伏和重力异常，假定在 120km 深度的地壳均衡面达到均衡补偿。模拟结果显示，在 20Ma 冷却时期内，阿鲁克洋脊轴内岩石圈厚度从 6km 增加到了 42km。相对应，热流从 500mW/m^2 减少到了 100mW/m^2（如图 5.8 上图顶部虚线所示）。计算的海洋深度（图 5.8 上图顶部实线）随着距古阿鲁克洋脊轴的距离而变化，并且在距该轴 1300km 处达到最大值（对应于阿鲁克脊部高度约 2km）。随着距阿鲁克轴的距离增加，海底深度往往减小，这似乎与年轻的 EPR 岩石圈产生的热效应有关。这一模式与目前别林斯高晋海底剖面非常吻合。

能够把图 5.9 的剖面与实际数据进行更详细的比较，该图是用沉积盖层厚度数据重建的。

该剖面包括从 DSDP-322 井延伸到 DSDP-325 井的别林斯高晋海部分。用钻井数据以及重力、地震和磁研究结果建立别林斯高晋海过渡带岩石圈的深度剖面。洋壳 2 号层和 3 号层厚度及密度与根据线性磁异常确定的对应年龄的地壳特征一致。计算的重力异常 Δg_f 与观测结果吻合极好（图 5.9）。这些重力异常实际上未受到扰动的事实提供了自从俯冲停止以来这些构造达到均衡水平的证据。通过用模型计算的基底构造起伏与减去水和沉积物负载，根据 DSDP-322—DSDP-325 井区沉积剖面推导的基底构造起伏进行比较，推导出别林斯高晋海岩石圈的均衡补偿（Dubinin 和 Galushkin，1990）。

在复杂被动边缘的剖面分析中，还考虑了盆地沉积层中有机质的成熟条件。为了这个目的，重建了 DSDP-322 井和 DSDP-325 井区域沉积剖面的一维沉降史和热演化史。决定基底内原始温度剖面的 250mW/m^2 原始热流对应于约 3.5Ma 年的年轻海洋岩石圈（参见图 5.8 的顶部图）。在岩石圈冷却过程中，通过海底的热流分别减少到了 72 和 96mW/m^2，与二维模型的结果吻合（图 5.7）。DSDP-322 井的总沉积厚度为 0.31km。仅在中中新世即使开始沉积，估计基底沉积层的温度为 20~30℃。图 5.8 示出了 DSDP-325 井附近别林斯高晋海沉积盆地的温度—时间历史。假定沉积速率（主要包括泥质岩）为 1.3km/25Ma。这里地层基底的温度达到 70~75℃，这一温度比 DSDP-322 井报道的温度高。但是，即使那样高的温度对有机质达到生油窗也是不够的（图 5.8）。仅通过使沉积盖层厚度增加 1.5~2 倍就能够提供合适的条件。计算显示，尽管原始热流高，由于沉积层厚度小（DSDP-322 井 0.5km，DSDP-325 井 1.3km），该区域内沉积物中有机质不能达到与生油窗开始对应的阶段（Dubinin 和 Galushkin，1990）。尽管对别林斯高晋海岩石圈沉积史和热演化史的了解有限，模拟结果提供了这样一些根据,即认为仅在沉积厚度超过 2km 的条件下,别林斯高晋海中沉积盖层的有机质(英雄和图拉断层限定的地区内)才能够达到生油窗。一系列分析显示,在与古俯冲海槽相邻的区域内能够找到这样的条件(图 5.9b)。

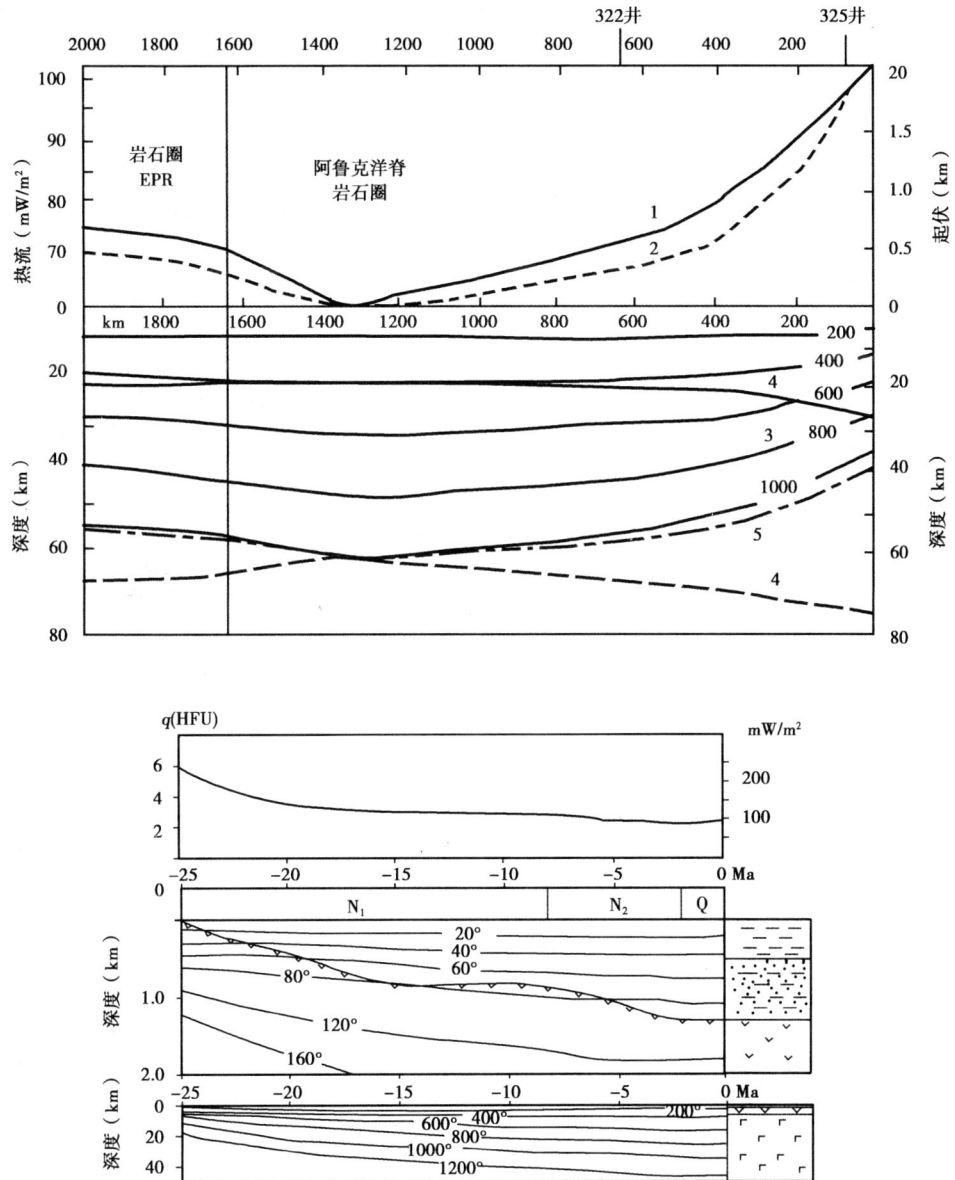

图 5.8　模拟的阿鲁克洋脊岩石圈和东太平洋洋隆附近的现今热状态、热流和表面起伏
上图:1—海底起伏;2—热流;3—等温线;4—相过渡带;5—基底岩石圈
下图:DSDP-325 井附近别林斯高晋海沉积盆地的热演化,
上部为热流,中部为沉积剖面的热史,下部为下伏岩石圈的热史

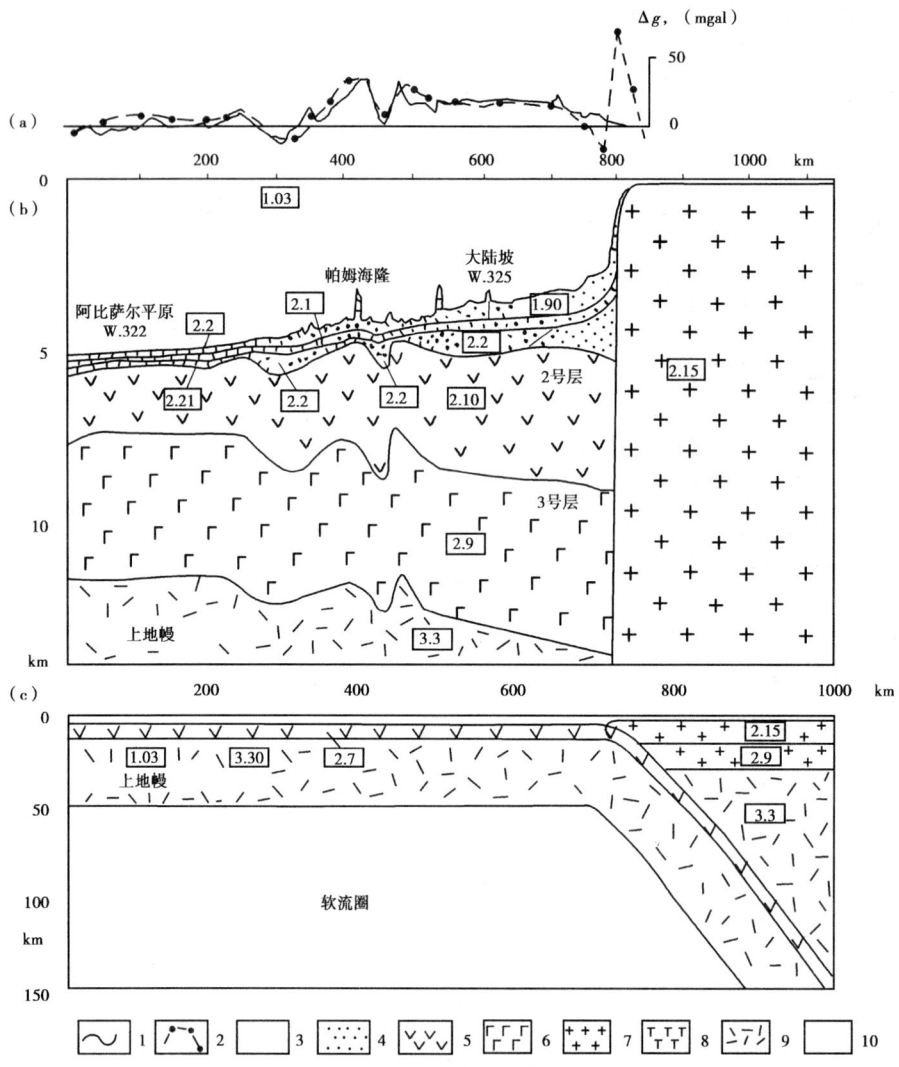

图 5.9 根据重力和地震数据推导的别林斯高晋海区南极洲西部过渡带岩石圈的深构造模型
(a) 重力异常:1—根据原始报告 leg.35(1976) 观测的;2—模拟中计算的
(b) 地壳剖面:3—地层密度,kg/m³;4—沉积层;5 和 6—2 号和 3 号洋壳层;7 和 8—大陆地壳的上、下部地层;
9—岩石圈地幔;10—软流圈
(c) 岩石圈的总剖面

5.4 边缘海岩石圈的热状态:数值模拟——以白令海科曼多尔盆地和菲律宾海盆为例

如前所述,热流数据以及地震和重磁数据提供了有关弧后海盆构造和地层史的基本信息。因此,讨论边缘盆地几何形状的基本问题,这与对观测的热流的校正有关,目的是更好地表征盆地岩石圈的地壳和地幔的热状态以及地球动力学条件。普遍使用的校正是用于沉积速率、起伏对比和热传导的校正。众所周知,沉积能够使弧后的平均热流减少 18%～30%(Smirnov 等,1982),甚至偶尔达到 60% 或更多,这是在强烈的现代沉积情况下新几内亚海马努斯(Manus)海槽后弧扩张中心的情况。

热流的更大扰动(其值常常大于沉积校正)可能出现在具有明显切割地形和声波基底(具有不

同热导率)之间的复杂形态的地层中。用稳态热传导方程的解和有限元法对科曼多尔坳陷南部地区的岩石圈进行了这种热流校正。用这一方法评价3~7倍深度起伏幅度的非均质性的热扰动。通过求解稳态二维方程评价深部地层中热状态的演化。计算显示,沿着科曼多尔板块南部地区隆起基底边界的热流折射的校正达到了30%~40%,并且在距悬崖脚高达2km处仍然是明显的。因为折射,发现分离科曼多尔板块和阿留申山脉大型似地堑构造的轴带内热流是该地堑侧边的1.5倍。而且,在这一地堑坡脚处可以观察到背景热流局部增加了4倍。在具有海底复杂地形的区域内(地堑的侧边、悬崖坡和隆起基底边缘),可以出现明显的水平热流组分(总热流的20%~40%)。

把具有有限沉积速率的年轻扩张中心轴带内热流大的扩散原因解释为热液活动(Yamano等,1989;Smirnov等,1991)。总之,重要的是强调,弧后盆地中背景热流的年龄分布与在洋脊中的热流分布吻合(Yamano等,1989;Smirnov等,1991)。在分析地球物理信息中,常常假定弧后扩张(常常伴随着扩张轴突变)是大部分边缘盆地形成的主要机理(Smirnov等,1991)。

用在此概述的方法分析了岩石圈的热演化和海底的整个地形,并且计算了科曼多尔坳陷3个主要部分的热流和重力异常,这3个主要部分在时间和局部扩张速度方面,包括4Ma以前伽马(Gamma)与阿尔法(Alpha)断层之间区域内的扩张轴突变。在多阶段扩张的二维模型框架下进行的科曼多尔坳陷岩石圈热史的数值重建提供了具有复杂岩石圈形成史的边缘盆地基底的热流、特殊深海特性和热构造现代分布的合理解释。

获得的菲律宾海沉积盆地数据提供了边缘盆地岩石圈热史数值分析的另一个例子。这些盆地之一是菲律宾西部海槽,该海槽是在60—35Ma之前在菲律宾中部断层内的两个中心扩张阶段出现的。第二个帕里西维拉(Parese Vela)海盆是在约32Ma之前通过在岩石圈中扩张形成的,并且继续持续了17Ma。第三个马里亚纳海槽是现代活跃弧后盆地(Hilde和Lee,1984;Muravjev等,1988;Smirnov等,1991)。菲律宾海盆岩石圈的数值重建提供了这些边缘盆地基底的现代热流分布、深海特性和热构造的令人满意的解释。总之,得到的结果与Karig的菲律宾海演化的概念(包括弧后扩张的几个阶段)吻合得很好(Smirnov等,1991)。

5.4.1 边缘海盆地的特殊地热特征

热流以及地震和重磁数据提供了深入了解地壳构造和弧后盆地形成历史的基础。弧后盆地(东帕里西维拉、所罗门和塔斯曼(Tasman)海槽)岩石圈年龄函数的实际热流剖面仍然与洋脊的热流相同(Yamano等,1989;Smirnov等,1995)。热流异常可能完全是某些因素的结果,例如热液环流、沉积、热流从地面起伏中折射(地壳基底和沉积地层)或不同热导率的岩石。其他因素,例如基底的热再活化,包括弧后扩张轴突变可能也起作用。

在年轻的弧后盆地(劳(Lau)、北斐济、马里亚纳)中,热流剖面看起来与海洋扩张中心的热流剖面非常相同;在此平均热流相当高并且显示出值变化大(Yamano等,1989;Smirnov等,1995)。地壳中的热液对流热传递主要决定着数据的分散,这导致近轴地带传导热流减少。无沉积盖层或出现沉积盖层间断有助于水循环。在老盆地中水循环也相当严重,老盆地基底通常有裂缝并且沉积厚度小(西帕里西维拉盆地)。

造成测量的热流减少的另一个因素是沉积。对于经历了广泛而长期沉积作用的盆地来说,其作用特别大,一般是阿留申岛和库里洛—堪察加(Kurilo-Kamchatka)洋脊的结合带内热流的情况,包括科曼多尔盆地(Smirnov等,1982)。对于更新世在科曼多尔盆地内220mm/ka平均沉积速率来说,对测量的热流校正约为18%,而在深沉降基底地区,在沉积厚度达到1~2km的情况下,对测量的热流校正可能高达30%甚至更高。另一个例子是新几内亚海的马努斯海槽,该海槽显示了在年轻弧后盆地中的最高热流。由于厚沉积层和非常年轻的地壳(0~3Ma),根据直接地热测量评价目前弧后扩张中心的总热流,把这一总热流确定为 $195\pm41\text{mW/m}^2$(Smirnov 和 Sugrobov,1980;Muravjev 等,1988;Muravjev 等,1990)。如果考虑到因为沉积而进行校正,实际热流可能超过 300mW/m^2。

科曼多尔盆地是一个广泛聚集的海底平原,海水平均深度为 3500~3900m(图 5.10)。根据深海钻井数据,0.4~0.7km 厚度的上部沉积层是远源浊积岩和硅藻粉砂岩的互层,含有细砂岩和火山灰夹层(Rabinovich 和 Cooper,1977)。沉积杂岩的下层是泥质岩和粉砂质黏土的透声层,厚度从 0.3km 到几千米不等。声波基底(根据深海钻井数据;DSDP-191 井)由中渐新统英云闪玢岩、玄武岩组成。该声波基底被切割成沿着阿留申岛弧、堪察加半岛和希尔绍夫(Shirshov)洋脊定位的深(下降到 3km)坳陷和隆起(图 5.10)。科曼多尔海槽的深海部分与阿留申洋脊之间的边界穿过海洋断裂带,这一断裂带在海底地形和声波基底中极其明显。该断裂带长度超过 250km,由于东南方向尖灭改变了地貌特征。该断裂带在构造上是活跃的,它与浅源地震有关,震源深度深达 40km(Muravjev,1988;Muravjev 等,1990)。海底和声波基底以及广泛的新生代晚期沉积层的复杂构造可能是由于热流的明显畸变造成的。

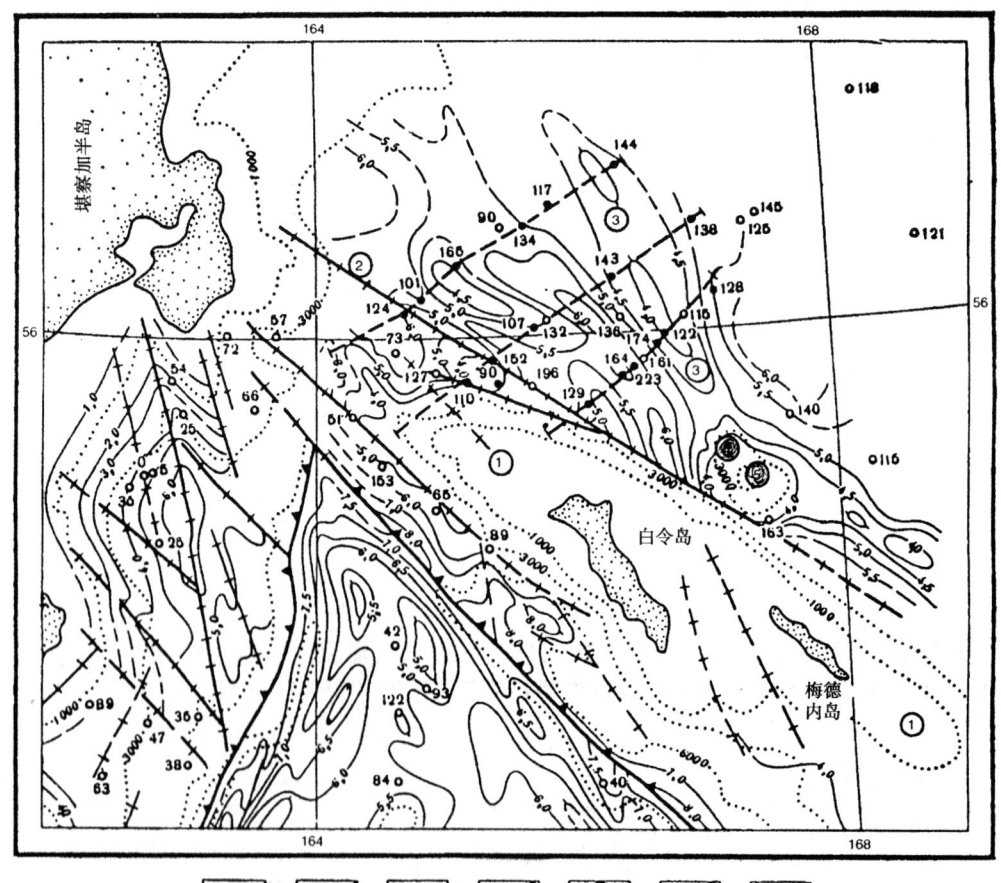

图 5.10 科曼多尔盆地南部研究区的位置图和地热特征(Muravjev,1988;Muravjev 等,1990)

1—等深线;2—深海槽的轴;3—声波基底深度;4—区域断层;5—本文中引用的地质构造(①阿留申洋脊,②断裂带,③科曼多尔板块南部区域的基底隆起,④武尔卡诺洛戈(Vulcanolog)山,⑤佩帕(Peipa)山);6—MSP 剖面位置;7—根据以前的研究和科学考察船(SRS)"武尔卡诺洛戈"号的第十八次旅行测得的热流

在 Smirnov 等（1982）的研究中考虑了不稳定沉积对科曼多尔海槽中热流的影响。对更新世的 220mm/ka 平均沉积速率来说，应该考虑大约 18% 的校正。在基底的深坳陷中（下阶段的厚度可能是 1~2km，沉积速率可比得上更新世沉积速率），校正值可能为 20% 甚至更高。科曼多尔盆地第四系浊积岩沉积的速率比上新统—中新统上部高几倍。在这种情况下，校正值在相对窄的范围内波动，相当于测量热流的 15%~20%。对于形成白令海阿留申洋脊坡基底的构造断块来说，相似的校正也是可以接受的。

在具有切割严重或不同热导率的软沉积层与声波基底之间的边界形状不规则地区，热流常常发生畸变，其幅度高于以上不稳定沉积的校正幅度。在这些区域，必须对洋壳非均质断块的地形以及不规则热传导和放射性进行校正。通过应用在 5.1.2 节中描述的有限元法求解稳定热传导方程，确定了用于南科曼多尔盆地岩石圈的这类综合校正。模型中使用了以下参数：未压实的海相沉积物，$K = 1.0 \text{W}/(\text{m} \cdot \text{℃})$，$A = 0.5 \mu\text{W}/\text{m}^3$；声波基底的英云闪长岩、玄武岩，$K = 1.7 \text{W}/(\text{m} \cdot \text{℃})$，$A = 0.7 \mu\text{W}/\text{m}^3$；上地幔的辉银铅锑锗矿，$K = 5.0 \text{W}/(\text{m} \cdot \text{℃})$，$A = 0.08 \mu\text{W}/\text{m}^3$。在模拟中使用了科学考察船武尔卡诺洛戈号（SRS-V）第十八次考察期间建立的地质剖面（Smirnov 等，1982）。对以下边界条件计算了用于起伏和对比热传导的校正：①海底表面温度，0℃；②计算域下边界的热流，$100 \text{mW}/\text{m}^2$。计算结果显示，对科曼多尔盆地热流折射的校正不太大：对于 1∶1.7 的沉积物与玄武岩热导率比和 0.7~1.5km 的沉积厚度来说，仅把背斜隆起表面热流的垂直分量过高估计了 2%~6%，相对应，过低估计了基底坳陷区内表面热流的垂直分量（图 5.11）。这一规则的例外情况是沿断块边界的边缘带和科曼多尔板块南部基底隆起的构造侵入部位。隆起边界附近的畸变达到了 30%~40%（图 5.11）。陡坡产生的热流畸变（图 5.10 中的剖面 1 和图 5.11 的顶部）在离坡脚 2km 处大；但是，在测量点畸变实际为零。最明显的畸变来自大的似地堑构造，该构造把科曼多尔板块与阿留申洋脊分开（图 5.10 中的剖面）。发现测量的轴热流是地堑边界热流的 1.5 倍（图 5.11 的底部），这可能说明断层位置生成更多的热。然而，更详细的分析显示，这一热流异常是因为在这一特殊情况下折射的原因。因此，在地堑坡脚，观测到对局部热流过高估计了 4 倍；在地堑底和坡显示出热流的畸变相对较小（约 20%），而在地堑内过低估计的热流约 30%。模拟显示，在具有严重起伏的区域，热流的水平分量变得突出。因此，在地堑边界、陡坡和基底隆起的区域，根据坡角，热流达到总热流的 20%~40%。因为地形和构造非均质性造成的等热畸变向下延伸到约为起伏幅度 5 倍的深度（图 5.11）。

作为地壳年龄函数绘制成曲线及为确定畸变校正的弧后盆地的背景热流接近在大洋中脊观测的背景热流。根据地球物理数据，显示出弧后扩张是决定大部分边缘盆地形成的主要机理（Karig，1971；Uyeda，1982；Muravjev 等，1988）。因此，对于从古洋壳中形成的盆地来说，在形成新的弧后扩张中心期间发生的古洋壳的热再活化作用似乎合理地解释了背离经典的"热流—年龄"关系的现象（帕里西维拉、南科曼多尔盆地等等）。这一再活化的地球动力学原因可能具有不同的特点：从岩石圈板块相对运动变化到弧后上地幔中发育二次对流流动（Karig，1971；Uyeda，1982）。以下说明了弧后盆地岩石圈热演化的模拟。

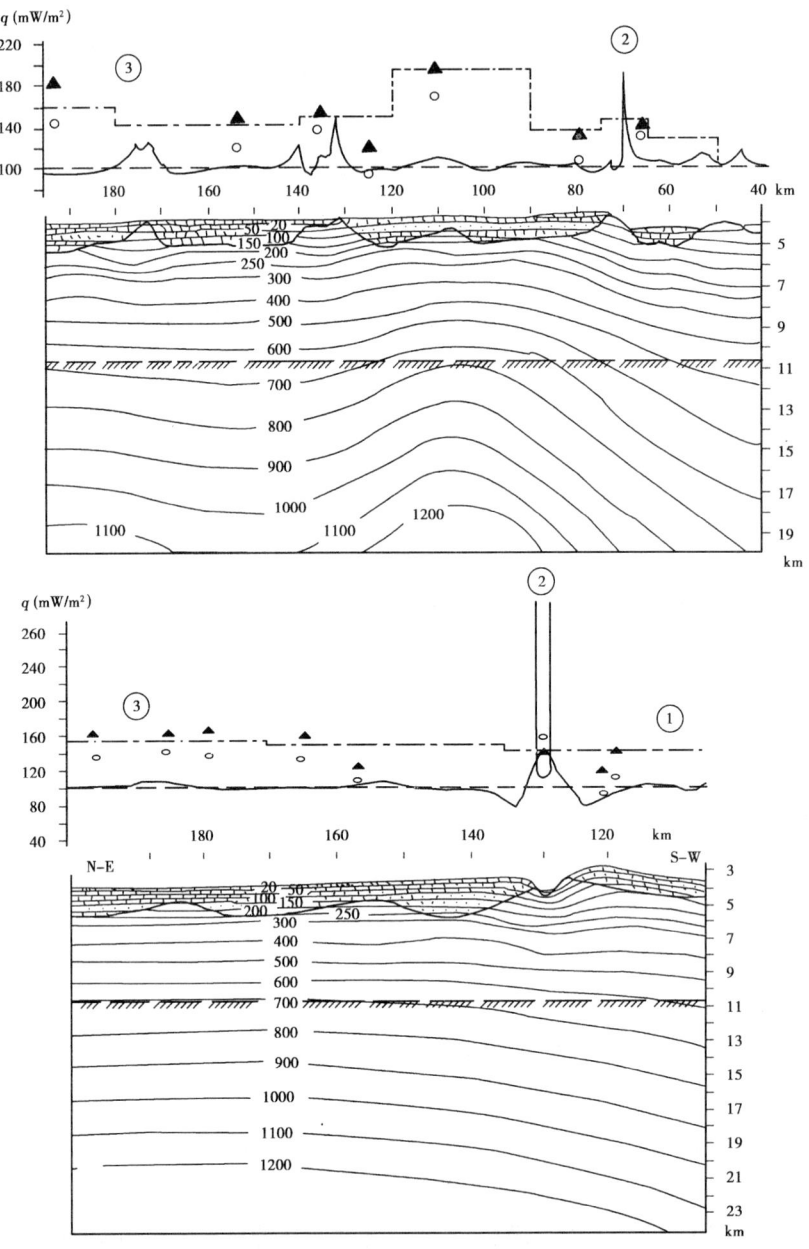

图 5.11 沿着第一条 NSP 剖面(图 5.10,上图)和第二条 NSP 剖面(下图)的地热剖面

图上部圆圈为计算的热流;三角形为背景热流值;

实线为表面热流的垂直分量,条件是计算域下边界热流为 100mW/m^2(直虚线);

阴影虚线示出了与图下部等热线变化对应的背景热流

5.4.2 白令海科曼多尔盆地热状态的演化

对于较高的构造热活化来说,白令海科曼多尔盆地是显著的(参见以前的章节)。对其构造和地貌特征、沉积岩和侵入岩分布以及热场的分析显示,该盆地的不同区段经历了不同的发育史(Muravjev 等,1990;Yanovskii 等,1997)。在德耳塔(Delta)断层东北的凹陷中,新扩张中

心出现在 60Ma 的洋壳上并且在 37—27Ma 以 1.4cm/a 的平均半速度活动(图 5.12)。模拟显示,在 27Ma 冷却时期内,沿着以前扩张轴岩石圈厚度从 6km 增加到 62km,在新形成凹陷翼部的岩石圈厚度从 65km 增加到 85km。在不同年龄的岩石圈接触带内,有一个很大(扩张 200km)的过渡带,通过该过渡带,断块之间的侧向热传导受到影响。在这一特殊区域内海底表面的计算热流从 $85mW/m^2$ 到 $110mW/m^2$ 不等,与报道的测量值吻合得很好(Muravjev,1988;Muravjev 等,1988;Yanovskii 等,1997)。渐新世扩张的第一阶段后,该区域德耳塔断层带的西南部进入了中新世的第二个扩张阶段(24—9Ma),半速度约为 1cm/a。估计中新世扩张轴可能与渐新世扩张轴一致(Muravjev,1988;Muravjev 等,1990)。估计目前中新世扩张中心轴下岩石圈的厚度约为 45km,而在靠近希尔绍夫(Shirshov)洋脊的东翼,厚度大约为 70km(图 5.13)。

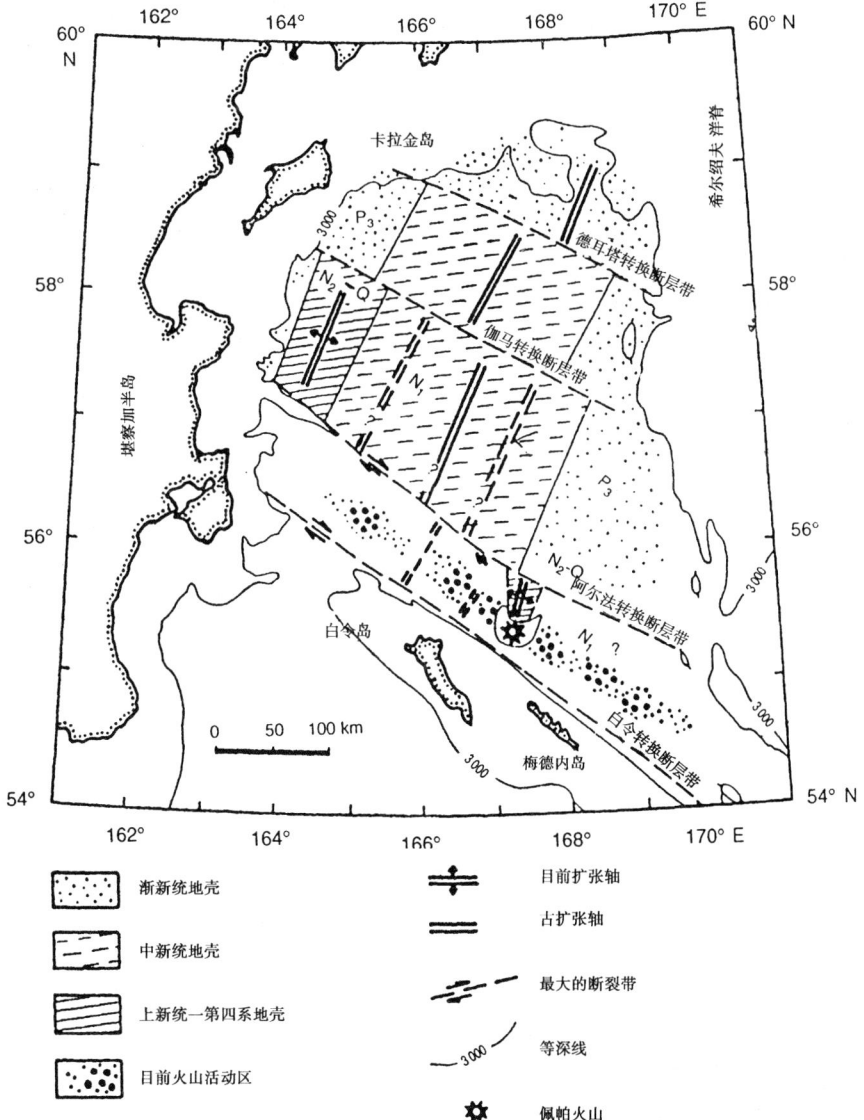

图 5.12　根据地热和古地磁数据得出的科曼多尔海槽的古代和现代扩张轴的位置及基底年龄
(Muravjev,1988;Muravjev 等,1988;Muravjev 等,1990)

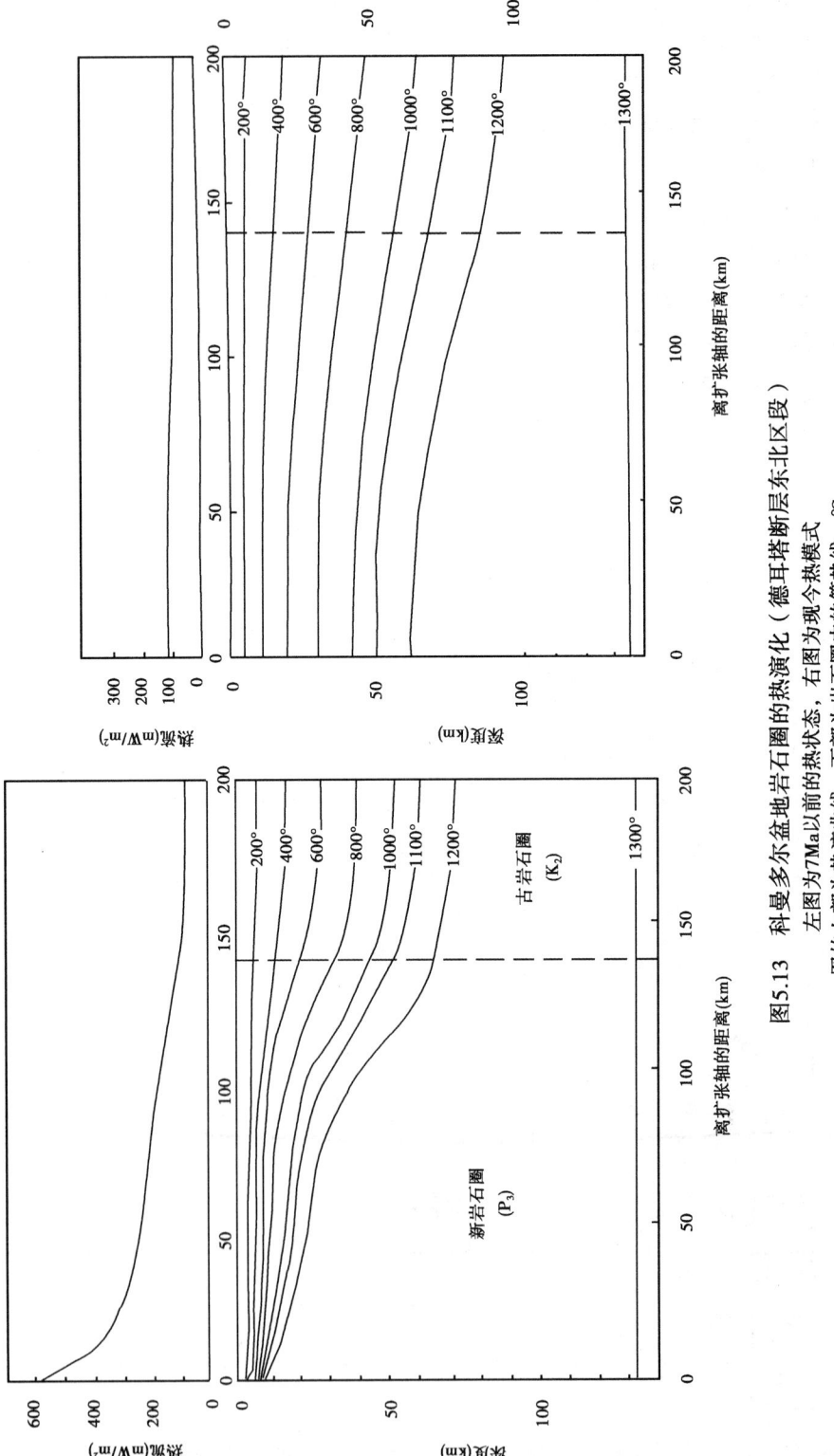

图5.13 科曼多尔盆地岩石圈的热演化（德耳塔断层东北区段）

左图为7Ma以前的热状态，右图为现今热模式，℃。图的上部为热流曲线，下部为岩石圈中的等热线，℃。垂直虚线为古岩石圈与新岩石圈之间的常规边界

对于4Ma以前在其西部出现的最近扩张中心来说,在伽马(Gamma)和阿尔法(Alpha)断层之间封闭的科曼多尔盆地的第三个区段是值得注意的。这一扩张中心保持活动到目前,半速度约为1cm/a。为了分析科曼多尔盆地这部分的热演化、热流和海底地形,使用了一个程序,该程序是较早设计用于分析带有扩张轴突变的海洋岩石圈的热演化和进行东太平洋数学家(Mathematicians)洋脊和加拉帕戈斯(Galapagos)隆起的热分析(Galushkin 和 Dubinin,1992)。图5.14示出了目前对最近扩张中心东南翼的计算结果。由于这一中心的活动,形成了约80km的新岩石圈,轴部厚度为6km,翼部厚度高达35km。在图5.14中看到,与中新世扩张中心有关的热异常在海底起伏和热流方面(甚至从该扩张中心消亡9Ma以后)仍然非常明显。计算的海底起伏主要是因为岩石的热膨胀,这与观测的起伏吻合得相当好。

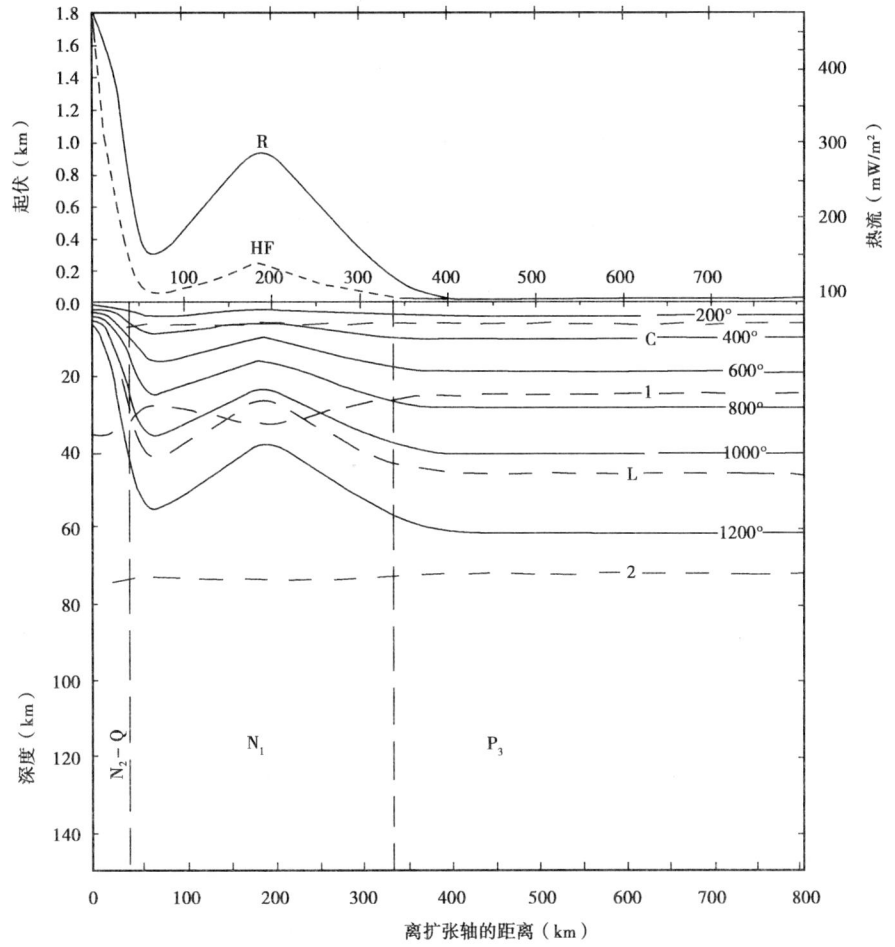

图5.14 科曼多尔盆地岩石圈的现今热状态(参见图5.12中伽马与阿尔法断层带之间的区域)
上部为热流;下部为岩石圈中的等温线,℃
水平虚线曲线1和2为相变界线:斜长石/辉石类(1)和辉石类/石英粗砂岩(2);
垂直虚线为古岩石圈与新岩石圈之间的界线,L为岩石圈基底,C为地壳基底

在多阶段扩张的二维模型框架下的科曼多尔盆地岩石圈热史的重建,可以解释具有复杂岩石圈形成史的盆地基底的现今热流分布、深海特征和热构造。

5.4.3 沿西菲律宾盆地到马里亚纳(Mariana)海槽的剖面中海盆岩石圈的地热研究

为了对边缘盆地岩石圈热演化模型模拟做出结论,研究了(作为例子)菲律宾海盆的岩石圈演化。其中一个盆地位于西菲律宾坳陷,该坳陷是菲律宾海的最大和最老的构造。对这一海沟的起源问题仍然有争议;但是,在很大程度上该海沟是在60—35Ma在以中菲律宾断层为中心的两个阶段扩张过程中形成的(Hilde 和 Lee,1984;Muravjev 等,1988;Smirnov 等,1995)。在第一阶段(60—45Ma),扩张半速度为4.4cm/a,在第二阶段(45—35Ma),扩张半速度为1.8cm/a,35Ma后扩张停止。求解热传导方程(5.1)得到的结果显示,在第一扩张阶段,当形成了大约1320km新岩石圈时,在洋脊轴上形成了具有约3700m热起伏幅度的洋脊,另一个约750km的洋脊在新形成的岩石圈与古岩石圈之间的洋脊处发育(图5.15)。海底表面的热流在同一方向从$500mW/m^2$减小到$90mW/m^2$。因为35Ma期间的热松弛,在古洋脊上的热起伏降低到2500km,在轴上的热流减小到了$90mW/m^2$,在古岩石圈内的热流减小到了$50mW/m^2$。计算的热流和海底起伏的变化与试验测量的变化吻合极好(Muravjev 等,1988;Smirnov 等,1995)。

帕里西维拉海槽是具有典型洋壳的盆地(图5.16)。根据线性磁异常(Mrozowski 等,1982),约35Ma以前在年龄约30Ma的岩石圈上开始扩张,并且以大约3cm/a的扩张半速度继续到17Ma以前。在17Ma一直到现今,该盆地岩石圈在冷却。模型模拟结果提供了这样的证据,即在该扩张的时期内,轴热流约为$500mW/m^2$,热起伏相对高度为2600m。在冷却17Ma后,轴热流减小到了在轴上的$120mW/m^2$以及古岩石圈与新岩石圈之间界线上的$77mW/m^2$(图5.17)。热起伏幅度分别为1750m和450m。总之,模拟数据与该盆地中的热流和海底起伏的观测结果相吻合(Smirnov 等,1995)。

所讨论的菲律宾海的第三个特点,马里亚纳海槽是弧后扩张的当前活跃中心(Husson 和 Uyeda,1981)。在模拟中,认为该中心是在年龄20Ma的岩石圈上形成,并且在6Ma这段时期间以1.6cm/a半速度发育的最新扩张中心。

模拟结果(图5.18)显示,因为发育海槽的岩石圈的年龄小,相对热起伏在此最低,而热流是所研究的菲律宾海边缘盆地3种状态中最高的。

短期扩张发育导致在古岩石圈到新岩石圈边界上形成侧向热交换的窄过渡带(两边各约70km)(Smirnov 等,1995)。总之,菲律宾海盆的模拟结果与Karig对菲律宾海演化(包括弧后扩张的几个阶段)的认识是吻合的。

5.5 海洋区域天然气水合物是未来油气的潜在资源

在2.5.4节中简要地讨论了天然气水合物问题,同时考虑了在大陆地区(即西西伯利亚盆地乌连戈伊气田中)的形成条件(图2.12、图2.15)。在被动边缘海区域和边缘海中,因为海水柱的重量确定了海底附近水合物稳定层的位置,天然气水合物形成比大陆地区更常见。许多地质学家认为被动边缘海和弧后盆地中的天然气水合物是未来潜在的油气资源。因此,在

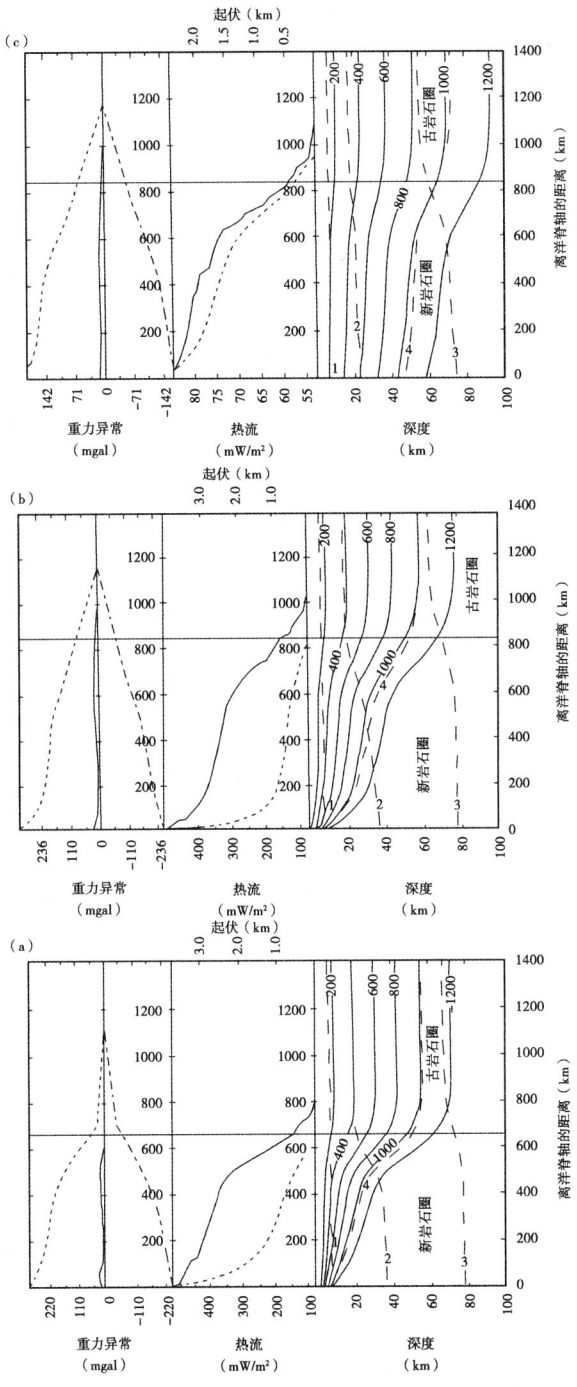

图 5.15 菲律宾盆地的岩石圈热演化(有限差分模型)

(a)45Ma 以前以 4.4cm/a 的速度扩张完成的第一个周期;(b)35Ma 以前以 1.8cm/a 的速度扩张完成的第二个周期;(c)现今状态 各图上部表示因为热起伏(点线)、密度低(虚线)和累计重力异常 Δg_f(实线)造成的重力异常;在中部表示计算的热流(点线)和热起伏(实线);在下部表示出岩石圈中的温度 1—莫霍面界线,2—斜长石/辉石相变界线;3—辉石/花岗岩相变界线

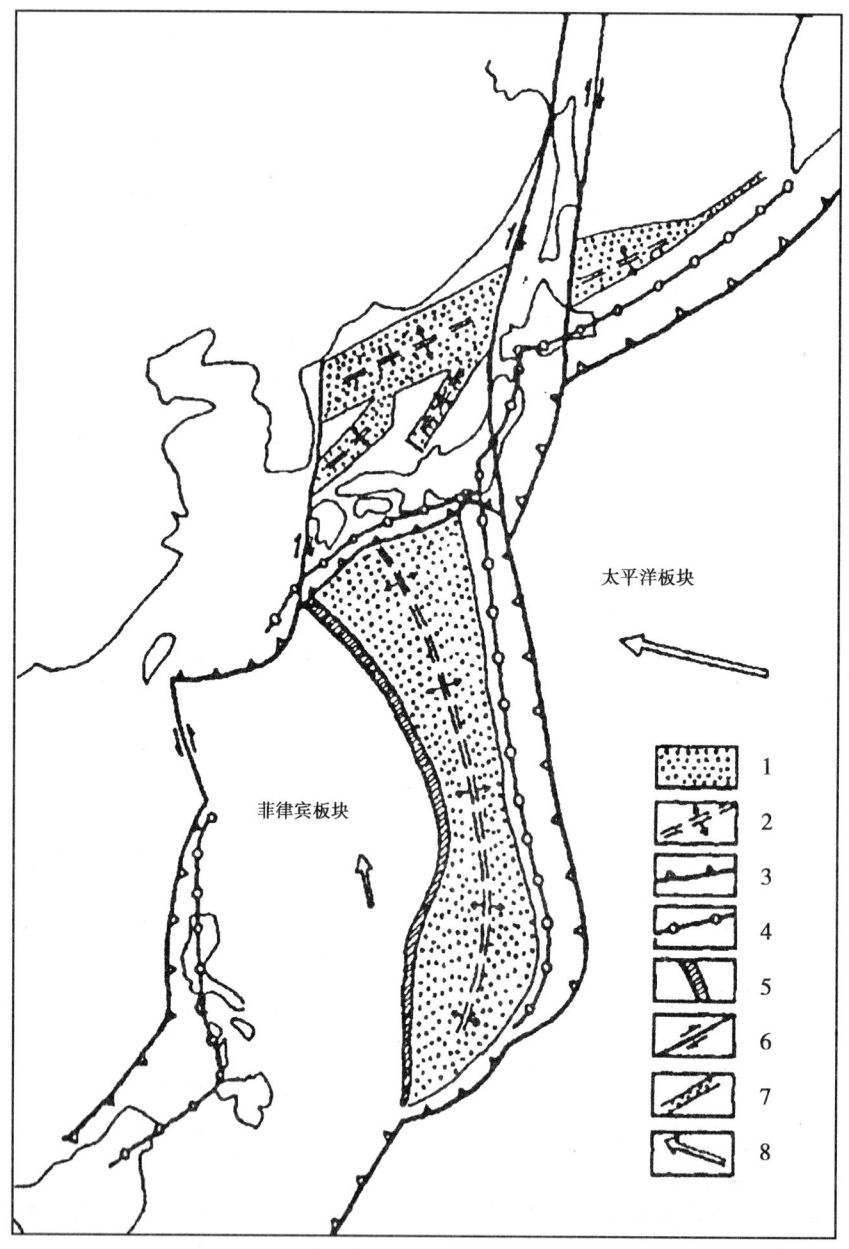

图 5.16 中新世早期千岛、日本、四国和帕里西维拉弧后盆地形成时的构造环境(Nikishin 等,1999)

1—具有洋壳的新形成盆地;2—扩张轴;3—俯冲带;4—火山弧;
5—消亡的古火山弧;6—转换断层;7—大陆裂谷;8—板块运动方向

此主要展开关于深海条件下水合物问题的讨论。

与海底模拟反射层(BSR)的出现有关的天然气水合物的存在及其体积评价是在油气生成科学研究中争论最多的问题之一(Colett,1993;Ginsburg 和 Solovjyev,1994;Xu 和 Ruppel,1999)。本书将从综述 BSR 的位置、游离气层顶部与天然气水合物稳定层之间的关系,还将讨

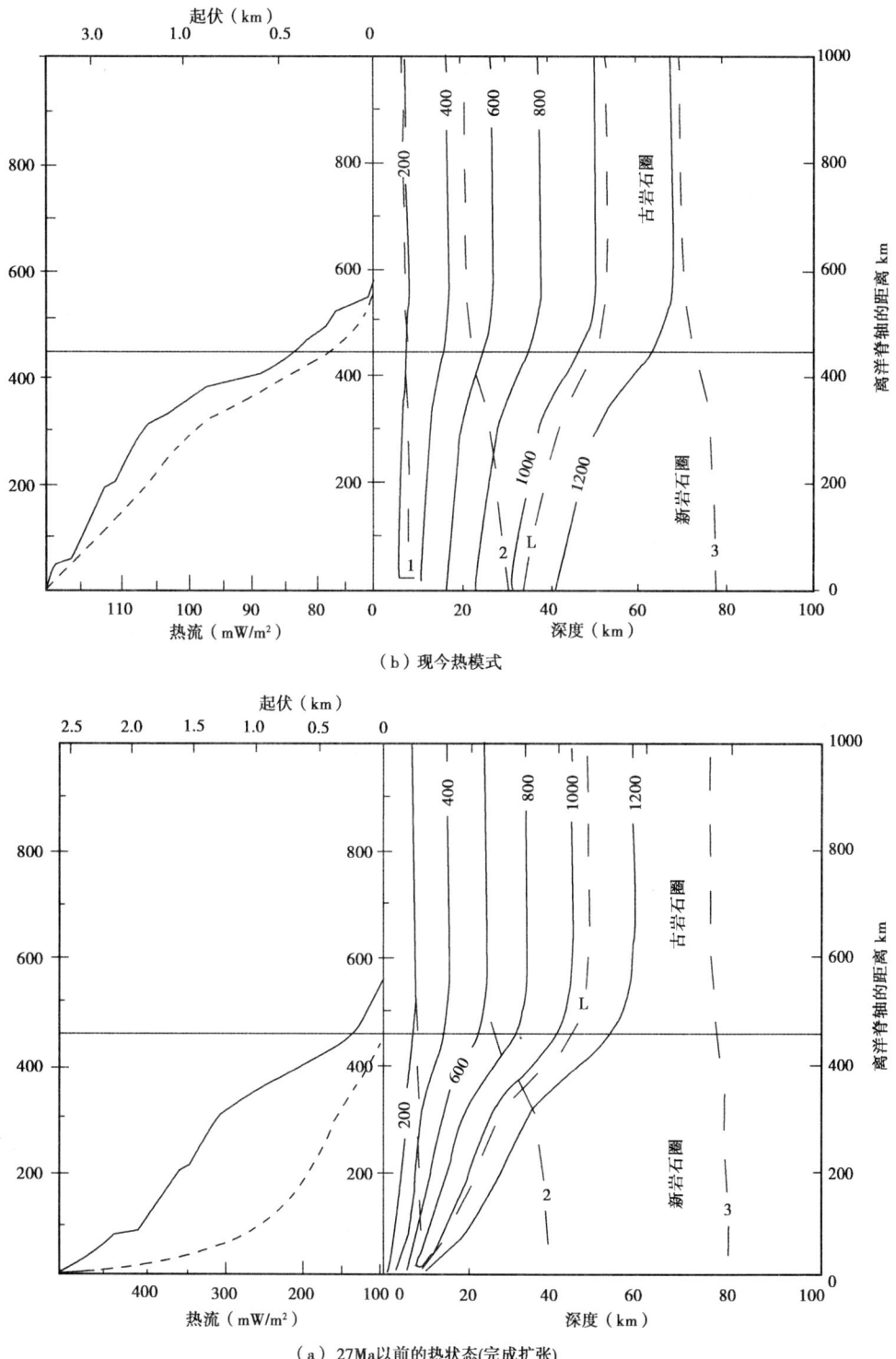

图 5.17 帕里西维拉盆地(菲律宾海)岩石圈的热演化模型
1—莫霍面界线；2—斜长石/辉石相变界线；3—辉石/花岗岩相变界线

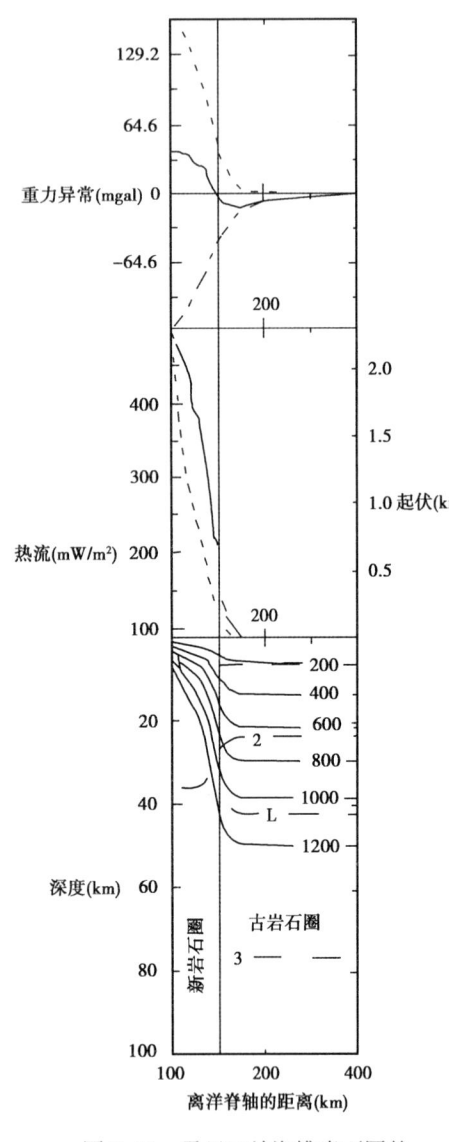

图 5.18 马里亚纳海槽岩石圈的
热模型(现今热状态)

论目前用于评价天然气水合物沉积层中天然气体积的方法。要阐明的其他关键要素是:天然气水合物稳定层深度的估算和这一估算与某些海洋地区 BSR 位置的比较。

5.5.1 天然气水合物的成因和特征及其稳定性的压力—温度(P—T)条件

大部分水合物是由水过滤机理生成的(Ginsburg 和 Solovjyev,1994)。由于温度降低使水中甲烷溶解度降低是适合存在于水合物稳定层内的主要原因。通过过滤机理从含甲烷水中生成水合物(Ginsburg 和 Solovjyev,1994)。与气和水的原始体积相比(在标准温度和压力(STP)条件下每摩尔水约含 1.3 cm^3 气),天然气水合物的形成伴随着体积减小。这一体积减小具有重大意义:①水合物形成引起了排泄,水和气流到水合物形成的地方;②这一体积减小刺激了局部构造过程,例如滑坡(Ginsburg 和 Solovjyev,1994)。

在平衡沉积过程中不形成天然气水合物,因为其形成需要孔隙水相对于底水的向上运动。沉积中的一些异常因素对于天然气水合物的形成是必须的。这些异常因素包括(Ginsburg 和 Solovjyev,1994):①俯冲带加积棱柱中沉积盖层增厚和压力;②在大陆边缘俯冲过程中沉积层的加载和压实;③崩落不平衡沉积。水合物形成的热梯度必须足够高以便产生高甲烷溶解度,但是这一溶解度不必太高以至于破坏水合物稳定性。钻井数据显示,天然气水合物只能在具有粗粒和渗透好的砂岩或粉砂岩层内形成。岩石中细粒黏土的出现妨碍了天然气水合物的形成(Istomin 和 Yakushev,1992;Ginsburg 和 Solovjyev,1994)。

假定在找到了合适温度和压力条件的沉积岩中,以天然气水合物的形式能够出现大量天然气(主要由甲烷组成)。天然气水合物是(大部分)甲烷和水的似冰固体混合物(结晶形)。在相对冷的高压环境中天然出现的天然气水合物(原地生成水合物)能够占据天然气和水共存区域内土壤和孔隙岩石的孔隙空间。这些条件在孔隙沉积层中(深度大于 200m 的海上和连续永冻区域的陆上)是普遍的(Weaver 和 Stewart,1982)。在表 5.4 中描述了含纯水的天然气水合物形成的平衡曲线。

表 5.4 含纯水的纯甲烷气水合物的平衡(Istomin 和 Yakushev,1992)

平衡类型	冰—气—水合物			水—气—水合物						
P(MPa)	0.11	1.86	2.17	2.57	4.26	6.95	15.93	22.99	65.43	100
Z(km)水	0.011	0.186	0.217	0.257	0.426	0.695	1.593	2.299	6.543	10
T(K)	196.6	263.15	268.15	273.15	278.15	283.15	290.15	293.15	301.15	305.84
T(℃)	−76.6	−10	−5	0	5	10	17	20	28	32.7

表 5.4 中的 P—T 曲线与图 5.19 一致(Lonsdale,1985)。表 5.4 中的参数 P 是孔隙水压力,该压力可以与静水压力一致或超过静水压力。图 5.19 显示,天然气水合物的 P—T 条件——水平衡在很大程度上取决于天然气中乙烷与丙烷的含量,还取决于水矿化度。因为海水矿化度造成的温度变化约为 1.5℃,而天然气中乙烷—丙烷含量造成的温度变化达到 5~10℃(Hesse 和 Harrison,1981;Weaver 和 Stewart,1982;Laberg 等,1998)。在计算天然气水合物平衡层的深度位置中使用了图 5.19 中的曲线(参见 2.54 节和 4.4 节中的图 4.54)。

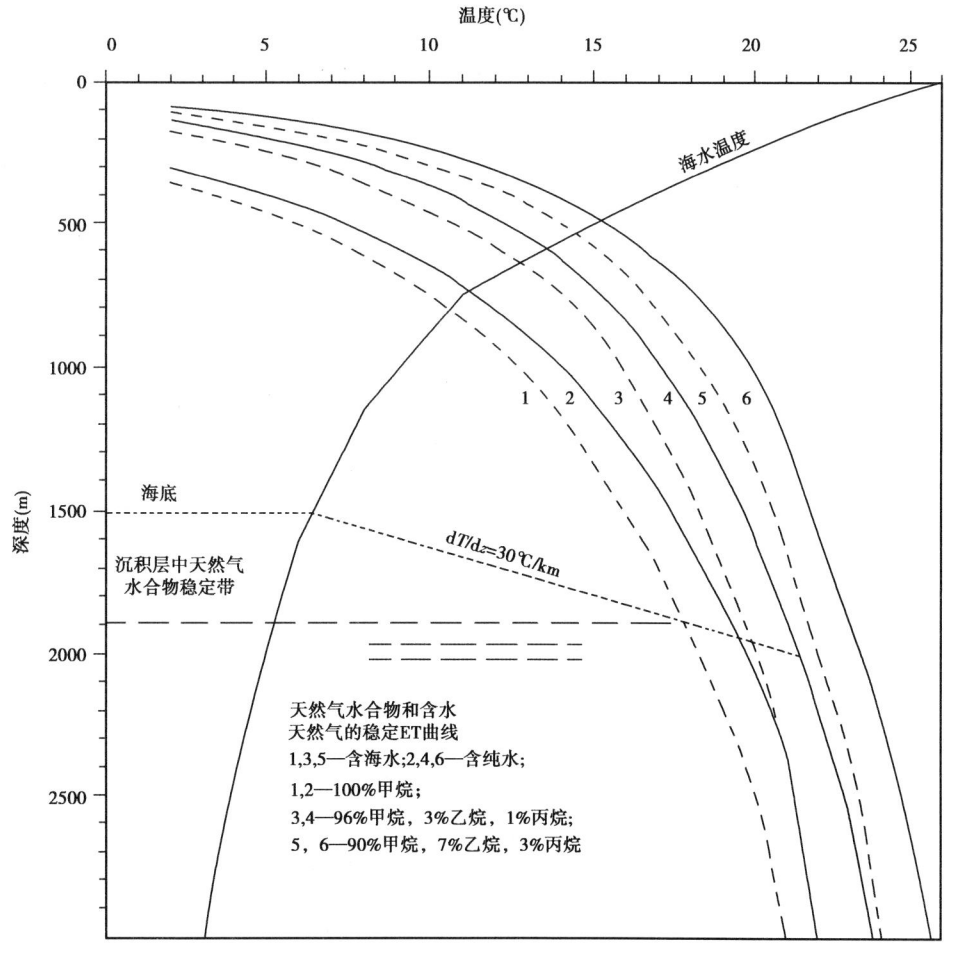

图 5.19 淡水(纯水)和海水以及不同水合物组成的天然气
水合物稳定层的压力—温度条件(据 Laberg 等,1998)

除了热导率(天然气水合物中为0.45~0.51W/(m·K),冰中为2.35W/(m·K))之外,甲烷气水合物的所有物理属性与冰的物理属性相同(Istomin和Yakushev,1992)。水合物是由把气分子封闭在里面的刚性笼状水分子组成的固体。在标准条件(STP)下一个体积天然气水合物构造可以含有多达164个体积甲烷气。因为这一大的气体储存能力,表明天然气水合物可能是重要的天然气资源。

两个主要因素影响天然气水合物稳定层的深度:地温梯度和气体组成。其他因素(这些因素的作用难以量化)是孔隙流体矿化度、孔隙压力和储集岩粒径。根据对麦肯齐河三角洲和阿拉斯加北坡的研究(Collet,1993)(在该研究中分析了100多口井),甲烷水合物稳定层的特点是温度范围10~20℃,压力范围300~2000psi。在阿拉斯加湾(水深范围400~1500m),天然气水合物底部出现在水底之下1000m深度。

5.5.2 海底模拟反射层(BSR)、游离气层和天然气水合物稳定层的顶部

在地震测线上,因为这一同相轴取决于海底地形并且反射振幅较强,常常与地层学不一致,BSR同相轴的解释是非常可靠的。但是,即使在这种剖面上,也能够把BSR和倾斜反射层识别为地震层序边界,获得高精度的地震解释。没有把BSR识别为成岩或饱和边界是解释这类同相轴中的严重失误。

公开的资料显示(Bangs和Sawyer,1993),纵波速度的急剧下降造成了BSR来源,据推测,密度平均从约1959m/s下降到1600m/s。少量游离气(大约1%)足以产生对阿拉斯加地区广泛的测井分析(Collett,1993)证实,天然气水合物饱和层的特点是与含水饱和度有关的速度较快。但是,因为天然气水合物饱和度通常是局部的并且在空间上是变化的,不见得顶部水合物层是BSR来源。

长久以来已经认为出现BSR(具有负阻抗差的地震反射层)是含甲烷水合物区的特征。这一结论基于以下地震分析(Laberg等,1998):根据方程:$1/2210 = (0.7/x) + (0.3/1500)$(式中1500m/s是水中的速度,沉积层的平均孔隙度为30%),把远离天然气水合物层的欠饱和基岩的速度计算为2760m/s。估计天然气水合物中的速度为3300~3800m/s(Sloan,1990)。例如,BSR以上从2210m/s增加到2495m/s是因为出现了天然气水合物,能够从以下时间方程中得到由天然气水合物占据的体积的一次近似:$1/2 = (0.7/2760) + ((0.3 - x)/1500) + (x/3300)$,式中使用了3300m/s的天然气水合物中的速度(Laberg等,1998)。根据这些估算,天然气水合物占总沉积体积的14%或孔隙体积的47%(如果使用了3800m/s天然气水合物速度,分别占13%和43%)。在未固结的永冻区域,如果考虑到永冻地区的总密度与纵波速度的相互关系,水合物饱和度最高能够降低到孔隙体积的26%和总体积的7%。

但是,因为BSR层的出现不等于在这一层位水合物附近岩石中出现了大量的天然气水合物,在用地震方法进行水合物分析中要谨慎(Ginsburg和Solovjyev,1994;Laberg等,1998)。一般说来,BSR的成因是文献中一些争论的主题。一些观测意味着:①BSR是天然气水合物和含游离气层之间声阻抗差的结果;②BSR是来自覆盖在不含油气的沉积层上的高速天然气水合物层的折射;③BSR是由下伏含有低浓度天然气水合物沉积层的游离气造成的(Ginsburg和Solovjyev,1994;Laberg等,1998;Andreassen等,1997)。在西南巴伦支海大陆架,多道地震数据表明,含有天然气水合物的沉积层覆盖在游离气层上面(Laberg等,1998),但是非常具体的情况需要进行特殊分析。

普遍的错误观点是海相沉积层中水合物层实际出现的底部应该与水合物稳定层底部一致。实际上,如果甲烷质量流量超过某一临界值 q_m,稳定层底部仅等于水合物出现层。在海相沉积层中天然气水合物实际出现层的底部通常与甲烷气水合物稳定层底部不一致,而是位于比稳定层底部更浅的深度。对于甲烷气水合物来说,压力—温度场内出现甲烷不足以保证出现天然气水合物。如果在流体中溶解的甲烷质量分数超过海水中甲烷溶解度并且由孔隙水流携带的甲烷流量超过对应于扩散甲烷输送量的临界值,才能形成这些水合物(Xu 和 Ruppel,1999)。

如果 BSR 表示游离气层的顶部,那么实际上 BSR 应该出现在比稳定层底部更深的地方。游离气可能存在于甲烷稳定层之下的层中,这时液相中的甲烷饱和度超过甲烷溶解度。从以上信息中得出两个结果(Xu 和 Ruppel,1999):①在某些情况下,通过插入既不含水合物也不含游离气的沉积层,游离气层将被从上覆的甲烷水合物层和甲烷水合物稳定层中分离出来,在这种情况下,BSR 层出现在上覆层之下;②在物理和化学条件不利于游离气层发育的情况下,可能形成不了 BSR。在大部分环境中,研究人员把 BSR 解释为同时与游离气层顶部以及甲烷水合物出现和甲烷水合物稳定层的底部一致。例如,因为快速沉积,在水合物稳定层底部 $P—T$ 条件迅速变化过程中可能出现这种情况。如果在这种情况下通过溶解释放的甲烷量超过甲烷溶解度,那么游离气层确实就在甲烷水合物出现和甲烷水合物稳定层下面形成。即使在无沉积情况下甲烷流量不足以在此深度快速产生游离气(Xu 和 Ruppel,1999)。

5.5.3 具有 BSR 层的地区中气体体积的估算

最初认为,水合物会出现在天然气水合物稳定层内的任何地方。这种层的压力和温度条件说明了大陆和海岛边缘海相沉积层、深淡水湖中陆源沉积层和永冻区域中最上部的数十到数百米的特性。这些地质构造大约占据了世界海洋面积的10%(约 $4 \times 10^7 km^2$)(Ginsburg 和 Solovjyev,1994)。这些区域与大洋区域的差别是沉积盖层较厚并且沉积岩中有机物含量较高。

在天然气水合物储层中可能含有的天然气体积取决于 5 个储层性质(Collett,1993):①天然气水合物的展布范围;②储层厚度;③储集岩孔隙度;④水合物数量;⑤天然气水合物饱和程度。在表 5.5 中说明了北美洲普鲁德霍湾区域天然气水合物沉积层中所含气体体积的估算实例。

表 5.5 北美洲普鲁德霍湾 A—F 天然气水合物层储层数据和估算的气体体积(Collett,1993)

水合物层	面积 (km²)	平均厚度 (m)	平均孔隙度 (%)	平均水合物饱和度 (%)	气体体积 ($\times 10^{12} m^3$) $n = 7.475$	气体体积 ($\times 10^{12} m^3$) $n = 6.325$
A	334	17	38	85	0.301	0.355
B	122	14	37	86	0.076	0.089
C	363	15	39	84	0.248	0.293
D	357	13	39	85	0.214	0.252
E	404	11	39	85	0.205	2.242
F	3	32	42	85	0.005	0.006

注:S = 1.049;S = 1.237。

展布范围。如上所述,最初认为,水合物出现在天然气水合物稳定层内的任何地方。但是最近几年的许多研究清楚地证明,水合物不在整个可能出现的潜在地区连续分布,而是在这种地区的局部出现,并且仅约占潜在地区的10%(Ginsburg和Solovjyev,1994)。表5.5示出,即使在对水合物有利的区域内,每个水合物层在地区之间变化很大。为了对这些地区进行估算,需要对每个具体情况进行特殊分析。

储层厚度。在估算世界海洋或大区域(像北极或南极洲边缘)天然气水合物的总体含量中,认为水合物储层厚度为水合物稳定层下半部的10%。在普鲁德霍湾的情况下,这意味着60m厚度,这超过了该地区内水合物实际厚度(Collett,1993)。水合物的厚度范围从几厘米到几米,在很少情况下到几十米。因此,以上厚度估算(水合物稳定层下半部的10%)看来似乎过高(Ginsburg和Solovjyev,1994)。

储集岩孔隙度。在估算世界海洋或大区域(像北极或南极洲边缘)天然气水合物总体含量中,认为水合物储层的平均孔隙度为30%,这对上部砂岩剖面是有代表性的。对于所研究地区的水合物层内剖面的具体岩性来说,要评价这一值。

水合物数。是表征充入气体分子的水合物笼形结构的数目。水合物数取决于水合物的类型。天然气水合物的一般公式为 $M \times nH_2O$,式中 M 是气体分子,$n=6 \sim 17$,取决于 $P-T$ 条件和天然气水合物结构(Istomin 和 Yakushev,1992)。如果甲烷水合物的笼形结构完全充满气,天然气水合物的水合物数为5.8。大部分研究人员认为在自然界中不可能完全充满天然气水合物的笼形结构。然而,如果笼形结构中气体所占体积小于70%,天然气水合物是不稳定的。Collett(1993)认为,笼形结构的变化从充满90%的气体(水合物数为6.325)到充满70%的气体(水合物数为7.475)。水合物数的这一范围完全代表了自然界中出现的可能最小和最大值。具有6.325水合物数的 $1m^3$ 甲烷水合物产生 $164m^3$ 甲烷(在标准温度和压力条件下),具有7.475水合物数的 $1m^3$ 甲烷水合物产生 $139m^3$ 甲烷(在标准温度和压力条件下)。

天然气水合物饱和度。这一值变化范围很大,从百分之几到93%~95%。如上所述,通过测量水合物层内地震速度的增加能够评价该值(Laberg等,1998)。

因此,估算天然气水合物潜在气体体积需要知道所研究的水合物储层的面积、厚度、孔隙度、饱和度以及水合物类型。用以下公式得到每 $1km^2$ 可能的天然气水合物储层的体积:

$$Vgh = \phi \times S \times \Delta h \times 10^6 (m^3/km^2)$$

式中,S 为孔隙中天然气水合物饱和度;ϕ 为水合物储层中沉积层的平均孔隙度;Δh 为储层厚度,m。

这一估算方法是非常近似的。因此,Makogon对西西伯利亚盆地梅索亚哈(Messoyakha)气田提出了相当夸大的天然气水合物含量估算,由于他假定储层厚度等于稳定层总厚度,这是极不准确的(Collett和Ginsburg,1994)。

5.6 小结

在这一章为了解热传导方程考虑的算法,基于差分的综合方法使得能够设计用于分析裂谷盆地热状态的计算机软件包,包括被动大陆边缘和边缘海盆地。这些盆地经受了一些因素的作用,例如大洋与大陆岩石圈不同年龄断块之间的热交换、扩张条件下的热交换和扩张轴突变。与岩石圈热和密度非均匀性有关的岩石圈表面均衡起伏内重力异常变化的分析也是计算系统的一部分。该系统的重要组成部分是用于分析因起伏不规则变化和介质中岩性非均质性造成的表面热流扰动的程序。

模型模拟显示,两个主要过程决定着被动边缘盆地岩石圈热状态的形成:①海洋岩石圈以其随时间变化的速率扩张;②大洋与大陆岩石圈之间的热交换。大陆与大洋岩石圈断块之间的热过渡带宽度达到 700~1000km(例如南极洲澳大利亚区段大西洋型裂谷大陆边缘)。通过大洋岩石圈表面热流从洋脊轴带中的 $500mW/m^2$ 迅速下降到白垩系区域内的 $50mW/m^2$。在对南极洲澳大利亚区段的模拟中,仅对年龄小于 30~35Ma 的海底,模拟的海底深度与海洋岩石圈的半经验表面起伏极其吻合(Parson 和 Slater,1977)。对于较老的岩石圈,因为相对冷的大陆岩石圈断块的影响相当明显,导致海洋基底进一步发生 1~1.5km 的构造沉降(据 DSDP-269 井数据)。

模型计算显示,在海盆的第一个扩张阶段(在相对窄海盆与大陆边缘的反差起伏条件下),中高热流和高沉积速率能够加速被动大陆—海洋边缘内有机质的成熟。同时,在极低沉积速率的情况下,靠近扩张中心的年轻海盆沉积盖层可能显示出有机质低成熟度。佩洛塔斯盆地(巴西大陆边缘)的模拟结果显示,有机质成熟度在很大程度上取决于所讨论场所的位置,与大陆—大洋边界有关。

南极洲(白令海内,图拉与英雄断层之间)—太平洋过渡浅俯冲边缘盆地岩石圈的水平重力异常、海底起伏和热演化的模拟提供了这样的例子,即评价具有复杂演化史(包括在海洋岩石圈俯冲期间扩张轴突变、两个扩张中心同时活动和在其接近大陆边缘时老扩张轴的消亡)的盆地沉积层内温度状态和有机质成熟条件。

本章介绍的结果显示,数值模拟能够满意地描述岩石圈热状态演化、海底起伏和边缘沉积盆地热流,在这些盆地中弧后扩张是主要形成机理。地热研究和分析显示,在这些盆地中据经典"热流—地壳年龄"关系的明显偏差可能只是由于几个过程造成的,例如沉积盖层和基底中热液循环、广泛沉积作用和因为起伏不规则变化和热传导反差造成的热流折射。这些过程常常是由基底的热再活化作用引发的,为弧后扩张的局部轴的可能突变创造条件。在这种再活化中包括的地球动力学因素具有不同性质。例如岩石圈板块相对运动的变化或在上部弧后地幔中二次对流运动的发育。特别是,在多期扩张二维模型框架内科曼多尔盆地岩石圈热史的重建提供了对这种边缘盆地现今热流、深海特性和热构造的满意解释。此外,菲律宾海边缘盆地岩石圈热演化模拟证实了 Karig 的概念,根据这一概念,这一演化通过几个弧后扩张阶段进行。

大陆边缘和弧后扩张中沉积盆地的热状态、表面起伏和重力场的模拟需要考虑几个过程,例如不同年龄和类型岩石圈断块(海洋与大陆)之间的侧向热交换、时变扩张速度和扩张轴突变。这些过程中首先是由于弧后盆地中古扩张构造的起伏幅度及大小造成的。模拟结果证实边缘海盆的明显沉降部分与邻近大陆边缘的冷却效应有关。

许多地质学家有过高估计海洋边缘上沉积盖层内出现的天然气水合物体积的趋势。这一过高估计的主要原因是他们假定天然气水合物出现层的厚度等于天然气水合物稳定层的厚度,这是极不准确的。在甲烷气水合物的压力—温度稳定场内出现甲烷不足以保证存在天然气水合物。如果溶解在液体中的甲烷质量分数超过海水中甲烷溶解度并且孔隙水流携带的甲烷流量超过对应于扩散甲烷输送量的临界值,才能够形成这些水合物(Xu 和 Ruppel,1999)。同样,因为 BSR 层的出现不等于在这一层附近的岩石中出现大量天然气水合物,因此用地震方法进行水合物分析过程中应该格外谨慎(Ginsburg 和 Solovjyev,1994;Laberg 等,1998)。

6 结 论

热模拟的未来研究必须联合以下三种并行的方法：

第一，集中在基本过程上，例如压实、岩石圈—软流圈演化、古水文地质重建、动力学系统和古地温校正等。

第二，由于地质现象总是相互作用而且常常不能单独地进行研究，应该把这些基本过程综合到整体模型之中。

第三，通过对孔隙介质的理论研究和实验测量改进输入约束条件（例如热导率、渗透率和放射产生热的分布状况）。

热模拟的进展将源于这三个领域的共同努力以及这些工作涉及研究人员之间和研究人员与参与者之间的及时交流与沟通。

6.1 模拟地球动力学及相关的地热学

（1）在大陆裂谷的轴向拉伸作用下发生的盆地岩石圈变薄和软流圈的底辟作用，被认为是控制裂谷盆地形成的主要过程。通过岩石圈弹塑性拉伸的计算机模拟和大量盆地构造沉降曲线的分析，证实了"裂谷盆地开始阶段中岩石圈的热活化和拉伸时期可能延续数千万年——比使用岩石圈瞬时拉伸模型预测的时期要长得多"的论点。裂谷沉积盆地岩石圈的进一步演化可能采取许多途径，包括范围从大陆内构造（坳拉槽）到被动大陆边缘和边缘海的局部扩张中心等一大类盆地，每个盆地具有特殊的构造史、热流系统和有机质成熟条件。

（2）用于控制构造和热事件次序的基底构造沉降的模拟计算假定岩石圈对负载具有局部均衡响应。因此，在具有异常高海平重力值的动力活动带的应用需要进行构造沉降校正。

（3）在被动陆缘和弧后盆地中大陆与海洋岩石圈接触带内（局部扩张轴突变和老的扩张中心的冷却）温度分布的二维模型显示，由于与大陆板块接触带的大陆岩石圈的冷却作用，在海洋岩石圈的边缘部分可能形成深的沉积盆地。

（4）在边缘海盆地、大洋盆地和复杂成因的被动陆缘盆地中，重要现象包括这些盆内岩石圈热流系统的形成过程中的扩张轴突变（偶尔同时涉及两个扩张中心）和非活动的扩张中心的热弛豫。

（5）被动大陆边缘的多时代岩石圈地块和/或不同类型盆地的岩石圈地块（大洋或大陆）之间的横向热交换，促进了大陆边缘基底表面的地形及热流系统的形成和弧后的拉张。热交换极大地增加了大陆与海洋岩石圈接触区内大洋基底的构造沉降幅度，并且促进了具有极度成熟有机质的深海沉积物的沉积作用。基本上，被动陆缘盆地中有机质成熟度的热条件差异主要取决于在边缘范围内的沉积地层位置。

6.2 模拟热史

在沉积盆地的热模拟中，对输入参数精度的独立评价还不够充分，必须进一步改进热模拟的精度和预测能力。少数盆地模拟程序将发生快速沉积/剥蚀产生的瞬时热效应分析与大规模地壳运动(拉伸、逆冲作用)合并。然而,大多数盆地模拟程序需要热流史(或软流圈温度加上岩石圈厚度)作为输入参数。

原生岩石中的温度误差常常比热导率误差更容易影响模拟的地下温度。当目标区与校准点之间的横向距离和深度的差异增加时,对热导率的敏感性也在增加。因此为了获得高质量温度资料,在岩性横向变化的地区对热导率的准确认识最重要。

由大陆盆地模拟热史得出的主要结论是:

(1)模拟热史的主要优势之一是考虑沉积盖层内节理系和下伏岩石圈及软流圈内的传热作用直到200~220km的深度,考虑潜热效应。这种方法能够计算沉积盖层和基底内随深度变化的岩石密度分布,然后在考虑盆地拉伸和热活化条件下计算盆地发育中每个时步的基底面构造沉降的变化。例如,使用计算的构造变化估计三叠纪和现今撒哈拉盆地之下岩石圈热活化和拉伸幅度,乌拉尔—巴斯基尔岩石圈缓和的古生代热变化和西西伯利亚盆地侏罗纪热活化的持续期等。

(2)文献中对地壳拉伸的热效应给予了极大的关注。然而,虽然这些效应在有机质的成熟史中极其重要,但当烃源岩达到它的最高温度时,它们对计算油气生成的重要性不大。在某种情况下,对古热流计算的转化率敏感性小于对原岩温度的敏感性。只有当古热流影响最高温度时,这些烃源岩是古热流误差的主要来源。然而,在目前烃源岩不处于它们的最高温度的情况下,这也是由于剥蚀作用和/或剥蚀后的历史。然而,对古热流的准确认识对油气生成时间(例如,对于盖层岩石的形成)是极其关键的。

(3)建立和校正盆地初始模拟参数的主要工具,加上关于构造和演化的地质及地球物理信息,是对计算的和实测的镜质组反射率资料对比以及实测的与计算的温度剖面的对比和动力学模型中镜质体反射率的确定。用基底面构造沉降幅度变化的分析(用两种独立方法计算的:回剥和地壳中与温度相关的密度分布法)细化在所研究的沉积盆地中可能已经发生的构造事件和热事件的次序。由于地壳中与温度相关的密度分布关系提供了模型有效性的补充控制标准,所以它是控制构造沉降的一种新的有力工具。

(4)沉积速率和温度梯度是确定盆地发育的裂谷阶段初期有机质成熟程度的因素。即使在没有侵入加热和相应热液的热交换情况下,高沉积速率能够显著地提高有机质的成熟度水平(包括液态烃二次裂化成气组分和焦)。

(5)以已知裂谷阶段为特征的侵入加热和相应的热液交换为有机成熟度的急剧增加提供了合理的解释,表现为在裂谷盆地的下部沉积地层中经常观测到的镜质组反射率阶状剖面。对侵入体产生热效应的模拟显示出它能够使距侵入体0.5~1.0倍距离围岩中有机质成熟度明显增加。用熔融物质与围岩未接触条件下在有限时间内(从几分钟到几个月)形成的侵入体的一个模型,能够合理地解释实测的镜质组反射率与用同时有侵入体的模型计算值之间的偏差。

(6)对南北半球的高纬度盆地的模拟需要在再现永冻层形成和融化条件下考虑沉积盖层的温度状态。这是使用现今温度作为控制手段的模拟软件包的必要部分。因此,西西伯利亚沉积盆地在最后3.4Ma(上新世—全新世)期间发生的气候变化使上部地层(1500m)的温度降低了15~20℃,下部地层(最深到3000m)的温度降低了8~10℃。

(7)对于目前岩石未达到最大埋深的地区,模拟的热史或多或少对估算的剥蚀厚度敏感。

已经提出了几种确定剥蚀厚度的方法,包括磷灰石裂变径踪迹、页岩压实和成熟度指数。令人遗憾的是,旨在量化这些方法的误差的研究成果很少。

我们提出了通过计算时间—温度指数分析剥蚀后镜质组反射率变化的一种新的简化方法。这种方法的应用昭示了成熟度剖面对剥蚀的响应不仅受到剥蚀幅度的控制,而且很大程度上还受到后来盆地沉积史的控制。

(8)对热流系统中剥蚀作用的模拟主要取决于选择有限差分格式中的空间—时间步长,而这些差分格式被用于求解热传导方程。使用较大的步长 Δz 和 Δt 可能产生估算热流的误差。还用盆地遭受剥蚀前后的沉降和沉积史确定出剥蚀作用对较浅地层中有机质成熟度产生的热效应。与现在的认识相反,压实沉积物的漫长的剥蚀作用可以导致盆地沉积盖层中温度梯度的降低。如同发生再埋藏过程,R_o 剖面中的偏差减少直到无明显差异为止,并且 R_o 剖面因此是"退火的"。

6.3 模拟油气生成

(1)模拟的有机质转换系数的验证不容易实现。已知烃源岩随深度变化的 S_1 递增和相应的 S_2 减少将给出地质条件下干酪根转化的独立信息。进行这样的验证需要选取该盆地不同位置许多井中的烃源岩样品,而且必须确定该地区的高精度热史。在建立动力参数的普遍验证方法之前,必须完成一些验证研究。

(2)为了确定动力反应参数,模拟系统把烃源岩的地质热阶段和岩石热解阶段综合到拟合程序之中。由此获得了镜质组反射率为 0.5~0.8 的烃源岩的动力学光谱低能部分的较好的估算值。忽略有机质成熟度的地质阶段使接近高能量的能谱发生变化,因此,导致过高地估算生烃量。

由于在动力参数和多值频率系数的拟合程序中包含成熟度的地质阶段,引起了一个额外的问题。因此需要建立油气初始生成率(HI_0)的上限。如果成熟度尺度对动力学分析有效,能够完成含有相同类型干酪根但不同的成熟度水平的烃源岩的联合分析,那么能够解决这一问题。

(3)尽管近年来技术细节已经发生了改变,Lopatin(1971)引入 TTI 作为干酪根热成熟度的测量指标以来,动力学系统的主要推进没有改变多少(Braun 和 Burnham,1987;Ungerer 等,1988)。基本上,该程序提出干酪根等端元组分的一套动力学反应。

天然的与模拟的干酪根化学组分之间的失配表明,热解结果本质上可能不完全与反应有关,因此根据热解确定的动力学参数不能严格应用于地质时代。如果在 S_2 信号中包含非烃类,由未成熟样品的热解得到的 S_2 给出初始油气潜量估算值是否有效,还有待于进一步研究。

(4)动力学光谱恢复的单值解需要对具有相同干酪根类型但不同成熟度水平的烃源岩进行详细的研究。与认为频率因子是常数的传统方法相比,在有效反应谱的研究中,极力推荐使用这种具有可变频率的算法。

6.4 模拟特殊地区

(1)在所有的撒哈拉盆地中,在镜质组剖面中海西期剥蚀仅占观测到的镜质组反射率突变的一小部分。三叠纪、早侏罗世和局部新生代的侵入活动和伴随的热液传热作用,圆满地解释了撒哈拉盆地的成熟度剖面中的阶状特征。在温度较低的斯巴次盆地内油藏具有较低的成熟度水平和保存良好,是由于在侏罗纪该次盆地比相邻盆地的下伏岩石圈相对较厚和/或发生了强度较弱、可能较深的热液—侵入活动。

(2)总体上在撒哈拉地台之下岩石圈发生了强烈的变薄,尤其在南部和西部盆地。撒哈拉盆地的高地温背景(包括相对地温较低的盆地,诸如撒哈拉东部和北部的三叠、古德米斯和北韦德迈阿盆地),是岩石圈减薄的证据。在提米蒙、贝沙尔、廷杜夫、雷甘、阿赫内特、莫伊代尔和伊利兹盆地,这种异常的热液系统尤其明显。

(3)在撒哈拉地区伊利兹盆地的东部和中部,除了由于地幔热柱使岩石圈减薄之外,由于新生代发生了最大幅度约为1.16的岩石圈拉伸使地壳厚度减少也使岩石圈变薄。伊利兹台地之下的岩石圈,特别在其东部和中部,可能已经被熔化和转化,至少在局部转化成单斜辉石岩。这种状况也可以描述撒哈拉南部和西部其他过度热的盆地。造成上述改变的作用类似于与裂谷作用有关的过程,但是转化的程度没有东非裂谷系西支之下发生的那么强烈。

(4)在大多数撒哈拉盆地中,测量的成熟度水平要高于预期的现今温度。因此,初始总有机碳的区域平均估算值需要评价所研究盆地的实际热史,包括每个特殊地区的海西期隆起的幅度,古生代沉积遭受剥蚀和可能的热液加热作用的范围,及其对干酪根成熟度的影响。它还将对确定原始沉积中心有意义,因为具有过成熟有机质的地区显示出低有机碳含量,是干酪根潜量衰竭造成的。这样一种方法是估算初始总有机碳的基本方法,因此也是评价盆地含油气远景的主要方法。

(5)在撒哈拉北部和东部的盆地中,古生界的油气生成和聚集的有利条件主要出现在该地区的南部和西南部。至于中部和北部地区,油气优先在中生界生成。有希望的圈闭或有利构造是紧靠沉降带的那些,那里的志留系和泥盆系页岩烃源岩未遭受隆起,因此,除了未遭受剥蚀之外,热作用也中止。尤其是古德米斯、伊利兹和一些南部盆地,由于在古生代和中生代是活动的,所以它们构成了有利地区。在白垩纪末,撒哈拉东部开始生成气。

(6)在西西伯利亚盆地,温度和成熟度剖面中的变化是由于形成游离烃聚集、上新世—全新世的气候变化、沉积岩中存在有机质和在盆地发育的裂谷阶段中发生了侵入和热液作用。

(7)气候变化,包括最后3.4Ma西西伯利亚北部盆地中永冻层的形成和融化的许多情况,在沉积剖面上部1.5km中可能增加了10~17℃,在其底部增加了10℃。然而,由于这些过程的持续期很短,它们对有机质成熟度的影响极小。烃源岩地层中具分散有机质(TOC=1%~3%)的岩石的热导率变化仅仅增加沉积岩的温度3~5℃及增加岩石成熟度0.02%。镜质组反射率随深度的急剧增加是世界上最大气田——乌连戈伊气田深层沉积单元的典型特征,而且用侵入—热液活动的补充加热也能解释包括撒哈拉盆地在内的许多其他大陆裂谷盆地。认为该过程对温度和成熟度剖面的影响将随着岩性、有机质含量、游离烃聚集形成的空间和时间尺度和其他特征而改变。我们的模拟结果可能有助于估计这些参数的相对影响。

(8)正如在一些模式中假定的那样,南乌拉尔地区(在东欧地台内)低热流带的成因与岩石圈中放射性同位素产生的低热量无关,而仅与地幔形成的低热流有关。这种热流反映了在超过200km深度发生的过程。在二叠纪乌拉尔古海洋闭合之后的时期内,一定达到了下沉大洋板块与周围地幔之间的热平衡。但是其他过程,诸如在300~500km深度具有成分转化的一部分大洋板块能够缓慢地向下流入地幔,刺激其上层的冷却作用。这一问题有待于进一步的地球物理和地质研究。

(9)大洋盆地最初扩张阶段的高热流和高沉积速率(在相对窄的大洋盆地和大陆边缘差异地貌的条件下)能够加速被动的大陆—大洋边缘中有机质的成熟作用。同时,靠近扩张中心轴的那些年代新的大洋盆地的沉积盖层沉积速率低,可能显示出低的有机质成熟度水平。佩洛塔斯(Pelotes)盆地的模拟结果(巴西大陆边缘)显示有机质成熟度主要取决于上述与大陆—大洋边界有关的位置。

(10)在南极洲太平洋地区过渡的俯冲带边缘,该盆地岩石圈的海平重力异常、海底地形和热演化的模拟(在图拉和英雄断层之间的别林斯高晋海中),提供了评价具有复杂演化过程的盆地内沉积层的温度状态和有机质成熟条件的实例,包括海洋岩石圈俯冲期间的扩张轴转移、两个扩张中心同时活动和老的扩张轴接近大陆边缘时的消亡。

(11)对海洋边缘上部沉积盖层中天然气水合物的体积有过高估计的趋势。产生这种过高估计的主要原因是一些研究人员假定天然气水合物层的厚度等于天然气水合物稳定带的厚度。在甲烷天然气水合物的压力—温度稳定范围内存在甲烷不足以保证存在天然气水合物。只有当溶解在液体中的甲烷质量分数超过海水中甲烷的溶解度,而且孔隙水携带的甲烷通量超过扩散甲烷搬运速率的临界值,才能形成水合物。同样地,由于海底模拟反射层(BSR)的存在不等于在靠近该带的岩石中存在大量的天然气水合物,用地震方法进行水合物分析要格外细心。

6.5 盆地模拟方法在油气勘探中的应用

做出钻探或者放弃勘探的决定涉及地质风险和经济风险的评估。此外,盆地模拟结果的可能范围要比代表大多数同样评估的单一数字重要得多。

确定误差对盆地模拟项目的设计是至关重要的。周密的敏感性分析是设计盆地模拟研究在有效时间内用最优精度完成所必需的,而且仅能在通过大量数据的检验后才能确定。更难以捉摸的是误差范围赋值,这能反映已知物理过程的不确定性。

盆地模拟对一个石油公司的最大益处取决于如何将模拟结果结合到勘探评价的全过程之中。目前的盆地模拟资料还远远未涉及这方面内容,未来需要给予极大的关注。

参 考 文 献

Aliev M M, Morozov S G and Postnikova I E. 1977. Geology and oil – gas prospecting of the Riphean and Vendian deposits in the Volga – Urals region. Nedra, Moscow (in Russian).

Alieva T R and Kucheruck E V. 1983. Rifting in sedimentary basin history and its role in oil – gas occurrences. In: Osadochnye basseiny and ich neftegasonosnost. Nauka, Moscow, p. 37 – 53 (in Russian).

Alieva E R and Ushakov S A. 1985. Sedimentary basins of passive continental margins and transitions zones: types, evolution and oil – gas occurrences. In: Tectonika plit i poleznye iskopaemye (Kovalev AA, Olszak G Eds.). MGU Editions, Moscow, p. 106 – 123 (in Russian).

Alvares F, Vineux J and Le Pichon X. 1984. Thermal consequences of lithosphere extension over continental margins the initial stretching phase. Geophys J Roy Astron Soc 78, p. 389 – 411.

Anderson D L. 1979. The deep structure of continents. J Geophysical Research 84, B13, p. 7555 – 7560.

Anderson D L. 1980. The temperature profile of the upper mantle. J Geophysical Research 85, B12, p. 7003 – 7010.

Andreassen K, Hart P E and MacKay M. 1997. Amplitude versus offset modeling of the bottom simulating reflection associated with submarine gas hydrates. Marine Geology 137, p. 25 – 40.

Andrews – Speed C, Oxburgh E R and Cooper B A. 1984. Temperatures and depth – dependent heat flow in western North Sea. Am Assoc Pet Geol, Bull 68, p. 1764 – 1781.

Archipov S A. 1989. Paleogeography and chronography of Pleistocene in the Northern Siberia (review of new data). In: Chetvertichnyi period (Archipov SA, Ed.) p. 201 – 214 (in Russian).

Archipov S A, Volkova V S, Bachareva V A et al. 1994. Climate variations in West Siberia. Geologia i Geofisika 1, p. 3 – 21 (in Russian).

Artemjev M E, Kaban M K, Kucherenko V A, Demyanov G V and Taranov V A. 1994. Subcrustal density inhomogeneities of northern Eurasia as derived from the gravity data and isostatic models of the lithosphere. Tectonophysics 240, p. 249 – 280.

Artjushkov E V. 1983. Geodynamics. Elsevier, Amsterdam.

Artjushkov E V and Bayer M A. 1983. Mechanism of continental crust subsidence in fold belts: the Urals, Appalachians and Scandinavian Caledonides. Tectonophysics 100, p. 5 – 42.

Artyushkov E V and Bayer M A. 1987. Formation model for the Persian Gulf basins. "Izvestia Akad. Nauk SSSR, ser. Geologckaya", 1, p. 106 – 122 (in Russian).

Artjushkov E V. 1992. Role of crustal stretching in subsidence of the continental crust. Tectonophysics 215, p. 187 – 215.

Artjushkov E V and Merner N A. 1997. Fast formation of great flexures, under sedimentary basinsresults from temporary strength failure of the lithosphere. Doklady AN PAN 356, 3, p. 382 – 386 (in Russian).

Avtoneev V, Druzhinin V S and Kashubin N. 1988. Deep structure of the South Urals alon the Troitsk profile DSZ, Sovetskaya Geologiya, 7, p. 47 – 57.

Artyushkov E V. 1993. Physical tectonics. Nauka, Moscow, 457 pp. (in Russian).

Baer A J. 1981. Geotherms evolution of the lithosphere and plate tectonics. Tectonophysics 72, p. 203 – 227.

Balobaev V T. 1991. Geothermy of permafrost zone in the lithosphere of the northern Asia, Nauka, Novosibirsk, 235 p. (in Russian).

Bangs N C B and Sawyer D S. 1993. Free Gas at the Base of the gas hydrate zone in the vicinity of the Chile triple junction, Geology 21,10.

Barid D J, Knapp J H, Steer D H, Brown L D and Nelson K D. 1995. Upper mantle reflectivity beneath the Willinston basin, phase – change Moho and the origin of intracratonic basins. Geology 23, 5, p. 431 – 434.

Bassi G and Bonnin J. 1988. Rheological modeling and deformation instability of lithosphere under extension – II. Depth – dependent theology. Geophys. J. 94, p. 559 – 565.

Bathe K J and Wilson E L. 1976. Numerical methods in finite element analysis, NY, 470 p.

Beaumont C, Keen C E and Boutilier R. 1982. On the evolution of rifted continental margins: comparison of models and observations for the Nova Scotian margin. Geophysical Journal of the Royal Astronomical Society 70, p. 66 – 715.

Beck E. 1976. An improved method of computing the thermal conductivity of fluid – filled sedimentary rocks. Geophysics 41, 1, p. 133 – 144.

Belokon T V, Balashova M M, Gorbachov V I, Sirotenko O I and Denisov A I. 1996. Prospect of the Riphean and Vendian deposits in the eastern Russian platform. Geologiya, metody poiskov, razvedki i otsenki mestorozhdeniy toplivno – energeticheskogo syrya, Obzor, AOZG "Geoinformmark", Moscow, 38 p. (in Russian).

Berthold A Galushlcin Y I and Muller A. 1986. Geothermische Modellierungen arn Beispiel der Pripjat – Senke. Zeitschrift fur an gewandte Geoilogie, 32, 11, p. 283 – 286 (in German).

Berthold A and Galushkin Y. 1986. Mathematischt Modelirungen dtr Senkenbildung arn Beispiel der N – P Senke. Zeitschrift fur an gewandte Geologic 32, 10, p. 262 – 267 (in German).

Bertotti G and Voorde M. 1994. Thermal effects of normal faulting during rifted basin formation. 2. The Lungano – Val Grande normal fault and the role of pre – existing thermal anomalies. Tectonophysics 240, 1 – 4, p. 145 – 157.

Bethke C M. 1985. A numerical model of compaction driven groundwater flow and heat transfer and its application to the paleohydrology of intracratonic sedimentary basin. Journal of Geophysical Research 90, p. 6817 – 6828.

Bethke C M. 1989. Modeling subsurface flow in sedimentary basins. Geologische Rundschau 78, 1, p. 129 – 154.

Beuf S, Biju – Duval B, de Charpal O, Rognon P, Gariel O, Bennacef A. 1971. Les grès du Paléozoïque inférieur au Sahara. Editions Technip, Paris, p. 464.

Bishop A N and Abbott C D. 1993. The interrelationship of biological marker maturity parameters and molecular yields during contact metamorphism. Geochim Cosmochim Acta 87, 15, p. 3661 – 3668.

Bishop A N and Abbott C D. 1995. Vitrinite reflectance and molecular geochemistry of Jurassic sediments: the influence of heating by Tertiary dykes (northwest Scotland). Org Geochem 22, p. 165 – 177.

Bishop W E. 1975. Geology of Tunisia and adjacent parts of Algeria and Libya. AAPG Bull 59(3):413 – 450.

Bossiére G and Megartsi M. 1982. Pétrologie des nodules de pyroxenolites associées a la rushagite d'In Teria (N. E. d'Illizi, ex – Fort Polignac), Algérie. Bulletin de Minéralogie 105, p. 89 – 98.

Bostick N H, Cashman S M, McCulloh T H and Waddell C T. 1978. Gradients of vitrinite reflectance and present temperature in the Los Angeles and Ventura Basins, California. In: A Symposium in Geochemistry: Low Temperature Metamorphism of kerogen and Clay Minerals (Oltz, D. E, Ed.). Los Angeles, Pacific Section, Society of Economic Paleontologists and Mineralogists, p. 65 – 96.

Brace W F and Kohlstedt D L. 1980. Limits on lithospheric stress imposed by laboratory experiments. J Geophys Res 85, B11, p. 6248 – 6252.

Bredthoeft J D and Papadopulos I S. 1965. Rates of vertical groundwater movement estimated from the Earth's thermal profile. Water Resources Research 1, 2, p. 325 – 328.

Bulashevich Y P, Demezhko D Y, Tshapov V A and Yurkov A K. 1997. Paleoclimate effect on temperature field of the Urals Deep well. Dokl. RAN, (1996) 356, 1, p. 102 – 104 (in Russian).

Bulashevich Y P, Tshapov V A and Yurkov A K. 1992. Thermohelian study of the Urals Deep well. In: Regional geothermic study (Chachay Yu. V. , Ed.), p. 15 – 17 (in Russian).

Burnham A K and Sweeney J J. 1989. A chemical kinetic model of vitrinite maturation and reflectance. Geochim Cosmochim Acta 53, 10, p. 2649 – 2657.

Burollet P F. 1967. General geology of Tunisia, in Guidebook to the geology and history of Tunisia. Petroleum Exploration Society, Libya, 9th Annual Field Conference, p. 51 – 58.

Burollet P F. 1989. North African empiric basins (abs.). 28th International Geological Congress Abstracts with Programs, 1. p. 217.

Burov E B and Diament M. 1995. The effective elastic thickness (T_e) of continental lithosphere: what does it really mean? J Geophys Research 100, B3, p. 3905 – 3927.

Burrus J and Andtbert F. 1990. Thermal and compaction processes in a young rifted basin containing evaporates, Gulf of Lions, France. AAPG Bull 74, 9, p. 1420 – 1440.

Byakov V M, Shimanov G G and Stepanova O P. 1987. Effect of ionizing radiation on coalification of organic matter in the Earth. Chimiya Vysokikh Energii 21, 1, p. 45 – 49 (in Russian).

Byerlee J D. 1968. Brittle – ductile transition in rocks. J Geophysics Res 73, p. 4741 – 4750.

Cahen L, Snelling N J, Dehal T and Vail J R. 1984. The geochronology and evolution of Africa. Oxford Sciences, London, 372 p.

Candle S C, Herron E M and Hall B R. 1982. Cenozoic tectonic history of the southeast Pacific. Earth Planet. Scienc. Letters 57, p. 63 – 74.

Carlslaw H S and Jaeger J C. 1959. Conduction of heat in solids. Oxford University Press, New York, 386 p.

Cheremenskiy G A. 1977. Applied geothermy. Nedra, Leningrad, p. 225 (in Russian).

Chapman D S, Clement M D and Mase C W. 1981. Thermal regime of the Escalante Desert, Utah, with an analysis of the Newcastle geothermal system. J Geophys Res 6 (11), p. 735 – 746.

Chopra P N and Paterson M S. 1981. The experimental deformation of dunite. Tectonophysics 78, p. 453 – 473.

Chopra P N and Paterson M S. 1984. The role of water in the deformation of dunite. J Geophys Res 89, p. 7861 – 7876.

Clauser C and Villinger H. 1990. Analysis of conductive and convective heat transfer in a sedimentary basin, demonstrated for the Rhein graben. Geophys J Int 100, p. 393 – 414.

Clayton J L and Bostick N H. 1986. Temperature effect on kerogen and on molecular and isotopic composition of organic matter in Pierre shale near an igneous dike. Org Geochem 10, 1/3, p. 135 – 143.

Cloetingh S, Ben – Abraham, Sass W and Horvath F. 1996. Dynamics of basin formation and strikeslip tectonics. Tectonophysics 266, 1 – 4, p. 1 – 10.

Collett T S. 1993. Natural gas hydrates of the Prudhoe Bay Kuparuk River area, North Slope, Alaska. AAPG 77, 5, p. 793 – 812.

Collett T S and Ginsburg G D. 1994. Review of the geological evidence of gas hydrates in the Messoyakha gas field of the West Siberian Basin. Report.

Combarnous M. 1978. Natural convection in porous media and geothermal systems. In: Int Heat Transfer 6th Conf, p. 45 – 59.

Conrad J. 1972. Distension Jurassique et tectonique écocretacé sur le Nord – Ouest de la plateforme Africaine (Bassin de Reggane). Compte Rendu Acad. Science Paris 274, 24, p. 2423 – 2426.

Conrad J and Westphal M. 1975. Gondwana Geology, Australian National University Press, Canberra, Australia, 364 p.

Dautria J M and Lesquer A. 1989. An example of the relationship between rift and dome: recent geodynamic evolution of the Hoggar swell and of its nearby regions (Central Sahara, Southern Algeria and eastern Niger). Tectonophysics 163, p. 45 – 61.

Davey F J. 1985. The Antarctic margin and its possible hydrocarbon potential. Tectonophysics 114, p. 443 – 476.

Delaney P T. 1987. Heat transfer theory applied to mafic dike intrusions. In: Mafic dike swarms (Halls HL and Fahrig WF, Eds.), Geol Assoc Canada, Spec. Pape 34, p. 31 – 46.

Delaney P T. 1982. Rapid intrusion of magma into wet rock: groundwater flow due to pore pressure increases. Geophys Res 87, B9, p. 7739 – 7756.

Delaney P T and Pollard D D. 1982. Solidification of basaltic magma during flow in a dike. Am J Science 282, 6, p. 856 – 885.

Deming D and Chapman D S. 1989. Thermal histories and hydrocarbon generation: examlple from Utah – Wyoming thrust belt. AAPG Bull 73, 12, p. 1455 – 1471.

Deming D, Nunn J A and Evans D G. 1990. Thermal effect of compaction – driven groundwater flow from overthrust belts. Journal of Geophysical Research 95, B5, p. 6669 – 6683.

Dereppe J M, Boudou J P, Moreaux C and Durand B. 1983. Structural evolution of a sediment logically homogeneous coal series as a function of carbon content by solid state ^{13}C n. m. r. Fuel 62, p. 575 – 579.

Devnoux M. 1983. Late Precambrian and upper Ordovician glaciations in the Taoudeni basin, West Africa. In: West African paleoglaciations: characterization and evolution of glacial phenomena through space and time (Devnoux M, Ed.), Abstract Symposium Till Mauretania 83, p. 43 – 86.

Dewey J F. 1969. Evolution of the Appalachian (Caledonian Orogen). Nature 221, p. 124.

Dewey J F. 1977. Suture zone complexities: a review. Tectonophysics 40, p. 53 – 67.

Didenko A N, Kurenkov S A, Ruzhentsev S V, Simonov V A, Lubnina N V, Kuznetsov N B, Aristov V A and Borisenok D V. 2001. Tectonic history of the Polar Urals. Nauka, Moscow, 192 p. (in Russian).

Doligez B, Bessis F, Burrus J, Ungerer P and Chenet P Y. 1986. Integrated numerical simulation of the sedimentation heat transfer, hydrocarbon formation and fluid migration in a sedimentary basin. The THEMIS model. In: Thermal modeling in sedimentary basins (Burrus J., Ed.) Editions Technip, Paris, p. 173 – 195.

Doligez B F. 1987. Migration of hydrocarbons in sedimentary basins. Editions Technip, Paris.

Dominé F. 1991. High pressure pyrolysis of n – hexane, 2, 4 – di – methylpentane and 1 – phenylbutane. Is pressure an important geochemical parameter? Org. Geochem., 17 (5), p. 619 – 634.

Dorbath C, Dorbath L, Gaulon R, George T, Mourgue P, Randani M, Robineau B and Tadili B. 1985. Seismotectonics of the Guinean earthquake on December 22, 1983. Geophys Res Lett 11, p. 971 – 974.

Doring J, Gotze H J and Kaban M K. 1997. Preliminary study of the gravity field of the southern Urals along URSEIS'95 seismic profile. Tectonophysics 276, p. 49 – 62.

Dow W. G. 1977. Kerogen studies and geological interpretations. J Geochem Explor 7, p. 79 – 99.

Druzhinin V S, Karetin Y S, Diakonova A G, Solodilov L N and Zolotov E E. 2002. The lithosphere model of the region of the Urals super deep well SG – 4, Razvedka i okhrana nedr, 2, p. 9 – 14 (in Russian).

Dubinin E P and Galushkin Y I. 1990. Tectonic and thermal evolution of the lithosphere in the Bellinshausen Sea. Geophizicheskiy zhyrnal 12, 14, p. 64 – 70 (in Russian).

Duchkov A D, Sokolova L S and Novikov G N. 1988. Heat flow of the south – eastern part of the West Siberian Plate. Geologiya and geophysika, 8, p. 77 – 85 (in Russian).

Duchkov A D, Galushkin Y I, Sokolova L and Smirnov L V. 1990. Evolution of temperature field of the sedimentary cover in the Northern West Siberian plate. Geologia i Geofisika, (10), p. 51 – 60 (in Russian).

Dunbar J A and Sawyer D S. 1996. Three-dimensional dynamical model of continental rift propagation and margin plateau formation. J Geophys Res B 101, 12, p. 27,845-27,863.

Dunoyer de Segonzac G. 1969. Les minéraux argileux dans la diagenèse; passage au métamorphisme. Thétis Strasbourg University, 339 p.

Duppenbecker S and Horsfield B. 1990. Compositional information for kinetic modelling and petroleum type prediction. Advances in Organic Geochemistry 1989. Org Geochem 16 (1-3), p. 259-266.

Durand B, Alpern B, Pittion J L and Pradier B. 1986. Reflectance of vitrinite as control of thermal history of sediments. In: Thermal modeling in sedimentary basins (Burrus J., Ed.) Editions Technip, Paris, p. 441-474.

Duschenes A R and Solomon S C. 1977. Shear wave travel time residuals from oceanic earthquakes and the evolution of the oceanic lithosphere. J Geophys Res 82, 14, p. 1985-2000.

Dykstra J. 1987. Compaction correction for burial history curves applications to Lopatin's method for source rock maturation determination, Geobyte 2, 4, p. 16-23.

Echler H P, Ivanov K S, Ronkin Y I, Karsten L A, Hetzel R and Noskov A G. 1997. The Paleozoic tectono-metamorphic evolution of gneiss complexes in the Middle Urals: a reappraisal. Tectonophysics 276, p. 229-251.

England W, MacKenzie A, Mann D and Quigley T. 1987. The movement and entrapment of petroleum fluids in the subsurface. Journal of the Geological Society, London, 144, p. 165-180.

Ershov E D Ed. 1989. Geocryology of USSR. The West Siberia, Nedra, Moscow, 455 p. (in Russian).

Espitalié J, Madec M, Tissot B P, Mennig J J and Leplat P. 1977. Source rock characterization method for petroleum exploration, Proceedings of the Ninth Annual Offshore Technology Conference, Houston, TX, 3, p. 439-448.

Espitalié J, Ungerer P, Irvin I and Marquis E. 1988. Primary cracking of kerogens: experimenting and modeling C1, C2-C5, C6-C15 classes of hydrocarbons formed: Organic Geochemistry 13, 4-6, p. 893-899.

Evans T R and Tammemagi H Y. 1974. Heat flow and heat production in northeast Africa: Earth Planet. Science Letters 23, p. 349-356.

Fedotov S A. 1976. Uplift of mafic magma in Earth crust and mechanism of fracture basalt eruption. Izvestiya AN SSSR, Ser Geol, 10, p. 5-23 (in Russian).

Fischer K. 1976. On the calculation of higher derivatives in finite elements. Computing Method Application Mech Eng 7, 3, p. 320-330.

Fleitout L and Yuen D. 1984. Steady state, secondary convection beneath lithospheric plates with temperature and pressure dependent viscosity. Journal Geophys. Research 89B, p. 9227-9234.

Forbes P L, Ungerer P, Kuhfuss A B, Rus F and Eggen S. 1991. Compositional modeling of petroleum generation and expulsion: trial application to a local mass balance in the Smørbukk Sør field, Haltenbanken area, Norway. AAPG Bull 75, 5, p. 873-893.

Forster A, Merriam D F and Hoth P. 1998. Geohistory and thermal maturation in the Cherokee basin (Mid-continent, USA): results from modeling. AAPG Bull 82, 9, p. 1673-1693.

Forsyth D W and Press F. 1971. Geophysical tests of petrological models of the spreading lithosphere. J Geophysical Research 76, p. 7963-7972.

Fowler C M R and Nisbet E G. 1985. The subsidence of the Williston basin. Can J Earth Science 22, p. 408-415.

Frakes L A. 1979. Climates throughout geological time. Elsevier, Amsterdam, 310 pages.

Fredericks P M, Warbrooke P and Wilson M A. 1985. A study of the effect of igneous intrusions on the structure of an Australian high volatile bituminous coal. Organic Geochem 8, 5, p. 329-340.

Frolovich G M, Hachatryan R O and Goldobin Y P. 1988. Structure of northern part of Kama-Belaya depression from seismic data. Izvestia AN CCCP, Ser Geolog, 10, p. 126-136 (in Russian).

Furon R. 1963. Geology of Africa. Edinburgh. Oliver and Bovd, 377 p.

Galushkin Y I and Ushakov S A. 1978. Model of the global instantaneous plate tectonics. "Vestnik Moscovskogo Universiteta. Ser. Geologskaya", 4, p. 20 – 33 (in Russian).

Galushkin Y I, Muravjev A V, Smirnov Y B and Sugrobov V M. 1986. Study of the lithospheric geothermal field in the Komandor basin. Volcanology and seismology, 5, p. 3 – 16 (in Russian).

Galushkin Y I and Smirnov Y B. 1987. Thermal history of sedimentary basins: express methods for heat flow estimations: Geologia i Gtophysika, 11, p. 105 – 112 (in Russian).

Galushkin Y I and Dubinin E P. 1990. Thermal evolution of the lithosphere and sedimentary cover in the Antarctic margin (Australian sector). Okeanologiya 30, 1, p. 86 – 92 (in Russian).

Galushkin Y I, Kutas R I and Smirniv Y B. 1991a. Heat flow: an analysis of the thermal structure of the lithosphere in the European part of the USSR. In: Exploration of the Deep Continental Crust. Terrestrial Heat Flow and the Lithosphere Structure, Springer Verlag, p. 206 – 238.

Galushkin Y I, Dubinin E P, Prozorov Y I and Ushakov S A. 1991b. Structure and development of transition margin zones of the South Ocean. Physics of the Earth 11. VINITI, Moscow, 187 p.

Galushkin Y I and Dubinin E P. 1992. Thermal regime of the lithosphere during axis jumping of the Mathematic ridge: Izvestia Roccecki Akademi Nauk, Seria Fisica Zemli, 9, p. 59 – 69 (in Russian).

Galushkin Y I and Kutas R I. 1995. Thermal evolution and oil – gas potential of the Dnieper – Donets paleorift. Geophizicheskiy zhyrnal 17, 3, p. 13 – 23 (in Russian).

Galushkin Y I. 1997a. Numerical simulation of permafrost evolution as a part of basin modeling: permafrost in Pliocene – Holocene climate history of Urengoy field in West Siberian basin. Can J Earth Sciences 34, 7, 935 – 948.

Galushkin Y I. 1997b. The thermal effect of igneous intrusive bodies on maturity of organic matter A possible mechanism of intrusion formation: Organic Geochemistry 27, 11 – 12, p. 645 – 658.

Galushkin Y I, Simonenkova O I and Lopatin N V. 1999. Thermal and maturation modeling of Urengoy field, the West Siberian Basin: some peculiarities in basin modeling. AAPG Bull 83, 12, 1965 – 1979.

George S C. 1992. Effect of igneous intrusion on the organic geochemistry of a siltstone and an oil shale horizon in the Midland Valley of Scotland. Org Geochemist 18, p. 705 – 723.

Gibbons M J, Williams A K, Piggott N and Williams G M. 1983. Petroleum geochemistry of the Southern Santos Basin, offshore Brazil J. Geological Society 140, p. 423 – 430.

Gilbert T D, Stephenson L C and Philip R P. 1985. Effect of a dolerite intrusion on triterpane stereochemistry and kerogen in Rundle oil shale, Australia. Org Geochem 8, 2, p. 163 – 169.

Ginsburg G D and Solovjyev V A. 1994. Submarine gas hydrates. Sankt Petersburg, VNII Okeanologiya, 199 p. (in Russian).

Girod M. 1971. Le massif volcanique de l'Atakor (Hoggar, Sahara algerien). Mem. Compte Rendu AS, Série Géologique 12, 155 p. CNRS Editions, Paris.

Gliko A O and Mareshal J C. 1989. Non – linear asymptotic solution to Stefan – like problems and the validity of the linear approximation. Geophys J Internat 99, p. 801 – 809.

Goff J C. 1983. Hydrocarbon generation and migration from Jurassic source rocks in the E. Shetland basin and Viking graben of the northern North Sea. J Geological Society of London 140, p. 445 – 474.

Golmstock A Y. 1979. Sedimentation effect on the deep heat flow. Okeanologia 19, 6, p. 1133 – 1138 (in Russian).

Golmstock A Y. 1981. Heat flow due to heat generation in accumulating sediments. Okeanologia 21, 6, p. 1029 – 1033 (in Russian).

Golovanova I V. 1993. Heat flow of he South Urals and its relation with tectonics. In: Geothermal studies of seismic and aseismic zones (Kononov BI, Yudachin FN and Svalova VB, Eds.), Moscow, Nauka, p. 48 – 55 (in Russian).

Gorbachev V, Karaseva T and Karasev D. 1996. Tyuman super deep well, main results of investigation. Razvedka i akhraha prirodi "Exploration and protection of nature", 7, p. 9 – 11.

Gorbachov V I, Oxeimoid E N Eds. 1992. Urals super deep well, Nedra, Yaroslavl, 206 p. (in Russian).

Gorelov A A. 1975. The effect of ice – sheets on porosity of sandy rocks and formation of the oil and gas deposits in the northern part of the West Siberia plate, Doklady AN USSR 221, p. 718 – 721 (in Russian).

Gretener P E. 1981. Geothermics: using temperature in hydrocarbon exploration. AAPG Education Course Note Series 17, 156 p.

Gudmindsson A. 1990. Emplacement of dikes, sills and crustal magma chambers at divergent plate boundaries. Tectonophysics 176, 3/4, p. 257 – 275.

Guiraud R, Bellion Y, Benkhelil J and Moreau C. 1987. Post – Hercynian tectonics in North and West Africa. In: African Geology Reviews (Bowden P. and Kinnair J., Eds). Geological Journal Thematic Issue, Wiley, New York, NY, p. 433 – 466.

Hagaman E H, Schell F M and Cronauer D C. 1984. Oil – shale analysis by CP/MAS – ^{13}C n. m. r, spectroscopy. Fuel 63, p. 915 – 919.

Hamdani Y, Mareshal I C and Arcani – Harned J. 1991. Phase change and thermal subsidence in intracontinental sedimentary basins. Geophys J Internat 106, p. 657 – 665.

Hamdani Y, Mareshal I C and Arcani – Hamed J. 1994. Phase change and thermal subsidence of the Willinston basin. Geophys J Internat 116, 3, p. 585 – 597.

Hanbaba P, Jungten H and Peters W. 1968. Nonisothermal reaction kinetics of coal pyrolysis. Part II: Extension of the theory of gas cracking and experimental confirmation on (bituminous. coals. Brennstoff – Chemie 49, 12, p. 368 – 376.

Hanson R B and Barton M D. 1989. Thermal development of low – pressure metamorphic belts: results from two – dimensional numerical models. J Geophys Res 94, B8, p. 10363 – 10377.

Hardee H C. 1982. Permeable convection above magma bodies. Tectonophysics 84, p. 179 – 195.

Haxby W F, Turcotte D L and Bird I M. 1976. Thermal and mechanical evolution of the Michigan basin. Tectonophysics 1976, p. 57 – 75.

Hayrutdinov F N and Ablya A A. 2002. Correlation of hydrocarbon's composition of Precambrian and Paleozoic bitumen organic matter from the basement with Paleozoic oils from the South Tatar swell and surrounding areas. In: New ideas in oil geology, Part I (Sokolov B A, Ed.), p. 382 – 385 (MGY, Moscow in Russian).

Heeremans M, Larsen B T and Stel H. 1996. Paleostress reconstruction from kinematic indicators in the Oslo Graben, southern Norway: new constraints on the mode of rifting. Tectonophysics, 1 – 4, p. 55 – 79.

Hegarty K A, Weissel J K and Mutter J C. 1988. Subsidence history of Australian's southern margin: constraints on basin models. AAPG Bull 72, p. 615 – 633.

Hermanrud C, Eggen S, Jacobsen T, Carlsen E M and Pallesen S. 1990. On the accuracy of modelling hydrocarbon generation and migration: the Egersund Basin oil find, Norway. Org Geochem 16 (1 – 3), p. 389 – 399.

Hermanrud C. 1993. Modelling techniques – an overview. Basin Modeling. In: Basin Modelling: Advances and Applications (Doré AG et al.), NPF Special Publication 3, p. 1 – 34, Elsevier, Amsterdam.

Hermansen D. 1993. Optimization of temperature history – aspects of vitrinite reflectance and sterane isomerization. Basin Modelling: Advances and Applications. In: Basin Modelling: Advances and Applications (Doré AG et al.,

Ed.), NPF Special Publication 3, p. 119 – 126, Elsevier, Amsterdam.

Herron E M and Tucholke B E. 1976. Sea – floor magnetic patterns and basement structure in the southern Pacific. Initial Reports of DSDP Leg 35, 1976.

Hesse R and Harrison W E. 1981. Gas hydrates (clathrates) causing pore – water freshening and oxygen isotope fractionation in deep – water sedimentary sections of terrigeneous continental margins. Earth Planet. Science Letters 55, p. 453 –462.

Hilde T W C and Lee C S. 1984. Origin and evolution of the West Philippine basin: a new interpretation. Tectonophysics 102, p. 85 – 104.

Hlaiem A, Biju – Duval B, Vially R, Laatar E and M'Rabet A. 1997. Burial and thermal history modeling of the Gafsa – Metlaoui intracontinental Basin (Southern Tunisia): Implication for Petroleum Exploration. J Petrol Geology 20, 4, p. 403 –426.

Huismans R S, Podladchikov Y Y and Cloetingh S. 2001. Transition from passive to active rifting: Relative importance of asthenosphere doming and passive extension of the lithosphere. J Geophys Res 106, B6, p. 11271 – 11291.

Hunt J M. 1979. Petroleum geochemistry and geology. Freeman, San Francisco, 617 p.

Hunt J M, Lewan M D and Hennet R J C. 1991. Modelling oil generation with time temperature index graphs based on the Arrhenius equation. Am Assoc Pet Geol, Bull 75 (4), p. 795 –807.

Husson D M and Uyeda S. 1981. Tectonic processes and the history of the Mariana arc: a synthesis of the results of Deep See Drilling Project Leg 60. Init. Report on Deep See Drill Proj 60, p. 909 – 929.

Hutchinson I. 1985. The effects of sedimentation and compaction on oceanic heat flow: Geophysical Journal of the Royal Astronomical Society 82, p. 439 –459.

Ibrahim A E, Ebinger C J and Fairhead J D. 1996. Lithospheric extension northwest of the Central Africa shear zone in Sudan from potential field studies. Tectonophysics 255, 1 – 2, p. 79 – 97.

Iliffe J E, Lerche I and Cao S. 1991. Basin analysis predictions of known hydrocarbon occurrences: the North Sea Viking Graben as a test case: Earth – Science Reviews, investigation results: Razvedka i akhrana Nedr 7 (in Russian).

Issler D R and Snowdon L R. 1990. Hydrocarbon generation kinetics and thermal modeling, Beaufort – Mackenzie basin. Bulletin of Canadian Petroleum Geology 38, 1, p. 1 – 16.

Istomin V A and Yakushev V S. 1992. Gas hydrates in natural conditions. Nedra, Moscow (in Russian).

Ito K and Kennedy G C. 1971. An experimental study of the basalt – arnite – granulite – eclogite transformation: In: The structure and physical properties of the Earth's crust, AGU, Geophysic Monogr, 14, Washington, p. 303 – 314.

Jame Y W and Norum D I. 1980. Heat and mass transfer in a freezing unsaturated porous medium. Water resources research 16, 4, p. 811 –819.

Jaeger J C. 1965. Application of the theory of heat conduction to geothermal measurements. In: Terrestrial heat flow (W. H. K. Lee, Ed.). American Geophysical Union, Geophysical Monograph Series 8, p. 7 – 23.

Jaoul O, Tullis J and Kronenberg A K. 1984. The effect of varying water contents on the creep behavior of Heavitree quartzite. J Geophys Res 89, p. 4298 –4312.

Juchlin C, Kashubin S, Knapp J H, Makovsky V, Ryberg T. 1995. Project conducts seismic reflection profiling in the Urals Mountains. EOS Trans. Am Geophys Union 76, 19, p. 193 – 197.

Judge A S. 1975. Geothermal studies in the Mackenzie valley by the Earth physics branch. Energy Mines and Resources Canada, K1A 0E4, Ottawa.

Juicy A. 1984. Thermal alteration of kerogen as an indicator of contact metamorphism to sedimentary rocks: H – NMRT$_1$ and element composition. Geochem J 18, p. 163 – 166.

Jungten H. 1964. Reaktionskinetische Uberlegungen zur Deutung von Pyrolise – Reactionen. Erdol Kohle – Erdgas – Petrochem. Bd. 17, p. 180 – 186 (in German).

Kalkreuch W and McMechan M E. 1984. Regional pattern of thermal maturation as determined from coal – rank studies, Rocky Mountain foothills and front ranges North of Grande Cache, Alberta – implications for petroleum exploration. Bull Can Petrol Geol 32, 3, p. 249 – 271.

Kalkreuth W and Macaulay G. 1984. Organic petrology of selected oil shale samples from the Lower Carboniferous Albert Formation, New Brunswick, Canada. Canadian Petroleum Geology Bulletin 32, p. 38 – 51.

Kamen – Kaye M. 1970. Geology and productivity of Persian Gulf synclinorium. AAPG Bull 54, p. 2371 – 2394.

Karig D E. 1971. Origin and development of marginal basins in the Western Pacific. J Geophys Res 76, p. 2542 – 2560.

Karner G D and Watts A B. 1982. On isostasy at Atlantic type of continental margins. J Geophys Res 87, B4, p. 2923 – 2948.

Karter N and Tsenn M C. 1987. Flow properties of continental lithosphere. Tectonophysics 136, p. 27 – 63.

Kazantseva T T and Kamaletdinov M A. 1986. The geossynclinal development of the Urals. Tectonophysics 127, p. 371 – 381.

Keen C E. 1985. The dynamics of rifting: deformation of the lithosphere by active and passive driving forces. Geophysical Journal, Roy Astron Soc 80, p. 95 – 120.

Khachay Y V, Druzhinin V S, Sharov V N and Tsibulja A L. 1997. The comparison of geothermal sections of the Ural's lithosphere and of the East part of lithosphere of Baltic shield. In: 6 – th Zonnenshein conference of Plate tectonics, Moscow, 194 p. (in Russian).

Khutorskoy K D, Abizgildin I K and Paduchikh V I. 1993. Heat flow in the Mugodgary – continuation of the South Urals geothermal anomaly. In: Geotermia, seismichnykh i aseismichnykh zon, Nauka (Kononov VI, Yudakhin F N and Svalova V B, Eds.), Moscow, p. 55 – 70 (in Russian).

Kirby S H. 1983. Rheology of the lithosphere. Rev Geophys Space Phys 21, p. 1458 – 1487.

Kleshev K A and Shein V S. 1996. Geodynamic analysis of oil and gas basins in Russia and adjacent countries. In: "Geodynamic evolution of sedimentary basins" (Roure F, Ellouz N, Shein VS and Skvortsov II, Eds.), Editions Technip, Paris, p. 1 – 18.

Klimanov V A. 1994. Specific features in climate variations of Northern Eurasian in late glacial period and Holocene. Bulletin MOIP 69 (1): 58 – 63 (in Russian).

Klimanov V A and Klimenko V V. 1995. Temperature variations in climatic optimums of Holocene and Pleistocene. DAN Russia 342, 2, p. 242 – 245 (in Russian).

Klitzsch E. 1971. The structural development of parts of North Africa since Carnbrian time. In: Symposium on the geology of Libya (C Gray, Ed.). Faculty of Sciences, University of Libya, p. 256 – 260.

Klitzsch E. 1981. Lower Paleozoic rocks of Libya, Egypt and Sudan. In: Lower Paieozoic of the Middle East, eastern and southern Africa and Antarctica (CH Holland, Ed.). Wiley, London, p. 131 – 163.

Klitzsch E. 1986. Plate tectonics and cratonal geology in north – east Africa (Egypt, Sudan). Geologische Rundschau 75, p. 753 – 768.

Klitzsch E. 1990. Paleozoic, in R Said, (Ed.), The geology of Egypt. AA Balkema, Rotterdam, p. 393 – 406.

Klitzsch E and Wycisk P. 1987. Geology of the sedimentary basins of northern Sudan and bordering areas. Berliner Geowissenschaftliche Abhandlungen, Series A, 75, p. 97 – 136.

Konrad J M and Seto J T C. 1991. Freezing of clayley silt contaminated within organic solvent. Journal of Contaminant Hydrology 8, p. 335 – 355.

Kontorovich A E, Surkov V C, Trofimuk A A et al. 1981. Oil and gas geology of West Siberian Platform. Nedra, Moscow, 550 p. (in Russian).

Kontorovich A I, Nesterov F, Salmanov V, Surkov V, Trofimuk A and Ervye Y. 1975. Petroleum geology of West Siberia. Nedra, Moscow, 680 p. (in Russian).

Kotlaykov V N. 1992. Global changes in nature reflected in ice probes. Priroda, 7, p. 59 – 68 (in Russian).

Krainov S V and Shvez V M. 1992. Hydrogeochemistry. Nedra, Moscow (in Russian).

Kruse S and McNutt M. 1988. Compensation of Paleozoic orogenies: comparison of the Urals to the Appalachians. Tectonophysics 154, p. 1 – 17.

Kudryavzev B A. 1981. Permafrost study, MGU, Moscow, 240 p. (in Russian)

Kucheruk E V, Kleschov A A, Korsun V V and Khobot M P. 1982. Oil and gas exploration in overthrusting zones. In: Neftegasivaya geologiya I geophizika, Moscow, 1982.

Kucheruk E V and Ushakov S A. 1985a. Plate tectonics and oil and gas occurrences (geophysical analysis). Physika Zemli 8, VINITI, Moscow, 200 p. (in Russian).

Kucheruk E V and Ushakov S A. 1985b. Rifting and oil and gas bearing basins. In: Tectonika plit and poleznye iskopaemye (Kovalev A A and Olszak G, Eds.), MGU Editions, Moscow, p. 89 – 105 (in Russian).

Kukkonen I T, Golovanova I V, Khachay Y V, Druzhinin V S, Kosarev A M, Schapov V A. 1997. Low geothermal heat flow of the Urals folds belt – implication of low heat production, fluid circulation or paleoclimate? Tectonophysics 276, p. 63 – 85.

Kulachmetov M H. 1978. Correlation of Neocomian source formations in the Nachodkin – Urengoy – Pyrey Rise. Tyumen, ZapSibNIIGNI, 235 p. (in Russian).

Laberg J S andreassen K and Knutsen S M. 1998. Inferred gas hydrate on the Barents Sea shelf – a model for its formation and a volume estimate. Geo – Marine Letters 18, p. 26 – 33.

Lachenbruch A H. 1968. Rapid estimation of the topographic disturbance to superficial thermal gradients. Rev Geophys 6, 3, p. 365 – 400.

Lachenbruch A H, Sass J H, Marshall B V and Moses T H. 1982. Permafrost, heat flow and the geothermal regime at Prudhoe Bay, Alaska. J Geophys Res 87, p. 9301 – 9316.

Lakshmanan C C, Bennet M L and White N. 1991. Implications of multiplicity in kinetic parameters to petroleum exploration: distributed activation energy models. J Energy Fuels 5, p. 110 – 117.

Larter S. 1989. Chemical models of vitrinite reflectance evolution. Geol Rundsch 78 (1), p. 349 – 359.

Le Pichon X, Angelier J and Sibuet J C. 1982. Plate boundaries and extensional tectonics. Tectonophysics 81, p. 239 – 256.

Lebret P, Dupas A, Clet M. 1994. Modeling of permafrost thickness during the late glacial stage in France: preliminary results. Can J Earth Science 31, 6, p. 959 – 968.

Lesquer A, Bourmatte A and Dautria J M. 1988. Deep structure of the Hoggar domal uplift (Central Sahara, south Algeria. from gravity, thermal and petrological data. Tectonophysics 152, p. 71 – 87.

Lesquer A, Bourmatte A and J M Dautria. 1989. First heat flow determination from the central Sahara: relationship with the Pan – African belt and Hoggar domal uplift. J African Earth Science 9, 1, p. 41 – 48.

Lesquer A, Takherist D, Dautria J M and Hadiouche O. 1990. Geophysical and petrological evidence for the presence of an "anomalous" upper mantle beneath the Sahara basins (Algeria). Earth Planet Science Letters 96, p. 407 – 418.

Lewan M D. 1985. Evaluation of petroleum generation by hydrous pyrolysis experimentation. Philos Trans R Soc, London, 315, p. 123 – 134.

Lewan M D. 1989. Hydrous pyrolysis study of oil and tar generation from Monterey shale containing high sulphur kerogen. Abstract from American Chemical Society National Meeting, Division of Geochemistry, Abstract 94.

Lewan M D, Comer J B, Hamiltin – Smith T, Haschmueller N R, Guthrie J M, Hatch J R, Gautier D L and Frankie W T. 1995. Feasibility study of material – balance assessment of petroleum from the New Albany shale of the Illinois basin. US Geological Survey Bulletin, 2137, Washington, p. 1 – 31.

Leyden R, Damuth J A, Ongley L K. 1978. Salt diapirs on Sao Paulo Plateau, South eastern Brazilian continental margin. AAPG Bull 62, 4, p, 657 – 669.

Leyden R, Ludwig W J and Ewing M. 1971. Structure of continental margin of Punta del Este, Uruguay and Rio de Janeiro, Brazil. AAPG Bull 55, 12, p. 2161 – 2173.

Liu J and Lerche I. 1990. Inverse methods and kinetic models of hydrocarbon generation, II. Case histories for residual kerogen analysis, Math Geol, 22, p. 989 – 1009.

Lloyd F E and Bailing D K. 1975. Light element metasomatism of the continental mantle: the evidence and the consequence. Phys Chem Earth 9, p. 389 – 416.

Lobkovskiy L I and Kerchman V I. 1992. A two – level concept of plate tectonics: application to geodynamics. Tectonophysics 199, p. 343 – 374.

Logon P and Duddy L. 1998. An investigation of the thermal history of the Ahnet and Reggane Basins, Central Algeria and the consequence for hydrocarbon generation and accumulation. In: Petroleum Geology of North Africa (Macgregor D S, Moody RTJ and Clark – Lowes D D, Eds.), Geological Society, London, Special Publication 132, p. 131 – 155.

Lonsdale P. 1985. A transform continental margin rich in hydrocarbons, Galf of California. AAPG Bull 69, 7, p. 1160 – 1180.

Lopatin N V and Emets T P. 1987. Pyrolysis in gas – oil geochemistry. Nauka, Moscow, 144 p. (in Russian).

Lopatin N. 1971. Temperature and geologic time as factors in coalification (in Russian). Akademia Nauk SSSR lzvestia. Seria Gcologicheskaia, 3, p. 95 – 106.

Lopatin N V, Galushkin Y I and Makhous M. 1996. Evolution of sedimentary basins and petroleum formation. In: Geodynamic evolution of sedimentary basins, Editions Technip, Paris, p. 435 – 453.

Lucazeau F and Dhia H B. 1989. Heat flow from Tunisia and Pelagian Sea. Can J Earth Science 26, p. 993 – 1000.

Lucazeau F, Lesquer A and Vasseur G. 1990. Trends of heat flow density from West Africa, In: Terrestrial heat flow and the structure of the lithosphere (Chermak V, Rybach L and Blackwell D, Eds.), p. 417 – 425.

MacKenzie A S. 1984. Application of biological markers in petroleum geochemistry. In: Advances in Petroleum Geochemistry (Brooks J and Welte D, Eds.), 1, p. 115 – 214.

Mackenzie A S and Quigley T M. 1988. Principles of geochemical prospect appraisal. AAPG Bull 72, p. 399 – 415.

Makhous M. 2001. The formation of hydrocarbon deposits in the North African basins. Geological and geochemical conditions. Springer New York – Heidelberg, 330 p.

Makhous M, Galushkin Y I and Lopatin N V. 1997a. Burial history and kinetic modeling for hydrocarbon generation. Part 1: The GALO Model. AAPG Bull, 1997, 81, 10, p. 1660 – 1678.

Makhous M, Galushkin Y I and Lopatin N V. 1997b. Burial history and kinetic modeling for hydrocarbon generation. Part II: Application of the Model to Saharan Basins. AAPG Bull 81, 10, p. 1679 – 1699.

Makhous M and Galushkin Y I. 2003a. Burial History and Thermal Evolution of the Lithosphere of the Northern and Eastern Saharan Basins. AAPG Bull 87, 10, p. 1623 – 1651.

Makhous M and Galushkin Y I. 2003b. Burial History and Thermal Evolution of the Southern and Western Saharan Basins. Synthesis and Comparison with the Eastern and Northern Saharan Basins. AAPG Bull 87, II ,p. 1 – 23.

Makhous M, Galushkin Y I and Lopatin N V. 1995. Modeling of tectonic subsidence and thermal histories in Saharan basins. Terra Nova 7, Abstract Supplement 1,p. 116.

Malkin B V and Shemenda A I. 1991. Mechanism of rifting: considerations based on result of physical modeling and on geological and geophysical data. Tectonophysics 199, p. 193 – 210.

Manspeizer W. 1978. Separation of Morocco and eastern North America: a. Triassic – Liassic stratigraphic record. Geol Soc Am Bull 90, p. 901 – 920.

Mareshal J C. 1983. Uplift and heat flow following the injection in magmas into lithosphere. Geophysical Journal Royal Astronomic Society 73, p. 109 – 127.

Masagutov R H, Kozlov V I, Andreev Y V and Ivanova T V. 1997. Prospect of the Riphean and Vendian deposits in the western Bashkirian. Gelogia, geophysika and razrabotka neftyanych mestorozhdeniy 1, p. 2 – 9; 7, p. 2 – 7; 9, p. 2 – 7 (in Russian).

Maslov A V, Erdtmann B D, Ivanov K S, lvanov S N, Krupenin M T. 1997. The main tectonic events, depositional history and the paleogeography of the southern Urals during the Riphenian – early Paleozoic. Tectonophysics 276, p. 313 – 335.

McKenzie D P. 1978. Some remarks on the development of sedimentary basins. Earth Planet. Science Letters 40, p. 28 – 32.

McKenzie D P. 1981. The variation of temperature with time and hydrocarbon maturation in sedimentary basins formed by extension. Earth and Planetary Science Letters 55, p. 87 – 98.

McCulloh T H. 1979. Implications for petroleum appraisal. In: Geologic studies of the point conception deep stratigraphic test well OCS – CAL (Cook HE, Ed.), 78 – 164, 1. Outer continental shelf southern California, United States. US Geological Survey, open – file report 79 – 1218, p. 26 – 42.

Megartsi M. 1972. Etude des structures circulaires du Nord – est d'Illizi (ex Fort – Polignac), Sahara nord oriental Thesis, Edition SNED, Alger.

Midttomme K and Roaldset E. 1999. Thermal conductivity of sedimentary rocks: uncertainties in measurement and modeling. In: Mud and Mudstones: Physical and Fluid Flow Properties (Aplin A C, Fleet A J and Macquaker J H S, Eds.). Geolog Soc London Special Publ 158, p. 45 – 60.

Miknis E P, Sullivan M, Bartuska V J and Maciel G E. 1981. Cross – polarization magic – angle spinning ^{13}C NMR spectra of coals of varying rank. Organic Geochemistry 3, p. 19 – 28.

Miscus K and Jalloulich C. 1999. Crustal structure beneath the Teil and Atlas Mountains (Algeria and Tunisia) through the analysis of gravity data. Tectonophysics 314, 4, p. 373 – 385.

Mohamed A Y, Pearson M J, Ashcroft W A, Iliffe J E and Whiteman A J. 1999. Modeling petroleum generation in the southern Muglad rift basin, Sudan. AAPG Bull 83, 12, p. 1943 – 1964.

Monthioux M, Landais P and Monin J C. 1985. Comparison between natural and artificial maturation series of humic coals from the Mahakam delta, Indonesia. Organic Geochemistry 8, p. 275 – 292.

Morgan P and Swanberg C A. 1978/1979. Heat flow and the geothermal potential of Egypt. Pageoph 117, p. 213 – 226.

Morgan P and Ramberg I B. 1987. Physical changes in the lithosphere associated with thermal relaxation after rifting. Tectonophysics 143, p. 1 – 11.

Morgan P, Boulos F K, Hennin S F, El – Sherif A A, El – Sayed A A, Basta N Z and Melek Y S. 1985. Heat flow in eastern Egypt. Signature of a continental breakup. Journal of Geodyn 4, p. 107 – 131.

Mrozowski C L, Lewis S D and Hayes D E. 1982. Complexities in the evolution of the West Philippine Basin. Tectonophysics 82, p. 1 – 24.

Muravjev A V, Smirnov Y B and Cugrobov V M. 1988. Heat flow along the international geo – profile across the Philippine Sea, 18°N, Doklady AN SSSR 299, 1, p. 189 – 193 (in Russian).

Muravjev A V, Selivestov N I, Smirnov Y B, Sugorov V M. 1990. New heat flow data for underwater Quaternary volcanism in Commander Trough. Doklady Academii Nauk SSSR 312, 2, p. 438 – 443 (in Russian).

Muravjev A V. 1988. Heat flow in the south part of Commander Trough. In collected papers on geothermal investigations on the Ocean floor. Nauka, Moscow, p. 438 – 443 (in Russian).

Murris R J. 1981. Middle East: Stratigraphic evolution and oil habitat Geol Mijnbouw 60, p. 467 – 486.

Nakayama K and Lerche I. 1987. Basin analysis by model simulation: effects of geologic parameters on 1 – D and 2 – D fluid – flow systems with application to an oil field. Gulf Coast Association of Geological Societies Transactions 37, p. 175 – 184.

Neugebauer H J. 1983. Mechanical aspects of continental rifting. Tectonophysics 94, p. 91 – 108.

Neugebauer J. 1989. The Iapetus model: a plate tectonic concept for the Variscan belt of Europe. Tectonophysics 169, p. 229 – 256.

Newman R and White N. 1997. Rheology of the continental lithosphere inferred from sedimentary basin. Nature 385, p. 621 – 624.

Nielsen S B and Bailing N. 1990. Subsidence, heat flow and hydrocarbon generation in extensional basins. First Break 8, 1, p. 23 – 31.

Nielsen S B and Dahl B. 1991. Confidence limits on kinetic models of primary crackingand implications for the modelling of hydrocarbon generation. Mar Pet Geol 8, p. 483 – 492.

Nikishin A M, Ershov A V, Kopaevich L F, Alexseev A S, Baraboshkin E Y, Bolotov S N, Vepmarn A B, Koropshev M V, Fokin P A, Furne A B and Shalimov I V. 1999. Geohystorical and geodynamical analysis of sedimentary basins. MGU Edition, Moscow, 524 p. (in Russian).

Nixon J F. 1986. Thermal simulation of subset saline permafrost. Canad J Earth Science 23, p. 2039 – 2046.

Nyblade A A, Suleiman I S, Roy R F, Pursell R, Suleiman A S, Doser D L and Keller G R. 1996. Terrestrial heat flow in the Sirt Basin, Libya and the pattern of heat flow across northern Africa. Journal of geophys. Res 101, B8, p. 17,736 – 17,746.

Ord A and Hobbs B E. 1989. The strength of the continental crust, detachment zones and the development of plastic instabilities. Tectonophysics 158, p. 269 – 289.

Osterkamp T F. 1984. Response of Alaskian permafrost to climate. In Permafrost Fourth Internat. Conf. Final Proceeding. Edition National Academic Press, Washington, p. 145 – 151.

Osterkamp T F and Gosink J P. 1991. Variation in permafrost thickness in response to changes in paleoclimate. J Geophys Res 96, p. 4423 – 4434.

Otsuki K. 1989. Empirical relationship among the convergence rate of plates, rollback of trench axis and island – arc tectonics: laws of convergence rate of plates. Tectonophysics 159, p. 73 – 94.

Oxburgh E R and Andrews – Speed C P. 1981. Temperature, thermal gradients and heat flow in the south western North Sea. In: Petroleum geology of the continental shelf of the north – west Europe (L V Illing and G D Hobson, Eds.). Heden and Son, London, p. 141 – 151.

Parson B and Sclater I C. 1977. An analysis of the variation of oceanic floor bathometry and heat flow with age. J Geophys Res 82, p. 803 – 820.

Peaceman D W and Rachford H H. 1955. The numerical solution of parabolic and elliptic differential equations.

Journal of Society of Industrial and Applied Mathematics 3, 1, p. 28 – 41.

Peck D L, Hamilton M S and Shaw H R. 1977. Numerical analysis of lava lake cooling models. Part Ⅱ: Application to Alal lava lake, Hawaii. Am J Science 277, 4, p. 415 – 457.

Pedersen T. 1994. Some remarks on lithospheric forces and decompression magmatism. Tectonophysics 240, 1 – 4, p. 11 – 19.

Perfilyev A C, Kopteva V V and Kurenkov C A. 1985. Specific features of development of the recent and paleospreading structures. Geotectonika, 5, p. 19 – 33 (in Russian).

Perregard J and Schiener E J. 1979. Thermal alteration of sedimentary organic matter by a basalt intrusive (Kimmeridgian shales, Milue Land, East Greenland). Chemical Geology 26, 3/4, p. 331 – 343.

Perrier B and Quiblier J. 1974. Thickness changes in sedimentary layers during compaction history: methods for quantitative evaluation. AAPG Bull 58, 3, p. 507 – 520.

Perrodon. 1980. Géodynamique pétrolière: genèse et répartition des gisements d'hydrocarbures. Paris, Elf Aquitaine. Bulletin des centres de recherche exploration – production, Elf Aquitaine, mémoire 2.

Person M and Garven G. 1992. Hydrologic constraints on petroleum generation within continental rift basins: theory and application to the Rhine graben. AAPG Bull 76, 4, p. 468 – 488.

Peters K E, Simoneit B R T and Brenner S. 1978. Vitrinite reflectance – temperature determinations for intruded Cretaceous black shale in the eastern Atlantic. In: Symposium in geochemistry; low temperature metamorphism of kerogen and clay minerals (D. Otz, Ed.), SEPM Pacific Section, p. 53 – 58.

Peters K E, Whelan J K, Hunt J M and Tarafa H F. 1983. Programmed pyrolysis of organic matter from thermally altered Cretaceous black shales. AAPG Bull 67, 11, p. 2137 – 2149.

Peters K E. 1986. Guidelines for evaluating petroleum source rocks using programmed pyrolysis. AAPG Bull 70, p. 318 – 329.

Petersen N F and Hickey P J. 1985. Visual kerogen: assessment of thermal history (abstract). AAPG Bull 69, p. 296.

Petmecky S, Meier L, Reiser H and Littke R. 1999. High thermal maturity in the Lower Saxony Basin: intrusion or deep burial? Tectonophysics 304, p. 317 – 344.

Petters S W. 1991. Regional geology of Africa. Springer Verlag Berlin – Heidelberg, 722 p.

Phipps Morgan J and Chen Y J. 1993. The genesis of oceanic crust: magma injection, hydrothermal circulation and crustal flow. J Geophys Res 98, B4, p. 6283 – 6297.

Phipps Morgan J, Parmentier E M and Lin J. 1987. Mechanisms for the origin of mid – oceanic ridge axial topography: Implication for the thermal and mechanical structure at accreting plate boundaries. J Geophys Res 92, ser. B, p. 12823 – 12836.

Poelchau H S, Zwach C, Hantschel T and Welte D H. 1999. Effect of oil and gas saturation on simulation of temperature history and maturation. In: Geothermics in Basin Analysis (Forster A and Merriam DF, Eds.). Plenum Press, New York, p. 219 – 235.

Powell T G, Creaney S and Snowdon L R. 1982. Limitations of use of organic petrography techniques for identification of petroleum source rocks. AAPG Bull 66, p. 430 – 435.

Price L C and Barker C E. 1984. Suppression of vitrinite reflectance in amorphous rich kerogen: A major unrecognized problem. Journal of Petroleum Geology 8, p. 59 – 84.

Press W H, Flannery B P, Teukolsky S A and Vetterling W T. 1986. Numerical recipes the art of scientific computing. Cambridge, Cambridge University Press, 818 p.

Ptoll R D and Brayan G M. 1979. Physical properties of sediments containing gas hydrates. J Geophysical Research

84, 1629 – 1634.

Pytte A M and Reynolds R C. 1989. The thermal transformation of smectite to illite. In: Thermal history of sedimentary basins (N D Naeser and T H McCulok, Eds.. Springer – Verlag, p. 132 – 140.

Quigley T M and MacKenzie A S. 1988. The temperatures of oil and gas formation in the sub – surface. Nature 333, 9 June, p. 549 – 552.

Rabinovich P and Cooper A. 1977. Structure and sediment distribution in the Western Bering Sea. Marine Geol 24, p. 309 – 320.

Ranalli G. 2000. Rheology of the crust and its role in tectonic reactivation. J Geodynamics 30, p. 3 – 15.

Ranalli G and Murphy D C. 1987. Rheological stratification of the lithosphere. Tectonophysics 132, p. 281 – 295.

Raymond A C and Murchison D G. 1988a. Effect of volcanic activity on level of organic maturation in Carboniferous rocks of East Fife, Midland Valley of Scotland. Fuel 67, 8, p. 1164 – 1166.

Raymond A C and Murchison D G. 1988b. Development of organic maturation in the thermal aureoles of sills and its relation to sediment compaction. Fuel 67, 12, p. 1599 – 1608.

Raymond A C and Murchison D G. 1989. Organic maturation and its timing in a Carboniferous sequence in the central Midland Valley of Scotland: comparisons. Fuel 68, 3, p. 328 – 334.

Rehault J P, Tisseau C H, Brunet M F and Londen K E. 1990. Subsidence analysis on the Sardinian margin and the Central Tyrrhenian basin: thermal modeling and heat flow control; deep structure implications. J of Geodynamics, 12, 269 – 310.

Rognon P. 1971. Paleogeographic sketch of island ice at the end of Ordovician in Sahara (Abs.) 8th LAS Sedimentological Congress Program, 84 p.

Roni A and Lucazeau F. 1987. Heat flow density measurements in northern Morocco. J African Earth Science 6, 6, p. 835 – 843.

Rossi P L, Lucchini F and Savelli C. 1979. Données géologiques et radiométriques sur la mise en place de la Tellerteba (Hoggar): Dixième colloque Géologie Africaine; Montpellier, 143 p.

Rouden L and Keen C E. 1980. Rifting processes and thermal evolution of the continental margin of eastern Canada determined from subsidence curves. Earth Planet Science Letters 51, p. 343 – 361.

Roussel J and Linger J L. 1983. A review of deep structure and ocean – continent transition in the Senegal basin (West Africa). Tectonophysics 91, p. 183 – 211.

Rowley D B and Sahagian D. 1986. Depth – dependent stretching, a different approach. Geology.

Ruzhenzev S V. 1976. Marginal ophiolitic allochtones (Structure and tectonic origin), Nauka, Moscow, 171 p. (in Russian).

Ryan P D and Dewey J F. 1997. Continental eclogites and Wilson cycle. J Geology Soc London 154, p. 437 – 442.

Salnikov V E and Popov V G. 1982. Geothermal regime and geodynamics of the South Urals and nearest areas. Izvestia A N CCCR, ser Geol, 3, p. 128 – 135 (in Russian).

Salnikov V E. 1984. Geothermal regime of the South Urals. Nauka, Moscow, 88 p. (in Russian).

Salnikov V E and Golovanova I V. 1990. New data on the heat flow distribution in the South Urals. Gelogiya i Geophysika, 12, p. 129 – 135 (in Russian).

Salnikov V E and Ogarinov I S. 1977. The South Urals Zone of anomalous low heat flow. Doklady. AN SSSR 273, p. 1456 – 1459 (in Russian).

Samarskiy A A and Gulin A V. 1989. Numerical methods. Nauka, Moscow, 430 p. (in Russian).

Saxby J D and Stephenson L C. 1987. Effect of an igneous intrusion on oil shale at Rundle. (Australia). Chem Geology 63, 1 – 2, p. 1 – 16.

Schandelmeier H, Klitzsch E, Henricks F and Wycisk P. 1987. Structural development of north-east Africa since Precambrian times. Berliner Geowissenschaftliche Abhandlungen, Series A, 75, p. 5-24.

Schatz J F and Simmons G. 1972. Thermal conductivity of Earth materials at high temperatures. J Geophysics Res 77, 35, p. 6966-6983.

Schaw H R, Hamilton MS and Peck D L. 1977. Numerical analysis of lava lake cooling models. Part I: Description of the method. Amer J Sci 277, 4, p. 384-414.

Sclater J G and Christie P A F. 1980. Continental stretching: an explanation of the post-mid-Cretaceous subsidence of the central North Sea basin. Journal of Geophysical Research 85, B7, p. 3711-3739.

Sclater J G, Parsons B and Jaupart C. 1981. Ocean and continent similarities and differences in the mechanisms of heat loss. J Geophys Res 86, B12, p. 11535-11552.

Sclater J G and Celerier B. 1987. Extensional models for the formation of sedimentary basins and continental margins. Norsk Geologisk. Tidsskrift 67, p. 253-267.

Selivestrov N I, Baranov B V, Eugorov U O and Chkera V A. 1988. Novel data on the structure of the south part of the Commander Trough, infered from the 25th and the 26th trip of Scientific Investigation Ship "Volcnolog", Volcanologia i Seismologia 4, p. 3-20 (in Russian).

Sengor A M C. 1976. Collision of irregular continental margins: implications for foreland deformation of Alpine-type orogeny. Geology 4, p. 779-785.

Shelton G and Tullis J. 1981. Experimental flow laws for crustal rocks. EOS, Trans Am Geophysics Union 62, p. 396.

Shemaraev A. 1979. Gravity field and oceanic floor relief. Nedra, Leningrad, 296 p. (in Russian).

Shemenda A I, Deverchere J and Calais E (2002) Three-dimensional laboratory modelling of rifting: application to the Baikal Rift. Tectonophysics 356, Russia, p. 253-273.

Shik S M. 1993. Climatic rhythms in Pleistocene of East-European platform stratigraphy. Geological correlation 1, 4 (in Russian).

Sigunov Y A and Fartyshev A I. 1991. Mathematical study of permafrost evolution. In: Arctic Shelf Geologiya I geophizika, 8, p. 24-31 (in Russian).

Sigunov Y A and Fartyshev A I. 1995. Freezing and melt of the East-Arctic Shelf in the Late Pleistocene (numerical experiment). Geologiya I geophizika 36, 9, p. 36-41 (in Russian).

Simoneit B R T, Brenner S, Peters K E and Kaplan I R. 1978. Thermal alteration of Cretaceous black shale by basaltic intrusions in the Eastern Atlantic. Nature 273, 5663, p. 501-504.

Simoneit B R T, Brenner S, Peters K E and Kaplan I R. 1981. Thermal alteration of Cretaceous black shale by diabase intrusions in the Eastern Atlantic. Part II Effects on bitumen and kerogen. Geochem. Cosmochmica. Acta 45, 9, p. 1581-1602.

Sloan E D Jr. 1990. Clathrate hydrates of natural gases. New York, Marcel Dekker Inc., 641 p.

Smirnov Y. B. 1980. Heat flow in USSR: remarks to the heat flow and deep temperatures maps in the scale 1:10,000,000. GUGK, Moscow, 150 p. (in Russian).

Smirnov Y B and Sugrobov V M. 1980. Heat flow in Kuril-Kamchatka and Aleutian Provinces. Part 2. Map of measured and background heat flow. Vulkanologiya I seismologiya 1, p. 16-31 (in Russian).

Smirnov Y B, Sugrobov V M and Galushkin Y I. 1982. Heat flow in touching zone of Aleutian and Kamchatka island arcs. Volcanology and Seismology 6, p. 96-115 (in Russian).

Smirnov Y B, Sugrobov V M, Galushkin Y I, Rodnikov A G, Muraliev A V, Seivestov N I, Soinov V V and Yanovsky F A. 1995. Terrestrial Heat Flow in the Transition Zone from Asia to the NW Pacific Ocean. In: Terrestrial heat flow and geothermal energy in Asia (Gupta ML and Yamano M, Eds.), Rotterdam, p. 237 – 250.

Smirnov Y B, Yamano M, Ueda S, Galushkin Y I, Muravjev A and Sugrobov V M. 1991. Geosection across North China plain, Philippine trench and Marianian trench. Nauka, Moscow, 150 p. (in Russian).

Smith A G and Brieden J C. 1977. Mesozoic and Cenozoic paleocontinental maps. Cambridge Univ Press, London.

Sokolova L S, Galushkin Y I, Duchkov L V and Smirnov L V. 1990. Geothermal model of the lithosphere along the GSZ profile "Bereozovo – Ust – Maya" in the West Siberian Plate. Geologiya and geophysika, 9, p. 84 – 92 (in Russian).

Sorokhtin O G and Ushakov S A. (2002. The Earth evolution. Moscow State University Edition, Moscow, 560 p.

Spadini G, Robinson A and Cloetingh S. 1996. Western versus Eastern Black Sea tectonic evolution pre – rift lithospheric controls of basin formation. Tectonophysics 266, 1 – 4, p. 139 – 154.

Staplin F L. 1969. Sedimentary organic matter, organic metamorphism and oil and gas occurrence. Canadian Petroleum Geology Bulletin 17, p. 47 – 66.

Stillman C J, Furnes H, Le Bas M J, Robertson AHF and Zielonk J. 1982. The geological history of Maio, Cape Verde Islands. Geol Soc London 139, p. 347 – 356.

Stockmal G S, Beaumont C and Boutilier R. 1986. Geodynamic models of convergent margin tectonics: transition from rifted margin to overthrust belt and consequences for foreland – basin development. AAPG Bull 70, 2, p. 181 – 190.

Su D, White N and McKenzie D. 1989. Extension and subsidence of the Pearl River Month basin, northern South China Sea. Basin Research 2, p. 205 – 222.

Surkov V S, Smirnov L V and Zhero O G. 1987. Early Mesozoic rifting and its effect on the lithosphere structure of the West Siberian Plate. Geologiya and geophysika, 9, p. 3 – 11 (in Russian).

Surkov V S and Smirnov L V. 1994. Tectonic events of the Cenozoic and phase differentiation of hydrocarbons in the Gotterf – Cenomanian complex of the West Siberian Basin. Geologia nefti i gaza (Geology of oil and gas), 11, p. 3 – 43 (in Russian).

Sweeney J J and Burnham A K. 1990. Evolution of a simple model of vitrinite reflectance based on chemical kinetics. AAPG Bull 74, 10, p. 1559 – 1570.

Sweeney J J, Braun R L, Burnham A K, Talukdar S and Vallejos C. 1995. Chemical kinetic model of hydrocarbon generation, expulsion and destruction applied to the Maracaibo Basin. AAPG Bull 79, 10, Venezuela, p. 1515 – 1532.

Takeshita T and Yamaji A. 1990. Acceleration of continental rifting due to a thermomechanical instability. Tectonophysics 181, p. 307 – 320.

Takherist D and Lesquer A. 1989. Mise en évidence d'importantes variations régionales du flux de chaleur en Algérie. Can J Earth Science 26, p. 615 – 626.

Taylor A E, Dallimore S R and Outcalt S I. 1996a. Late Quaternary history of the Mackenzie – Beaufort region, Arctic Canada, from modelling of permafrost temperatures. The onshore – off – shore transition. Can J Earth Science, 33: 52 – 61.

Taylor A E, Dallimore S R and Judge A S. 1996b. Late Quaternary history of the Mackenzie – Beaufort region, Arctic Canada, from modelling of permafrost temperatures. 2. The Mackenzie Delta – Tuktoyaktuk Coastlands. Can J Earth Science, 33: 62 – 71.

Teichmuller M. 1979. Die Diagenese der kohligen Substanzen in dem Gesteinen des Tertiars und Mesozoi – hums des mittleren Oberrhein – Grabens. Fortschritte in der Geologie von Rheinland und Westfalen 27, p. 19 – 49 (in Germain).

Thibaud R, Dauteuil O and Gente P. 1999. Faulting pattern along slow – spreading ridge segments: a consequence of along – axis variation in lithospheric rheology. Tectonophysics 312, p, 157 – 174.

Thrasher J. 1992. Thermal effect of the Tertiary Cuillins Intrusive Complex in the Jurassic of the Hebrides: an organic geochemical study. In: Basins on the Atlantic seaboard: petroleum geology, sedimentology and basin evolution (J. Parnell, Ed.. Geol Soc Spec Publ, 62, p. 35 – 49.

Tissot B P. 1969. Premières données sur les mécanismes et la cinétique de la formation du pétrole dans les sédiments. Simulation d'un schéma relational sur ordinateur. Revue de l'Institut Francais du Pétrole 24, p. 470 – 501.

Tissot B P and Espitalié J. 1975. L'évolution thermique de la matière organique des sédiments: applications d'une simulation mathématique. Revue de l'Institut Francais du Pétrole 30, p. 743 – 777.

Tissot B P, Pelet R and Ungerer P. 1987. Thermal history of sedimentary basins, maturation indices and kinetics of oil and gas generation. AAPG Bull 71,12, p. 1445 – 1466.

Tissot B P and Welte D H. 1978. Petroleum Formation and Occurrence. Springer – Verlag Berlin, 699 p.

Triguis J A and Arano L M. 1995. Parana basin – Brazil: A huge pyrolyser. Comparison between molecular distributions in pyrolysed samples and source rocks affected by igneous intrusions. In: Organic Geochemistry: Developments and applications to energy, climate, environment and human history (Edited by JO Grimalt and C Dorronsoro). EAOG, 1995, p. 512 – 514.

Turcotte D L and Schubert G. 1982. Geodynamics: Applications of continuum physics to geological problems. John Wiley and Son 1,374 p.

Ujai Y. 1984. Thermal alteration of kerogen as indicator of contact metamorphism to sedimentary rocks: H – NMRT1 and element composition. Geochemistry J 18, p. 163 – 166.

Ungerer P. 1990. State of the art of research in kinetic modeling of oil formation and expulsion. Organic Geochemistry 16, 1 – 3, p. 1 – 27.

Ungerer P, Burrus I, Doligez B, Chenet P and Bessis F. 1990. Basin evolution by integrated twodimensional modeling of heat transfer, fluid flow, hydrocarbon generation and migration. AAPG Bull 74, 3, p. 309 – 335.

Ushakov S A and Galushkin Y I. 1983. Geophysical analysis of the Earth Lithosphere paleotectonics. Physika Zemli, 7,The Earth lithosphere, Part 3, VINITI, Moscow, 228 p. (in Russian).

Ushupi E, Emery K O, Bowin C O and Phillips J D. 1976. Continental margin of Western Africa. Senegal to Portugal. AAPG Bull 60, 5, p. 809 – 879.

Uyeda S. 1982. Subduction zones: an introduction to comparative subductology. Tectonophysics 81, p. 133 – 159.

Vagraftic N B, Philippov L P, Tarzimanov A A and Totskiy E E. 1978. Heat conductivity of liquids and gases. Izdat. Standartov, Moscow, 472 p. (in Russian).

Van der Linden W I M. 1981. The crustal structure and evolution of the continental margin of Senegal and Gambia, from total – intensity magnetic anomalies. Geologie en Mijnbouw 60, 2, p. 257 – 266.

Van Heek K H, Jungten H, Luft K F and Teichmuller M. 1971. Aussagen zur Gasbildung in fruhen Inkohlungsstadian auf grund von Pyroloyseversuchen. Erdol Kohie – Erdgas – Petrochem., Bd. 24, 9, s. 566 – 572 (in German).

Veevers J J. 1986. Breakup of Australia and Antarctica estimated as mid – Cretaceous (95 ± 5 Ma) from magnetic and seismic data at the continental margin. Earth Planet Science Letters 77, p. 91 – 99.

Velichko A A. 1987. Climatic variations in Meso – Cenozoic by the data for East Europe. In: Climates of the Earth in geological history. Nauka, Moscow, p. 5 – 43 (in Russian).

Velichko A A Ed. 1999. The climate and landscape during the last 65 Ma (Cenozoic: from Paleocene to Holocene). GEOS, Moscow, 260 p. (in Russian).

Verba M L and Alexeeva A B. 1972. Intrusion effect on the bitumen content in the host carbonate Paleozoic rocks of Norilsk region. In: Voprosy geologii i neftegasonosnosty. Tungusskoy sineklize Trudy VSEGEI, 308, Leningrad, p. 124 – 142 (in Russian).

Volkova V C. 1991. Climate variations in the West Siberia during the Late Pliocene and Quaternary. In: Evolution of climate in Late Cenozoic of Siberia, (VA Zacharov, Ed.), p. 17 – 30 (in Russian).

Votah M P and Klimanov V A. 1994. Vegetation and climate of the Tomian – Ob area in the Holocene. Geologia i Geofisika. 10): 25 – 31 (in Russian).

Vysozkiy V I and Kucheruck E V. 1978. The state of art of studies of oil bearing basins. Part 2: Main types of oil and gas bearing basins and their entrapping. Itogi nauki I techniki, Mestorozhdeniya goryuchikh poleznykh iskopaemykh, 8, VINITI, Moscow, 331 p. (in Russian).

Wales D W. 1985. Geochemistry in petroleum exploration. NY, 456 p.

Wales D W, Kamata H and Suizu M. 1992. The art of maturity modeling. Part 1: Finding of satisfactory geological model. AAPG Bull 76, 1, p. 30 – 46.

Walker J. R. 1993. Chlorite polytype geothermometry. Clays and Clay Minerals 41,2, p. 260 – 267.

Walther J V and Orville P M. 1982. Volatile production and transport in regional metamorphism. Contrib Miner Petrol 79, 3, p. 252 – 257.

Walther J V and Woud B J. 1984. Rate and mechanism in prograde metamorphism. Contrib Miner Petrol 88, 3, p. 246 – 259.

Wang X, Lerche L and Walters C. 1989. The effect of igneous intrusive bodies on sedimentary thermal maturity. Org Geochem 74, 6, p. 571 – 584.

Waples D W. 1980. Time and temperature in petroleum formation: application of Lopatin's method to petroleum exploration. AAPG Bull 64, p. 916 – 926.

Waples D W. 1984. Thermal models for oil generation. In: Advances in Petroleum Geochemistry 1 (Brooks J and Welte D, Ed.). Academic Press, London, p. 8 – 67.

Waples D W, Kamata H and Suizu M. 1992a. The art of maturity modeling, Part 1. Finding a satisfactory geologic model. AAPG Bull 76. 1), p. 31 – 46.

Waples O W, Suizu M and Kamata H. 1992b. The art of maturity modeling, Part 2. Alternative models and sensitivity analysis. Am Assoc Pet Geol, Bull 76 (1), p. 47 – 66.

Weaver J S and Stewart J M. 1982. In – situ hydrates under the Beaufort Sea shelf. In: 4th Can permafrost conf. Calgary, p. 312 – 319.

Welte D H, Horsfield B and Baker D R Eds. 1997. Petroleum and basin evolution. Springer – Verlag, 536 p.

Welte D H and Yukler M A. 1981) Petroleum origin and accumulation in basin evolution – a quantitative model. AAPG Bull 65, 8, p. 1387 – 1396.

Welte D H. 1987. Migration of hydrocarbons: facts and theory. In: Migration of Hydrocarbons in Sedimentary Basins (Doligez B, Ed.). Editions Technip, Paris, p. 393 – 413.

Welte D H and Yalcin M M. 1988. Basin modeling – a new comprehensive method in petroleum geology. Advances in Organic Geochemistry 13, p. 141 – 151.

Welte D H, Horsfield B and Baker D R Eds. 1997. Petroleum and basin evolution. Springer – Verlag, 536 p.

Wenger L M and Baker O R. 1986. Variations in organic geochemistry of anoxic – oxic black shalecarbonate sequences in the Pennsylvanian of the mid – continent, USA. Organic Chemistry 10, p. 85 – 92.

Wilson I T. 1965. A new class of faults and their bearing to continental drift. Nature 207, p. 343 – 347.

Wilson M and Guiraud R. 1998. Late Permian to recent magmatic activity on the African – Arabian margin of Tethys,

In: Petroleum Geology of North Africa (Macgregor D S, Moody R T J and Clark Lowes D D, Eds.), Geological Society, London, Special Publication 132, p. 231 – 263.

Wyllie P J. 1979. Magmas and volatile components. American Mineralogist 64, p. 469 – 500.

Xu W and Ruppel C. 1999. Predicting the occurrence, distribution and evolution of methane gas hydrate in porous marine sediments. J Geophys Res 104, B3, p. 5081 – 5095.

Yahi N, Schaefer R G and Littke R. 2001. Petroleum generation and accumulation in the Berkin Basin, eastern Algeria. AAPG Bull 85, 8, p. 1439 – 1467.

Yamano M, Uyeda S, Sibuet J. C and Foucher JP. 1989. Heat flow anomaly in the middle Okinawa trough. Tectonophysics 159, p. 307 – 318.

Yanovskii F A, Sugorov V M and Selivestrov N I. 1997. Heat field and geothermal model of Commander Trough. In: Volcanologia i Seismologia (Volcanology and Seismology) 2, p. 16 – 32 (in Russian).

Ziegler P A. 1996a. Geodynamic processes governing development of rifted basins. In: Geodynamic evolution of sedimentary basins (Roure F, Ellouz N, Shein VS and Skvortsov, Eds.). Editions Technip, Paris, p. 19 – 67.

Ziegler P A. 1996b. Hydrocarbon habitat in rifted basins. In: Geodynamic evolution of sedimentary basins (Roure F, Ellouz N, Shein VS and Skvortsov, Eds.). Editions Technip, Paris, p. 85 – 94.

Zienkiewicz O C. 1971. The finite element method in engineering science. McGraw – Hill, London. 530 p.

Zilm K W, Pugmire R J, Larter S R, Allan J and Grant O M. 1981. Carbon ^{13}C CP/MAS spectroscopy of coal minerals. Fuel 60, p. 717 – 722.

Zorin Yu and Lepina S V. 1989. On the formation mechanism of post – rift intercontinental sedimentary basins and the thermal conditions of oil and gas generation. J Geodynamics 11, p. 131 – 142.

Zubakov V A. 1990. Global climatic events of Neogenic. Gidrometeoizdat, Leningrad (in Russian).

Zwach C H, Poelchau H S, Hantschel T H and Welte D H. 1994. Simulation with contrasting pore fluids: can we afford to neglect hydrocarbon saturation in basin modeling. In: Basin modeling conference. London Geol Soc Group, p. 1 – 2.

Zykin V C, Zazhigin V C and Kazanskiy A Y. 1991. The Late Neogene of the Southern West Siberian plain: stratigraphy and paleoclimate. Geologia i Geofisika, (1): 78 – 86 (in Russian).

国外油气勘探开发新进展丛书(一)

书号：3592
定价：56.00元

书号：3663
定价：120.00元

书号：3700
定价：110.00元

书号：3718
定价：145.00元

书号：3722
定价：90.00元

国外油气勘探开发新进展丛书(二)

书号：4217
定价：96.00元

书号：4226
定价：60.00元

书号：4352
定价：32.00元

书号：4334
定价：115.00元

书号：4297
定价：28.00元

国外油气勘探开发新进展丛书（三）

书号：4539
定价：120.00元

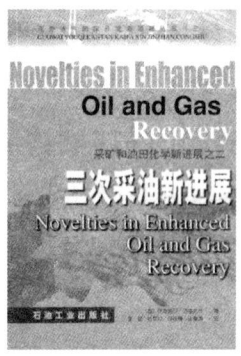

书号：4725
定价：88.00元

书号：4707
定价：60.00元

书号：4681
定价：48.00元

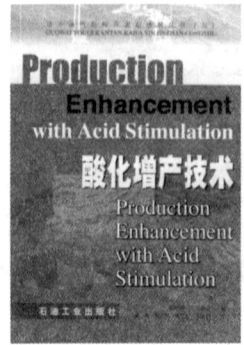

书号：4689
定价：50.00元

书号：4764
定价：78.00元

国外油气勘探开发新进展丛书（四）

书号：5554
定价：78.00 元

书号：5429
定价：35.00 元

书号：5599
定价：98.00 元

书号：5702
定价：120.00 元

书号：5676
定价：48.00 元

书号：5750
定价：68.00 元

国外油气勘探开发新进展丛书（五）

书号：6449
定价：52.00 元

书号：5929
定价：70.00 元

书号：6471
定价：128.00 元

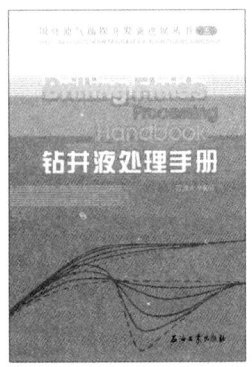

书号：6402
定价：96.00 元

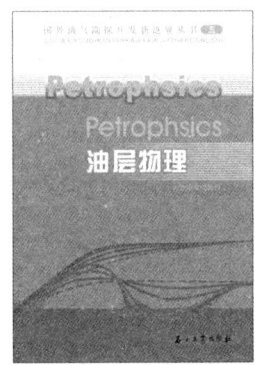

书号：6309
定价：185.00 元

书号：6718
定价：150.00 元

国外油气勘探开发新进展丛书（六）

书号：7055
定价：290.00 元

书号：7000
定价：50.00 元

书号：7035
定价：32.00 元

书号：7075
定价：128.00 元

书号：6966
定价：42.00 元

书号：6967
定价：32.00 元